职业教育·道路运输类专业教材

U0649006

土力学与地基基础

（第3版）

学习评价手册

张求书　张宝成　曹耀兮　主　编
邓　煜　主　审

人民交通出版社
北京

前·言
Preface

本手册为《土力学与地基基础》(第3版)的配套学习评价手册。在编写过程中认真落实《国家职业教育改革实施方案》文件精神,围绕立德树人根本任务,按照"以学生为中心、学习成果为导向、促进自主学习"思路,融入成果导向核心理念,以企业岗位(群)任职要求、职业标准、岗位职业能力为依据,将课程思政有机融入人才培养全过程中,以多层次、多角度考核与评价学习效果,并将考核指标量化、考核内容具体化,确保评价的科学性、全面性和公平性。

本手册是课程标准的具体化,是教学内容的重要组成部分,是人才培养的重要载体。通过应用手册,有助于推进教学改革、提升教学质量。本手册的特点如下:

(1)明确学习目标,提高学习成效。利用本手册进行过程性评价,可全面检验学生的学习过程和效果,将学习需要取得的成果和需要培养的能力清楚地展现,量化的考核指标能够为教师评价学生提供合理的参考。

(2)优化教学策略,实现人才培养要求。本手册采用模块化的评价流程,让学生在阶段性的考核过程中得到实时的反馈,了解其在理论知识、工程能力和实践应用方面的不足,做到适时查漏补缺,及时反馈和强化,有助于学生不断巩固知识,增强学生学习的自信心和积极性,为课程的后续学习做铺垫。

(3)培养综合能力,提升教学质量。本手册按照OBE(成果导向教育)理念构建符合高职课程发展需要的评价框架,为土力学与地基基础课程的改革提供了坚实的保障。以学生的需求为起点,辅助教师构建科学合理的评价机制,从而促进学生不断增强综合能力,在未来的工作中能从容面对各种挑战,成为具有创造力和社会责任感的工程技术人员。

本手册由吉林交通职业技术学院张求书、张宝成、曹耀兮主编。具体编写分工为:张求书编写模块一、模块二、模块六、模块七;张宝成编写模块三、模块四、模块九;曹耀兮编写模块五、模块八。

鉴于编者水平有限,难免存在疏漏与不足,敬请读者批评指正。

编　者
2024 年 11 月

目 · 录
Contents

模块一 土的工程性质

任务一　认知土的物理性质

知识评价(共 40 分)

1. 粒度成分的分析方法和表示方法有哪些？（10 分）

2. 不均匀系数 C_u 和曲率系数 C_c 的计算方法及其在工程中的作用是什么？（20 分）

3. 请将下列说法正确的序号写在括号中。（　　　　）（10 分）

（1）工程中的土具有碎散性、多相性、自然变异性。

（2）自然界中的土是由大小不同的颗粒组成的，土粒的大小称为粒度。

（3）高岭石的亲水性、膨胀性和收缩性均大于伊利石，小于蒙脱石。

（4）当黏土只含强结合水时呈固体坚硬状态，将干燥的土移到天然湿度的空气中，土的质量将增加，直到土中吸着的强结合水达到最大吸着度为止。

（5）土的密度 ρ 是单位体积土的质量，天然状态下土的密度称天然密度。

（6）土的干密度是土的孔隙中完全没有水时单位体积的质量。

（7）黏性土的稠度反映土粒之间的联结强度随着含水率高低而变化的性质。

（8）黏性土的原状土无侧限抗压强度与该土样结构完全破坏的重塑土的无侧限抗压强度的比值是灵敏度。

能力评价(共 50 分)

1. 某饱和土孔隙比为 0.70，土粒比重为 2.72，用三相土草图计算干重度、饱和重度和浮重度，并求饱和度为 75% 时的重度和含水率。（15 分）

2.某原状土样,试验测得土的密度为 1.80g/cm^3 ,土粒密度为 2.70g/cm^3 ,土的含水率为 18.0% ,试求其余6个物理性质指标。(20分)

3.某土样天然含水率为 21% ,液限为 43% ,塑限为 17% ,试计算该土样的塑性指数和液性指数,并指出该土处于何种状态。(15分)

能力拓展(10分)

某土料场主要为第四系黄土状粉土,黄色、灰黄色,稍湿,颗粒均匀。某次勘察在该料场布置9个钻孔,钻孔最大8m深度内未揭穿该层。土料场表层30cm含有植物根系,为无用层;有用层厚度为5.7m;有用层储量约68.4万 m^3 ,无用层储量约3.6万 m^3 。勘察期间,该土料场天然含水率指标与最佳含水率偏差在3%以内,符合要求。黏粒含量平均值为 7.02% ,低于填筑土料黏粒含量为 $10\% \sim 30\%$ 的要求。请结合本案例说明粒度成分分析方法。

教师评价(任课教师对学生的学习效果进行评价并签字确认)

教师评价:	成绩:
	签字:

任务二 认知土的工程分类与土中水的运动

知识评价(共40分)

1. 影响土的渗透性的因素有哪些?(10分)

2. 什么是流砂现象?什么是管涌现象?(10分)

3. 请将下列说法中正确的写在括号中。(　　　　　)(10分)

(1)在冻土地区,随着土中水的冻结和融化,会发生一些独特的现象,称为冻土现象。

(2)土中水的运动将对土的性质产生影响,在许多工程实践中碰到的问题,如流砂、冻胀、渗透固结、渗流时的边坡稳定等,都与土中水的运动有关。

(3)试样中巨粒组土粒质量少于或等于总质量的15%,且巨粒组土粒与粗粒组质量之和大于总质量的50%的土称粗粒土。

(4)试样中细粒组质量大于或等于总质量的50%的土称细粒土。

4. 把砂类土的分类填写在下图中。(答案见教材)(10分)

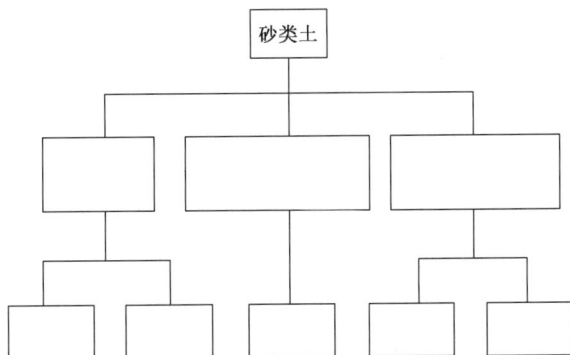

能力评价(共50分)

某一级公路,施工前对沿线两个土料场 A 和 B 进行检验,作为工地试验员,请你完成以下工作:

(1)请拟定检验的步骤、试验项目及试验方法。(20分)

(2)从两个土料场分别取样,烘干后称500g试样做试验,粒度成分分析结果见下表,请进行分类定名,并分析结论是否完善。若需要调整,请拟定试验方法和试验测定结果,再次进行分类定名。(20分)

粒组(mm)	A 料场土样		B 料场土样	
	筛余量(g)	粒度成分(%)	筛余量(g)	粒度成分(%)
10~5	0		25	
5~2	0		60	
2~1	45		50	
1~0.5	120		25	
0.5~0.25	210		10	
0.25~0.075	75		40	
<0.075	50		290	
定名				

(3)根据步骤2的结论,分别判断土料场 A 和 B 中的土料是否可以用作路基填料。(10分)

能力拓展(10分)

某工程拟建场地位于无锡南站货场内,地貌属长江三角洲平原区。地势平坦开阔,地面高程3.00~4.98m,路面全部硬化处理过,场地内分布京杭运河的港池,水位高程约1.8m,河水深2~6m,淤泥厚度0.50~1.3m。2016年12月完成临时围堰施工,港池内抽水清淤后已回填部分挡土墙墙背填土。12月27日,基坑内出现渗水,在处理渗水的过程中,分别在基坑西侧和东侧各发现一大一小两处管涌,最大管涌半径约30cm,同时渗水量逐步变大。事故发生后,项目部立刻召开了应急处理专项方案讨论会,经过各方讨论,采取措施,及时控制了险情。

请结合本案例思考,流砂和管涌有何区别,如何防治流砂和管涌?

教师评价(任课教师对学生的学习效果进行评价并签字确认)

教师评价:	成绩:
	签字:

任务三 认知土的压实性

知识评价(共40分)

1.最佳含水率和最大干密度这两个指标的含义是什么?(20分)

2.使土的压实特性变化的外观因素主要有哪三个?(20分)

能力评价(50 分)

根据下表试绘制击实曲线并判断最佳含水率。

数值	次数				
	1	2	3	4	5
湿密度(g/cm^3)	1.80	1.88	2.04	2.13	2.09
含水率(%)	8.1	10.1	13.1	15.8	19.1

能力拓展(10 分)

沪陕高速公路合肥至大顾店段改扩建工程施工现场,压实度随着碾压遍数的增加而增大,22t 常规压路机振动碾压 7~8 遍后压实度可超过 94%。

结合案例思考,土基在夯击或碾压时容易出现类似弹性变形的"橡皮土"现象(软弹现象),失去夯击效果,试分析产生这种现象的原因。

教师评价(任课教师对学生的学习效果进行评价并签字确认)

教师评价:	成绩:
	签字:

模块二 土 中 应 力

任务一 计算土中自重应力

知识评价（共 40 分）

1. 什么是土中自重应力，什么是土中附加应力？（10 分）

2. 目前计算土中应力的方法主要用什么理论公式，计算中做了哪些假定？（10 分）

3. 请将下列说法中正确的写在括号中。（　　　　　）（20 分）
(1)地下水位升降对土中自重应力有影响。
(2)地下水位下降会使土中自重应力增大。
(3)自重应力在均匀土层中呈曲线分布。
(4)自重应力在均匀土层中呈均匀分布。
(5)自重应力在均匀土层中呈直线分布。
(6)应用弹性理论计算地基中应力时，假定地基土是均匀的。
(7)应用弹性理论计算地基中应力时，假定地基土是连续的。
(8)应用弹性理论计算地基中应力时，假定地基土是各向同性的。
(9)应用弹性理论计算地基中应力时，假定地基土是各向异性的。

能力评价（共 50 分）

1. 某土层的物理性质指标下图所示，试计算土中的自重应力，并绘制自重应力分布图。（25 分）

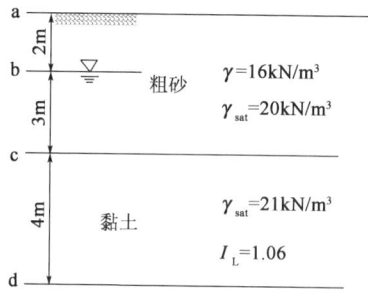

自重应力分布图

2. 绘出下图所示自重应力分布图及作用在基岩层面上的水土总压力。（25分）

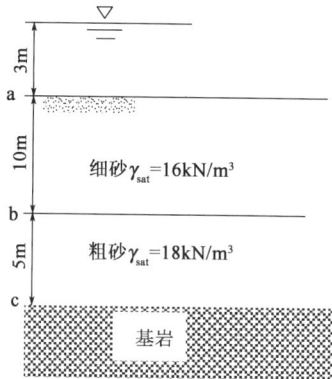

自重应力分布图

能力拓展（10分）

自古以来被称为水乡的某城市却属水质性缺水地区,人们不得不大量开采地下水以满足生产和生活需要。过度开采使地下水水位埋深从1990年的40m左右普遍降到现在的60m左右,地下出现了一个巨大的降落"漏斗",许多乡镇发生了较为严重的地面沉降。统计数据表明:自1990年到1999年,地面实际下沉了1.084m,累计沉降达1.117m;地面沉降、地裂缝以及地面塌陷,环境地质灾害十分严重。

请运用土中自重应力计算的知识，说明地下水位下降导致地面沉降的原因。

教师评价(任课教师对学生的学习效果进行评价并签字确认)

教师评价：	成绩：
	签字：

学号：＿＿＿ 姓名：＿＿＿ 班级：＿＿＿ 学院：＿＿＿

任务二 计算土中附加应力

知识评价(共40分)

1. 影响基础底面应力的因素有哪些？(10分)

2. 以条形均布荷载为例，说明附加应力在地基中传播、扩散的规律。(10分)

3. 写出下列情况下基础底面压力的分布形式。(20分)

(1)当合力偏力矩 $e=0$ 时，基础底面压力＿＿＿＿＿＿＿＿分布。

(2)当合力偏力矩 $0 < e < \dfrac{b}{6}$ 时,基础底面压力_____分布。

(3)当合力偏力矩 $e = \dfrac{b}{6}$ 时,基础底面压力_____分布。

(4)当合力偏力矩 $e > \dfrac{b}{6}$ 时,基础底面压力_____分布。

能力评价(共 50 分)

1. 下图是桥墩基础,已知:基础底面尺寸 $b = 5\text{m}$, $l = 10\text{m}$,作用在基础底面中心的荷载 $N = 4000\text{kN}$,力矩 $M = 3600\text{kN} \cdot \text{m}$。试计算基础底面的压力分布。(10 分)

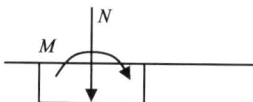

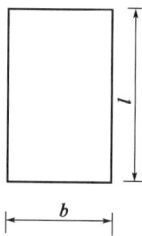

2. 已知矩形基础底面尺寸 $b = 4\text{m}$, $l = 10\text{m}$,作用在基础底面中心的荷载 $N = 4000\text{kN}$,力矩 $M = 240\text{kN} \cdot \text{m}$(偏心方向在短边上)。试求基础底面压力最大值与最小值。(10 分)

3. 如下图所示,地面上有两个集中荷载,$P_1 = 2000\text{kN}$,$P_2 = 1000\text{kN}$。试求土中 M 点的竖向附加应力。(10 分)

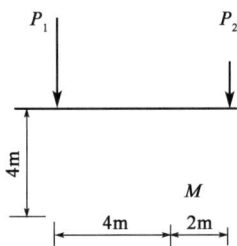

4. 某路堤横断面尺寸如下图所示,填土重度 $\gamma = 19\text{kN/m}^3$。

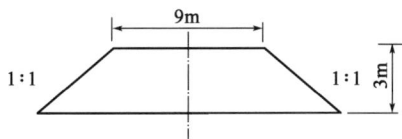

试求:

(1)基础底面压力分布,并绘制分布图。(5 分)

(2)路堤中心点下 4.5m 处的竖向附加应力。(5 分)

5. 如下图所示,矩形面积 ABCD 上作用的均布荷载为 200kPa。试求 H 点下深度为 2m 处的竖向附加应力。(10 分)

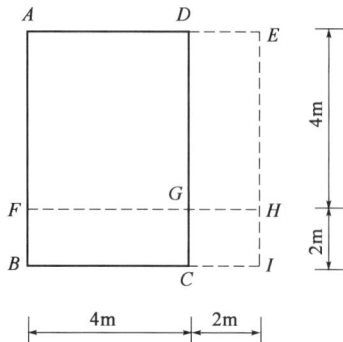

能力拓展(10 分)

如下图所示,某百货公司拟将原来 2 层的职工宿舍拆建后建成 8 层的宿舍楼,邻近约 1m 处有一栋 3 层楼房。当百货公司的职工宿舍楼建到第 4 层的时候,3 层楼房先后出现地面沉降、楼面倾斜、墙身开裂等现象。试分析为何会出现地面沉降和墙身开裂?

教师评价(任课教师对学生的学习效果进行评价并签字确认)

教师评价:	成绩:
	签字:

任务三 计算建筑物基础下地基应力

知识评价(共 40 分)

1. 公式 $p_0 = p - \gamma d$ 中 d 的含义是什么?（20 分）

2. 当基础底面为矩形时,其中心点下的附加应力如何计算?（20 分）

能力评价(共 50 分)

某水中基础,基础底面为 $2m \times 8m$ 的矩形,作用于基础底面中心的竖向荷载 $N = 9800kN$（已经考虑水的浮力作用）,各土层均为透水性土,其饱和重度如下图所示。试计算基础底面中心以下 5.6m 范围内的竖向自重应力和附加应力并绘制应力分布线。

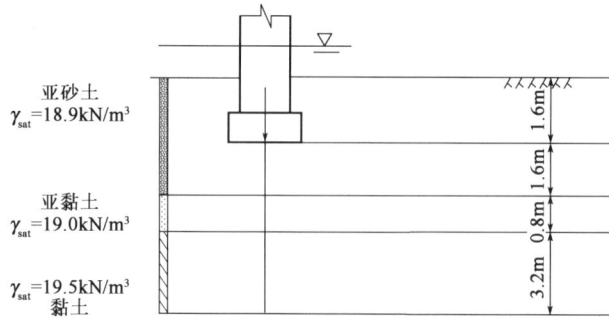

按下列步骤进行计算:

(1)计算自重应力,将各点的自重应力结果列于下表中。(10 分)

计算点	土层厚度 h_i(m)	重度 γ_i(kN/m³)	$\gamma_i h_i$(kPa)	$\sigma_{cz} = \sum \gamma_i h_i$(kPa)
0				
1				
2				
3				

(2)附加应力计算,完成附加应力计算表。(30 分)

①基础底面压力计算:

②基础底面处附加应力计算:

③完成附加应力计算表。

计算点	$z(\mathrm{m})$	$m = \dfrac{l}{b}$	$n = \dfrac{z}{b}$	α_c	$\sigma_0 = 4\alpha_c p_0$
0					
1					
2					
3					

（3）绘制应力分布图。（在上图中直接绘制）（10分）

能力拓展（10分）

对下面计算中的错误进行改正。

某陆地基础，基础底面为 2m×4m 的矩形，作用于基础底面中心的竖向荷载 $N = 4000\mathrm{kN}$，埋置深度为 2m，从地面到深度 7m 都是均匀砂性土，重度 $\gamma = 17\mathrm{kN/m^3}$。试计算基础底面中心以下 4m 处的应力。

解：基础底面中心以下 4m 处的应力计算如下：

自重应力：$17 \times 4 = 68（\mathrm{kPa}）$

附加应力：

$$p = \frac{N}{A} = \frac{4000}{8} = 500（\mathrm{kPa}）$$

$$\frac{l}{b} = \frac{4}{2}$$

$$\frac{z}{b} = \frac{4}{2}$$

$$\alpha = 0.1202$$

$$\sigma = \alpha p = 500 \times 0.1202 = 60.1（\mathrm{kPa}）$$

教师评价（任课教师对学生的学习效果进行评价并签字确认）

教师评价：	成绩：
	签字：

模块三　土的压缩性与地基沉降

任务一　认知土的压缩性

知识评价(共40分)

1. 下图为固结仪结构示意图,写出各部分名称。(8分)

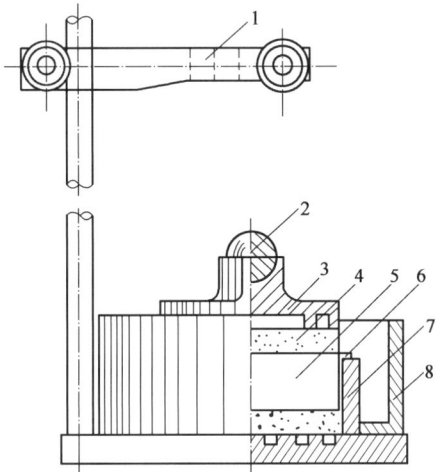

1-(　　　　);2-(　　　　);3-(　　　　);4-(　　　　);

5-(　　　　);6-(　　　　);7-(　　　　);8-(　　　　)

2. 判断下面数据显示的土体的压缩性。(12分)

$a_{1-2} = 0.08 \text{MPa}^{-1}$(　　　　)

$a_{1-2} = 0.32 \text{MPa}^{-1}$(　　　　)

$a_{1-2} = 0.8 \text{MPa}^{-1}$(　　　　)

3. 用直径7.98cm、高2.0cm的环刀切取未扰动的饱和黏土试样,其比重为2.70,含水率为40.3%,测出湿土重为184g,进行固结试验,在压力100kPa和200kPa作用下,试样压缩量为分别为1.4mm和2.0mm。试计算压缩后各自的孔隙比,并计算土的压缩系数a_{1-2}和压缩模量E_{s1-2}。(8分)

4.判断下面数据显示的土体固结状态。（12分）

OCR $=1.0$（　　　　　　　　）

OCR $=0.8$（　　　　　　　　）

OCR $=1.2$（　　　　　　　　）

能力评价（共50分）

1.已知:原状土样高2cm,截面面积 $A=30\text{cm}^2$,重度为19.1kN/m³,颗粒比重为2.72,含水率为25%,进行固结试验。试验结果见下表,试绘制 e-p 曲线,并求土的压缩系数 $a_{1\text{-}2}$ 的值。（25分）

压力 p(kPa)	0	50	100	200	400
稳定时的压缩量(mm)	0.000	0.480	0.808	1.232	1.735

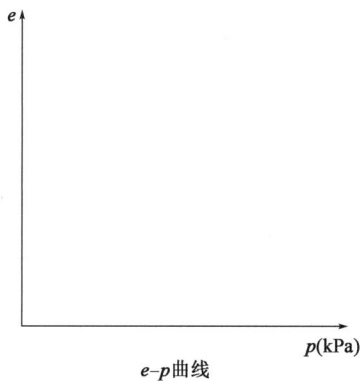

e-p曲线

2.某两处地基土工试验结果见下表,试从压缩性的角度说明哪种土层作建筑物地基更合适。（25分）

层次	取土深度	γ(kN/m³)	G_s	w(%)	w_L(%)	w_P(%)	e	I_L	压缩系数 (MPa⁻¹)
1	地面下 3.2~3.6m	19.8	2.72	21.60	26.80	12.10	0.664	0.630	0.09
2	地面下 3.7~4.0m	18.7	2.74	33.09	38.60	17.70	0.915	0.734	0.18

能力拓展(10 分)

上海的大部分地区(西南丘陵地带除外)均位于长江三角洲滨海平原上,区域内的基坑、地铁等地下结构一般处于浅部土层(包括晚更新世时期形成的暗绿色硬土层以及全新世沉积形成的上覆灰色软黏土层),闵行区地铁 1 号线莲花路站钻孔取样,分别进行颗粒级配、界限含水率、标准固结和三轴压缩试验判别其工程性质。请思考,室内固结试验测定的试验指标有哪些?

教师评价(任课教师对学生的学习效果进行评价并签字确认)

教师评价:	成绩:
	签字:

任务二　计算地基沉降量

知识评价(共 40 分)

1. 公式 $\Delta S_n \leqslant 0.025 \sum\limits_{i=1}^{n} \Delta S_i$ 中 ΔS_n 的含义是什么?(20 分)

2. 为何计算最终沉降量需要乘以计算经验系数 ψ_s(20 分)

能力评价(共 50 分,每小题 10 分)

某基础底面尺寸为 $4.8m \times 3.2m$,埋深为 $1.5m$,传至地面的中心荷载 $F = 3010.56kN$,地基的土层分层及各层土的压缩模量(相应于自重应力至自重应力加附加应力段)如下图所示,假设持力层的地基承载力为 $[f_{a0}]$,等于基础底面压力,用应力面积法计算基础中点的最终沉降。

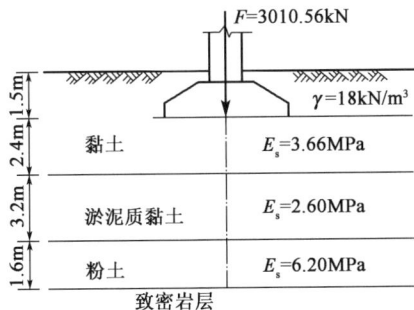

按照下列步骤计算:

(1)基础底面附加压力:

(2)深度 z_n:

(3)沉降量:

根据沉降量结果,完成下表。

点号	$z(m)$	$\dfrac{l}{b}$	$\dfrac{z}{b}$	$\bar{\alpha}_i$	$z_i\bar{\alpha}_i$ (mm)	$z_i\bar{\alpha}_i - z_{i-1}\bar{\alpha}_{i-1}$ (mm)	$\dfrac{p_0}{E_{si}}$	$\dfrac{p_0}{E_{si}}(z_i\bar{\alpha}_i - z_{i-1}\bar{\alpha}_{i-1})$ (mm)	$\sum\limits_{i=1}^{n}\Delta S_i$ (mm)

(4)沉降经验系数 φ_s：

(5)基础中点最终沉降量 S：

能力拓展(10分)

某校区建设场地土质较差,且多为农田,存在较多的水田、暗浜和鱼塘。设计中多层建筑均采用天然地基浅基础,试分析这样的设计有何缺陷,会导致什么后果。

教师评价(任课教师对学生的学习效果进行评价并签字确认)

教师评价：	成绩：
	签字：

任务三　认知地基沉降与时间的关系

知识评价（共 40 分）

1. 请写出饱和土的有效应力公式和它包含的两个内容。（10 分）

2. 单向固结理论模型用于反映饱和黏性土的实际固结问题，其基本假设是什么？（15 分）

3. 公式 $T_v = \dfrac{C_v}{H^2}t$ 中 H 是指什么？如何取值？（15 分）

能力评价（共 50 分，每小题 25 分）

在不透水的非压缩岩层上，有一厚 10m 的饱和黏土层，其上面作用着大面积均布荷载 $p = 200\text{kPa}$，已知该土层的压缩初始孔隙比 $e_1 = 0.8$，压缩系数 $a = 0.00025\text{kPa}^{-1}$，渗透系数 $K = 6.4 \times 10^{-8}\text{cm/s}$。试计算：

（1）加荷一年后地基的沉降量；

（2）加荷后多长时间,地基的固结度 $U_t = 75\%$?

能力拓展(10 分)

如下图所示,有一建筑场地,地势高低不平,表层为深厚的黏性土。拟在此建一建筑,采用浅基础,现将 A 地的土开挖填到 C 地。试分析该建筑建成后会发生什么情况。

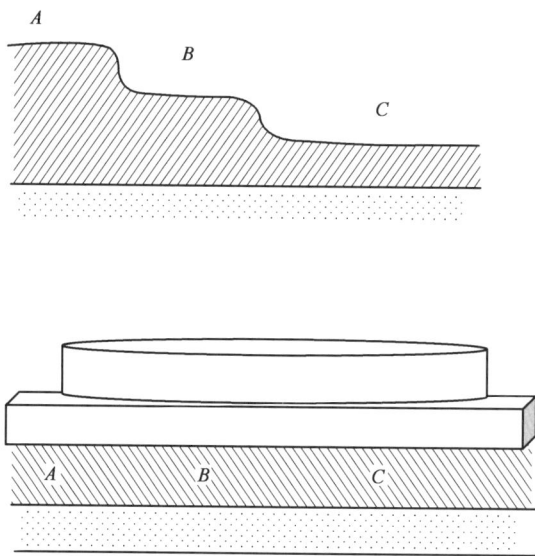

教师评价(任课教师对学生的学习效果进行评价并签字确认)

教师评价:	成绩:
	签字:

模块四 土的抗剪强度与地基承载力

任务一 认知土的抗剪强度

知识评价(共40分)

1. 在下图中填写应变控制式直剪仪的构造名称。(10分)

1-( )；2-( )；3-( )；4-( )；5-( )；
6-( )；7-( )；8-( )；9-( )；10-( )

2. 土体发生剪切破坏的面是否为剪切应力最大的平面？一般情况下,剪切破坏面与大主应力面呈什么角度？(10分)

3. 直剪试验有几种方法？试验结果有何差别？(10分)

4. 请将下列说法中正确的写在括号中。(　　　　　)(10分)

(1)土的抗剪强度大小对地基承载力有影响。

(2)土的抗剪强度越大,地基承载力特征值越大。

(3)莫尔-库仑强度理论表明,在法向应力变化范围不大时,抗剪强度与法向应力之间呈直线关系。

(4)土的莫尔包线可以近似地用直线表示。

(5)土的莫尔包线从严格意义上讲是一条向上略凸的曲线。

(6)只有土体处于极限状态时,其极限平衡条件方可成立。

(7)只有土体处于弹性状态时,其极限平衡条件方可成立。

(8)快剪、固结快剪和慢剪三种试验类型是为了模拟现场固结程度和排水条件而提出的。

(9)三轴剪切试验是目前测定土的抗剪强度较为完善的方法之一。

(10)三轴剪切试验能严格控制试样排水条件及测定孔隙水压力的变化。

能力评价(共50分)

1. 下表列出了一组直剪试验的结果,试用图表法求此土的抗剪强度指标 c 和 φ,并写出其库仑公式。(10分)

法向应力(kPa)	100	200	300	400
抗剪强度(kPa)	67	119	175	245

2. 已知:某地基的内摩擦角 $\varphi = 20°$,黏聚力 $c = 25kPa$,某点的最大主应力为250kPa,最小主应力为100kPa。试判断该点的应力状态。(10分)

3. 某黏土样进行不排水剪切试验,已知:施加围压 $\sigma_3 = 200kPa$,试验破坏时 $\sigma_1 = 280kPa$,如果破坏面与水平面的夹角 $\alpha = 57°$,试求内摩擦角及破坏面上的法向应力和剪应力。(10分)

4.已知：土的抗剪强度指标 $c=10\text{kPa}$，$\varphi=30°$，作用在此土某面上的总应力 $\sigma=170\text{kPa}$，倾斜角 $\theta=37°$。试分析会不会发生剪切破坏？（10分）

5.某土样进行直剪试验，在法向应力 σ 为 100kPa、200kPa、300kPa、400kPa 时，测得抗剪强度 τ_f 分别为 51kPa、87kPa、124kPa、161kPa。

（1）用图表法确定该土样的抗剪强度指标 c 和 φ。（5分）

（2）如果在土中的某一平面上作用的法向应力为 200kPa，剪应力为 105kPa，该平面是否会剪切破坏？为什么？（5分）

能力拓展（10分）

某土样要进行三轴剪切试验，说明三轴不固结不排水剪、固结不排水剪、固结排水剪试验方法的区别。

教师评价（任课教师对学生的学习效果进行评价并签字确认）

教师评价：	成绩：
	签字：

任务二 确定地基承载力

知识评价(共40分)

1. 地基的主要破坏模式包括哪三个阶段?（10分）

2. 确定地基承载力特征值的方法有哪些?各有何特点?（10分）

3. 临塑荷载、临界荷载和极限荷载分别是什么?（10分）

4. 请将下列说法中正确的写在括号中。（　　　　）（10分）
（1）地基承载力特征值本质上就是极限承载力。
（2）一般情况下,基础埋深越大,地基承载力特征值越大。
（3）地基变形三个阶段的特征适用于所有类型的土。
（4）临塑荷载、临界荷载的计算公式只适用于条形均布荷载。
（5）临塑荷载、临界荷载均不能直接作为地基承载力特征值。
（6）临塑荷载是临界荷载的一个特例。
（7）极限承载力的理论推导目前只能针对整体剪切破坏模式进行。
（8）极限荷载不能直接作为地基承载力特征值。
（9）用规范法确定地基承载力特征值时,首先应明确土的类型及物理状态指标。
（10）基础越宽,地基承载力特征值越大。
（11）若液性指数 I_L 不变,天然孔隙比 e_0 越大,一般黏性土的地基承载力特征值越大。
（12）当 $b > 10\text{m}$ 时,取 $b = 10\text{m}$;当 $h/b > 4$ 时,取 $h = 4b$。以上规定主要是基于基础变形方

面的考虑。

(13)地表水对地基承载力特征值没有任何影响。

能力评价(共50分)

1. 某条形基础,已知:宽度为2.4m,基础埋深1.5m,地基为软塑状态的粉质黏土,内摩擦角 $\varphi = 30°$,黏聚力 $c = 24$kPa,天然重度 $\gamma = 18.6$kN/m³。试用太沙基公式确定地基的承载力特征值。(15分)

2. 某条形基础承受中心荷载,已知:底面宽度 $b = 2.5$m,埋置深度 $d = 2$m,地基土的重度 $\gamma = 19$kN/m³,内摩擦角 $\varphi = 20°$,黏聚力 $c = 32$kPa。试用理论公式确定地基承载力特征值。(15分)

3. 某桥墩基础底面宽度 $b = 4$m,长度 $l = 10$m,埋置深度 $d = 3.5$m,地基为一般黏土,$\gamma = 19$kN/m³,$\gamma_{sat} = 20$kN/m³,$\varphi = 20°$,$c = 10$kPa,地下水位较深。

(1)按《公路桥涵地基与基础设计规范》(JTG 3363—2019)确定地基承载力特征值(其中黏土天然孔隙比 $e_0 = 0.7$,液性指数 $I_L = 0.45$)。(10分)

(2)若加大基础埋深 $d = 4.5$m,则地基承载力有何变化?(5分)

（3）若加大基础宽度 $b=5.0\text{m}$，则地基承载力有何变化？（5分）

能力拓展（10分）

某水中基础，底面尺寸为 $4.0\text{m}\times 6.0\text{m}$，埋置深度为 4.0m，平均常水位到一般冲刷线的深度为 3.5m。持力层是一般黏性土，其土粒重度 $\gamma_s=27.3\text{kN/m}^3$，天然重度 $\gamma=20.5\text{kN/m}^3$，天然含水率 $w=28\%$，塑限 $w_P=24\%$，液限 $w_L=32.5\%$。基础底面以上全为中密的粉砂，其饱和重度 $\gamma_{sat}=20.0\text{kN/m}^3$。试用规范法确定持力层的地基承载力特征值 f_a。（其中，基础宽度、深度修正系数 $k_1=0$，$k_2=2.5$，取 $\gamma_w=10\text{kN/m}^3$）（计算值精确到 0.01kN/m^3）

（1）写出地基承载力特征值修正公式 $f_a=$ _____。

（2）持力层的天然孔隙比计算公式 $e_0=$ _____，计算值 $e_0=$ _____。

（3）液性指数计算公式 $I_L=$ _____，计算值 $I_L=$ _____。

（4）根据 e_0 和 I_L 值，查一般黏性土的承载力特征值 f_{a0}（部分）下表得 $f_{a0}=$ _____ kPa。

（5）计算修正向的地基承载力特征值 $f_a=$ _____ kPa。

e_0	I_L						
	0	0.1	0.2	0.3	0.4	0.5	0.6
0.6	420	410	400	380	360	340	310
0.7	400	370	350	330	310	290	270
0.8	380	330	300	280	260	240	230

教师评价(任课教师对学生的学习效果进行评价并签字确认)

教师评价：	成绩：
	签字：

模块五　土压力及土坡稳定性

任务一　计算静止土压力

知识评价（共40分）

1. 挡土结构物的主要类型有哪些？（5分）

2. 土压力的类型有哪些？其主要分类依据是什么？（5分）

3. 什么是静止土压力、主动土压力、被动土压力？（10分）

4. 静止土压力的计算原理是什么？（10分）

5. 请将下列说法中正确的写在括号中。(   )(10分)

(1)挡土墙墙体位移的方向和位移量决定了所产生的土压力的性质和大小。

(2)在相同的墙高和填土条件下,主动土压力最大,被动土压力最小。

(3)挡土结构物的刚度对土压力分布具有重要影响。

(4)计算静止土压力时,挡土墙后的填土是处于弹性平衡状态的。

(5)静止土压力强度对于均匀填土层是呈三角形分布的。

(6)静止土压力的计算原理是自重应力计算公式。

(7)随着挡土墙高度的增加,其静止土压力增大。

(8)随着挡土墙高度的增加,其静止土压力减小。

(9)随着挡土墙高度的增加,其静止土压力大小没有变化。

能力评价(50分)

某挡土墙墙高 $H = 5\text{m}$,墙背竖直,墙体静止不动,填土表面水平,填土表面作用着均布荷载 $q = 30\text{kPa}$。填土重度 $\gamma = 19\text{kN/m}^3$,黏聚力 $c = 20\text{kPa}$,内摩擦角 $\varphi = 35°$。试求墙背静止土压力及作用点位置,并绘出土压力强度分布图。

能力拓展(10分)

根据下图,说明静止土压力、主动土压力和被动土压力的区别,并对静止土压力、主动土压力和被动土压力各列举一种实际工程。

教师评价(任课教师对学生的学习效果进行评价并签字确认)

教师评价：	成绩：
	签字：

任务二　应用朗肯土压力理论计算土压力

知识评价(共40分)

1.朗肯土压力理论的基本原理和适用条件是什么？（10分）

2.朗肯主动土压力、被动土压力计算基本公式分别是什么？请完整写出。（20分）

3.请将下列说法中正确的写在括号中。（　　　　　）（10分）

(1)朗肯主动土压力计算公式只适用于朗肯主动极限平衡状态的情况。

(2)朗肯被动土压力计算公式只适用于朗肯被动极限平衡状态的情况。

(3)朗肯土压力公式只适用于墙背竖直、光滑,墙后填土表面水平的情况,除此情况均不可用。

(4)计算朗肯土压力时,挡土墙后的填土是处于极限平衡状态的。

(5)朗肯主动土压力与朗肯被动土压力的状态是相同的。

(6)挡土墙位移方向和大小对朗肯土压力性质具有重要影响。

(7)朗肯土压力强度对于均匀填土层是呈梯形分布的。

(8)朗肯土压力公式对于无黏性土和黏性土均可适用。

能力评价(共50分)

1. 某挡土墙墙高 $H = 5\text{m}$,墙背竖直、光滑,墙后填土面水平,填土重度 $\gamma = 19\text{kN/m}^3$,黏聚力 $c = 10\text{kPa}$,内摩擦角 $\varphi = 30°$。试确定:

(1)主动土压力强度沿墙高的分布。(10分)

(2)主动土压力的大小及作用点位置。(10分)

2. 已知:填土为砂土,填土表面作用着均布荷载 $q = 20\text{kPa}$。用朗肯土压力公式计算下图所示挡土墙上的主动土压力分布及其合力。(10分)

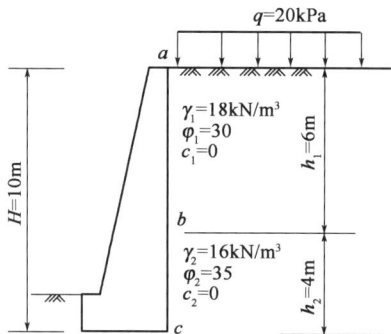

3. 某挡土墙墙高 $H = 6\text{m}$,墙背竖直、光滑,墙后填土面水平,填土的重度 $\gamma = 18\text{kN/m}^3$,黏聚力 $c = 0$,内摩擦角 $\varphi = 30°$。试求:

(1)墙后无地下水时的总主动土压力。(5分)

（2）当地下水位离墙底 2m 时，作用在挡土墙上的总压力（包括土压力和水压力）。（地下水位下填土的饱和重度 $\gamma_{sat} = 19kN/m^3$。）（5 分）

4. 某挡土墙墙高 $H = 6m$，墙背竖直、光滑，墙后填土面水平，并作用着均布荷载 $q = 30kPa$，填土分两层：上层填土厚度 $h_1 = 3m$，土的重度 $\gamma_1 = 17kN/m^3$，黏聚力 $c_1 = 0kPa$，内摩擦角 $\varphi_1 = 26°$；下层填土厚度 $h_2 = 3m$，土的重度 $\gamma_2 = 19kN/m^3$，黏聚力 $c_2 = 10kPa$，内摩擦角 $\varphi_2 = 16°$。试求墙背主动土压力及作用点位置，并绘出土压力强度分布图。（10 分）

能力拓展（10 分）

已知某挡土墙，墙背竖直、光滑，墙后填土面水平，填土的重度 $\gamma = 18kN/m^3$，黏聚力 $c = 0kPa$，内摩擦角 $\varphi = 25°$，静止土压力系数 0.3。①挡土墙的位移为 0；②若挡土墙被土推动，墙后填土达到极限平衡；③若挡土墙向填土方向产生位移，墙后填土达到极限平衡。试估算上述三种情况下墙顶下 4m 处的土压力强度。

教师评价（任课教师对学生的学习效果进行评价并签字确认）

教师评价：	成绩：
	签字：

任务三 应用库仑土压力理论计算土压力

知识评价(共40分)

1. 试比较朗肯土压力理论与库仑土压力理论的基本假定、计算原理及适用条件。(10分)

2. 库仑主动土压力、被动土压力计算基本公式分别是什么？请完整写出。(10分)

3. 当墙后填土面上有连续均布荷载作用时,如何用库仑土压力理论求主动土压力？(10分)

4. 请将下列说法中正确的写在括号中。(   )(10分)
(1)与朗肯土压力理论相比,库仑土压力理论具有更广泛的适用范围。
(2)库仑土压力计算公式适用于墙后填土处于极限平衡状态的情况。
(3)朗肯土压力理论是库仑土压力理论的一个特例。
(4)若其他条件不变,当δ减小时,作用于墙背的主动土压力E_a将增大。
(5)若其他条件不变,当δ减小时,作用于墙背的主动土压力E_a将减小。
(6)若其他条件不变,当δ减小时,作用于墙背的主动土压力E_a没有变化。
(7)若其他条件不变,当δ减小时,作用于墙背的被动土压力E_p将增大。
(8)若其他条件不变,当δ减小时,作用于墙背的被动土压力E_p将减小。

（9）若其他条件不变,当 δ 减小时,作用于墙背的被动土压力 E_p 没有变化。

（10）由于库仑土压力理论假设墙后填土是均匀的无黏性土,不能用该理论直接计算黏性土的土压力。

（11）虽然库仑土压力理论假设墙后填土是均匀的无黏性土,但是可以采取修正方法使该理论也可计算黏性土土压力。

能力评价（共 50 分）

1. 某挡土墙如下图所示,已知:墙高 $H = 5\text{m}$,墙背倾角 $\alpha = 10°$,填土为细砂,填土面水平 $(\delta = 0°)$,填土重度 $\gamma = 19\text{kN/m}^3$,内摩擦角 $\varphi = 30°$,填土与墙背的摩擦角 $\delta = 15°$。试按库仑土压力理论计算作用在墙上的主动土压力。（10 分）

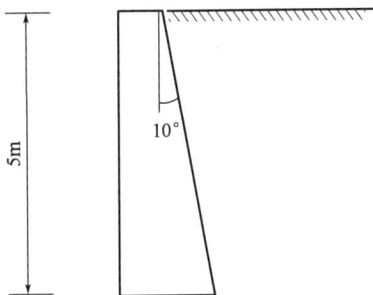

2. 某挡土墙墙高 4m,填土面倾角 $\beta = 10°$,填土重度 $\gamma = 20\text{kN/m}^3$,黏聚力 $c = 0\text{kPa}$,内摩擦角 $\varphi = 30°$,填土与墙背的摩擦角 $\delta = 10°$。试用库仑土压力理论分别计算墙背倾角 $\alpha = 10°$ 和 $\alpha = -10°$ 时的主动土压力,并绘图表示其分布与合力作用点的位置和方向。（20 分）

3. 某挡土墙墙高 4m,墙背倾斜角 $\alpha = 20°$,填土面倾角 $\beta = 10°$,填土重度 $\gamma = 20\text{kN/m}^3$,黏聚力 $c = 0\text{kPa}$,内摩擦角 $\varphi = 30°$,填土与墙背的摩擦角 $\delta = 15°$。试按库仑土压力理论计算:

（1）主动土压力强度沿墙高的分布。（10 分）

（2）主动土压力的大小、作用点位置和方向。（20 分）

能力拓展（10 分）

某公路路肩挡土墙如下图所示。已知：路面宽 7m，荷载为公路二级荷载；填土重度 $\gamma = 18kN/m^3$，内摩擦角 $\varphi = 35°$，黏聚力 $c = 0kPa$，挡土墙高 $H = 8m$，墙背摩擦角 $\delta = 2\varphi/3$，伸缩缝间距为 10m。试计算作用在挡土墙上由汽车荷载引起的主动土压力。

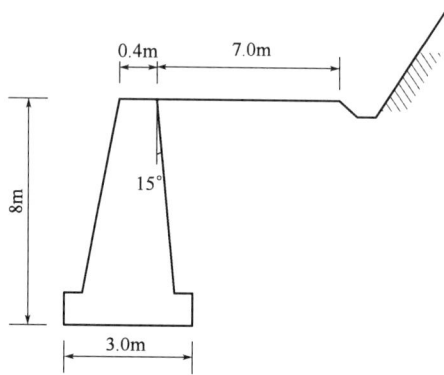

教师评价（任课教师对学生的学习效果进行评价并签字确认）

教师评价：	成绩：
	签字：

任务四　分析土坡稳定性

知识评价(共 40 分)

1.土坡稳定性的基本含义是什么？(10 分)

2.试述几种常用的土坡稳定性分析方法的基本原理,并比较各自的特点和适用条件。(20 分)

3.请将下列说法中正确的写在括号中。(　　　　　)(10 分)

(1)分析土坡稳定性的目的是分析所设计的土坡断面是否安全与合理。

(2)无黏性土坡的稳定性只与坡角 β 有关,而与坡高 H 无关。

(3)土坡稳定安全系数一般要求 $K > 1.30$,是为了保证土坡具有足够的安全储备。

(4)圆弧滑动体的整体稳定分析法仅适合解决简单土坡的稳定计算问题。

(5)条分法适用于外形复杂的土坡、非均质土坡和浸于水中的土坡。

(6)若其他条件不变,当坡角 β 减小时,砂性土的土坡稳定性将增强。

(7)若其他条件不变,当坡角 β 减小时,砂性土的土坡稳定性将减弱。

(8)若其他条件不变,当坡角 β 减小时,砂性土的土坡稳定性仍然没有变化。

(9)若其他条件不变,当土的内摩擦角 φ 增大时,黏性土的土坡稳定性将增强。

(10)若其他条件不变,当土的内摩擦角 φ 增大时,黏性土的土坡稳定性将减弱。

(11)若其他条件不变,当土的内摩擦角 φ 增大时,黏性土的土坡稳定性没有变化。

学号：　姓名：　班级：　学院：

能力评价(共 50 分)

1. 某一均质无渗透力作用的简单砂性土坡,其重度 $\gamma = 18.8\text{kN/m}^3$,土的内摩擦角 $\varphi = 28°$,坡角 $\beta = 25°24'$。该土坡的稳定安全系数 K 为多少? 若要求这个土坡的稳定安全系数为 1.2,试计算保持稳定的安全坡角。(25 分)

2. 某简单黏性土坡,高 25m,坡比 1:2,填土重度 $\gamma = 20\text{kN/m}^3$,内摩擦角 $\varphi = 26.6°$,黏聚力 $c = 10\text{kPa}$,假设滑动圆弧半径为 49m,并假设滑动面通过坡脚位置。试用条分法求该土坡对应这一滑动圆弧的安全系数。(25 分)

能力拓展(10 分)

某一均质黏性土简单土坡如下图所示,黏聚力 $c = 20\text{kPa}$,内摩擦角 $\varphi = 20°$,重度 $\gamma = 18\text{kN/m}^3$,试用泰勒法进行以下计算:

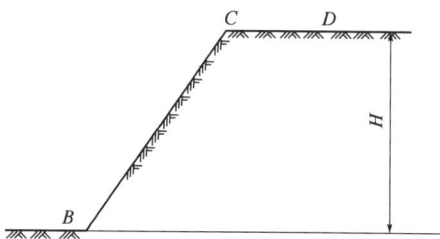

(1)如坡角 β 为 60°,安全系数为 1.5,试确定最大允许坡高。

(2)如坡高 h 为 8.5m,安全系数仍为 1.5,试确定最大允许坡角。

(3)如坡高 h 为 8.0m,坡角 β 为 70°,试确定安全系数。

教师评价(任课教师对学生的学习效果进行评价并签字确认)

教师评价:	成绩:
	签字:

模块六　天然地基上的浅基础

任务一　设计天然地基上的浅基础

知识评价（共40分）

1. 请在下图中标注襟边、扩散角、基础埋置深度。（10分）

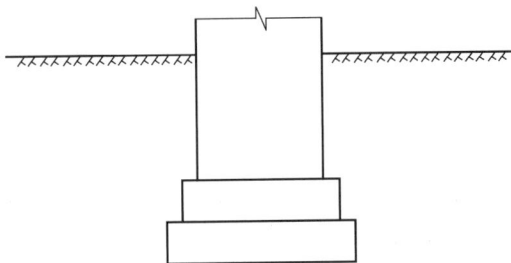

2. 影响地基承载力的因素有哪些？如何确定地基承载力特征值？如何进行深度、宽度修正？（10分）

3. 哪些情况下应验算桥梁基础的沉降？（10分）

4. 天然地基上刚性浅基础设计计算包括哪些步骤和内容？（10分）

能力评价(50分)

完成设计任务:设计桥的中墩基础。

计算资料:

（1）上部构造:30m 预应力钢筋混凝土空心板,桥面净宽为 8m + 2 × 1.5m。

（2）下部构造:混凝土重力式桥墩。

（3）设计荷载:公路—Ⅱ级,人群荷载 3.0kN/m²,作用于基顶(墩底)处的 N、H 和 M 值见下表。

序号	效应组合情况	作用于基础底面形心处的力或力矩		
		N(kN)	H(kN)	M(kN·m)
1	用于验算地基强度和偏心距 组合 I A:恒载 + 双孔车辆 + 双孔人群 B:恒载 + 单孔车辆 + 单孔人群 组合 Ⅱ A:恒载 + 双孔车辆 + 双孔人群 + 双孔制动力 + 常水位时风力 B:恒载 + 单孔车辆 + 单孔人群 + 单孔制动力 + 常水位时风力	9876 9846 9876 9846	0 0 203 203	3 204 1909 2111
2	用于验算基础稳定性 组合 I 恒载 + 单孔车辆 + 单孔人群 + 设计水位时浮力 组合 Ⅱ A:恒载 + 单孔车辆 + 单孔人群 + 设计水位时风力 + 设计水位时浮力 B:恒载 + 单孔车辆 + 单孔人群 + 单孔制动力 + 常水位时风力 + 常水位时浮力	8542 8542 7541	0 226 226	328 2041 2111

（4）地质资料:

①地质柱状图如下图所示。

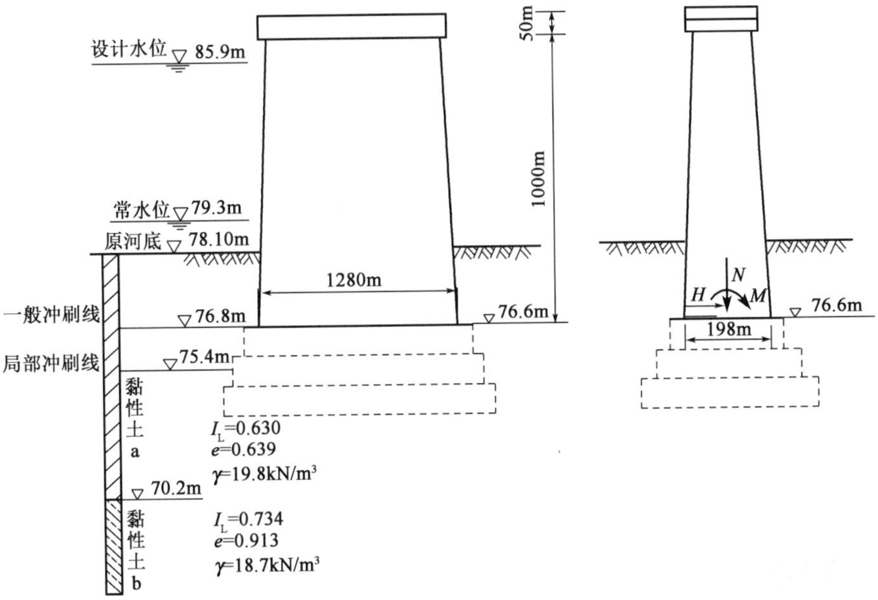

设计水位 ▽ 85.9m

50m

1000m

常水位 ▽79.3m
原河底 ▽78.10m

1280m

▽76.6m

一般冲刷线 ▽76.8m

▽76.6m

局部冲刷线 ▽75.4m

198m

黏性土 a
$I_L=0.630$
$e=0.639$
$\gamma=19.8kN/m^3$

▽70.2m

黏性土 b
$I_L=0.734$
$e=0.913$
$\gamma=18.7kN/m^3$

②地基土的物理性质见下表。

层次	土名	$\gamma(kN/m^3)$	G_s	$w(\%)$	$w_L(\%)$	$w_P(\%)$	e	I_L
1	黏性土 a	19.80	2.72	21.60	26.80	12.10	0.664	0.630
2	黏性土 b	18.70	2.74	33.09	38.60	17.70	0.913	0.734

(5)水文资料。

设计水位高程85.9,常水位高程79.3,一般冲刷线高程76.8,局部冲刷线高程75.4(高程均以 m 计)。

(6)其他:桥梁处于公路直线段上,无冰冻,拟在枯水季节施工。

按照下列步骤完成任务:

(1)确定基础的埋深。

(2)基础尺寸的拟定。

①刚性角的验算:

②基础顶面尺寸:

③基础底面尺寸:

(3)计算各种效应组合下作用于基础底面形心处的 N、H 和 M 值,完成下表。

序号	效应组合情况	作用于基底形心处的力或力矩		
		$N(kN)$	$H(kN)$	$M(kN \cdot m)$
1	用于验算地基强度和偏心距 组合 I A:恒载 + 双孔车辆 + 双孔人群 B:恒载 + 单孔车辆 + 单孔人群 组合 II A:恒载 + 双孔车辆 + 双孔人群 + 双孔制动力 + 常水位时风力 B:恒载 + 单孔车辆 + 单孔人群 + 单孔制动力 + 常水位时风力			
2	用于验算基础稳定性 组合 I 恒载 + 单孔车辆 + 单孔人群 + 设计水位时浮力 组合 II A:恒载 + 单孔车辆 + 单孔人群 + 设计水位时风力 + 设计水位时浮力 B:恒载 + 单孔车辆 + 单孔人群 + 单孔制动力 + 常水位时风力 + 常水位时浮力			

注:组合 I 为永久作用(不计混凝土收缩、徐变和浮力)和汽车、人群的标准效应组合。组合 II 为各种作用(不包括偶然作用)的标准效应组合。

（4）合力偏心距验算。

（5）地基强度验算。

①持力层强度：

②软弱下卧层强度：

（6）基础稳定性。

①抗倾覆稳定性：

②抗滑稳定性：

能力拓展(10分)

分析下图中桥梁河道多年冲刷造成的泥沙淤积对浅基础会有何影响。

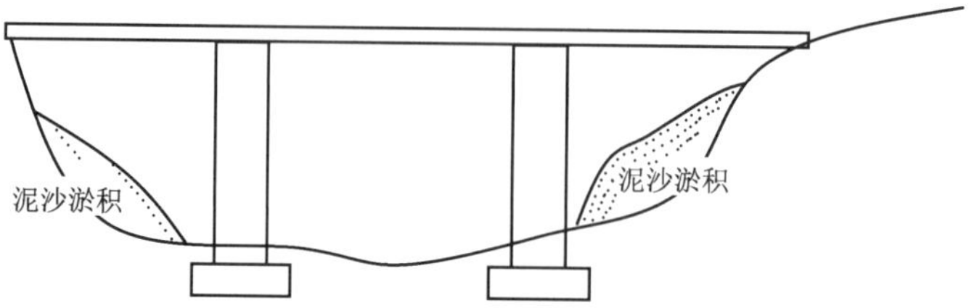

教师评价(任课教师对学生的学习效果进行评价并签字确认)

教师评价:	成绩:
	签字:

任务二　天然地基上的浅基础施工

知识评价(共40分)

1. 明挖法浅基础施工程序和主要内容有哪些?(20分)

2. 什么条件下可以不设维护开挖基坑?(20分)

能力评价(共50分)

1. 开挖至设计高程后,基础底面检查有哪些内容?(25分)

2. 什么是轻型井点降水法?它具有什么优点?(25分)

能力拓展(10分)

某大桥施工过程中,其墩台基础位于地表水以下,桥位区地质条件:水深为3m,流速为2m/s,河床不透水,河边浅滩,地基土质为黏土。施工单位决定采用钢板桩围堰法施工。钢板桩用阴阳锁口连接。施工方法:①使用围图定位,在锁口内涂上黄油,放上锯末等混合物,组拼桩时,用油灰和棉花捻缝;②按自上游分两头向下游合龙的顺序插打桩,施工时先将钢板桩逐板施打到稳定深度;③依次施打到设计深度,使用射水法下沉;④下沉完毕后,围堰高出施工期最高水位70cm,桥梁墩台施工完毕后,向围堰内灌水;⑤当堰内水位高于堰外水位1.5m时,采用浮式起重机从上游附近开始,将钢板桩逐板或逐组拔出。

问题:

(1)此大桥墩台基础施工更适合哪种围堰?

(2)以上钢板桩围堰施工过程中的错误有哪些? 请逐项改正。

(3)桥梁墩台施工完毕后,向围堰内灌水的目的是什么?

教师评价(任课教师对学生的学习效果进行评价并签字确认)

教师评价:	成绩:
	签字:

模块七　桩　基　础

任务一　认识桩基础的类型与构造

知识评价(共40分)

1. 什么是桩基础？桩基础的作用原理是什么？(4分)

2. 桩基础具有哪些特点？(4分)

3. 桩基础适用于哪些条件？(4分)

4. 桩按成桩挤土效应可分为哪几种？(4分)

5. 桩按承载性状可分为哪几种？（4分）

6. 桩按承载类别分为哪几种？（4分）

7. 什么是高承台基础和低承台基础？二者各自的优缺点和适用条件是什么？（6分）

8. 桩按施工方法可分为哪几种？（5分）

9. 沉桩按沉桩方式可分为哪几种？（5分）

能力评价(共50分)

1. 人工挖孔桩的孔径不得小于(　　　　　)。(5分)
　　A. 0.8m　　　　B. 1.0m　　　　C. 1.2m　　　　D. 1.5m

2.写出下列桩基础中序号所表示的内容:(5分)

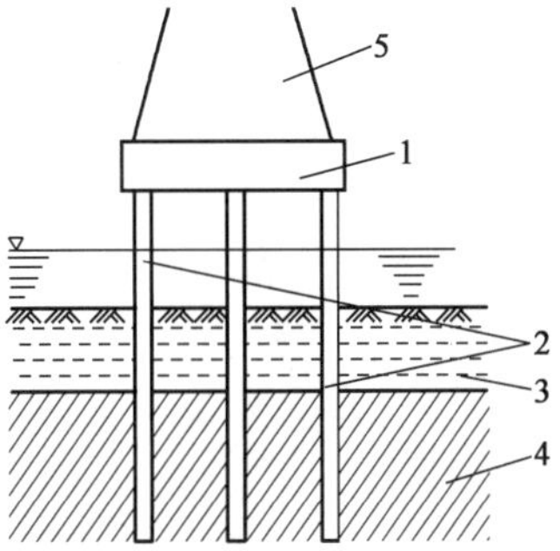

1-(　　　　);2-(　　　　);3-(　　　　);4-(　　　　);5-(　　　　)

3.在摩擦桩、端承摩擦桩、端承桩和摩擦端承桩中,写出下图中各序号所表示的桩的类型。
(5分)

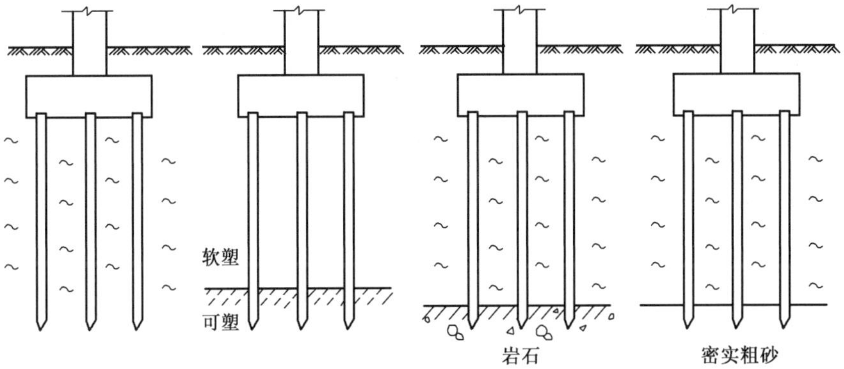

软塑
可塑
岩石
密实粗砂

a)_____　　b)_____　　c)_____　　d)_____

4.写出灌注桩成桩过程中各序号表示的步骤。(5分)

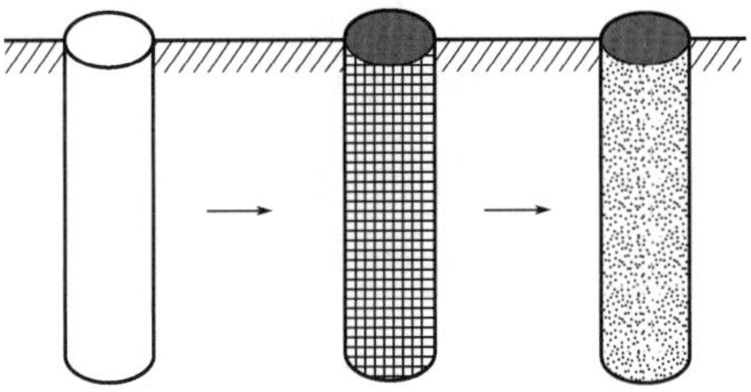

a)_____　　b)_____　　c)_____

5. 下图为桩顶主筋伸入承台连接的情况,写出各序号所表示的部位的名称。(5 分)

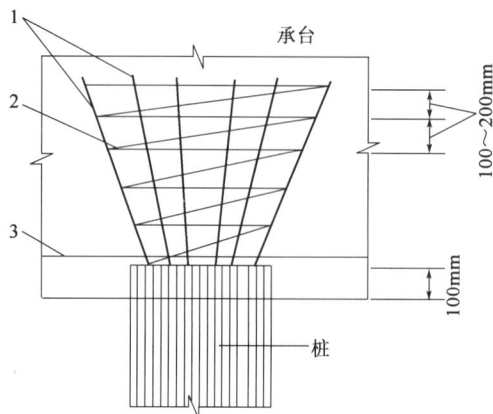

1-(   );2-(   );3-(   )

6. 下图为钢筋混凝土灌注桩的构造情况,写出各序号所表示的结构的名称。(5 分)

1-(   );2-(   );3-(   );4-(   )

7. 下列各种桩:(4 分)

①冲孔灌注桩;②钻(挖)孔灌注桩;③静压沉桩;④抓斗抓掘成孔桩;⑤挤扩孔灌注桩;⑥振动沉桩;⑦预钻孔沉桩;⑧锤击沉桩。

属于非挤土桩的有_____。

属于部分挤土桩的有_____。

属于挤土桩的有_____。

8. 干作业成孔灌注桩的适用范围是（　　）。（4分）

A. 饱和软黏土

B. 地下水位较低，在成孔深度内无地下水的土质

C. 地下水不含腐蚀性化学成分的土质

D. 任何土质

9. 下列哪种情况无须采用桩基础？（　　）（4分）

A. 高大建筑物，深部土层软弱

B. 普通低层住宅

C. 上部荷载较大的工业厂房

D. 变形和稳定要求严格的特殊建筑物

10. 桩按受力情况分类，下列说法错误的是（　　）。（4分）

A. 按受力情况桩分为摩擦桩和端承桩

B. 摩擦桩上的荷载由桩侧摩擦力承受

C. 端承桩的荷载由桩端阻力承受

D. 摩擦桩上的荷载由桩侧摩擦力和桩端阻力共同承受

11. 下列关于灌注桩的说法不正确的是（　　）。（4分）

A. 灌注桩直接在桩位上就地成孔，然后在孔内灌注混凝土或钢筋混凝土而成

B. 灌注桩能适应地层的变化，无须接桩

C. 灌注桩施工后无须养护即可承受荷载

D. 灌注桩施工时无振动、无挤土，噪声小

能力拓展（10分）

松花江特大桥全长4668.5m，特大桥钻孔桩共582根（包括主航道拱桥88根，备用航道斜拉桥38根，引桥456根）。其中，水中钻孔桩502根，占比高，施工难度大。钻孔灌注桩工程于2023年11月开始施工，为确保按总体工期顺利完成，项目办统筹规划资源配置，克服钻孔桩地质层情况复杂多变、冬季严寒天气施工等困难，针对松花江特大桥钻孔桩地质层情况复杂的特点，对不同地质状况采用不同的钻孔施工工艺，保障了成孔质量；采取泥浆箱造浆以及泥浆护筒内循环技术，有效预防了泥浆流入松花江，保护了松花江自然生态环境。

结合本工程思考：根据成孔方法的不同，灌注桩可以分为哪几类？

教师评价(任课教师对学生的学习效果进行评价并签字确认)

教师评价:	成绩:
	签字:

任务二　确定单桩承载力

知识评价(共40分)

1.指出下段文字中的知识性错误:桩侧摩阻力和桩端摩阻力的作用程度与桩和土之间的变形有关,二者在极限值时所需要的位移量相同。(6分)

2.单桩轴向承载力的确定方法有哪些?(6分)

3.桩的轴向荷载是如何传递的? 单桩轴向承载力是如何构成的? (6分)

4.采用垂直静载试验法确定单桩轴向承载力的原理是什么？（6分）

5.采用垂直静载试验法确定单桩轴向承载力时,如何选择试桩？（6分）

6.按《公路桥涵地基与基础设计规范》(JTG 3363—2019)规定,在什么情况下应通过静载试验确定单桩承载力？（10分）

能力评价(共50分)

1.桩的相对刚度较大时,基桩的横向承载力由_____决定。桩的相对刚度较小时,基桩的横向承载力将由_____或_____决定。（10分）

2.某水中桩基础如右图所示(单位尺寸:m,高程单位:m),采用钻孔灌注桩,已知:设计直径 1.0m,桩底沉淀层厚 $t \leqslant 0.3$m;地基土层上部为轻亚黏土,饱和重度 $\gamma_{sat} = 18.8$kN/m^3,孔隙比 $e = 0.8$,液性指数 $I_L = 0.7$;地基下层为亚黏土,$\gamma_{sat} = 19.3$kN/m^3,$e = 0.9$,液性指数 $I_L = 0.6$。试按土的阻力求单桩轴向受压承载力特征值。（10分）

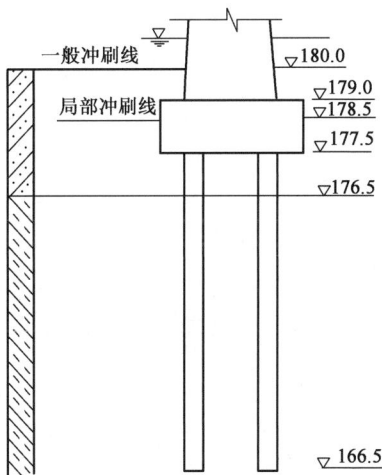

3. 将 2 题中基桩改为 40cm×40cm 的钢筋混凝土预制方桩,其他条件不变。试按土的阻力求单桩轴向受压承载力特征值。(10 分)

4. 下图所示的某桥墩基础(高程单位:m),采用钻孔灌注桩,已知:设计直径 1.2m,桩身重度 25kN/m³,桩底沉淀层厚度 $t \leqslant 0.3$m;河底土质为黏性土,$\gamma_{sat} = 19.5$kN/m³,$e = 0.7$,$I_L = 0.4$。按作用短期效应组合(可变作用的频遇值系数均取 1.0)计算得到单桩桩顶所受轴向压力 $P = 1988.68$kN。试确定桩在最大冲刷线以下的入土深度。(20 分)

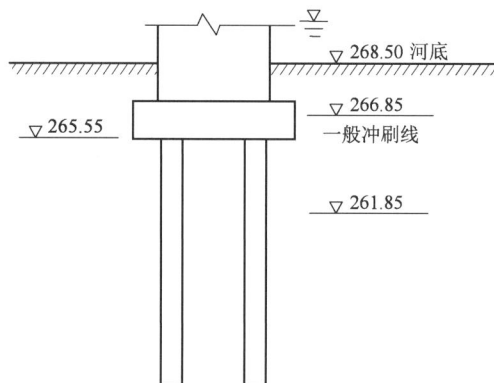

能力拓展(10 分)

某钻孔灌注桩采用垂直静载试验法确定单桩轴向承载力,试桩的 p-S 数据如下:

p(kN)	0	300	450	600	750	900	1050	1200	1350	1500
S(mm)	0	1.82	2.93	4.20	5.74	7.59	9.61	11.98	14.67	28.93

可判断其单桩轴向承载力标准值为(　　　)kN。

A. 844　　　　B. 675　　　　C. 1350　　　　D. 750

教师评价(任课教师对学生的学习效果进行评价并签字确认)

教师评价:	成绩:
	签字:

任务三 桩基础施工

知识评价（共40分）

1. 钻孔灌注桩的施工工序是什么？（2分）

2. 钻孔灌注桩施工应做好哪些准备工作？（2分）

3. 钻孔灌注桩施工时为何要埋设护筒？（2分）

4. 钻孔中泥浆的作用有哪些？（2分）

5. 钻孔灌注桩的钻孔方法有哪几种？各适用于什么条件？（2分）

6.螺旋钻成孔法适用于什么条件？（2分）

7.钻孔的常见事故有哪些？应如何处理？（2分）

8.清孔的目的是什么？（2分）

9.清孔的方法有哪几种？各适用于什么条件？（2分）

10.钻孔灌注桩施工采用什么方法灌注水下混凝土？怎样进行？（2分）

11. 钻孔灌注桩灌注水下混凝土的注意事项有哪些？（2 分）

12. 请写出沉管灌注桩的施工工序。（2 分）

13. 沉管灌注桩施工时，在什么条件下要进行复打？怎样进行？（2 分）

14. 沉桩的施工工序是什么？（2 分）

15. 沉桩施工时桩帽的作用是什么？（2 分）

16.沉桩施工时送桩的作用是什么？在什么情况下采用？（2分）

17.打桩应按什么样的顺序进行？（2分）

18.控制桩停止锤击的原则是什么？（2分）

19.振动沉桩停振的控制标准是什么？（2分）

20.静力压桩法的施工特点是什么？（2分）

能力评价(共50分)

一、填空题(每题3分,共30分)

1.护筒埋设可采用_____、_____和_____三种方式。

2.旋转钻按泥浆循环的程序不同分为_____和_____两种。

3.沉管灌注桩的沉管方法有_____、_____、_____。

4.沉管灌注桩拔管时应_____,_____,_____。

5.沉桩的下沉方法分为_____、_____、_____、_____。

6. 锤击沉桩法常用的桩锤有_____、_____、_____、_____、_____等几种。

7. 混凝土预制桩的接桩方法有_____、_____、_____三种。

8. 振动沉桩法一般适用于砂土、硬塑及软塑的黏性土和中密及较软的碎石土,在_____中最为有效,而在_____中则难以沉入。

9. 静力压桩适用于_____土层,当存在厚度大于 2m 的_____时,不宜采用静力压桩。

10. 对于浅水或临近河岸的桩基础,其施工方法类似于浅水中的浅基础,常采用围堰修筑法,即先筑_____,后进行桩基础施工。

二、选择题(每题 2 分,共 20 分)

1. 水下混凝土应具有良好的和易性,其坍落度宜为(　　)mm。
   A. 60 ~ 80　　　　B. 80 ~ 100　　　　C. 100 ~ 120　　　　D. 180 ~ 220

2. 打桩顺序应按(　　)执行。
   A. 对于密集桩群,为减小对周围环境的挤土效应,自四周向中间施打
   B. 当一侧毗邻建筑物时,由毗邻建筑物处向另一方向施打
   C. 根据基础的设计高程,宜先深后浅
   D. 根据桩的规格,宜先大后小,先长后短

3. 制作预制桩时,上层桩或邻桩的浇筑必须在下层桩的混凝土达到设计强度的(　　)时方可进行。
   A. 30%　　　　B. 50%　　　　C. 70%　　　　D. 100%

4. 预制混凝土桩混凝土强度达到设计强度的_____方可起吊,达到_____方可运输和打桩。(　　)
   A. 70% ,90%　　B. 70% ,100%　　C. 90% ,90%　　D. 90% ,100%

5. 用锤击沉桩时,为防止桩受冲击应力过大而损坏,应力要求(　　)。
   A. 轻锤重击　　B. 轻锤轻击　　C. 重锤重击　　D. 重锤轻击

6. 下列工作不属于打桩准备工作的是(　　)。
   A. 平整施工场地　　　　　　B. 预制桩的制作
   C. 定位放线　　　　　　　　D. 安装打桩机

7. 大面积、高密度打桩不易采用的打桩顺序是(　　)。
   A. 由一侧向单一方向进行
   B. 自中间向两个方向对称进行
   C. 自中间向四周进行
   D. 分区域进行

8. 关于打桩质量控制,下列说法中不正确的是(　　)。
   A. 桩尖所在土层较硬时,以贯入度控制为主
   B. 桩尖所在土层较软时,以贯入度控制为主
   C. 桩尖所在土层较硬时,以桩尖设计高程控制
   D. 桩尖所在土层较软时,以桩尖设计高程控制为主

9. 下列说法不正确的是( )。

　A. 静力压桩法是利用无振动、无噪声的静压力将桩压入土中,主要用于软弱土层和邻近有怕振动建筑物(构筑物)的情况

　B. 振动法在砂土中施工效率较高

　C. 射水法适用于砂土和碎石土,有时对于特别长的预制桩,单靠锤击有一定困难,亦可采用射水法辅助

　D. 打桩时,为减少对周围环境的影响,可采取适当的措施,如井点降水

10. 泥浆护壁成孔灌注桩成孔时,泥浆的作用不包括( )。

　A. 洗渣　　　　　B. 冷却　　　　　C. 护壁　　　　　D. 防止流沙

能力拓展(10 分)

　2024 年 9 月 10 日晚,随着最后一车混凝土缓缓注入桩身,国道 G324 线龙海角美大碑头至龙文朝阳漳滨段 A2 合同施工项目——漳滨特大桥,最后一根水中桩基左幅 4-3 顺利完成浇筑。至此,漳滨特大桥桩基全部完成。在桩基施工过程中,项目部严格检验混凝土坍落度,并加强测量放样、钢筋笼对中安装、混凝土浇筑等质量管控,优化资源配置,科学施工,做好每一道工序的衔接,在确保项目建设安全、高效、有序的前提下,圆满地完成了桩基施工任务。请结合本案例简述钻孔桩施工准备要点。

教师评价(任课教师对学生的学习效果进行评价并签字确认)

教师评价:	成绩:
	签字:

模块八　沉　　井

任务一　认识沉井的类型与构造

知识评价(共40分)

1. 沉井由哪些部分组成？（10分）

2. 沉井作为基础具有哪些特点？（10分）

3. 沉井作为桥梁的基础有哪些适用条件？（20分）

能力评价(共50分)

1. 沉井按使用材料可分为＿＿＿＿＿＿、＿＿＿＿＿＿、＿＿＿＿＿＿、＿＿＿＿＿＿。
（10分）

2.沉井按平面形状可分为＿＿＿＿＿＿、＿＿＿＿＿＿、＿＿＿＿＿＿,根据井孔的布置方式分为＿＿＿＿＿＿、＿＿＿＿＿＿、＿＿＿＿＿＿。(10分)

3.沉井按立面形状分为＿＿＿＿＿＿、＿＿＿＿＿＿、＿＿＿＿＿＿。(10分)

4.沉井按施工方法分为＿＿＿＿＿＿、＿＿＿＿＿＿。(10分)

5.下图为沉井结构示意图,写出图中各序号所代表的结构的名称。(10分)

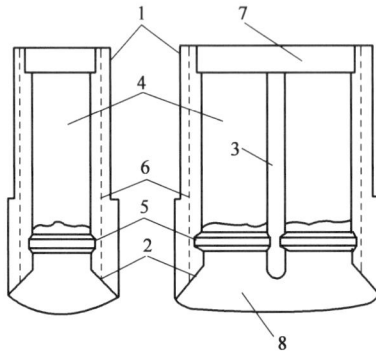

1-(   );2-(   );3-(   );4-(   );
5-(   );6-(   );7-(   );8-(   )

能力拓展(10分)

2021年1月28日,辽阔的长江常州段江面上,一个22万吨以上的钢沉井沉入江底。由中铁大桥勘测设计院设计、中铁大桥局集团承建的世界在建最大水中沉井基础——常泰长江大桥6号墩钢沉井基础,下沉到－65m的高程,顺利实现精准终沉。沉井平均下沉速率25cm/d,创造了粉质黏土层大型沉井下沉的最快纪录。结合本工程总结,在哪些情况下使用沉井基础在技术和经济上更合理。

教师评价(任课教师对学生的学习效果进行评价并签字确认)

教师评价:	成绩:
	签字:

任务二　沉井施工

知识评价(共40分)

1. 请写出抽撤垫木的顺序。(10分)

2. 水中沉井基础施工可采用哪些方法？如何进行？(10分)

3. 什么是泥浆润滑套施工法？(10分)

4. 什么是壁后压气施工法？(10分)

能力评价(共50分)

1. 混凝土达到设计强度的 _____ 时可拆除内外侧模,达到设计强度的 _____ 时可拆除隔墙底面和刀脚斜面模板。混凝土强度达到设计强度的 _____ 后才能抽撤垫木。(10分)

　　A. 25%　　　　　B. 50%　　　　　C. 75%　　　　　D. 100%

2. 请写出抽撤垫木的顺序:(10分)

(1) _____ ;

(2) _____ ;

(3) _____ 。

3. 请写出挖土下沉的顺序:(10分)

(1) _____ ;

(2) _____ ;

(3) _____ 。

4. 沉井下沉至设计高程后,如何对地基进行检验与处理? (20分)

能力扩展(10分)

长江某大桥使用的是"钢壳 + 钢筋混凝土"组合式沉井,长 86.9m、宽 58.7m、高约 110m,相当于 12 个标准篮球场,是目前世界上规模最大的深水沉井基础。在安装之前,设计团队已经做过完整的河槽冲刷试验,河道的泥沙冲刷在 2.5 ~ 7.5m 范围内,最大也不会超过 11.2m。在实际施工过程中,长江水流湍急,再加上大桥施工位置属于是长江下游的潮汐河段,水流速度快,可以达到 2.5m/s,位于河床上游部分的泥沙被江水冲走,导致沉井不断倾斜。工程师先采取局部增加荷载的措施纠偏(低侧抽水、高侧注水进行偏压重),再采取沉井外抛石、抛砂袋,在井筒较低的一侧抛碎石等措施纠偏。

结合本工程案例总结沉井纠偏的方法。

教师评价(任课教师对学生的学习效果进行评价并签字确认)

教师评价:	成绩:
	签字:

模块九　地　基　处　理

任务一　认识软弱地基及处理方法

知识评价(共40分)

1. 软土根据土质不同可分为哪些类型？（10分）

2. 什么是软土、冲填土、杂填土？它们各具有哪些特点？（10分）

3. 地基处理的基本加固原理是什么？（20分）

能力评价(共50分)

1. 在什么情况下需要对地基进行加固处理？（25分）

2. 在下表中填入软土地基的指标值。(25分)

指标名称	天然含水率 $w(\%)$	天然孔隙比 e	直剪内摩擦角 $\varphi(°)$	十字板剪切强度 $C_u(kPa)$	压缩系数 $a_{1-2}(MPa^{-1})$
指标值					

能力拓展(10分)

将下列软土地基处理方法进行分类,完成下表。

A. 表层压实法　　　B. 重锤夯实法　　　C. 砂桩挤密法　　　D. 振冲法

E. 强夯法　　　　　F. 电渗法　　　　　G. 硅化法　　　　　H. 堆载预压法

I. 砂井预压法　　　J. 真空预压法　　　K. 水泥浆搅拌法　　L. 高压喷射注浆法

M. 水泥灌注法　　　N. 降低水位法　　　O. 粉体喷射搅拌(桩)法

挤密压实法	
排水固结法	
深层搅拌(桩)法	
灌浆胶结法	

教师评价(任课教师对学生的学习效果进行评价并签字确认)

教师评价:	成绩:
	签字:

任务二　认识换土垫层法

知识评价(共40分)

1. 什么是换土垫层法?其适用于什么条件?(10分)

2. 换土垫层法的作用机理是什么？（10分）

3. 砂砾垫层如何进行施工？（20分）

能力评价（共50分）

1. 砂砾垫层材料一般可采用中砂、粗砂、砾砂和碎（卵）石。其中关于黏粒含量、粉粒含量、砾料粒径说法正确的是（   ）。（25分）

A. 黏粒含量不应大于25%，粉粒含量不应大于5%，砾料粒径不宜大于50mm
B. 黏粒含量不应大于5%，粉粒含量不应大于25%，砾料粒径不宜大于50mm
C. 黏粒含量不应大于50%，粉粒含量不应大于25%，砾料粒径不宜大于5mm
D. 黏粒含量不应大于5%，粉粒含量不应大于50%，砾料粒径不宜大于25mm

2. 某小桥桥台采用刚性扩大基础，已知：尺寸为 $2m \times 7m \times 1m$（厚），埋置深度为1m，地基土为流塑黏性土，$I_L = 1.0$，$e = 1.0$，$\gamma = 18kN/m^3$，基础底面平均压应力为180kPa，拟采用砂垫层进行地基处理。试确定砂垫层的厚度及平面尺寸。（25分）

能力拓展（10分）

G512线G59呼北高速和林东出口至国道209线连接工程，主线左幅范围内存在两段冲沟内填筑的高填方路基。冲沟内路基土方施工于2024年3月中旬开始清表及基础底面处理；4月初开始土方填筑施工；6月上旬完成。施工过程中，施工单位通过精细组织，克服了填料含水率低、碾压困难、施工路段高差大、机械无法进出、作业面积有限、作业效率低等难题，主线左幅路基土方填筑施工的完成为确保工程整体进度提供了有力保障。

请结合案例思考路基施工控制材料最佳含水率和砂砾垫层质量检验方法。

教师评价(任课教师对学生的学习效果进行评价并签字确认)

教师评价:	成绩:
	签字:

任务三 认识挤密法和压实法

知识评价(共40分)

1. 什么是砂桩挤密法? 其适用于什么条件? (10分)

2. 常用的压实方法有哪些? (10分)

3. 砂桩的设计计算主要包括哪些内容？（20分）

能力评价（共50分）

1. 砂桩内填料宜采用砾砂、粗砂、中砂、圆砾、角砾、卵石、碎石等，填料中含泥量不应大于＿＿＿＿＿＿，并不宜含有粒径大于＿＿＿＿＿＿的粒料（　　）。（5分）
　　A.5%,50mm　　　　B.50%,5mm　　　　C.25%,50mm　　　D.5%,100mm

2. 对饱和土强夯时，夯坑形成的主要原因是（　　）。（5分）
　　A.土的触变性　　　　　　　　B.土中含有少量气泡的水
　　C.土中产生裂缝　　　　　　　D.局部液化

3. 对于液化地基适用的处理方法有（　　）。（5分）
　　A.强夯　　　　B.预压　　　　C.挤密碎石桩　　　D.表层压实法

4. 强夯法适用的土类较多，但对（　　）处理效果比较差。（5分）
　　A.饱和软黏性土　　　　　　　B.湿陷性黄土
　　C.砂土　　　　　　　　　　　D.碎石土

5. 砂桩施工可采用＿＿＿＿＿＿或＿＿＿＿＿＿成孔。为增强挤密效果，砂桩可从＿＿＿＿＿＿向＿＿＿＿＿＿施打。（6分）

6. 机械碾压法碾压的效果主要取决于被压实土的＿＿＿＿＿＿和压实机械的＿＿＿＿＿＿。（6分）

7. 重锤夯实的有效影响深度与＿＿＿＿＿＿、＿＿＿＿＿＿、＿＿＿＿＿＿以及＿＿＿＿＿＿有关。（6分）

8. 采用重锤夯实法夯击时，土的饱和度不宜过高，地下水位应低于击实影响深度。在此深度范围内也不应有饱和的软弱下卧层，否则会出现＿＿＿＿＿＿现象，严重影响夯实效果。（6分）

9. 强夯法的施工顺序应该是＿＿＿＿＿＿，即先＿＿＿＿＿＿，再＿＿＿＿＿＿，最后＿＿＿＿＿＿。（6分）

能力拓展（10分）

岳阳市规划新建北环线洛家山路为城市快速路，设计速度为80km/h，宽为60m，施工场地内的地表覆盖土层为素填土，主要来源为地方建设堆积土，堆积时间为2～4年，未压实，厚为8.5～10.7m，以黏土为主，同时含有少量的碎石与块石。不良地质的处理难度大，处治周期长等，若不能正确选择施工工艺，往往会导致工程总成本快速上升，该项目采用柱锤强夯，即先用柱锤对深层素填土做挤密处理后，再用常规夯击法压实素填土的浅层部位，技术人员既定的施工方案为深层挤密 3 遍,再浅层夯实 4 遍。

　　请结合案例思考强夯法适合处理什么类型的地基。

教师评价(任课教师对学生的学习效果进行评价并签字确认)

教师评价:	成绩:
	签字:

任务四　认识排水固结法

知识评价(共 40 分)

1. 什么是排水固结法? 其适用于什么土质条件? (5 分)

2. 砂井堆载预压法的作用机理是什么? 砂井的设计主要包括哪些内容? (5 分)

3. 什么是砂井堆载预压法? 其作用机理是什么? (5 分)

4. 砂井的平面布置形式有哪些？直径及间距怎样确定？（5 分）

5. 砂井的填筑材料有何要求？（10 分）

6. 什么是真空预压法？什么是降低地下水位预压法？它们的作用机理是什么？（10 分）

能力评价（共 50 分）

1. 理论上,真空预压法可产生的最大荷载为(　　)。（10 分）
　　A. 50kPa　　　　　　B. 75kPa　　　　　　C. 80kPa　　　　　　D. 100kPa

2. 对于饱和软黏土适用的处理方法有(　　)。（20 分）
　　A. 表层压实法　　B. 强夯　　　　　　C. 降水预压　　　　D. 堆载预压

3. 真空预压的原理主要有(　　)。（20 分）
　　A. 薄膜上面承受等于薄膜内外压差的荷载
　　B. 地下水位降低,相应增加附加应力
　　C. 封闭气泡排出,土的渗透性加大
　　D. 超孔隙水压力的消散

能力拓展（10 分）

请指出下列关于砂垫层的设置中有哪些错误。

为了使砂井有良好的排水通道,砂井顶部应铺设砂垫层,其宽度不能超出堆载宽度,并小于砂井区外边线 2 倍砂井直径,厚度宜大于 0.4m,以免地基沉降时切断排水通道。

在预压区内宜设置与砂垫层相连的排水天沟,以便把地基中排出的水引出预压区。

垫层材料宜用中、粗砂,含泥量应小于 5%,砂料中可混有少量粒径小于 10mm 的石粒。砂垫层的干密度应大于 1.5t/m³。

教师评价(任课教师对学生的学习效果进行评价并签字确认)

教师评价:	成绩:
	签字:

任务五　认识深层搅拌(桩)法

知识评价(共40分)

1.什么是深层搅拌(桩)法？(10分)

2.深层搅拌(桩)法按加固材料的状态可分为哪几类？按施工工艺可分为哪几类？(15分)

3.什么是高压喷射注浆法？高压喷射注浆法按喷射方向和形成固体的形状可分为哪几种？(15分)

能力评价（共 50 分）

1.下图为粉体喷射搅拌(桩)法的施工顺序,请为每一个序号选择一个相应的施工内容。(25 分)

a) ＿＿＿＿；b) ＿＿＿＿；c) ＿＿＿＿；d) ＿＿＿＿；e) ＿＿＿＿。

选择内容：

①下钻；②搅拌机对准桩位；③提升喷射搅拌；④钻进结束；⑤提升结束。

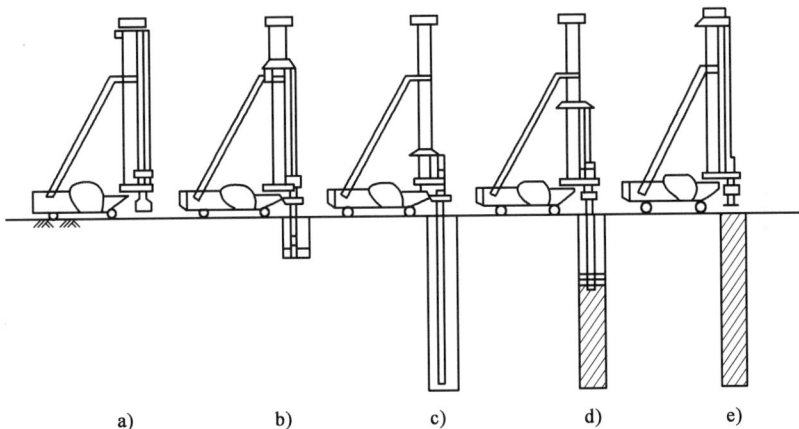

a)   b)   c)   d)   e)

2.写出低压搅拌法和高压喷射注浆法的主要区别。(25 分)

能力拓展（10 分）

关于粉体喷射搅拌(桩)法,下列说法有何错误?

可以根据不同土的特性、含水率、设计要求合理选择加固材料及配合比；以粉体为主要加固料,需向地基注入水,因此加固后地基土强度高；对于含水率较大的软土,加固效果更为显著；施工时不需高压设备,安全可靠,如严格遵守操作规程,可避免对周围环境产生污染、振动等不良影响。粉体喷射搅拌(桩)法常用于公路、铁路、水利、市政、港口等工程软土地基的加固,较多用于边坡稳定及构筑地下连续墙或深基坑支护结构。被加固软土中有机质含量不受控制。

教师评价(任课教师对学生的学习效果进行评价并签字确认)

教师评价:	成绩:
	签字:

职业教育·道路运输类专业教材

土力学与地基基础

（第3版）

张求书　张宝成　曹耀兮　主　编

邓　煜　主　审

人民交通出版社

北京

内 容 提 要

本教材是职业教育·道路运输类专业教材,以土力学与地基基础知识的实际应用为主线,包括绪论和9个模块,9个模块分别为土的工程性质、土中应力、土的压缩性与地基沉降、土的抗剪强度与地基承载力、土压力及土坡稳定性、天然地基上的浅基础、桩基础、沉井、地基处理。本教材符合"校企合作、工学结合"的人才培养模式,旨在加强学生的实践能力和职业技能培养。

本教材可作为高等职业院校、成人高校、本科院校的二级职业技术学院以及民办高校道路与桥梁工程技术、道路养护与管理及相关专业的教学用书,也适用于五年制高职、中职道路与桥梁工程施工、公路养护与管理等相关专业,并可作为相关专业工程人员的业务参考书及培训用书。

本书有配套课件,教师可通过加入职教路桥教学研讨群(QQ 927111427)免费获取。

图书在版编目(CIP)数据

土力学与地基基础 / 张求书,张宝成,曹耀兮主编.

3 版. — 北京 : 人民交通出版社股份有限公司, 2025.

6. — ISBN 978-7-114-20303-9

Ⅰ. TU4

中国国家版本馆 CIP 数据核字第 202501UB55 号

职业教育·道路运输类专业教材
Tulixue yu Diji Jichu

书　　名:	土力学与地基基础(第 3 版)
主　　编:	张求书　张宝成　曹耀兮
责任编辑:	陈虹宇
责任校对:	赵媛媛　刘　璇
责任印制:	张　凯
出版发行:	人民交通出版社
地　　址:	(100011)北京市朝阳区安定门外外馆斜街 3 号
网　　址:	http://www.ccpcl.com.cn
销售电话:	(010)85285911
总 经 销:	人民交通出版社发行部
经　　销:	各地新华书店
印　　刷:	北京市密东印刷有限公司
开　　本:	787×1092　1/16
印　　张:	22.5
字　　数:	548 千
版　　次:	2012 年 8 月　第 1 版
	2018 年 1 月　第 2 版
	2025 年 6 月　第 3 版
印　　次:	2025 年 6 月　第 3 版　第 1 次印刷　总第 10 次印刷
书　　号:	ISBN 978-7-114-20303-9
定　　价:	59.00 元(主教材 + 学习评价手册)

(有印刷、装订质量问题的图书,由本社负责调换)

第3版 前·言
Preface

　　本教材根据全国职业教育大会和全国教材工作会议精神,落实《关于推动现代职业教育高质量发展的意见》和《职业院校教材管理办法》有关部署,在前两版的基础上,结合职业院校教学的基本要求和人才培养目标,接轨现行规范,以实用、实践和时效为原则,对第2版教材进行修改和完善,形成第3版教材。第3版教材具有以下特点:

　　(1)**以够用为度,突出重点,实用性强。**根据学生的认知和能力发展规律,循序渐进地设置清晰、明确的目标与方向,突出学习重点与难点;以必需、够用为度,尽量减少烦琐的公式推导,强调技能型人才培养,实用性强。

　　(2)**注重教学可操作性,便于教师在课堂上进行知识传授和技能训练。**本教材在第2版教材配套学习评价手册的基础上,通过知识评价、能力评价、能力拓展,引导学生开展探究式学习,教材的组织逻辑与现代职业教育课堂相匹配,充分发挥其在课堂中的"剧本"作用。以教材为媒介,构建课堂交互情境,调动学生学习积极性和自主性,优化师生之间、学生之间的协作交互;以"多元内容、多样形式、精准目标"为支撑,实现个性化学习课堂,旨在促进"教-学-评"一体化的教学形式变革。

　　(3)**面向教与学的实际需求开发数字资源。**本次修订突破教材资源图像和动画的内容形态,采用建筑信息模型(Building Information Modeling,BIM)技术,开发地基基础数字化模型,供教师和学生下载,可通过直接调用或简单修改实现重复使用,以适应不同教学情境或多元化的学习活动,进而支持更智能化、宽泛化教学生态的构建,以及更个性化、定制化教学方案的达成。

　　本教材由吉林交通职业技术学院张求书、张宝成、曹耀兮主编,参编人员有内蒙古大学交通学院季秋成、贵州交通职业技术大学屈伟、四川交通职业技术学院王震宇。具体编写分工如下:张求书编写绪论、模块一、模块二,张宝成编写模块三、模块四,曹耀兮编写模块五、模块八,季秋成编写模块六,屈伟编写模块七,王震宇编写模

块九。山东省交通规划设计院集团有限公司邓煜担任主审。

鉴于编者水平有限,教材中难免存在不足之处,敬请读者批评指正。

编 者
2025 年 4 月

本教材配套资源索引

序号	资源名称	资源类型	资源位置
1	方桩	BIM 模型	资源索引页
2	联结承台的圆形桩基	BIM 模型	资源索引页
3	桥梁	BIM 模型	资源索引页
4	扩大基础施工	动画	161
5	钢板桩支护基坑开挖施工	动画	165
6	喷射混凝土围圈支护基坑开挖施工	动画	165
7	现浇混凝土护壁基坑开挖施工	动画	166
8	集水坑排水无围护基坑开挖（换填）施工	动画	167
9	水中扩大基础土石围堰施工	动画	168
10	就地灌注桩基本概念和施工流程介绍	动画	180
11	干挖螺旋成孔灌注桩	动画	181
12	人工挖孔灌注桩施工工艺及流程	动画	181
13	人工挖孔灌注桩施工工艺及流程（有人）	动画	181
14	振动沉管灌注桩施工工艺	动画	182
15	锤击沉管灌注桩施工工艺	动画	182
16	管柱基础构造	动画	182
17	管柱基础施工工艺	动画	182
18	大直径钻埋预应力空心桩施工	动画	182
19	正循环钻孔灌注桩施工	动画	206
20	正循环回转钻孔灌注桩施工工艺及流程	动画	206
21	反循环旋转钻孔灌注桩	动画	206
22	反循环钻孔灌注桩施工	动画	206
23	潜水钻机成孔灌注桩	动画	208
24	冲击成孔灌注桩	动画	209
25	冲抓成孔灌注桩	动画	210
26	旋挖钻孔灌注桩施工工艺	动画	210
27	导管法灌注水下混凝土施工工艺	动画	213
28	锤击沉桩施工工艺及流程	动画	216
29	振动沉桩施工工艺及流程	动画	220
30	射水沉桩	动画	221
31	静力压桩施工工艺及流程	动画	222

续上表

序号	资源名称	资源类型	资源位置
32	水中桥梁基础(钻孔桩)土石围堰施工	动画	223
33	水中桥梁基础(钻孔桩)钢板桩围堰施工	动画	224
34	水中桥梁基础(钻孔桩)钢套箱围堰施工	动画	224
35	沉井 + 管柱(钻孔桩)组合基础	动画	224
36	沉井 + 管柱(钻孔桩)组合施工	动画	224
37	沉井基础施工	动画	237
38	筑岛沉井施工工艺	动画	238
39	浮运沉井施工工艺	动画	239
40	水中桥梁基础(钻孔桩)钢吊箱围堰施工	动画	242
41	空气幕沉井施工工艺	动画	242

方桩　　　　联结承台的　　　桥梁
　　　　　　圆形桩基

资源使用说明：

1.扫描封面二维码,注意每个码只可激活一次;

2.长按弹出界面的二维码关注"交通教育出版"微信公众号并自动绑定资源;

3.公众号弹出"购买成功"通知,点击"查看详情",进入后即可查看资源;

4.也可进入"交通教育出版"微信公众号,点击下方菜单"用户服务—图书增值",选择已绑定的教材进行观看;

5.BIM 模型应用为 Revit2018 版本创建,请使用对应版本或更高版本的 Revit 软件打开或进行编辑。

目·录
Contents

绪论
INTRODUCTION

一、学科发展简介

土力学与地基基础是既古老又年轻的应用学科，古代劳动人民创造了灿烂的文化，留下了令人叹为观止的工程遗产，如恢宏的宫殿寺院，灵巧的水榭楼台，巍峨的高塔，蜿蜒万里的长城、大运河，等等。这些工程无不体现出能工巧匠的高超技艺和创新智慧。然而，这些局限于工程实践经验，受到当时生产力水平的限制，未能形成系统的土力学与地基基础理论。

18—19 世纪初，科学思想蓬勃发展，科学家和工程师提出了许多著名理论，发明了许多施工机械，完成了许多铁路工程、水利工程、建筑工程。1925 年，太沙基发表著作《土力学》，标志着近代土力学学科的形成。

中华人民共和国成立后，土力学与地基基础学科在我国得到了广泛的传播和发展。尤其是改革开放以后，国家大规模的建设促进了本学科的发展。本学科在土力学与地基基础理论和工程实践方面均取得了令世人瞩目的划时代进步，为国民经济发展作出了巨大贡献。近年来，许多大型水利水电工程、核电站工程、延绵万里的高速公路、大型桥梁、万吨级码头、大型厂房、林立的高楼大厦、地下空间开发利用等都体现了本学科理论和实践的巨大成就。

工程建设需要学科理论，学科理论的发展更离不开工程建设。随着高层建筑、城市地下空间的开发利用和高速公路的发展，人们将不断拓展新的生存空间，开发地下空间并修建跨海大桥、海底隧道和人工岛。这些人类文明发展的实践需求都对土力学与地基基础学科提出了更高的要求，有各种各样的地基基础问题需要解决，这恰恰是青年学生将要肩负的任务。

二、土力学与地基基础研究的内容

土力学是应用力学的分支，以土为研究对象，以传统工程力学和地质学知识为基础，主要研究土的工程性质以及土在荷载作用下的应力、变形和强度问题，为工程设计、施工提供土的工程性质指标和评价方法。土力学是土木建筑、公路、铁路、水利、地下建筑、采矿和岩土工程等有关专业的一门主要课程，属于专业基础课范畴。

土是在第四纪地质历史时期地壳表层母岩经强烈风化作用所形成的大小不等的颗粒状堆积物，是覆盖于地壳表面的一种松散或松软的物质。土是由固体颗粒、液体和气体组成的一种三相体。固体颗粒之间没有联结强度或联结强度远小于颗粒本身的强度,这是土有别于其他连续介质的一大特点。土颗粒之间存在大量孔隙,因此土具有碎散性、压实性,土粒之间具有相对移动性和透水性。

土在地球表面分布极广,且与工程建设关系密切。土在工程建设中被广泛用作各种建筑物的地基或材料,或构成建筑物周围的环境或保护层。在土层上修建工业厂房、民用住宅、涵管、桥梁、码头等时,土可作为承受上述结构物荷载的地基;修筑土质堤坝、路基等时,土被用作建筑材料;修建涵洞和隧道时,土可作为建筑环境或介质。总而言之,土的性质对于工程建设的质量、性状等具有直接而重大的影响。

建筑物修建完成以后,其全部荷载最终由其下的地层来承受,承受建筑物全部荷载的那部分天然的或经过人工改造的地层称为地基,直接与地基接触用于传递荷载的结构物最下部结构称为基础。土的性质极其复杂:当地层条件较好,地基土的力学性能较好,能满足地基基础设计对地基的要求时,建筑物的基础被直接设置在天然地层上,这样的地基被称为天然地基;而当地层条件较差,地基土强度指标较低,无法满足地基基础设计对地基的承载力和变形要求时,常需要对基础底面以下一定深度范围内的地基土体进行加固或处理,这部分经过人工改造的地基被称为人工地基。

建筑物的修建使地基中原有的应力状态发生了改变,这就需要我们运用力学方法来研究和分析经受建筑物荷载作用后(地基应力状态改变后)的地基土变形、强度和稳定性,保证地基在上部结构荷载作用下能满足强度和稳定性要求并具有足够的安全储备;控制地基的沉降使之不超过建筑物的允许变形值,保证建筑物不因地基的变形而损害或者影响其正常使用。

三、研究土力学与地基基础的意义和方法

地基和基础是建筑物的根基,属于隐蔽工程,它的勘察、设计和施工质量直接关系着建筑物的安全。工程实践表明,建筑物的事故很多都与地基基础问题有关,而且一旦发生地基基础事故,往往后果严重,补救十分困难,有些即使可以补救,其加固修复工程所需费用也是高昂的。

建筑物的地基和基础与上部结构虽然各自功能不同、研究方法相异,但是无论从力学分析入手还是从经济观点出发,这三部分都是彼此联系、相互制约的有机统一体。目前,我们要把这三部分完全统一起来进行设计计算还十分困难,但应从地基-基础-上部结构共同工作的概念出发,尽量全面考虑诸方面的因素。随着科学的发展和工程技术的进步,工程中涉及的绝大多数问题仅靠传统的力学方法是很难甚至无法解答的,计算机为这类复杂、综合工程问题的数值结果分析提供了可能,数值计算作为一种行之有效的力学分析手段,在岩土力学中得到广泛应用。

由于天然土体是非均质的、各向异性的,其性质具有明显的空间特征,所以本课程具有综合性、经验性和地区性的特点。研究中需要通过建立多种力学模型,借助大量土工试验来获取对工程实践有用的计算参数或经验公式,因此,土力学与地基基础是一门实践性很强的学科。

在学习本课程时,我们应注意结合理论学习培养力学试验的技能,通过试验深化理论学习,理解和掌握确定计算参数的方法。另外,在学习过程中,我们应在分析例题的基础上进行一定量的练习,了解相关的工程地质知识、建筑结构和施工知识以及其他课程与本课程有联系

的知识。本课程整体内容的关联性和综合性很强,学习中要突出重点,兼顾全面,要做到融会贯通,学会由此及彼、由表及里的学习方法,培养抓住问题实质从而解决实际问题的能力。

四、地基基础设计和施工所需资料

对于桥梁的地基与基础,在设计和施工开始前,除了应掌握上部结构形式、跨径、荷载、墩台结构以及国家颁布的桥梁设计、施工技术规范之外,还需要进行以下资料的收集与分析:

(1)桥位平面图(桥址地形图)。

(2)桥位工程地质勘察报告及工程地质纵断面图。

(3)地基土质调查试验报告。

(4)河流水文调查报告。

(5)地震、建筑材料、气象、附近桥梁调查、施工调查等资料。

各项资料内容范围可根据工程规模、重要性及建桥地点的工程地质、水文条件的具体情况和设计阶段确定。

五、作用与作用的组合

桥涵的地基基础承受上部传来的各种直接作用和间接作用。直接作用是指施加在结构上的集中力或分布力,也称为荷载;间接作用是引起结构外加变形或约束变形的原因。各种作用的特性不同,出现概率也不同。公路桥涵设计采用的作用分为永久作用、可变作用、偶然作用和地震作用四类。

永久作用是在设计基准期内始终存在且其量值变化与平均值相比可以忽略不计的作用,或其变化是单调的并趋于某个限值的作用,包括结构重力(包括结构附加重力)、预加力、土的重力、土侧压力、混凝土收缩和徐变作用、水浮力、基础变位作用。

可变作用是在设计基准期内其量值随时间而变化,且变化值与平均值相比不可忽略不计的作用,包括汽车荷载、汽车冲击力、汽车离心力、汽车引起的土侧压力、汽车制动力、人群荷载、疲劳荷载、风荷载、流水压力、冰压力、波浪力、温度(均匀温度和梯度温度)作用、支座摩阻力。

偶然作用是在设计基准期内不一定出现,而一旦出现其量值很大,且持续时间很短的作用,包括船舶的撞击作用、漂流物的撞击作用、汽车撞击作用。

地震作用是指作用在结构上的地震动,包括水平地震作用和竖向地震作用。

1. 作用的代表值

(1)永久作用的代表值为其标准值,永久作用的标准值可根据统计、计算,并结合工程经验综合分析确定。

(2)可变作用的代表值包括标准值、组合值、频遇值和准永久值。组合值、频遇值和准永久值可通过可变作用的标准值分别乘以组合值系数、频遇值系数和准永久值系数来确定。

(3)偶然作用取其设计值(作用的标准值或组合值乘以相应的作用分项系数)作为代表值,可根据历史记载、现场观测和试验,并结合工程经验综合分析确定,也可根据有关标准的专门规定确定。

(4)地震作用的代表值为其标准值。地震作用的标准值应根据现行《公路工程抗震规范》

(JTG B02)确定。

2. 作用组合

公路桥涵结构设计应考虑结构上可能同时出现的作用,按承载能力极限状态、正常使用极限状态进行作用组合,均应遵循一定原则,取其最不利组合效应进行设计。

承载力极限状态是指结构或构件达到最大承载能力或达到不适合继续承载的变形的极限状态。正常使用极限状态是对应于结构或结构构件达到正常使用或耐久性能的某项规定限值的状态。基础的结构设计安全等级及其结构重要性系数应按照现行《公路桥涵设计通用规范》(JTG D60)的规定确定。公路桥涵结构按正常使用极限状态设计时,应根据不同的设计要求,采用作用的频遇组合或准永久组合。例如,桩基承载能力计算和稳定性验算是承载能力极限状态设计的具体内容,应结合工程具体条件有针对性地进行计算或验算;桩基变形是正常使用极限状态设计的具体内容,涵盖沉降和水平位移两个方面,其中水平位移包括长期水平荷载、高烈度区水平地震作用以及风荷载等引起的水平位移。

土的工程性质

📝 学习目标

【知识目标】

1.了解土的工程性质指标的含义,了解粒组划分标准和颗粒分析方法,了解土中水的类型及其特点;

2.掌握土的工程性质指标在工程中的应用,掌握土的压实特性在工程中的应用;

3.掌握土的性质试验步骤与方法。

【能力目标】

1.能够依据土的性质与特征对土进行工程分类;

2.能够根据《公路土工试验规程》(JTG 3430—2020)完成土的性质试验,能够汇总试验数据;

3.能够准确识读土工试验报告。

【素质目标】

培养进行土工试验操作的能力,在分组学习与互评过程中提高沟通与协作能力。

任务一 认知土的物理性质

任务描述

作为一名岩土工程师,请你在试验室选用合适的仪具,测定土的三大指标和土的液塑限并判断该土所处的状态,根据测试结果绘制土的三相草图,对试验结果的岩土物理量数据进行换算。

学习引导

本任务沿着以下脉络进行学习:

领会粒度、粒组等基本知识 → 明确土的物理性质指标的含义 → 分析三相草图 →
进行指标换算 → 完成物理指标测定试验

相关知识 ◄◄◄

土是岩石在风化作用下形成的大小不同的颗粒,在各种自然环境中形成的堆积物。土是由三相(固、液、气)所组成的体系,如图 1-1 所示。土中固体矿物构成土的骨架,骨架之间贯穿着大量孔隙,孔隙中充填着液体和气体。土的相系组成之间的变化,将导致土的性质的改变。土的相系组成之间的质和量的变化是鉴别其工程地质性质的一个重要依据。随着环境的变化,土的三相比例也会发生相应的变化,土体三相比例不同,土的状态和工程性质也不相同。

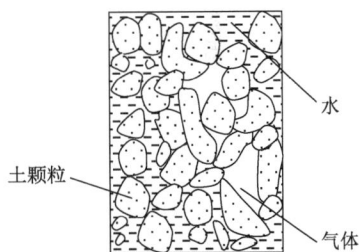

图 1-1 土的三相组成

(图中标注: 水、土颗粒、气体)

一、土中固体颗粒

土中固体颗粒是组成土体的骨架,了解土粒的特征以及土粒集合体的特征,是学习土的工程性质的重要内容之一。

1. 粒度成分

(1)土颗粒的大小

自然界中的土是由大小不同的颗粒组成的,土颗粒的大小称为粒度。土颗粒大小相差悬殊,有粒径大于几十厘米的漂石,也有粒径小于几微米的胶粒。天然土的粒径一般是连续变化的,为便于研究,工程上把大小相近的土粒合并为组,称为粒组。粒组间的分界线是人为划定的,划分时使粒组界限与粒组性质的变化相适应,并按一定的比例递减关系划分粒组的界限值。每个粒组区间内,常以其粒径加上、下限给粒组命名,如砾粒、砂粒、粉粒、黏粒等。各组内还可细分为若干亚组。《公路土工试验规程》(JTG 3430—2020)中的粒组划分如图 1-2 所示。

| 200 | | 60 | 20 | 5 | 2 | 0.5 | 0.25 | 0.075 | 0.002(mm) |

巨粒组		粗粒组						细粒组	
漂石 (块石)	卵石 (小块石)	砾(角砾)			砂			粉粒	黏粒
		粗	中	细	粗	中	细		

图 1-2　粒组划分

(2)土的粒度成分及其分析方法

土的粒度成分是指土中各种不同粒组的相对含量(用干土质量的百分比表示)。或者说土是不同粒组以不同数量的配合,故土又称"颗粒级配"。例如,某种土经分析,其中含黏粒55%、粉粒35%、砂粒10%,即该土中各粒组干质量占该土总质量的百分比含量。粒度成分可用来描述土的各种不同粒径土粒的分布特征。

为了准确地测定土的粒度成分所采用的各种手段统称为粒度成分分析或颗粒分析。其目的在于确定土中各粒组颗粒的相对含量。

目前,我国常用的粒度成分分析方法有筛分法和沉降分析法两种。对于粗粒土,即粒径大于 0.075mm 的土,用筛分法直接测定;对于粒径小于 0.075mm 的土,用沉降分析法。当土中粗细粒兼有时,可联合使用上述两种方法。

①筛分法。

筛分法将所称取的一定质量的干土样放在筛网孔逐级减小的一套标准筛上摇振,然后分层测定各筛中土粒的质量(不同粒径粒组的土质量),并计算出每一粒组占土样总质量的百分数,同时可计算小于某一筛孔孔径土粒的累计质量及累计百分数。

②沉降分析法。

沉降分析法是根据土粒在液体中沉降的速度与粒径的平方成正比的关系由斯托克斯(Stokes)定理确定粒度成分的一种方法。土粒越大,在静水中沉降速度越快;反之,土粒越小,沉降速度越慢。

(3)粒度成分的表示方法

常用的粒度成分的表示方法有表格法和累计曲线法。

①表格法。

表格法以列表形式直接表示各粒组的相对含量,它用于粒度成分的分类是十分方便的。表格法有两种不同的表示方法:一种是以累计含量百分数表示的,见表 1-1;另一种是以粒组的粒度成分表示的,表 1-2。

粒度成分的累计含量百分数表示法　　　　表 1-1

粒径 d_i (mm)	粒径小于或等于 d_i 的累计百分数 P_i(%)		
	A 土样	B 土样	C 土样
10	—	100.0	
5	100.0	75.0	—
2	98.8	55.0	—
1	92.9	42.7	
0.5	76.5	34.7	

续上表

粒径 d_i	粒径小于或等于 d_i 的累计百分数 P_i（%）		
（mm）	A 土样	B 土样	C 土样
0.25	35.0	28.5	100.0
0.10	9.0	23.6	92.0
0.075	—	19.0	77.6
0.010	—	10.9	40.0
0.005	—	6.7	28.9
0.001	—	1.5	10.0

粒度成分分析结果　　　　　表 1-2

粒组（mm）	A 土样（%）	B 土样（%）	C 土样（%）
5 ~ 10	—	25.0	—
2 ~ 5	1.2	20.0	—
1 ~ 2	5.9	12.3	—
0.5 ~ 1	16.4	8.0	—
0.25 ~ 0.5	41.5	6.2	—
0.100 ~ 0.250	26.0	4.9	8.0
0.075 ~ 0.100	9.0	4.6	14.4
0.010 ~ 0.075	—	8.1	37.6
0.005 ~ 0.010	—	4.2	11.1
0.001 ~ 0.005	—	5.2	18.9
<0.001	—	1.5	10.0

②累计曲线法。

累计曲线法是一种图示的方法，通常用半对数坐标纸绘制，横坐标（按对数比例尺）表示粒径 d_i；纵坐标表示小于某一粒径的土粒的累计百分数 P_i（注意：不是某一粒径的百分含量）。采用半对数坐标，可以更好地表达清楚细粒的含量，若采用普通坐标，则不可能做到这一点。

图 1-3 是根据表 1-1 提供的资料，在半对数坐标纸上绘制各粒组累计百分数及粒径对应的点，然后将各点连成一条平滑曲线，即该土样的粒度成分累计曲线。

累计曲线的用途主要有以下两个方面：

a. 由累计曲线可以直观地判断土中各粒组的分布情况。曲线 a 表示该土绝大部分是由比较均匀的砂粒组成的；曲线 b 表示该土是由各种粒组的土粒组成的，土粒极不均匀；曲线 c 表示该土中砂粒极少，主要是由粉粒和黏粒组成。

b. 由累计曲线可确定土粒的级配指标。

不均匀系数 C_u 反映大小不同粒组的分布情况。C_u 越大表示土粒大小的分布范围越广，颗粒大小越不均匀，其级配越好，作为填方工程的土料时，越容易获得较大的密实度。

$$C_u = \frac{d_{60}}{d_{10}} \qquad (1\text{-}1)$$

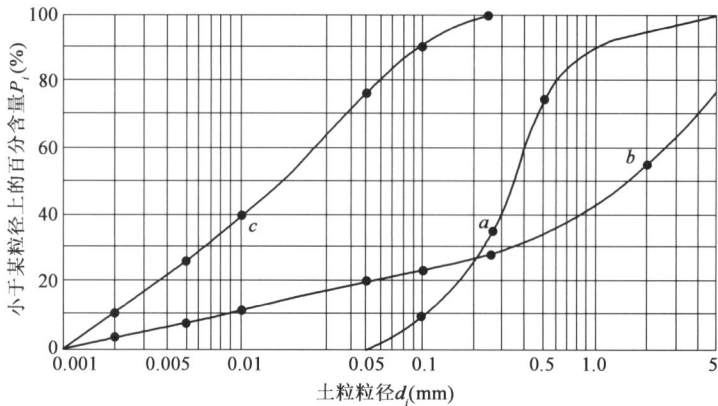

图 1-3　粒度成分累计曲线

曲率系数 C_c 表示累计曲线的分布范围,反映累计曲线的整体形状或反映累计曲线的斜率是否连续。

$$C_c = \frac{d_{30}^2}{d_{60}d_{10}} \tag{1-2}$$

式中:d_{10}、d_{30}、d_{60}——分别相当于累计百分含量为 10%、30%、60% 的粒径,其中 d_{10} 称为有效粒径,d_{30} 称为中间粒径,d_{60} 称为限制粒径。

一般情况下,工程上把 $C_u < 5$ 的土看作均粒土,属级配不良的土;$C_u > 5$ 时,称为不均粒土。经验证明,当级配连续时,C_c 的范围为 1~3;当 $C_c < 1$ 或 $C_c > 3$ 时,均表示级配不连续。

从工程上看,$C_u \geq 5$ 且 C_c 为 1~3 的土,称为级配良好的土;不能同时满足上述两个要求的土,称为级配不良的土。

2. 矿物成分

土的矿物成分主要取决于母岩的成分及其所经受的风化作用。不同的矿物成分对土的性质有着不同的影响。

土的固体颗粒物质分为无机矿物颗粒和有机质。无机矿物颗粒的成分有原生矿物和次生矿物两大类。

原生矿物是指岩浆在冷凝过程中形成的矿物,如石英、长石、云母等。由原生矿物构成的粗粒土,如漂石、卵石、圆砾等,都是岩石的碎屑,其矿物成分与母岩相同。由于其颗粒大,比表面积小(单位体积内颗粒的总表面积),与水的作用能力弱,其抗水性和抗风化作用都强,工程性质比较稳定。若级配好,则土的密度大,强度高,压缩性小。

次生矿物系原生矿物经化学风化作用后而形成的新矿物(如黏土矿物)。次生矿物颗粒细小,呈片状,是黏性土固相的主要成分。

下面以蒙脱石、伊利石、高岭石三种主要黏土矿物为例,介绍其结构特征和基本的工程特性。

(1)蒙脱石由两层硅氧晶片之间夹一层铝氢氧晶片所组成,由于单位结构层之间是 O^{2-} 对 O^{2-} 的联结,其键力很弱,很容易被具有氢键的水分子楔入而分开。因此,当土中蒙脱石含量较大时,该土的可塑性和压缩性大,强度低,渗透性小,具有较大的吸水膨胀和脱水收缩的特性。

（2）伊利石的结构与蒙脱石一样，单位结构层之间同样键力较弱。但是，伊利石在构成时，部分硅片中的 Si^{4+} 被低价的 Al^{3+}、Fe^{3+} 等所取代，因而在相邻结构层间将出现若干正一价阳离子（K^+）以补偿正电荷的不足。因为嵌入的 K^+ 离子增强了伊利石层间的联结作用，所以伊利石层间结构优于蒙脱石，其膨胀性和收缩性较蒙脱石小。

（3）高岭石结构是由一层硅氧晶片和一层铝氢氧晶片组成的单位结构层。高岭石矿物是由若干重叠的单位结构层构成的。单位结构层的一面露出氢氧基，另一面则露出氧原子。单位结构层间的联结是氧原子与氢氧基之间的氢键，它具有较强的联结力，因此单位结构层间的距离不易改变，水分子不能进入，单位结构层活动性较小，使得高岭石的亲水性、膨胀性和收缩性均小于伊利石，更小于蒙脱石。

除上述矿物质外，土中还常含有生物形成的腐殖质、泥炭和生物残骸，这些统称为有机质。其颗粒很细小，具有很大的比表面积，对土的工程性质影响很大。

二、土中的水

土中的水是土的液体相的组成部分，它们以不同形式和不同状态存在，对土的工程性质起着不同的作用，产生不同的影响。土中的水按其工程性质可分为以下几种类型。

1. 结合水

黏土颗粒与水相互作用，在土粒表面通常是带负电荷的，在土粒周围产生一个电场。水溶液中的阳离子受两方面的作用：一方面受土粒表面的静电引力作用，另一方面受到布朗运动（热运动）的扩散力作用。这两个相反趋向的作用使土粒周围的阳离子呈不均匀分布，其分布与地球周围的大气层分布相仿。土粒表面所吸附的阳离子是水化阳离子，土粒表面除水化阳离子外，还有一些水分子也被土粒所吸附，吸附力极强。土粒表面被强烈吸附的水化阳离子和水分子构成了吸附水层（也称为强结合水或吸着水）。在土粒表面，阳离子浓度最大，随着离土粒表面距离的加大，阳离子浓度逐渐降低，直至达到孔隙中水溶液的正常浓度为止。

（1）强结合水

强结合水紧靠土粒表面，厚度只有几个水分子厚，小于 $0.0031\mu m$（$1\mu m = 0.001mm$），受到约 1000MPa（1 万个大气压）的静电引力，水分子紧密而整齐地排列在土粒表面不能自由移动。与普通水不同，强结合水的性质接近固体。它的特征是：①没有溶解盐类的能力；②具有很大的黏滞性、弹性和抗剪强度，不能传递静水压力；③只有吸热变成蒸气时才能移动，$-78℃$ 低温时才冻结成冰。

当黏土只含强结合水时呈固体坚硬状态，将干燥的土移到天然湿度的空气中，则土的质量将增加，直到土中吸着的强结合水达到最大吸着度为止。土粒越细，土的比表面积越大，最大吸着度也越大。

（2）弱结合水

弱结合水是紧靠于强结合水的外围形成的一层结合水膜，其密度大于普通液态水。它仍然不能传递静水压力，但水膜较厚的弱结合水能向临近的较薄的水膜缓慢移动。

当土中含有较多的弱结合水时，其具有一定的可塑性。砂土比表面积较小，几乎不具可塑性；黏土的比表面积较大，其可塑性较大。

2. 自由水

自由水是存在于土粒表面电场影响范围以外的水。因为水分子离土粒较远,在土粒表面的电场作用以外,水分子自由散乱地排列。自由水的性质和普通水一样,能传递静水压力,冰点为0℃,有溶解能力,主要受重力作用的控制。自由水包括以下两种。

(1)毛细水

毛细水位于地下水位以上土粒细小孔隙中,是介于结合水与重力水之间的一种过渡型水,受毛细作用而上升。粉土中孔隙小,毛细水上升高,在寒冷地区要注意毛细水引起的路基冻胀问题,尤其要注意毛细水源源不断地使地下水上升产生的严重冻胀。

毛细水的水分子排列的紧密程度介于结合水和普通液态水之间,其冰点也在普通液态水之下。毛细水还具有极微弱的抗剪强度。

(2)重力水

重力水是位于地下水位以下较粗颗粒的孔隙中,只受重力控制,其水分子不受土粒表面吸引力影响的普通液态水。受重力作用由高处向低处流动,具有浮力的作用。重力水能传递静水压力,并具有溶解土中可溶盐的能力。

3. 气态水

气态水以水汽状态存在于土孔隙中,它能从气压高的空间向气压低的空间运移,并可在土粒表面凝聚转化为其他各种类型的水。气态水的迁移和聚集使土中水和气体的分布状态发生变化,可使土的性质改变。

4. 固态水

固态水是当气温降至0℃以下时,由液态的自由水冻结而成的。由于水的密度在4℃时最大,低于0℃结冰,不会冷缩,反而膨胀,使基础发生冻胀。因此,寒冷地区基础的埋置深度要考虑冻胀问题。

三、土中的气体

土中的气体指土的固体矿物之间的孔隙中,没有被水充填部分的气体。土中的气体除含有空气中的主要成分O_2外,含量最多的是H_2O、CO_2、N_2、CH_4、H_2S等气体。一般土中的气体含有更多的CO_2,较少的O_2,较多的N_2。土中的气体与大气的交换越困难,两者的差别就越大。

土中的气体可分为自由气体和封闭气泡两类。自由气体与大气相连通,通常在土层受力压缩时即逸出,对土的工程性质影响不大。封闭气泡与大气隔绝,对土的工程性质影响较大。在受外力作用时,随着压力的增大,封闭气泡可被压缩或溶解于水中;压力减小时,封闭气泡会恢复原状或重新游离出来。若土中封闭气泡很多,将使土的压缩性增大,渗透性减小。

四、土的结构

土的结构是指土颗粒之间的相互排列和联结形式的综合特征。同一种土,原状土和重塑土的力学性质有很大差别。也就是说,土的结构对土的性质有很大影响。土的结构种类有以下三种:

（1）单粒结构：碎石类土和砂土的结构特征。其特点是土粒间没有联结或只有极微弱的水联结。按土粒间的相互排列方式和紧密程度不同，单粒结构可分为松散结构和紧密结构，如图 1-4 所示。

a)松散结构　　　　　　　　　b)紧密结构

图 1-4　土的单粒结构

（2）蜂窝结构：主要是细粒土具有的结构形式之一，如图 1-5a) 所示。当土粒的粒径在 0.02～0.002mm 时，单个土粒在水中下沉，碰到已沉积的土粒，因土粒之间的分子引力大于土粒自重，下沉的土粒被吸引不再下沉，逐渐由单个土粒串联成小链状体，边沉积边合围而成内包孔隙的似蜂窝状的结构。这种结构的孔隙的尺寸一般远大于土粒本身尺寸，若沉积后土层没有受到较大的上覆压力，在建筑物的荷载作用下会产生较大沉降。

（3）絮状结构（又称二级蜂窝结构）：是颗粒最细小的黏土特有的结构形式，如图 1-5b) 所示。当土粒的粒径小于 0.002mm 时，土粒能在水中长期悬浮。这种土粒在水中运动，相互碰撞、吸引，逐渐形成小链环状的土粒集合，因质量增大而下沉。当一个小链环碰到另一个小链环时，相互吸引，不断扩大形成大链环状，称为絮状结构。因小链环中已有孔隙，大链环中又有更大的孔隙，故形象地称之为二级蜂窝结构。絮状结构比蜂窝结构具有更大的孔隙率，在荷载作用下可能产生更大的沉降。

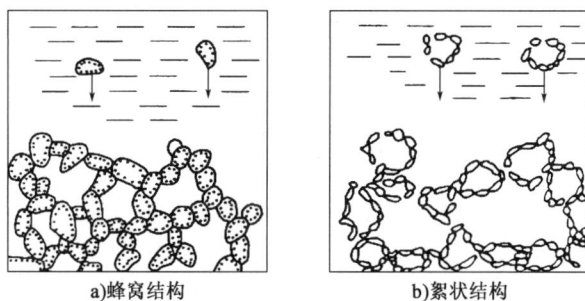

a)蜂窝结构　　　　　　　　　b)絮状结构

图 1-5　黏性土的絮凝结构示意图

五、土的物理性质指标

土是土粒（固相）、水（液相）和空气（气相）三者所组成的，土的物理性质就是研究三相组成的质量与体积间的相互比例关系以及固、液两相相互作用表现出来的性质。首先，定量研究三相之间的比例关系，即土的物理性质指标的物理意义和数值大小。利用物理性质指标可间接地评定土的工程性质。

为了更好地表示三相比例指标,把土体中实际上分散的三相(图1-6)分别抽象地集合在一起(固相集中于下部,液相居中部,气相集中于上部),构成理想的三相图。三相之间存在如下关系:

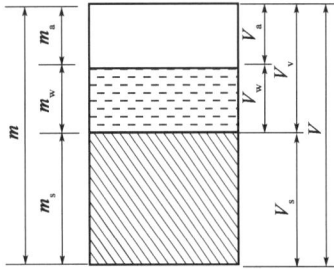

土的体积　　$V = V_s + V_w + V_a = V_s + V_v$

土的质量　　$m = m_s + m_w + m_a$

式中:V_s、V_w、V_a、V_v——分别是土中土粒、水、气体、水加上气体的体积,cm³;

m_s、m_w、m_a——分别是土中土粒、水、气体的质量,g。

可以认为气体质量 $m_a \approx 0$,所以 $m = m_s + m_w$。

图1-6　土的三相图

1. 土的密度

土的密度 ρ 是单位体积土的质量,天然状态下土的密度称天然密度,单位一般为 g/cm³,以下式表示:

$$\rho = \frac{m}{V} = \frac{m_s + m_w}{V_s + V_v} \tag{1-3}$$

实际工程中,常将土的密度换算成重度,单位一般为 kN/m³:

$$\gamma = \frac{mg}{V} = \rho g \tag{1-4}$$

2. 土粒密度

土粒密度是指固体颗粒的质量 m_s 与其体积 V_s 之比,即土粒的单位体积的质量,单位为 g/cm³:

$$\rho_s = \frac{m_s}{V_s} \tag{1-5}$$

土粒密度是实测指标,常用的测定方法有比重瓶法、浮力法、浮称法等。

土粒比重是指土在温度为 105~110℃ 条件下将土粒烘干至恒重时的质量与同体积4℃蒸馏水质量的比值,即

$$G_s = \frac{固体颗粒的质量}{同体积4℃蒸馏水质量} = \frac{m_s}{V_s \rho_w} \tag{1-6}$$

式中:ρ_w——水的密度,g/cm³,工程计算中可取 1g/cm³。

如果取 $\rho_w = 1$g/cm³,那么 G_s 在数值上等于 ρ_s。

土的密度取决于土粒密度,孔隙体积的大小和孔隙中水的质量多少综合反映了土的物质组成和结构特征。在测定土的天然密度时,必须用原状土样(其结构未受扰动破坏,并且保持其天然结构状态下的天然含水率)。土的结构被破坏或水分变化,土的密度也随之改变,就不能正确测得真实的天然密度。

3. 含水率

土的含水率定义为土中水的质量与土粒质量之比,以百分数表示,计算精确至0.1%,即

$$w = \frac{m_w}{m_s} \times 100 = \frac{m - m_s}{m_s} \times 100 \tag{1-7}$$

含水率常用测定方法有烘干法和酒精燃烧法。

4. 干密度

土的干密度(ρ_d)是土的孔隙中完全没有水时单位体积的质量,即固体颗粒的质量与土的总体积之比,单位为 g/cm³。土的干重度可以通过干密度换算得到。

$$\rho_d = \frac{m_s}{V} \quad (1-8)$$

干密度反映了土的孔隙性,干密度的大小取决于土的结构。干密度与含水率无关,因此,它反映了土的孔隙的多少。工程上常把干密度作为评定土体紧密程度的标准,以控制填土工程的施工质量。

5. 饱和密度

土的孔隙完全被水充满时,单位体积的质量,称为饱和密度(ρ_{sat}),单位为 g/cm³,即

$$\rho_{sat} = \frac{m_s + V_v \rho_w}{V} \quad (1-9)$$

式中:ρ_w——水的密度,g/cm³,工程计算中可取 1g/cm³。

6. 浮密度

土的浮密度(有效密度)是土受水的浮力时单位体积土的质量,单位为 g/cm³,即

$$\rho' = \frac{m_s - V_s \rho_w}{V} = \rho_{sat} - \rho_w \quad (1-10)$$

7. 饱和度

土中孔隙水的体积与孔隙体积之比,以百分数表示,即

$$S_r = \frac{V_w}{V_v} \times 100\% \quad (1-11)$$

饱和度越大,表明土孔隙中充水越多,它应在 0% ~100% 的范围内;干燥时 $S_r = 0$;当土孔隙全部被水充填时 $S_r = 100\%$。工程上以 S_r 作为砂土湿度划分的标准:

$0 < S_r \leqslant 50\%$ 稍湿的

$50\% < S_r \leqslant 80\%$ 很湿的

$80\% < S_r \leqslant 100\%$ 饱和的

颗粒较粗的砂土和粉土,对含水率的变化不敏感,当含水率发生某种改变时,其物理力学性质变化不大,所以其物理状态可用 S_r 来表示。但对黏性土而言,其对含水率的变化十分敏感,随着含水率的增加,其体积膨胀,结构也发生改变。当黏土处于饱和状态时,其承载力可能降低至 0;同时,黏粒间多为结合水,而不是普通液态水,这种水的密度大于 1g/cm³,因此对黏性土一般不用 S_r 这一指标。工程研究中,一般将 S_r 大于 95% 的天然黏性土视为完全饱和土,而砂土 S_r 大于 80% 时就认为已达到饱和了。

8. 孔隙比

孔隙比为土中孔隙体积与固体颗粒的体积之比,用小数表示,即

$$e = \frac{V_\mathrm{v}}{V_\mathrm{s}} \tag{1-12}$$

土的孔隙比可直接反映土的密实程度:孔隙比越大,土越疏松;孔隙比越小,土越密实。它是确定地基承载力的指标。

9. 孔隙率

孔隙率是土的孔隙体积与土体积之比,或单位体积土中孔隙的体积,用百分数表示,即

$$n = \frac{V_\mathrm{v}}{V} \times 100\% \tag{1-13}$$

孔隙比和孔隙率都是用来表示孔隙体积大小的概念,两者有如下关系:

$$n = \frac{e}{1+e} \text{或} e = \frac{n}{1-n} \tag{1-14}$$

土粒比重、土的天然密度、土的含水率为土的基本物理性质指标,必须由试验测定,其余指标均可由三个试验指标计算得到。常见的土的物理性质指标及其换算公式见表1-3。

常见的土的物理性质指标及其换算公式　　　　　　　　　　　表1-3

指标	换算公式	指标	换算公式
干密度 ρ_d	$\rho_\mathrm{d} = \dfrac{\rho}{1+w}$	饱和密度 ρ_sat	$\rho_\mathrm{sat} = \dfrac{\rho(\rho_\mathrm{s}-1)}{\rho_\mathrm{s}(1+w)} + 1$
孔隙比 e	$e = \dfrac{\rho_\mathrm{s}(1+w)}{\rho} - 1$	饱和度 S_r	$S_\mathrm{r} = \dfrac{\rho_\mathrm{s}\rho w}{\rho_\mathrm{s}(1+w)-\rho}$
孔隙率 n	$n = 1 - \dfrac{\rho}{\rho_\mathrm{s}(1+w)}$	浮重度 γ'	$\gamma' = \dfrac{\gamma(\gamma_\mathrm{s}-\gamma_\mathrm{w})}{\gamma_\mathrm{s}(1+w)}$

六、土的物理状态指标

1. 黏性土的物理状态指标

黏性土的物理状态常以稠度表示。稠度是指土体在各种不同的湿度条件下,受外力作用后所具有的活动程度。黏性土的颗粒很细,黏粒粒径 $d < 0.002\mathrm{mm}$,细土粒周围形成电场,电分子引力吸引水分子定向排列,形成黏结水膜。土粒与土中的水的相互作用很显著,关系极密切。例如,同一种黏性土,当它的含水率较小时,土呈半固体坚硬状态;当含水率适当增加,土粒间距离加大时,土呈可塑状态;如果含水率再增加,土中出现较多的自由水,黏性土就会变成液体流动状态,如图1-7所示。黏性土的稠度可以决定黏性土的力学性质及其在建筑物作用下的性状。

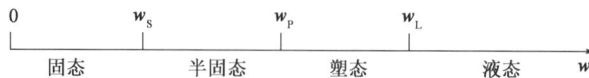

图1-7　黏性土稠度

黏性土的稠度反映土粒之间的联结强度随着含水率高低而变化的性质。其中,不同状态之间的界限含水率具有重要意义。相邻两稠度状态,既相互区别又是逐渐过渡的。稠度状态之间的转变界限叫稠度界限,用含水率表示,称界限含水率。

（1）界限含水率

液限 w_L 是指黏性土在液态与塑态之间的界限含水率。塑限 w_P 是指黏性土在塑态与半固态之间的界限含水率。公路交通领域常用液塑限联合仪测定液限和塑限。缩限 w_P 是指黏性土在半固态与固态之间的界限含水率。

（2）塑性指数 I_P

塑性指数 I_P 是指黏性土与粉土的液限与塑限的差值，去掉百分数，记为 I_P：

$$I_P = w_L - w_P \qquad\qquad (1\text{-}15)$$

应当注意：w_L 与 w_P 都是界限含水率，用百分数表示。而 I_P 只取其数值，去掉百分数。

细颗粒土体处于可塑状态下，含水率变化的最大区间。一种土的 w_L 与 w_P 之间的范围大，即 I_P 大，表明该土能吸附较多的结合水，但仍处于可塑状态，也就是说，即该土黏粒含量高或矿物成分吸水能力强。

（3）液性指数 I_L

黏性土的液性指数是天然含水率与塑限的差值和液限与塑限差值之比，即

$$I_L = \frac{w - w_P}{w_L - w_P} \qquad\qquad (1\text{-}16)$$

式中：w——土的天然含水率；

　　w_L——液限；

　　w_P——塑限。

（4）灵敏度 S_t

灵敏度是指黏性土的原状土无侧限抗压强度与原状土结构完全破坏的重塑土的无侧限抗压强度的比值。灵敏度反映黏性土结构性的强弱。

$$S_t = \frac{q_u}{q_u'} \qquad\qquad (1\text{-}17)$$

式中：S_t——黏性土的灵敏度；

　　q_u——原状土的无侧限抗压强度，kPa；

　　q_u'——与原状土密度、含水率相同，结构完全破坏的重塑土的无侧限抗压强度，kPa。

对于黏性土来说，q_u 为定值，q_u' 值的大小决定灵敏度。根据灵敏度，黏性土可分为以下几类：

$S_t < 4$　　　　一般黏性土

$4 \leqslant S_t < 8$　　　灵敏黏性土

$S_t \geqslant 8$　　　　特别灵敏黏性土

灵敏度越高的土，其结构性越强，受扰动后土的强度降低幅度就越大，施工时应特别注意保护基槽，使结构不被扰动，避免降低地基强度。

当黏性土结构受扰动时，土的强度降低。但静置一段时间后，土的强度又逐渐增大，这是由于土粒、离子和水分子体系随时间而趋于新的平衡，这种性质称为土的触变性。根据黏性土的触变性，在黏性土地基中打桩时，桩周围土结构受到破坏，强度降低，打桩要一气呵成，使桩容易打入。

2.粗粒土的密实度

土的孔隙比一般可以用来描述土的密实程度，但砂土的密实程度并不单独取决于孔隙比，

其在很大程度上还取决于土的级配情况。粒径级配不同的砂土即使具有相同的孔隙比,但由于颗粒大小不同,颗粒排列不同,所处的密实状态也会不同。为了同时考虑孔隙比和级配的影响,引入相对密实度的概念。

(1)相对密实度

当砂土处于最密实状态时,其孔隙比称为最小孔隙比 e_{min};砂土处于最疏松状态时的孔隙比则称为最大孔隙比 e_{max}。试验标准规定了一定的方法测定砂土的最小孔隙比和最大孔隙比,然后可按下式计算砂土的相对密实度。

$$D_r = \frac{e_{max} - e}{e_{max} - e_{min}} \tag{1-18}$$

式中:e_{max}——最大孔隙比;

$\quad\quad e_{min}$——最小孔隙比;

$\quad\quad e$——天然孔隙比。

从式(1-18)可以看出,当粗粒土的天然孔隙比接近最小孔隙比时,相对密实度 D_r 接近1,说明土接近最密实的状态;而天然孔隙比接近最大孔隙比则表明砂土处于最松散的状态,其相对密实度接近0。根据相对密实度,粗粒土可划分为密实、中密和松散三种密实度。

$\quad 0 < D_r \leqslant 0.33 \quad\quad$ 疏松

$\quad 0.33 < D_r \leqslant 0.67 \quad\quad$ 中密

$\quad 0.67 < D_r \quad\quad\quad\quad$ 密实

(2)标准贯入试验

从理论上讲,用相对密实度划分砂土的密实度是比较合理的。但由于测定砂土的最大孔隙比和最小孔隙比试验方法的缺陷,试验结果常有较大出入。同时,由于很难在地下水位以下的砂层中取得原状砂样,砂土的天然孔隙比很难准确地测定,这就使相对密实度的应用受到限制。因此,在工程实践中通常用标准贯入击数来划分砂土的密实度。

标准贯入试验是用规定的锤重(63.5kg)和落距(76cm)把标准贯入器(带有刃口的对开管,外径50mm,内径35mm)打入土中,记录贯入一定深度(30cm)所需的锤击数 N 值的原位测试方法,是一种简便的测试手段。标准贯入试验的贯入锤击数反映了土层的松密和软硬程度。

《公路桥涵地基与基础设计规范》(JTG 3363—2019)规定砂土的密实度应根据标准贯入锤击数按表1-4的规定分为密实、中密、稍密和松散四种状态。

砂土的密实度　　　　　　　　　　　　　　表1-4

标准贯入试验的贯入锤击数 N	密实度	标准贯入试验的贯入锤击数 N	密实度
$N \leqslant 10$	松散	$15 < N \leqslant 30$	中密
$10 < N \leqslant 15$	稍密	$N > 30$	密实

📚 任务实例 ‹‹‹

例 某路段路基压实一层后,根据规定的检测频率取样,分别进行密度和含水率测定,请根据实测数据填写测定点的密度和含水率试验数据(表1-5)。

试验记录(一) 表 1-5

土样号	1		2		3	
环刀号	1	2	3	4	5	6
环刀容积(cm^3)	100	100	100	100	100	100
环刀质量(g)	167.90	165.23	164.24	168.47	164.91	162.52
土 + 环刀质量(g)	346.50	346.63	357.84	363.27	370.71	369.72
土样质量(g)						
湿密度(g/cm^3)						
含水率(%)	22.1	22.6	18.2	19.4	20.5	21.2
干密度(g/cm^3)						
平均干密度(g/cm^3)						

解答: 以 1 号环刀中土样为例,土样质量 = 土及环刀质量 – 环刀质量 = 346.50 – 167.90 = 178.60(g)。

$$湿土密度 = \frac{土样质量}{环刀容积} = \frac{178.60}{100} = 1.79(g/cm^3)。$$

$$干密度 \ \rho_d = \frac{\rho}{1+w} = \frac{1.79}{1+0.01 \times 22.1} = 1.47(g/cm^3)$$

计算结果见表 1-6。

试验记录(二) 表 1-6

土样质量(g)	178.60	181.4	193.6	194.8	205.8	207.20
湿密度(g/cm^3)	1.79	1.81	1.94	1.95	2.06	2.07
含水率(%)	22.1	22.6	18.2	19.4	20.5	21.2
干密度(g/cm^3)	1.47	1.47	1.64	1.63	1.71	1.71
平均干密度(g/cm^3)	1.47		1.64		1.71	

学习评价 ◀◀◀

1. 分组归纳本任务中学习了哪些土的物理性质指标。
2. 每名学生绘制土的三相草图,并写出各部分质量与体积的表示符号。
3. 完成学习评价手册中的任务。

任务二 认知土的工程分类与土中水的运动

任务描述

某段路基填筑前,在挖方路段取样做界限含水率试验,作为工程技术人员,请你根据试验结果,填写试验数据记录表,并绘制入土深度与含水率关系图;计算土样的塑性指数,并结合塑性图,对该细粒土进行综合定名,判断该细粒土是否可以作为路基填料。

学习引导

本任务沿着以下脉络进行学习:

| 领会土的工程分类的原则 | → | 在完成土的物理指标测定的基础上对土进行分类 | →

| 理解土的毛细性、渗透性和冻胀机理 |

相关知识 ◄◄◄

土的工程分类的依据是一些极简单的特征指标,这些指标的测定应是简便的。假如所依据的指标比直接测定土的有关工程性质复杂,这个分类就失去了其价值。在土的工程分类中最常见的是根据土的工程用途不同,提出土的工程分类体系。

一、《公路桥涵地基与基础设计规范》中土的分类

《公路桥涵地基与基础设计规范》(JTG 3363—2019)将土按建筑物的地基和建筑场地进行分类,将公路桥涵地基的岩土分为岩石、碎石土、砂土、粉土、黏性土和特殊岩土。岩石的相关性质见《道路建筑材料》教材。

1. 碎石土

碎石土为粒径大于2mm的颗粒含量超过总质量50%的土。碎石土按照表1-7可分为漂石、块石、卵石、碎石、圆砾、角砾六类。

碎石土的分类   表1-7

土的名称	颗粒形状	粒组含量
漂石	圆形及亚圆形为主	粒径大于200mm的颗粒含量超过总质量的50%
块石	棱角形为主	
卵石	圆形及亚圆形为主	粒径大于20mm的颗粒含量超过总质量的50%
碎石	棱角形为主	
圆砾	圆形及亚圆形为主	粒径大于2mm的颗粒含量超过总质量的50%
角砾	棱角形为主	

注:碎石土分类时应根据粒组含量从大到小以最先符合者确定。

2. 砂土

砂土为粒径大于2mm的颗粒含量不超过总质量的50%、粒径大于0.075mm的颗粒超过总质量的50%的土。砂土可分为砾砂、粗砂、中砂、细砂和粉砂五类(表1-8)。

砂土分类   表1-8

土的名称	粒组含量
砾砂	粒径大于2mm的颗粒含量占总质量的25%~50%
粗砂	粒径大于0.5mm的颗粒含量超过总质量的50%

续上表

土的名称	粒组含量
中砂	粒径大于 0.25mm 的颗粒含量超过总质量的 50%
细砂	粒径大于 0.075mm 的颗粒含量超过总质量的 85%
粉砂	粒径大于 0.075mm 的颗粒含量超过总质量的 50%

注：砂土分类时根据粒组含量从大到小以最先符合者确定。

3.粉土

粉土为塑性指数 $I_p \leq 10$ 且粒径大于 0.075mm 的颗粒含量不超过总质量的 50% 的土。

4.黏性土

黏性土为塑性指数 I_p 大于 10 且粒径大于 0.075mm 的颗粒含量不超过总质量的 50% 的土。

黏性土根据堆积时代划分为以下几类：

（1）老黏性土：第四纪晚更新世及其以前堆积的黏性土，一般具有较高的强度和较低的压缩性。

（2）一般黏性土：第四纪全新世堆积的黏性土。

（3）新近黏性土：新近沉积的黏性土。

黏性土根据塑性指数 I_p 分为粉质黏土、黏土，见表 1-9。

黏性土的分类   表 1-9

土的名称	塑性指数
粉质黏土	$10 < I_p \leq 17$
黏土	$I_p > 17$

二、《公路土工试验规程》中土的分类

《公路土工试验规程》（JTG 3430—2020）根据土的分类的一般原则，结合公路工程实践中的研究成果，提出土的统一分类体系，将土分为巨粒土、粗粒土、细粒土和特殊土（如有机质土）。

1.巨粒土分类

巨粒组质量大于总质量的 50% 的土称为巨粒土，分类体系如图 1-8 所示。

2.粗粒土分类

试样中巨粒组土粒质量小于或等于总质量的 15%，且巨粒组土粒与粗粒组土粒质量之和大于总土质量的 50% 的土称粗粒土。

粗粒土中砾粒组质量大于砂粒组质量的土称砾类土。砾类土应根据其中细粒含量和类别以及粗粒组的级配进行分类。

粗粒土中砾粒组质量小于或等于砂粒组质量的土称砂类土。砂类土应根据其中细粒含量和类别以及粗粒组的级配进行分类，分类体系如图 1-9 所示。粗粒土根据粒径分组由大到小，以首先符合者命名。

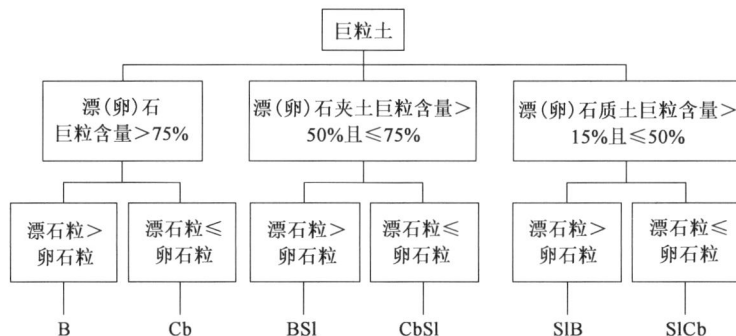

图 1-8　巨粒土分类体系

注:1.巨粒土分类体系中漂石换成块石,B 换成 B_a,即构成相应的块石分类体系。

　　2.巨粒土分类体系中的卵石换成小块石,Cb 换成 Cb_a,即构成相应的小块石分类体系。

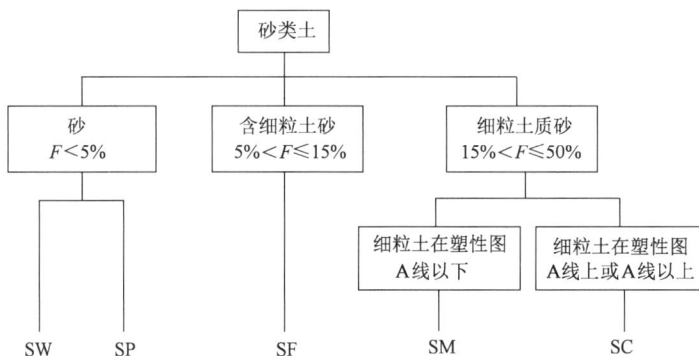

图 1-9　砂类土分类体系

注:需要时,砂可进一步细分为粗砂、中砂和细砂。

　　粗砂——粒径大于 0.5mm 颗粒含量超过总质量的 50%;

　　中砂——粒径大于 0.25mm 颗粒含量超过总质量的 50%;

　　细砂——粒径大于 0.075mm 颗粒含量超过总质量的 50%。

3.细粒土分类

试样中细粒组质量大于或等于总质量的 50% 的土称细粒土,分类体系如图 1-10 所示。

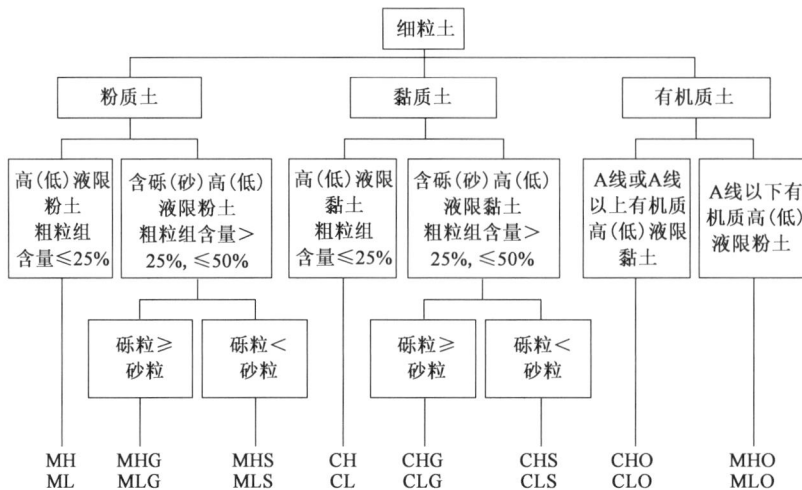

图 1-10　细粒土分类体系

细粒土应按下列规定划分：

（1）细粒土中粗粒组质量小于或等于总质量25%的土称粉质土或黏质土。

（2）细粒土中粗粒组质量为总质量25%～50%（含50%）的土称含粗粒的粉质土或含粗粒的黏质土。

（3）试样中有机质含量大于或等于总质量5%的土称有机质土。土中有机质包括未完全分解的动植物残骸和完全分解的无定形物质。后者多呈黑色、青黑色或暗色，有臭味、有弹性和海绵感，借目测、手摸及嗅感判别。试样中有机质含量大于或等于总质量10%的土称为有机土。

细粒土应按塑性图分类。这种分类的塑性图（图1-11）采用下列液限分区：

低液限 w_L <50%

高液限 w_L ≥50%

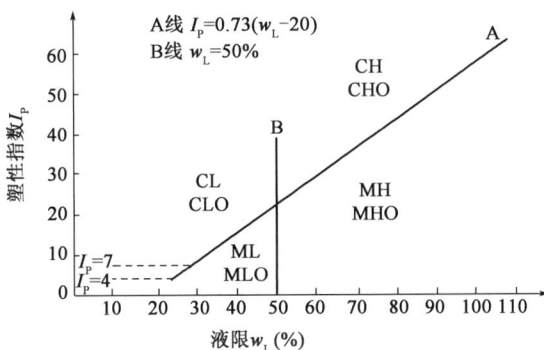

图1-11   塑性图

《公路土工试验规程》（JTG 3430—2020）同时给出了黄土、膨胀土和红黏土在塑性图中的位置及其学名，以及盐渍土的含盐量标准。

三、土中水的运动

土是固体颗粒的集合体，是一种碎散的多孔物质，其孔隙在空间中互相连通。土中的水在土的孔隙中运动，其运动原因和形式很多，如在重力作用下地下水的流动（土的渗透性问题），在附加应力作用下孔隙水的挤出（土的固结问题），表面张力引起的水的移动（土的毛细现象），在土颗粒的分子引力作用下结合水的移动（冻结时土中水的移动），孔隙水溶液中离子浓度的差别引起的渗流现象，等等。土中水的运动将对土的性质产生影响，在许多工程实践中遇到的问题，如流砂、冻胀、渗透固结、渗流时的边坡稳定等，都与土中水的运动有关。

1. 土层中的毛细水

土的毛细性是指土中的毛细孔隙能使水产生毛细现象的性质。土的毛细现象是指土中水在表面张力作用下，沿着细的孔隙向上及向其他方向移动的现象。这种毛细孔隙中的水被称为毛细水。毛细现象是引起路基冻害和地下室潮湿的主要因素之一，在工程实践中应予以重视。土层中毛细现象所润湿的范围称为毛细水带。根据毛细水带的形成条件和分布状况，土层中的毛细水划分为三个带，即正常毛细水带、毛细网状水带和毛细悬挂水带，如图1-12所示。

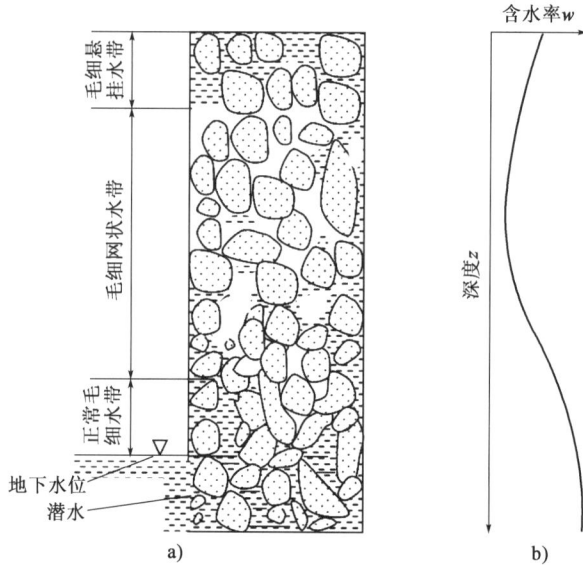

图 1-12　土层中毛细水带

上述三个毛细水带不一定同时存在,这取决于当地的水文地质条件。当地下水位很高时,可能只有正常毛细水带,而没有毛细悬挂水带和毛细网状水带;反之,当地下水位较低时,可能同时出现三个毛细水带。

在毛细水带内,土的含水率是随深度而变化的,如图 1-12b) 所示含水率分布曲线,随着地下水位的提升,含水率逐渐减小,但到毛细悬挂水带后,含水率有所增加。调查了解土层中毛细水含水率的变化,对土质路基、地基的稳定性分析有重要意义。

2. 土的渗透性

土孔隙中的自由水在重力作用下,只要有水头差,就会发生流动。水透过土孔隙流动的现象,称渗透或渗流;而土被水流透过的性质,称为土的渗透性。

(1)土的层流渗透定律

水在土孔隙中渗流,如图 1-13 所示。土中 a、b 两点,已测得 a 点的水头为 H_1,b 点的水头为 H_2(水头是指单位重量水体所具有的能量),当 $H_1 > H_2$ 时,则水从高水头的 a 点流向低水头的 b 点,水流流经长度为 L。由于土的孔隙通道很窄而且很曲折,渗流过程中黏滞阻力很大,所以,在大多数情况下,水在土孔隙中的流速很小,可以认为是层流,即水流全部质点以平行而不混杂的方式分层流动,那么可以认为土中水的渗流规律符合层流渗透定律。这个定律是法国工程师达西根据砂土的试验结果得到的,也称为达西定律。它是指在层流状态的渗流中,渗流速度 v 与水力坡降 J 成正比,并与土的性质有关,即

$$v = kJ \qquad\qquad (1\text{-}19)$$

或 $$Q = kJF \qquad\qquad (1\text{-}20)$$

式中:v——断面上的平均渗透速度,m/s;

　　J——水力坡降,即沿着水流方向长度上的水头差,$J = \dfrac{\Delta H}{L}$,图 1-13 中 a、b 两点的水力坡

　　　　降 $J = \dfrac{\Delta H}{L} = \dfrac{H_1 - H_2}{L}$;

k——反映土的渗透性能的比例系数,称为土的渗透系数,它相当于水力坡降 $J=1$ 时的渗透速度,故其量纲与流速相同,各种土的渗透系数参考数值见表1-10;

Q——渗透流量,即单位时间内流过土截面 F 的流量,m^3/s。

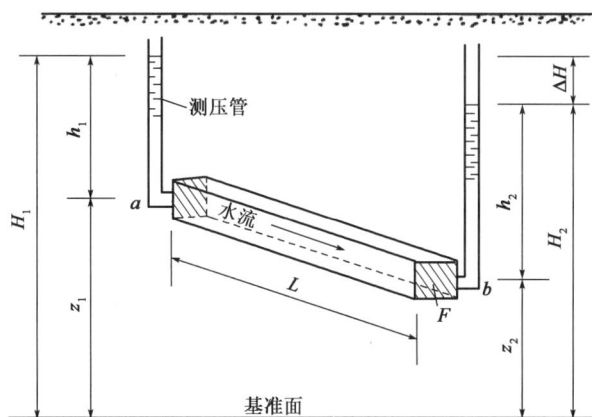

图1-13　水在土中的渗流

土的渗透系数值　　　　　　　表 1-10

土的类别	渗透系数(m/s)	土的类别	渗透系数(m/s)
黏土	$<5\times10^{-8}$	细砂	$10^{-5}\sim5\times10^{-5}$
亚黏土	$5\times10^{-8}\sim10^{-6}$	中砂	$5\times10^{-5}\sim2\times10^{-4}$
轻亚黏土	$10^{-6}\sim5\times10^{-6}$	粗砂	$2\times10^{-4}\sim5\times10^{-4}$
黄土	$2.5\times10^{-6}\sim5\times10^{-6}$	圆砾	$5\times10^{-4}\sim10^{-3}$
粉砂	$5\times10^{-6}\sim10^{-5}$	卵石	$10^{-3}\sim5\times10^{-3}$

应当指出,式(1-19)中的渗透流速 v 并不是土孔隙中水的实际平均流速。因为公式推导中采用的是土样的整个断面面积,其中包括了土粒骨架所占的部分面积。土粒本身是不能透水的,故真实的过水面积应小于 F,从而土中孔隙水的实际平均流速 v_0 要比式(1-19)的计算平均流速 v 大,它们间的关系为

$$v_0 = \frac{v}{n} \qquad (1-21)$$

式中:n——土的孔隙率,%。

(2)土的渗透系数

根据达西定律,可以知道渗透系数 k 是一个代表土的渗透性强弱的定量指标,也是渗流计算时必须用到的一个基本参数。不同种类的土,k 值差别很大。因此,准确地测定土的渗透系数是一项十分重要的工作。

渗透系数的测定方法主要有试验室内测定和野外现场测定两大类。但在实际工程中,常采用的最简便的方法是根据经验数值查表1-10选用。

(3)影响土的渗透性的因素

影响土的渗透性的因素主要有以下几个。

①土的粒度成分及矿物成分。

土的颗粒大小、形状及级配,影响土中孔隙大小及其形状,因而影响土的渗透性。土颗粒越大,越浑圆,越均匀,则土的渗透性越大。砂土中含有较多粉土及黏土颗粒时,其渗透系数就会大大减小。

土的矿物成分对卵石、砂石和粉土的渗透性影响不大,但对黏性土的渗透性影响较大。当黏性土中含有亲水性较强的黏土矿物(如蒙脱石)或有机质时,由于它们具有很大的膨胀性,从而大大降低了黏性土的渗透性。含有大量有机质的淤泥几乎是不透水的。

②结合水膜厚度。

黏性土中若土粒的结合水膜厚度较厚,会阻塞土的孔隙,降低土的渗透性。例如钠黏土,由于钠离子的存在使黏土颗粒的扩散层厚度增加,所以透水性很低。又如,在黏土中加入高价离子的电解质(如 Al^{3+}、Fe^{3+} 等),会使土粒扩散层厚度减小,黏土颗粒会凝聚成粒团,土的孔隙因而增大,这将使土的渗透性增大。

③土的结构、构造。

天然土层通常是各向异性的,在渗透性方面往往也是如此。例如,黄土具有竖直方向的大孔隙,所以竖直方向的渗透系数要比水平方向的渗透系数大得多。层状黏土常夹有薄的粉砂层,它在水平方向的渗透系数要比竖直方向的渗透系数大得多。

④水的黏滞度。

水在土中的渗流速度与水的重度及黏滞度有关,而这两个数值又与温度有关。一般情况下,水的重度随温度变化很小,可忽略不计,但水的动力黏滞系数随温度变化而变化,在进行室内渗透试验时,同一种土在不同温度下会得到不同的渗透系数。在天然土层中,除了靠近地表的土层外,一般土中的温度变化很小,故可忽略温度的影响。但室内试验室的温度变化较大,故应考虑它对渗透系数的影响。

⑤土中的气体。

土孔隙中气体的存在可减小土体实际渗透面积,同时气体随渗透水压的变化而胀缩,成为影响渗透面的不确定因素。当土孔隙中存在封闭气泡时,会阻塞水的渗流,从而降低土的渗透性。这种封闭气泡有时是由溶解于水中的气体分离出来而形成的,在进行室内渗透试验时,要按规定用不含溶解有空气的蒸馏水。

(4)动水力及流砂现象

水在土中渗流时,受到土颗粒的阻力 T 的作用,这个力的作用方向与水流方向相反,根据作用力与反作用力大小相等的原理,水流也必然有一个相等的力作用在土颗粒上。水流作用在单位体积土颗粒上的力称为动水力 $G_D(kN/m^3)$,也称渗流力。动水力的作用方向与水流方向一致。G_D 和 T 的大小相等,方向相反,它们都用体积力表示。

研究土体在水渗流时的稳定性问题,要考虑动水力的影响。动水力的计算公式为

$$G_D = T = \gamma_w J \tag{1-22}$$

由于动水力的方向与水流方向一致,因此当水的渗流自上向下时[图 1-14a)]中容器内的土样,或图 1-15 中河滩路堤基底土层中的 d 点,动水力方向与土体重力方向一致,这将增大土颗粒间的压力;若水的渗流方向自下而上,如图 1-14b)中容器内的土样 a 点,或图 1-15 中的 e 点,动水力方向与土体重力方向相反,这将减小土颗粒间的压力。

a)向下渗流时　　　　b)向上渗流时

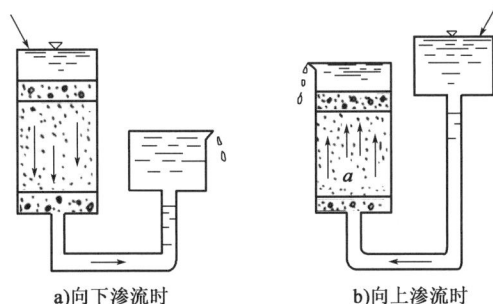

图 1-14　不同渗流方向对土的影响　　　　图 1-15　河滩路堤下的渗流

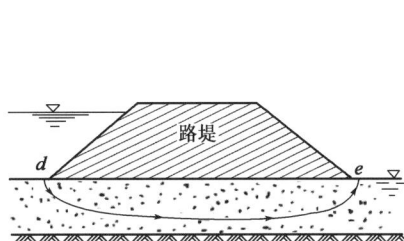

若水的渗流方向自下而上,在土体中取一单位体积土体进行分析,如图 1-14b)的 a 点或图 1-15 路堤下 e 点,已知土在水下的浮重度为 γ',当向上的动水力 G_D 与土的浮重度相等时,则

$$G_D = \gamma_w J = \gamma' = \gamma_{sat} - \gamma_w$$

式中: γ_{sat} ——土的饱和重度;

γ_w ——水的重度, kN/m^3。

这时土颗粒间的压力就等于零,土颗粒将处于悬浮状态而失去稳定,这种现象称为流砂现象。

水在砂性土中渗流时,土中的一些细小颗粒在动水力作用下可能通过粗颗粒的孔隙被水流带走,这种现象称为管涌。管涌可以发生于局部范围,但也可能逐步扩大,最后导致土体失稳破坏。土的不均匀系数越大,管涌现象越容易发生。

土是否发生管涌,首先取决于土的性质。管涌多发生在砂性土中,其特征是颗粒大小差别较大,往往缺少某种粒径,孔隙直径大且相互连通。无黏性土产生管涌必须具备两个条件:

①几何条件。土中粗颗粒所构成的孔隙直径必须大于细颗粒的直径。这是必要条件,一般不均匀系数 $C_u > 10$ 的土才会发生管涌。

②水力条件。渗流力能够带动细颗粒在孔隙间滚动或移动,可用管涌的水力坡降来表示。但管涌临界水力坡降的计算方法至今尚未成熟。对于重大工程,应尽量由试验确定。

在渗流溢出部位铺设层间满足要求的反滤层,是防止管涌破坏的有效措施。反滤层一般 1~3 层级配较为均匀的砂子和砾石层,用于保护土基不被细颗粒带出,同时应具有较大的透水性,使渗流可以畅通。

工程中,流砂和管涌的区别:流砂现象一般发生在土体表面渗流溢出处,不发生于土体内部;而管涌现象可能发生在渗流溢出处,也可能发生于土体内部。

四、冻土

1. 冻土现象及其对工程的危害

在冰冻季节,大气负温使土中水分冻结成为冻土。根据冻土冻结状态持续时间的长短,我国冻土可分为多年冻土、隔年冻土和季节冻土三种类型。

在冻土地区,随着土中水的冻结和融化,会产生一些独特的现象,称为冻土现象。冻土现象严重威胁着建筑物的稳定及安全。

2. 冻胀机理与影响因素

(1)冻胀机理

土中水可以分为结合水和自由水两大类。结合水根据其所受分子引力的大小分为强结合水和弱结合水,自由水又分为重力水与毛细水。重力水在 0℃时冻结;毛细水因受表面张力的作用,冰点稍低于 0℃;结合水的冰点则随着其受到引力的增加而降低,其中,弱结合水的外层在 −0.5℃时冻结,越靠近土粒表面其冰点越低,弱结合水要在 −30 ~ −20℃时才会全部冻结,而强结合水在 −78℃才开始冻结。

当大气温度降至负温时,土层中的温度也随之降低,土体孔隙中的自由水首先在0℃时冻结成冰晶体。随着气温的继续下降,弱结合水的最外层也开始冻结,使冰晶体逐渐增大。这样使冰晶体周围土粒的结合水膜减薄,土粒就产生剩余的分子引力。另外,结合水膜的减薄使得水膜中的离子浓度增加(因为结合水中的水分子结成冰晶体,使离子浓度相应增加),这样,就产生了渗附压力(当两种水溶液的浓度不同时,会在它们之间产生压力差,使浓度较小溶液中的水向浓度较大的溶液渗流)。在这两种引力作用下,附近未冻结区水膜较厚处的结合水,被吸引到冻结区的水膜较薄处。一旦水分被吸引到冻结区,因为负温作用,水即冻结,使冰晶体增大,而不平衡引力继续存在。若未冻结区存在水源(如地下水距冻结区很近)及适当的水源补给通道(毛细通道),就能够源源不断地补充被吸收的结合水,则未冻结的水就会不断地向冻结区迁移积聚,使冰晶体增大,在土层中形成冰夹层,使土体积发生隆胀,即冻胀现象。这种冰晶体的不断增大,一直要到水源的补给断绝后才停止。

(2)影响冻胀的因素

从上述土的冻胀机理分析中可以看到,土的冻胀现象是在一定条件下形成的。影响冻胀的因素有下列三方面:

①土的因素。

冻胀现象通常发生在细粒土中,特别是粉土、粉质黏土中,冻结时水分迁移积聚最为强烈,冻胀现象严重。这是因为这类土具有较显著的毛细现象,毛细水上升高度大,上升速度快,具有较通畅的水源补给通道。

砂砾等粗颗粒土,没有或具有很少量的结合水,孔隙中自由水冻结后,不会发生水分的迁移积聚,同时由于砂砾的毛细现象不显著,其不会发生冻胀。所以,在工程实践中常在路基中换填砂土,以防冻胀。

②水的因素。

土层发生冻胀的原因是水分的迁移和积聚。因此,当冻结区附近地下水水位较高,毛细水上升高度能够达到或接近冻结线,使冻结区能得到水源的补给时,将发生比较严重的冻胀现象。

③温度的因素。

如果气温骤降且冷却强度很大,土的冻结迅速向下推移,即冻结速度很快。这时,土中弱结合水及毛细水来不及向冻结区迁移就在原地冻结成冰,毛细通道也被冰晶体所堵塞。这样,水分的迁移和积聚不会发生,在土层中看不到冰夹层,只有散布于土孔隙中的冰晶体,这时形成的冻土一般无明显的冻胀。

如果气温缓慢下降,冷却强度小,但负温持续的时间较长,就会促使未冻结区水分不断地向冻结区迁移积聚,在土中形成冰夹层,出现明显的冻胀现象。

上述三方面的因素是土层发生冻胀的三个必要因素。因此,在持续负温作用下,地下水位较高处的粉砂、粉土、粉质黏土等土层常具有较大的冻胀危害。因此,可以根据影响冻胀的三个因素,采取相应的防治冻胀的工程措施。基础工程的设计常常根据地基土的情况将建筑物的基础底面埋置在当地冻结深度以下,防止冻害的影响。

任务实例 ◄◄◄

例 某公路土源取土坑中为细粒土,根据相关技术标准取样规定进行取样,筛分结果显示,粗粒组质量为总质量的10%,有机质含量小于3%。完成液限塑限联合试验,试验记录见表1-11,根据《公路土工试验规程》(JTG 3430—2020)对土样进行分类命名,并简要说明作为路基填料的适用性。

液限塑限联合试验记录表 表1-11

试验项目		试验次数			备注
		1	2	3	
入土深度	h_1	4.68	9.81	19.88	双曲线法 $w_P = 27.2\%$ $I_P = 14.0$ 液限 $w_L = 41.2\%$
	h_2	4.73	9.79	20.12	
	$\frac{1}{2}(h_1 + h_2)$	4.71	9.80	20	
	盒号				
	盒质量(g)	20.00	20.00	20.00	
	盒 + 湿土质量(g)	25.86	27.49	30.62	
	盒 + 干土质量(g)	24.51	25.52	27.53	
	水分质量(g)	1.35	1.97	3.09	
	干土质量(g)	4.51	5.52	7.53	
	含水率(%)	29.9	35.7	41.04	

解答:根据试验结果 $I_P = 14$,$w_L = 41.2\%$,查图1-11,该土样为低液限粉土(ML),但是因该土样液限接近50%,由 $I_P = 14$ 可以判定黏粒含量少,级配差,水稳定性差。在季节性冰冻地区容易使路基产生水分累积,发生冻胀翻浆现象。建议通过适当的改良技术来提高其工程性能。

学习评价 ◄◄◄

1. 按照图1-8~图1-11将学生分成4组汇报《公路土工试验规程》(JTG 3430—2020)中土的工程分类。

2. 每名学生收集一个水的渗流引起的工程问题。

3. 完成学习评价手册中的任务。

任务三 认知土的压实性

任务描述

某公路路基填筑工程,填筑土源为取土场取土,填筑前进行土工试验,符合使用要求。采用分层填筑法,每层松铺厚度不大于30cm,压实度不小于设计值。作为现场技术员,请你依据相关技术标准,根据土的特性控制路基压实质量。

学习引导

本任务沿着以下脉络进行学习:

领会压实的意义 → 明确土的击实试验的方法 → 了解压实试验的意义 →

分析压实特性 → 在工程实际中应用压实指标评价土的压实程度

相关知识 <<<

为了改善填土和软弱地基的工程性质,常采用压实的方法使土变得密实,这往往是一种经济合理的改善土的工程性质的方法。土的压实性,也称为土的击实性,是指采用人工或机械方法对土施以夯击、振动作用,使土在短时间内压实变密,获得最佳结构,以改善和提高土的力学强度。它既不同于静荷载作用下的排水固结过程,也不同于一般压缩过程,而是在不排水条件下,由外部的夯压作用使土在短时间内得到新的结构强度,包括增强粗粒土之间的摩擦和咬合,增大细粒土之间的分子引力,从而改善土的性质。

一、击实试验

击实试验所用的主要设备是击实仪。目前我国通用的击实仪有两种,即轻型击实仪和重型击实仪,根据击实土的最大粒径,分别采用两种不同规格的击实筒。击实试验时,将含水率为一定值的土样分层装入击实筒,每铺一层土样后都用击实锤按规定的落距锤击一定的次数;然后由击实筒的体积和筒内被击实土的总质量算出被击实土的湿密度 ρ,再从已被击实的土中取样测定其含水率 w,由式(1-23)算出击实土样的干密度 ρ_d(它可以反映土的密实程度)。

$$\rho_d = \frac{\rho}{1+w} \tag{1-23}$$

这样通过对一个土样的击实试验就得到一对数据,即击实土的含水率 w 和干密度 ρ_d。对同一种土样按不同含水率做击实试验,便可得到一组成对的含水率和干密度,将这些数据绘制成击实曲线,如图1-16所示。击实曲线表明在一定击实功作用下土的含水率与干密度的关系。

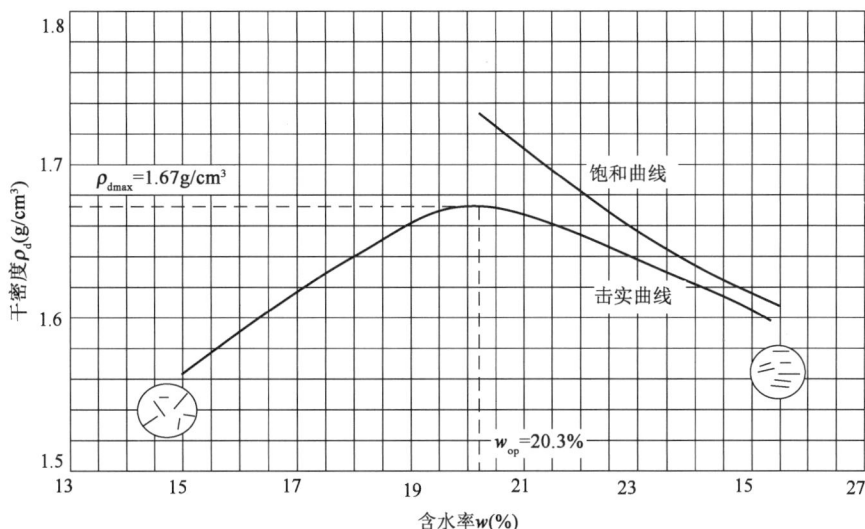

图 1-16　击实曲线

二、土的压实特性

1. 击实曲线性状

击实试验所得到的击实曲线（图 1-16）是研究土的压实特性的基本关系图。从图中可见，击实曲线（ρ_d-w 曲线）有一峰值，此处的干密度最大，称为最大干密度 ρ_{dmax}。与之对应的土样含水率则称为最佳含水率 w_{op}（或称最优含水率）。峰点表明，在一定的击实功作用下，只有当压实土含水率为最佳含水率时，击实的效果最好，土才能被击实至最大干密度，达到最为密实的填土密度。而土的含水率小于或大于最佳含水率时，所得干密度均小于最大干密度。

从图 1-16 的曲线形态还可以看到，曲线左段比右段的坡度陡。这表明含水率变化对于干密度的影响：在偏干（指含水率低于最佳含水率）时比偏湿（指含水率高于最佳含水率）时对于干密度的影响更为明显。

2. 填土的含水率的控制

由于黏性填土存在最佳含水率，因此在填土施工时可将土料的含水率控制在最佳含水率左右，以期获得最大的密度。当含水率控制在最佳含水率的干侧时（小于最佳含水率），击实土的结构具有凝聚结构的特征。这种土比较均匀，强度较大，较脆硬，不易压密，但浸水时容易产生附加沉降。当含水率控制在最佳含水率的湿侧时（大于最佳含水率），土具有分散结构的特征。这种土的可塑性强，适应变形的能力强，但强度较小，且具有不等向性。所以，含水率比最佳含水率偏高或偏低，填土的性质各有优缺点，在设计土料时要根据对填土的要求和当地土料的天然含水率，选定合适的含水率，一般选用的含水率要求在 $w_{op} \pm (2\% \sim 3\%)$ 范围内。

3. 不同土类与不同击实功能对压实特性的影响

在同一击实功能条件下,不同土类的击实特性不一样。图1-17为5种不同土料的击实试验结果。图1-17a)为5种不同粒径土的级配曲线,图1-17b)为5种土料在同一标准击实试验中所得到的5条击实曲线。从图中可见,含粗粒越多的土样的最大干密度越大,而最佳含水率越小,即随着粗粒土增多,曲线形态虽不变但峰点向左上方移动。

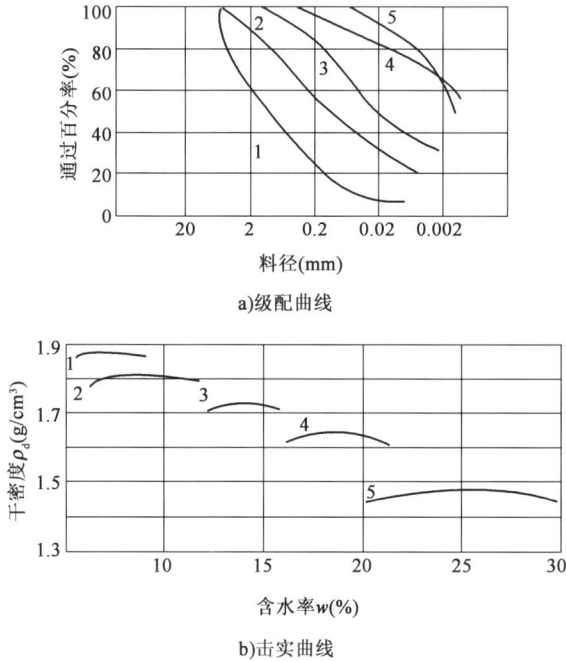

a)级配曲线

b)击实曲线

图1-17 压实特性分析图

表1-12是两种土样的物理指标,对这两种土做击实试验,试验结果如图1-18所示。在击实次数相同时,图中土样b比图中土样a具有高得多的最大干密度和低得多的最佳含水率,而图中b土样的黏粒含量及塑性指数均比土样a的小。同一种土,在不同的击实功作用下得到的击实曲线如图1-19所示。曲线表明,随着击实功的增大,击实曲线形态不变,但位置向左上方移动了,即ρ_{dmax}增大了,而w_{op}却减小了。所以,对于同一种土,最佳含水率和最大干密度并不是恒定值,而是随着击实功而变化。图中的曲线形态还表明,当土样偏干时,增大击实功对提高干密度的影响较大,偏湿时则收效不大,故对偏湿的土用增大击实功的办法提高它的密度是不经济的。

土样的物理指标 表1-12

土样	土粒重度(kN/m³)	黏粒含量(%)			液塑限指标			土名
		>0.050	0.050~0.005	<0.005	液限	塑限	塑性指数	
a	27.0	9	58	33	37%	21%	16	重亚黏土
b	26.9	54	29	17	23%	13%	10	轻亚黏土

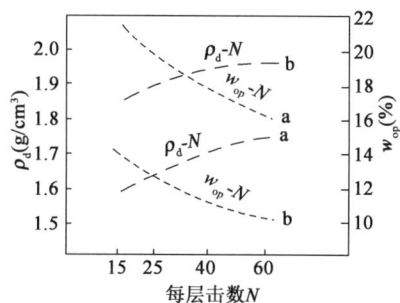

图 1-18 两种土的击实效果

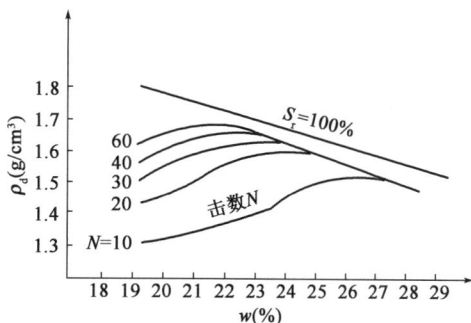

图 1-19 击实功对击实曲线的影响

使土的压实特性变化的外观因素主要有三个,即土类、制备含水率和外部击实功大小。这三者的不同组合与作用通过土的颗粒变位,结构调整,引力和孔隙压力的作用等内在因素表现出不同的结果。

三、压实特性在现场填土中的应用

上述所揭示的土的压实特性均是从室内击实试验中得到的,工程上填土的压实与室内的试验条件是有差别的,如填筑路堤时,压路机对填土的碾压和击实试验中的锤击就有区别。但工程实际表明,用室内击实试验来模拟工地压实是可靠的。为便于在施工现场对压实质量进行控制,工程上采用压实度这一指标,压实度以百分率表示,可通过下式计算

$$D_c = \frac{\text{填土的干密度}}{\text{室内标准击实试验最大干密度} \rho_{dmax}} \times 100$$

D_c 值越接近1,表示对压实质量的要求越高,其主要应用于主要受力层或者重要工程中;对于路基的下层或次要工程,D_c 值可取得小一些。从工地压实和室内击实试验对比可见,击实试验是研究土的压实特性的室内基本方法,而且为实际填方工程提供了两方面用途:一方面用来判别在某一击实功作用下土的击实性能是否良好及土可能达到的最佳密实度范围与相应的含水率值,为填方设计合理选用填料含水率和填筑密度提供依据;另一方面为研究现场填土的力学特性制备试样,提供合理的密度和含水率。

📚 任务实例 ‹‹‹

例 某试验室接受路基填筑土样进行基础试验,土样击实试验记录表见表1-13,请根据数据确定该土样的最大干密度和最佳含水率。

击实试验记录表 表 1-13

土样编号		01	筒号		01	落距(cm)		45
土样来源			筒容积(cm³)		997	每层击数		27
试验日期			击锤质量(kg)		4.5	大于5mm 颗粒含量		
干密度计算	试验次数		1	2	3	4		5
	筒+土质量(g)		2981.8	3057.1	3130.9	3215.8		3191.1

续上表

干密度计算	筒质量(g)	1103		1103		1103		1103		1103	
	湿土质量(g)	1878.8		1954.1		2027.9		2112.8		2088.1	
	湿密度(g/cm³)	1.88		1.96		2.03		2.12		2.09	
	干密度(g/cm³)	1.71		1.75		1.80		1.83		1.76	
含水率计算	盒号	1	2	1	2	1	2	1	2	1	2
	盒质量(g)	20	20	20	20	20	20	20	20	20	20
	盒+湿土质量(g)	35.60	35.44	33.93	33.69	32.88	33.16	33.13	34.09	36.96	38.31
	盒+干土质量(g)	34.16	34.02	32.45	32.26	31.40	31.64	31.36	32.15	24.28	35.36
	水质量(g)	1.44	1.42	1.48	1.43	1.48	1.52	1.77	1.94	2.68	2.95
	干土质量(g)	14.16	14.02	12.45	12.26	11.40	11.64	11.36	12.15	14.28	15.36
	含水率(%)	10.3	10.1	11.9	11.7	13.0	13.0	15.6	16.0	18.8	19.2
	平均含水率(%)	10.2		11.8		13.0		15.8		19.0	
	最大干密度 $\rho_{dmax}=$					最佳含水率 $w_{op}=$					

解答: 根据表1-13中的数据,以干密度为纵坐标,以含水率为横坐标作图(图1-20),曲线峰值对应的含水率为最佳含水率(15.2%),对应的干密度为最大干密度(1.83g/cm³)。

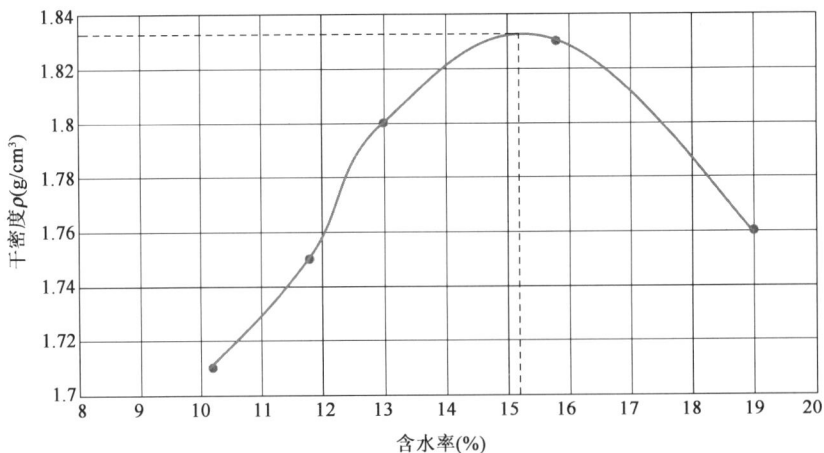

图1-20　击实曲线图

📚 学习评价 ◄◄◄

1.在教师指导下阅读以下文字,分组汇报对新建路堤填土强度参数试验试样制备要求的理解。

高路堤与陡坡路堤稳定性分析的强度参数应根据填料来源、场地情况及分析工况的需要,选择有代表性的土样进行室内试验,试样要求采用填筑含水率和填筑密度。当难以获得填筑含水率和填筑密度时,或进行初步稳定分析时,密度采用要求达到的密度,含水率采用击实曲线上要求密度对应的较大含水率。

——摘选自《公路路基设计规范》(JTG D30—2015)3.6.8。

2. 每名学生总结室内击实试验的结果在施工现场压实度检测中的作用。

3. 完成学习评价手册中的任务。

模块二

土中应力

【知识目标】

1. 了解土中应力的分类与含义,了解地下水对土中应力的影响;

2. 了解土中应力计算的基本方法,了解基础底面压力的分布规律及其影响因素;

3. 掌握土中应力的分布规律。

【能力目标】

1. 能够根据土层特性与土的物理指标完成自重应力计算,绘制自重应力分布图;

2. 能够分析地面各种荷载作用下土中附加应力的分布规律,分析相邻建筑物之间的影响;

3. 能够完成建筑物基础下地基应力计算。

【素质目标】

通过计算与分析土中应力分布,培养积极探索、求真务实的学习态度,积极讨论、分析问题的能力和团队合作精神。

任务一　计算土中自重应力

任务描述

在路桥工程建设中,土被广泛用作地基、材料或构成建(构)筑物周围的环境与介质,作为路桥工程技术人员,请你根据某工程地质勘察资料中的相关数据和土层特性,分析土层中自重应力是如何分布的。

学习引导

本任务沿着以下脉络进行学习:

领会土中应力基本知识　→　明确土中应力分类与含义　→　分析土层情况　→

计算土中某点自重应力　→　分析自重应力分布规律　→　绘制自重应力分布图

相关知识 <<<

一、土中应力分析

土体在自身重力、外荷载(如建筑物荷载、车辆荷载、土中水的渗流力和地震力等)作用下,会产生应力。土中应力按其产生的原因和作用效果分为自重应力和附加应力。自重应力是由土的自身重力引起的应力。对于长期形成的天然土层,土体在自重应力的作用下,沉降早已稳定,不会产生新的变形,所以自重应力又被称为原存应力或长驻应力。附加应力是外荷载作用在土体上时,土中产生的应力增量。土中某点的总应力应为自重应力与附加应力之和。需要注意的是,土中应力是矢量(图 2-1),本任务主要讨论实际应用中经常用到的土的竖向应力的计算方法。

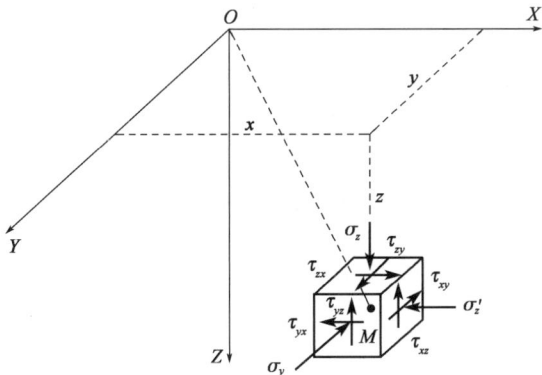

图 2-1　土中应力

技术提示：土中应力过大时，会使土体因强度不足发生破坏，甚至使土体发生滑动，失去稳定性。此外，土中应力的增大会引起土体变形，使建筑物发生沉降、倾斜以及水平位移。

二、土中应力计算原理

目前计算土中应力的方法主要是采用弹性理论公式，也就是把地基土视为均匀的、各向同性的半无限弹性体。这虽然同土体的实际情况有差别，但其计算结果还是能满足实际工程的要求的，其原因可以从以下几方面来分析。

1. 土的碎散性影响

土是由三相组成的分散体，而不是连续的介质，土中应力是通过土颗粒间的接触来传递的。但是，由于建筑物的基础面积尺寸远远大于土颗粒尺寸，同时我们研究的只是平面上的平均应力，而不是土颗粒间的接触集中应力，因此可以忽略土碎散性的影响，近似地把土体作为连续体考虑。

2. 土的非均质性和非理想弹性体的影响

土在形成过程中具有各种结构与构造，使土呈现不均匀性。同时土体不是一种理想的弹性体，而是一种具有弹塑性或黏滞性的介质。但是，在实际工程中，当土中应力水平较低，土体受压时，应力与应变关系接近线性，因此，当土层间的性质差异不大时，采用弹性理论计算土中应力在实际应用上是允许的。

3. 地基土可视为半无限体

半无限体就是无限空间体的一半。由于地基土在水平方向和深度方向相对于建筑物基础的尺寸而言，可以认为半无限体是无限延伸的。因此，可以认为地基土是符合半无限体的假定的。

三、自重应力计算

1. 均质土层中的自重应力

在计算自重应力时，假定土体为半无限体，即土体的表面尺寸和深度都无限大，土体自重应力作用下的地基为均质的线性变形的半无限体，即任何一个竖直平面均可被视为半无限体对称面。因此在任意竖直平面上，土的自重都不会产生剪应力，只有正应力存在。由此，可以得知，在均质土体中，土中某点的自重应力将只与该点的深度有关。

设土中某点 M 距离地面的深度为 z，土的重度为 γ，如图 2-2 所示，求作用于 M 点的竖向自重应力 σ_{cz}。可在过 M 点的平面上取一截面面积 ΔA，然后以 ΔA 为底，截取高为 z 的土柱。由于土体为半无限体，土柱的 4 个竖直面均为对称面，而且对称面上不存在剪应力作用，因此作用在 ΔA 上的压力就是土柱的重力 G，即 $\Delta A \gamma z$，那么 M 点的自重应力(单位为 kPa)为

$$\sigma_{cz} = \frac{\Delta A \gamma z}{\Delta A} = \gamma z \qquad (2\text{-}1)$$

式中：γ——土的重度，kN/m³；

　　　z——计算点的深度，m。

M 点的水平方向自重应力为

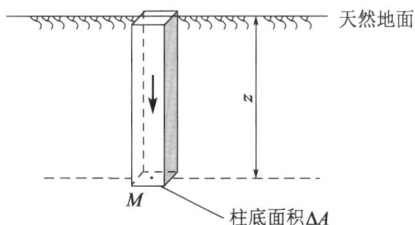

图 2-2　均质土层中的自重应力

$$\sigma_{cx} = \sigma_{cy} = \xi \sigma_{cz} \qquad (2\text{-}2)$$

式中：ξ——土的侧压力系数，其值与土的类别和土的物理状态有关，可通过试验确定。

这里只研究竖直方向的自重应力，水平方向的自重应力将在后续模块讨论。

2. 成层地基土中自重应力计算

天然地基土往往是成层的，各层天然土层具有不同的重度，所以需要分层计算。如图 2-3 所示，第 n 层土中任一点处的自重应力公式可以写为

$$\sigma_{cz} = \gamma_1 h_1 + \gamma_2 h_2 + \cdots + \gamma_n h_n = \sum_{i=1}^{n} \gamma_i h_i \qquad (2\text{-}3)$$

式中：h_i——第 i 层土的厚度，m；

γ_i——第 i 层土的重度，kN/m^3。

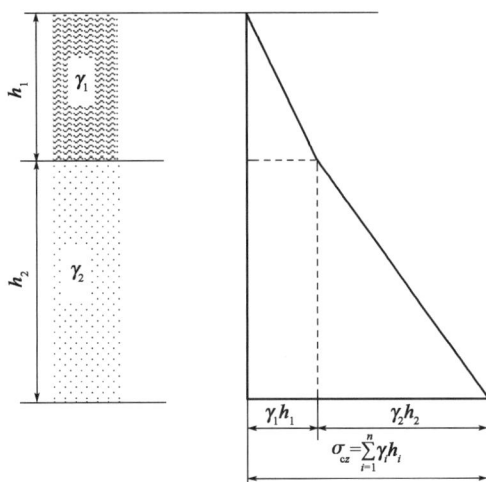

图 2-3　成层土中自重应力分布

3. 土层中有地下水时自重应力计算

计算地下水位以下土的自重应力时，应根据土的性质确定是否需考虑水的浮力作用。通常认为，对于砂性土，应考虑浮力作用，对于黏性土，则视其物理状态而定。

一般认为，若水下的黏性土液性指数 $I_L \geq 1$，则土处于流动状态，土颗粒间存在大量自由水，此时可以认为土体受到水的浮力作用，自重应力采用有效重度进行计算；若 $I_L \leq 0$，则土处于固体状态，土中自由水受到土颗粒间结合水膜的阻碍不能传递静水压力，故认为土体不受水的浮力作用，自重应力采用土的天然重度计算，并考虑上覆水重引起的应力；若 $0 < I_L < 1$，则土处于塑性状态，土颗粒是否受到水的浮力作用较难确定，一般在实践中均按不利状态来考虑。

技术提示：不透水层一般为基岩或只含强结合水的坚硬黏土层，不透水层不存在水的浮力，因此作用在不透水层层面及层面以下的土的自重应力等于上覆土和水的总重。

4. 土中自重应力的分布规律

自重应力在等重度的土中随深度呈直线分布，自重应力分布线的斜率即土的重度；自重应力在不同重度的成层土中呈折线分布，折点在土层分界线和地下水位线处；自重应力随深度的增加而增大。

任务实例 ◀◀◀

例1 某小桥桥位的土层分布和土的物理性质指标如图 2-4 所示,请计算土中的自重应力,并绘制自重应力分布图。

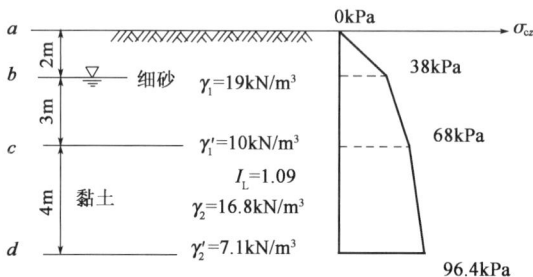

图 2-4 土层分布图

解答:第一层为细砂,地下水位以上的细砂不受浮力作用,$\gamma_1 = 19\text{kN/m}^3$,计算土的自重;地下水位以下应考虑浮力作用,按 $\gamma_1' = 10\text{kN/m}^3$ 计算自重应力。

第二层为黏土,$I_L = 1.09 > 1$,故黏土层应考虑浮力作用。

a 点:由于 a 点深度为 0,故自重应力为 0。

b 点:$\sigma_{cz} = \gamma_1 h_1 = 19 \times 2 = 38(\text{kPa})$。

c 点:$\sigma_{cz} = \sum\limits_{i=1}^{n} \gamma_i h_i = 19 \times 2 + 10 \times 3 = 68(\text{kPa})$。

d 点:$\sigma_{cz} = \sum\limits_{i=1}^{n} \gamma_i h_i = 19 \times 2 + 10 \times 3 + 7.1 \times 4 = 96.4(\text{kPa})$。

自重应力分布如图 2-4 所示。

例2 某小桥桥位(有地表水)的土层分布与土的物理性质指标如图 2-5 所示,试计算土中自重应力,并绘制自重应力分布图。(水的重度 $\gamma_w = 9.81\text{kN/m}^3$)

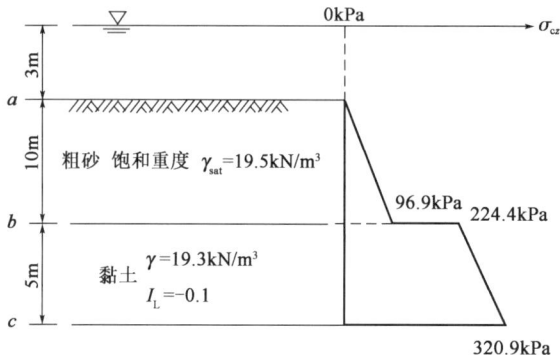

图 2-5 土层分布图

解答:水下的粗砂受到水的浮力作用,其有效重度为

$$\gamma' = \gamma_{sat} - \gamma_w = 19.5 - 9.81 = 9.69(\text{km/m}^3)$$

黏土层 $I_L < 0$,所以土层不考虑浮力作用,但该土层还受到其上方静水压力作用。土中各

点的自重应力计算如下：

a 点：由于 a 点在土中深度为 0，故自重应力为 0。

b 点：该点位于粗砂层和黏土层分界处，而黏土层是不透水层，所以自重应力会在该处发生变化，有 13m 的水压力作用在不透水的黏土层上。

砂层底面自重应力 $\qquad \sigma_{cz} = \gamma' h = 9.69 \times 10 = 96.9 (\mathrm{kPa})$

黏土层顶面自重应力 $\qquad \sigma_{cz} = \gamma' h + \gamma_w h_w = 96.9 + 9.81 \times 13 = 224.4 (\mathrm{kPa})$

c 点：$\sigma_{cz} = 224.4 + 19.3 \times 5 = 320.9 (\mathrm{kPa})$。

该土层的自重应力分布如图 2-5 所示。

学习评价 <<<

1. 分组汇报，土层中有地下水时，如何完成土中自重应力计算。
2. 每名学生结合模块一的内容，解释 γ_w、γ_{sat}、γ、γ' 的含义。
3. 完成学习评价手册中的任务。

任务二　计算土中附加应力

任务描述

修建道路桥梁会引起地层应力的变化，进而使地层产生变形，作为路桥工程技术人员，你需要根据路桥基础的特性、承受荷载的类型，计算土中附加应力并分析其分布规律。

学习引导

本任务沿着以下脉络进行学习：

判别基础类型 → 领会基础底面压力简化计算方法 → 学习土中附加应力的计算方法 →

分析土中附加应力的分布规律

相关知识 <<<

前面已经指出土中的附加应力是由建筑物荷载作用所引起的应力增量，而建筑物的荷载是通过基础传到土中的，因此基础底面的压力分布形式将对土中应力产生影响。在讨论附加应力计算之前，首先需要研究基础底面的压力分布问题。

基础底面的压力分布问题是基础与地基土两种不同物体间的接触压力问题，在弹性理论中称为接触压力问题。这是一个比较复杂的问题，其影响因素很多，如基础的刚度、形状、尺寸、埋置深度，以及土的性质、荷载大小等。在理论分析中要综合考虑众多因素是困难的，目前，弹性理论主要研究不同刚度的基础与弹性半空间体表面的接触压力分布问题。

一、基础底面压力分布的概念

若一个基础上作用着均布荷载,假设基础是由许多小块组成(图2-6),各小块之间光滑而无摩擦力,则这种基础相当于绝对柔性基础(基础抗弯刚度 $EI \to 0$),基础上荷载通过小块直接传递到地基土上,基础底面的压力分布图形将与基础上作用的荷载分布图形相同。这时,基础底面的沉降各处不同,中间大而边缘小。因此,柔性基础的底面压力分布与作用的荷载分布形状相同。例如,由土筑成的路堤,可以近似地认为路堤本身不传递剪力,那么它相当于一种柔性基础,路堤自重引起的基础底面压力分布与路堤断面形状相同,是梯形分布,如图2-7所示。

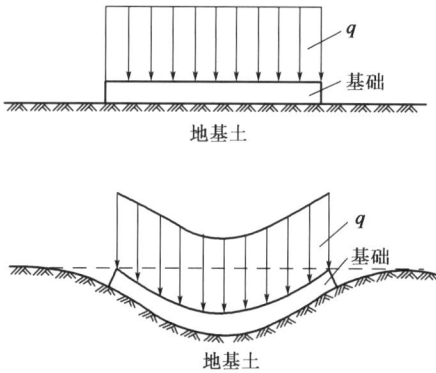

图2-6 理想柔性基础底面压力分布

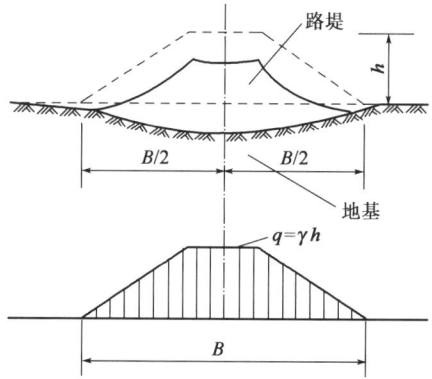

图2-7 路堤基础底面压力分布

桥梁墩台基础有时采用大块混凝土实体结构(图2-8),它的刚度很大,可以认为是刚性基础($EI \to \infty$)。刚性基础是指基础本身刚度相对地基土来说很大,在受力后基础产生的挠曲变形很小(可以忽略不计)的基础。桥梁中很多圬工基础属于这一类型,如扩大基础和沉井基础等。对于刚性基础,当基础底面为对称形状(如矩形、圆形)时,在中心荷载的作用下,一般基础底面的压力分布图形呈马鞍形,如图2-8a)所示。但由于荷载的大小、土的性质和基础埋置深度等不同,其分布图形还可能变化。当荷载较大、基础埋置深度较小或地基为砂土时,基础边缘土的挤出使边缘压力减小,其基础底面的压力分布图形将呈抛物线形,如图2-8b)所示。随着荷载的继续增大,基础底面的压力分布图形也可发展成倒钟形,如图2-8c)所示。若按上述情况计算土中的附加应力,将使计算非常复杂。在实际计算中常采用一种简便而又符合工程实际的方法。

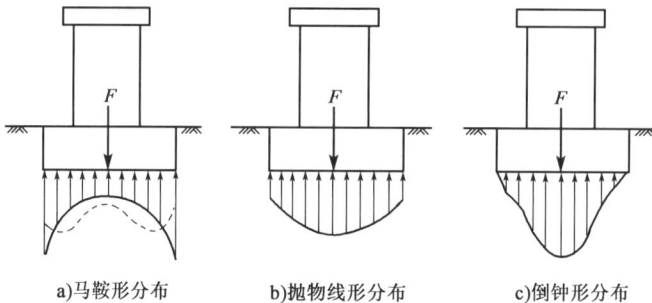

a)马鞍形分布　b)抛物线形分布　c)倒钟形分布

图2-8 刚性基础下的压力分布

二、基础底面压力的简化计算方法

理论和试验均已证明:在荷载合力大小和作用点不变的前提下,基础底面压力分布形状对土中附加应力分布的影响,在超过一定深度后就不显著了。由此,在实际计算中,假定基础底面压力分布呈直线变化,这样就大大简化了土中附加应力的计算。根据这个假定,刚性基础底面压力分布图形如图 2-9 所示。

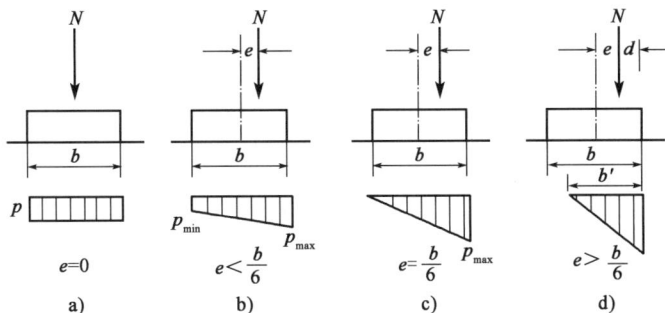

图 2-9　简化的刚性基础底面压力分布

当假定刚性基础底面的压力呈直线分布时,即可按材料力学公式计算。

(1)中心荷载作用时[图 2-9a)],基础底面压力的计算公式为

$$p = \frac{N}{A} \tag{2-4}$$

式中:p——基础底面压应力,kPa;

　　N——作用于基底中心上的竖向荷载合力,kN;

　　A——基础底面面积,m^2。

(2)偏心荷载作用,且合力作用点不超过基础底面截面核心时[图 2-9b)],基础底面压力的计算公式为

$$\frac{p_{max}}{p_{min}} = \frac{N}{A} \pm \frac{M}{W} = \frac{N}{A} \pm \frac{Ne}{W} \tag{2-5}$$

式中:p_{max}、p_{min}——基础底面边缘处最大、最小压应力,kPa;

　　　M——偏心荷载对基础底面形心力矩,kN·m;

　　　W——基础底面的截面抵抗矩,m^3;

其他符号意义同前。

对于长度为 a、宽度为 b 的矩形底面,$A = ab$,$W = \frac{ab^2}{6}$,所以式(2-5)也可写成:

$$\frac{p_{max}}{p_{min}} = \frac{N}{ab} \left(1 \pm \frac{6e}{b}\right) \tag{2-6}$$

(3)偏心荷载作用,且合力作用点超过基础底面截面核心时[图 2-9d)],对于矩形截面,当合力偏心距 $e > b/6$ 时,如果按材料力学偏心受压的公式计算,截面上将出现拉应力,但基础与

地基之间不可能出现拉应力,于是基底应力将会重新分布在 $b' \times a$ 上。此时,基础底面压力的计算公式不能再按式(2-4)或式(2-5)计算。假定基础底面压力在 b'(小于基础宽度 b)范围内按三角形分布[图2-9d)],根据静力平衡条件应有以下关系:

$$N = \frac{1}{2} p_{max} b' a$$

因为 N 应该通过压力分布图三角形的形心,所以 $b' = 3d = 3\left(\frac{b}{2} - e\right)$。

于是 $N = \frac{1}{2} p_{max} \times 3\left(\frac{b}{2} - e\right)a$,由此可得基础底面压力的计算公式:

$$p_{max} = \frac{2N}{3\left(\dfrac{b}{2} - e\right)a} \tag{2-7}$$

技术提示:一般而言,工程上不允许基础底面出现拉应力,因此,在设计基础尺寸时,应使合力偏心矩满足 $e < \dfrac{b}{6}$ 的条件,以保证安全。

地基中附加应力的计算可直接运用弹性理论的成果。弹性理论的研究对象是均匀的、各向同性的弹性体。地基土并非均匀的弹性体,地基土通常是分层的,有时也不符合直线变化关系,尤其在应力较大时,明显偏离直线变化。但试验证明:地基上作用荷载不大,土中的塑性变形区很小,荷载与变形之间近似地呈直线关系,直接用弹性理论成果,具有足够的准确性。因此,对土体可有条件地假定它为“直线变形体”,运用弹性理论公式来计算土中应力。

三、竖向集中荷载作用下附加应力的计算

1885年,法国数学家布辛奈斯克(Joseph Valentin Boussinesq)用弹性理论推导出了在半无限空间弹性体表面作用竖向集中荷载 P 时(图2-10),在弹性体内任意点 $M(x、y、z)$ 的竖向附加应力 σ_z 为

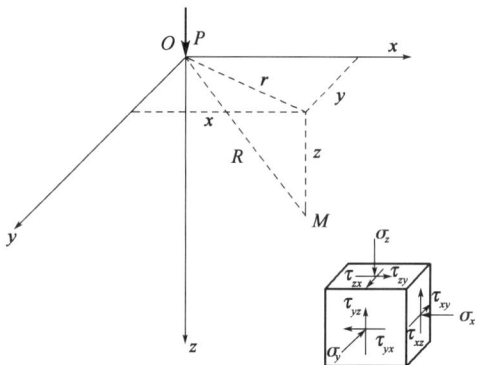

$$\sigma_z = \frac{3Pz^3}{2\pi R^5} = \frac{3P}{2\pi z^2} \cdot \frac{1}{\left[1 + \left(\dfrac{r}{z}\right)\right]^{\frac{5}{2}}} = \alpha \frac{P}{z^2}$$

$$\tag{2-8}$$

式中:P——竖向集中荷载,kN;

z——M 点距弹性体表面的深度,m;

α——应力系数,可由 r/z 值查表2-1得到;

R——M 点到 P 的作用点 O 的距离,m。

图2-10 半无限空间弹性体表面受竖向集中
荷载作用时的应力

集中荷载下竖向附加应力系数 α 表 2-1

r/z	α	r/z	α	r/z	α	r/z	α	r/z	α
0.00	0.4775	0.50	0.2733	1.00	0.0844	1.50	0.0251	2.00	0.0085
0.05	0.4745	0.55	0.2466	1.05	0.0744	1.55	0.0224	2.20	0.0058
0.10	0.4657	0.60	0.2214	1.10	0.0658	1.60	0.0200	2.40	0.0040
0.15	0.4516	0.65	0.1978	1.15	0.0581	1.65	0.0179	2.60	0.0029
0.20	0.4329	0.70	0.1762	1.20	0.0513	1.70	0.0160	2.80	0.0021
0.25	0.4103	0.75	0.1565	1.25	0.0454	1.75	0.0144	3.00	0.0015
0.30	0.3849	0.80	0.1386	1.30	0.0402	1.80	0.0129	3.50	0.0007
0.35	0.3577	0.85	0.1226	1.35	0.0357	1.85	0.0116	4.00	0.0004
0.40	0.3294	0.90	0.1083	1.40	0.0317	1.90	0.0105	4.05	0.0002
0.45	0.3011	0.95	0.0956	1.45	0.0282	1.95	0.0095	5.00	0.0001

由式(2-8)可知,集中力为常数时,σ_z 是 r/z 的函数,因此给定 r 或 z 值就能得出 σ_z 在土中的分布规律。

(1)在集中荷载作用线上($r=0$),附加应力随深度的增加而减小;当 $z=0$ 时,$\sigma_z=\infty$,这是将集中力作用面积看作零所致,它一方面说明该解不适用集中力作用点处及其附近;另一方面说明在集中力作用点处 σ_z 很大。

(2)在 $r>0$ 的竖直线上,附加应力从零开始随深度的增加而先增加,增加至一定深度后达到最大;而后随深度的增加而减小。

(3)在同一水平面上($z=$常数),竖向集中力作用线上的附加应力最大,并随着 r 的增大逐渐减小。随着 z 的增加,集中力作用线上的 σ_z 减小,而水平面上应力的分布趋于均匀,如图 2-11 所示。

如果将空间 σ_z 相同的点连接成曲面,便得到 σ_z 等值线,其空间曲面的形状如泡状,是向下、向四周无限扩散的应力泡,如图 2-12 所示。

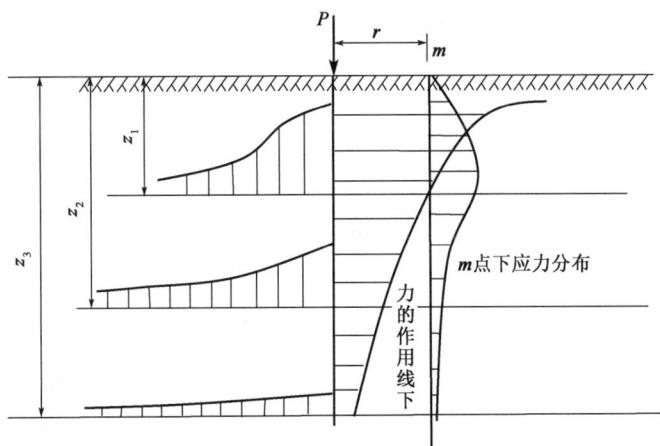

图 2-11 集中力作用下土中应力 σ_z 的分布

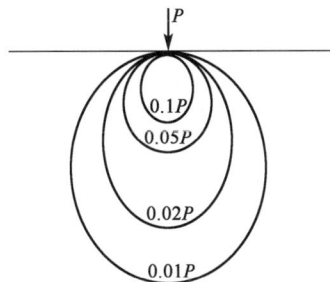

图 2-12 集中力作用下土中 σ_z 分布等值线

四、局部面积上各种分布荷载作用下的附加应力计算

在实践中,荷载很少是以集中力的形式作用在地基上的,往往是通过基础分布在一定面积上。如果基础底面的形状或者基础底面下的荷载分布是不规则的,就可以把分布荷载分割为若干单元面积上的集中力,然后应用布辛奈斯克公式和力的叠加原理计算土中应力。若基础底面的形状和分布荷载是有规律的,就可以应用积分法解得相应的公式计算土中应力。

1.矩形面积上竖向均布荷载作用时附加应力计算

如图 2-13 所示,地基表面有一矩形面积,宽度为 b,长度为 l,其上作用着竖向均布荷载,荷载强度为 p,试求地基内各点的附加应力。

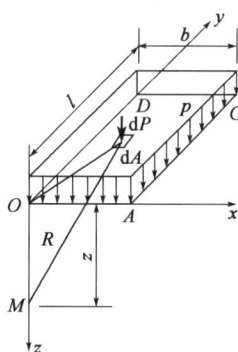

图 2-13　矩形面积均布荷载
作用时角点下的应力

首先求出矩形面积角点下不同深度处的附加应力,然后利用"角点法"求出地基内各点的附加应力 σ_z。

（1）角点下的附加应力

角点下的附加应力是指图 2-13 中 O、A、C、D 4 个角点下不同深度处的应力。由于荷载是均布的,4 个角点下深度一样处的附加应力均相同。如果将坐标的原点取在角点 O 上,在荷载面积内任取微分面积 $dA = dx \cdot dy$,并将其上作用的荷载以集中力 dP 代替,则利用式(2-8)即可得出角点 O 下深度为 z 处 M 点的竖向附加应力 σ_z,即

$$\sigma_z = \alpha_c p \tag{2-9}$$

式中：α_c——矩形面积受竖向均布荷载作用时,角点以下的应力分布系数,可以从表 2-2 中查得。

矩形面积受竖向均布荷载作用时角点下的应力系数 α_c 　　表 2-2

$n = \dfrac{z}{b}$	$m = \dfrac{l}{b}$										
	1.0	1.2	1.4	1.6	1.8	2.0	3.0	4.0	5.0	6.0	10.0
0.0	0.2500	0.2500	0.2500	0.2500	0.2500	0.2500	0.2500	0.2500	0.2500	0.2500	0.2500
0.2	0.2486	0.2489	0.2490	0.2491	0.2491	0.2491	0.2492	0.2492	0.2492	0.2492	0.2492
0.4	0.2401	0.2420	0.2429	0.2434	0.2437	0.2439	0.2442	0.2443	0.2443	0.2443	0.2443
0.6	0.2229	0.2275	0.2300	0.2315	0.2324	0.2329	0.2339	0.2341	0.2342	0.2342	0.2342
0.8	0.1999	0.2075	0.2120	0.2147	0.2165	0.2176	0.2196	0.2200	0.2202	0.2202	0.2202
1.0	0.1752	0.1851	0.1911	0.1955	0.1981	0.1999	0.2034	0.2042	0.2044	0.2045	0.2046
1.2	0.1516	0.1626	0.1705	0.1758	0.1793	0.1818	0.1870	0.1882	0.1885	0.1887	0.1888
1.4	0.1308	0.1423	0.1508	0.1569	0.1613	0.1644	0.1712	0.1730	0.1735	0.1738	0.1740
1.6	0.1123	0.1241	0.1329	0.1436	0.1445	0.1482	0.1567	0.1590	0.1598	0.1601	0.1604
1.8	0.0969	0.1083	0.1172	0.1241	0.1294	0.1334	0.1434	0.1463	0.1474	0.1478	0.1482
2.0	0.0840	0.0947	0.1034	0.1103	0.1158	0.1202	0.1314	0.1350	0.1363	0.1368	0.1374
2.2	0.0732	0.0832	0.0917	0.0984	0.1039	0.1084	0.1205	0.1248	0.1264	0.1271	0.1277
2.4	0.0642	0.0734	0.0812	0.0879	0.0934	0.0979	0.1108	0.1156	0.1175	0.1184	0.1192

续上表

$n = \dfrac{z}{b}$	$m = \dfrac{l}{b}$										
	1.0	1.2	1.4	1.6	1.8	2.0	3.0	4.0	5.0	6.0	10.0
2.6	0.0566	0.0651	0.0725	0.0788	0.0842	0.0887	0.1020	0.1073	0.1095	0.1106	0.1116
2.8	0.0502	0.0580	0.0649	0.0709	0.0761	0.0805	0.0942	0.0999	0.1024	0.1036	0.1048
3.0	0.0447	0.0519	0.0583	0.0640	0.0690	0.0732	0.0870	0.0931	0.0959	0.0973	0.0987
3.2	0.0401	0.0467	0.0526	0.0580	0.0627	0.0668	0.0806	0.0870	0.0900	0.0916	0.0933
3.4	0.0361	0.0421	0.0477	0.0527	0.0571	0.0611	0.0747	0.0814	0.0847	0.0864	0.0882
3.6	0.0326	0.0382	0.0433	0.0480	0.0523	0.0561	0.0694	0.0763	0.0799	0.0816	0.0837
3.8	0.0296	0.0348	0.0395	0.0439	0.0479	0.0516	0.0645	0.0717	0.0753	0.0773	0.0796
4.0	0.0270	0.0318	0.0362	0.0403	0.0441	0.0474	0.0603	0.0674	0.0712	0.0733	0.0758
4.2	0.0247	0.0291	0.0333	0.0371	0.0407	0.0439	0.0563	0.0634	0.0674	0.0696	0.0724
4.4	0.0227	0.0268	0.0306	0.0343	0.0376	0.0407	0.0527	0.0597	0.0639	0.0662	0.0696
4.6	0.0209	0.0247	0.0283	0.0317	0.0348	0.0378	0.0493	0.0564	0.0606	0.0630	0.0663
4.8	0.0193	0.0229	0.0262	0.0294	0.0324	0.0352	0.0463	0.0533	0.0576	0.0601	0.0635
5.0	0.0179	0.0212	0.0243	0.0274	0.0302	0.0328	0.0435	0.0504	0.0547	0.0573	0.0610
6.0	0.0127	0.0151	0.0174	0.0196	0.0218	0.0233	0.0325	0.0388	0.0431	0.0460	0.0506
7.0	0.0094	0.0112	0.0130	0.0147	0.0164	0.0180	0.0251	0.0306	0.0346	0.0376	0.0428
8.0	0.0073	0.0087	0.0101	0.0114	0.0127	0.0140	0.0198	0.0246	0.0283	0.0311	0.0367
9.0	0.0058	0.0069	0.0080	0.0091	0.0102	0.0112	0.0161	0.0202	0.0235	0.0262	0.0319
10.0	0.0047	0.0056	0.0065	0.0074	0.0083	0.0092	0.0132	0.0167	0.0198	0.0222	0.0280

（2）任意点的附加应力计算

利用矩形面积角点下的附加应力计算公式［式（2-9）］和应力叠加原理，求地基中任意点的附加应力的方法称为角点法。角点法的应用可以分以下两种情况：

第一种情况：计算矩形面积内任一点 M' 深度为 z 的附加应力［图 2-14a）］。过 M' 点将矩形 $abcd$ 分成 4 个小矩形，M' 点为 4 个小矩形的公共角点，则 M' 点下任意 z 深度处的附加应力为

$$\sigma_{zM} = (\alpha_{cI} + \alpha_{cII} + \alpha_{cIII} + \alpha_{cIV})p \tag{2-10a}$$

第二种情况：计算矩形面积外任意点 M' 下深度为 z 的附加应力。其思路是：仍然设法使 M' 点成为几个小矩形面积的公共角点［图 2-14b）］，然后将其应力进行代数叠加。

$$\sigma_{zM} = (\alpha_{cI} + \alpha_{cII} - \alpha_{cIII} - \alpha_{cIV})p \tag{2-10b}$$

以上 α_{cI}、α_{cII}、α_{cIII}、α_{cIV} 分别是矩形 $M'hbe$、$M'fce$、$M'hag$、$M'fdg$ 的竖向均布荷载角点下的应力系数，p 为荷载强度。需要注意的是，应用角点法时，对于每一个矩形面积，l 为矩形的长边尺寸，b 为矩形的短边尺寸。

2. 矩形面积承受竖向三角形分布荷载作用时的附加应力计算

矩形面积受竖向三角形分布荷载作用时，若矩形面积上三角形荷载的最大强度为 p_t（图 2-15），矩形基础底面受竖向三角形分布荷载作用时压力为零的角点下的附加应力为

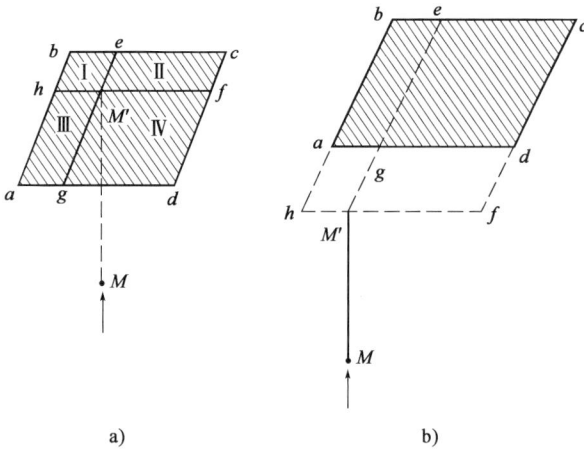

a)   b)

图 2-14 角点法计算 M'点以下的附加应力

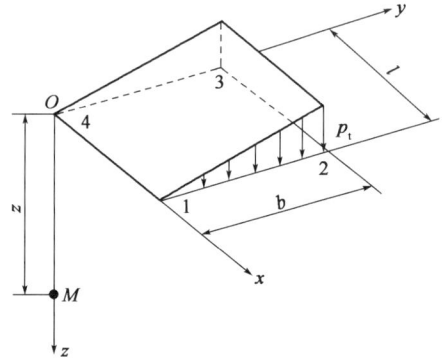

图 2-15 矩形面积作用竖向三角形分布
荷载时角点下的应力

$$\sigma_z = \alpha_t p_t \qquad (2\text{-}11)$$

式中：α_t——矩形面积受竖向三角形分布荷载作用时的竖向附加应力分布系数，可查表2-3；其

中 $m = \dfrac{l}{b}$，$n = \dfrac{z}{b}$，b 为沿荷载变化方向矩形边长，l 为矩形另一边长。

应用式(2-11)时要注意：计算点应落在三角形分布荷载强度为零点的垂线上，b 始终表示荷载变化方向矩形边长。

对于基础底面范围内(外)任意点下的竖向附加应力，仍然可以利用角点法和叠加原理进行计算。

矩形面积受竖向三角形分布荷载作用下压力为零的角点附加应力系数 α_t 表 2-3

$n = \dfrac{z}{b}$	$m = \dfrac{l}{b}$										
	0.2	0.4	0.6	1.0	1.4	2.0	3.0	4.0	6.0	8.0	10.0
0.0	0.0000	0.0000	0.0000	0.0000	0.0000	0.0000	0.0000	0.0000	0.0000	0.0000	0.0000
0.2	0.0223	0.0280	0.0296	0.0304	0.0305	0.0306	0.0306	0.0306	0.0306	0.0306	0.0306
0.4	0.0269	0.0420	0.0487	0.0531	0.0543	0.0547	0.0548	0.0549	0.0549	0.0549	0.0549
0.6	0.0259	0.0448	0.0560	0.0654	0.0684	0.0696	0.0701	0.0702	0.0702	0.0702	0.0702
0.8	0.0232	0.0421	0.0553	0.0688	0.0739	0.0764	0.0773	0.0776	0.0776	0.0776	0.0776
1.0	0.0201	0.0375	0.0508	0.0666	0.0735	0.0774	0.0790	0.0794	0.0795	0.0796	0.0796
1.2	0.0171	0.0324	0.0450	0.0615	0.0698	0.0749	0.0774	0.0779	0.0782	0.0783	0.0783
1.4	0.0145	0.0278	0.0392	0.0554	0.0644	0.0707	0.0739	0.0748	0.0752	0.0752	0.0753
1.6	0.0123	0.0238	0.0339	0.0492	0.0586	0.0656	0.0697	0.0708	0.0714	0.0715	0.0715
1.8	0.0105	0.0204	0.0294	0.0435	0.0528	0.0604	0.0652	0.0666	0.0673	0.0675	0.0675
2.0	0.0090	0.0176	0.0255	0.0384	0.0474	0.0553	0.0607	0.0624	0.0634	0.0636	0.0636
2.5	0.0063	0.0125	0.0183	0.0284	0.0362	0.0440	0.0504	0.0529	0.0543	0.0547	0.0548

续上表

$n = \dfrac{z}{b}$	$m = \dfrac{l}{b}$										
	0.2	0.4	0.6	1.0	1.4	2.0	3.0	4.0	6.0	8.0	10.0
3.0	0.0046	0.0092	0.0135	0.0214	0.0280	0.0352	0.0419	0.0449	0.0469	0.0474	0.0476
5.0	0.0018	0.0036	0.0054	0.0088	0.0120	0.0161	0.0214	0.0248	0.0253	0.0296	0.0301
7.0	0.0009	0.0019	0.0028	0.0047	0.0064	0.0089	0.0124	0.0152	0.0186	0.0204	0.0212
10.0	0.0005	0.0009	0.0014	0.0023	0.0033	0.0046	0.0066	0.0084	0.0111	0.0123	0.0139

五、条形面积上各种分布荷载作用下的附加应力计算

若在半无限宽弹性体表面作用无限长条形面积分布荷载,而且荷载在各个截面上的分布都相同,则垂直于长度方向的任一截面内附加应力的大小及分布规律都是相同的,即与所取截面的位置无关,只与土中所求应力点的平面位置有关,故称为平面问题。在工程实际中,当然没有无限长条形面积分布荷载,但一般截面荷载面积的延伸长度 l 与其宽度 b 之比,即 $l/b \geqslant$ 10 时,即可认为是条形基础。墙基、路基、挡土墙和堤坝等,均可按平面问题计算地基中的附加应力,其计算结果与实际相差很小。

1. 竖向均布条形荷载作用下的附加应力

如图 2-16 所示,当地面上作用强度为 p 的竖向均布荷载时,在任意点 M 所引起的竖向附加应力

$$\sigma_z = \alpha_u p \qquad (2\text{-}12)$$

式中:α_u——条形面积受竖向均布荷载作用时的竖向附加应力分布系数,按 $m = \dfrac{x}{b}, n = \dfrac{z}{b}$,由表 2-4 查得,$b$ 为基底的宽度。

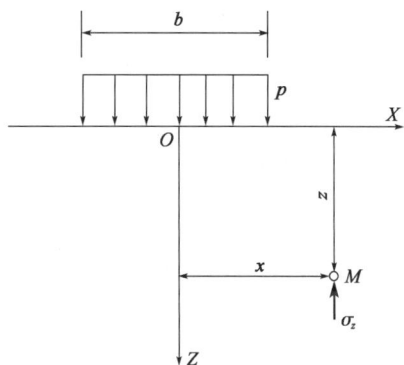

图 2-16 竖向均布条形荷载作用下的附加应力

条形面积受竖向均布荷载作用下的附加应力系数 α_u 　　　　表 2-4

$n = \dfrac{z}{b}$	$m = \dfrac{x}{b}$				
	0.00	0.25	0.50	1.00	2.00
0.00	1.00	1.00	0.50	0.00	0.00
0.25	0.96	0.90	0.50	0.02	0.00
0.50	0.82	0.74	0.48	0.08	0.00
0.75	0.67	0.61	0.45	0.15	0.02
1.00	0.55	0.51	0.41	0.19	0.03
1.50	0.40	0.38	0.33	0.21	0.06
2.00	0.31	0.31	0.28	0.20	0.08

续上表

$n = \dfrac{z}{b}$	$m = \dfrac{x}{b}$				
	0.00	0.25	0.50	1.00	2.00
3.00	0.21	0.21	0.20	0.17	0.10
4.00	0.16	0.16	0.15	0.14	0.10
5.00	0.13	0.13	0.12	0.12	0.09

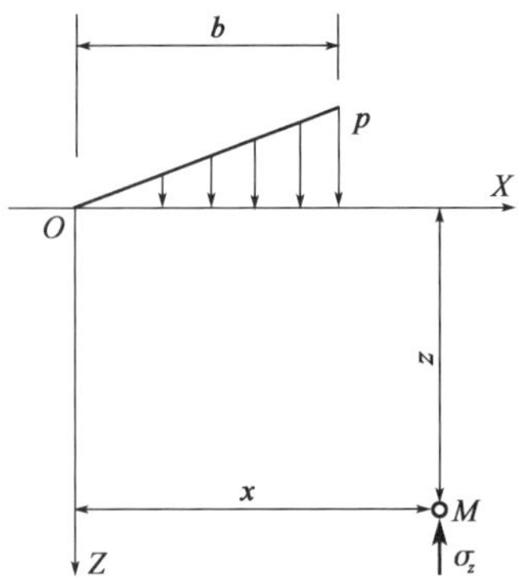

图 2-17　竖向三角形分布荷载
作用下的附加应力

2. 竖向条形三角形分布荷载作用下的附加应力

如图 2-17 所示,当条形面积上受最大强度为 p 的三角形分布荷载作用时,任意点 M 所引起的竖向附加应力沿宽度 b 积分,即可得到整个三角形分布荷载对 M 点引起的竖向附加应力:

$$\sigma_z = \alpha_s p \qquad (2\text{-}13)$$

式中:α_s——竖向条形三角形分布荷载作用时的竖向附加应力分布系数,按 $m = \dfrac{x}{b}$,$n = \dfrac{z}{b}$,查表 2-5 得。

竖向条形三角形分布荷载作用时的应力系数 α_s 　　　表 2-5

$n = \dfrac{z}{b}$	$m = \dfrac{x}{b}$										
	−1.50	−1.00	−0.50	0.00	0.25	0.50	0.75	1.00	1.50	2.00	2.50
0.00	0.00	0.00	0.00	0.00	0.25	0.50	0.75	0.75	0.00	0.00	0.00
0.25	—	—	0.001	0.075	0.256	0.480	0.643	0.424	0.015	0.003	—
0.50	0.002	0.003	0.023	0.127	0.263	0.410	0.477	0.353	0.056	0.017	0.003
0.75	0.006	0.016	0.042	0.153	0.248	0.335	0.361	0.293	0.108	0.024	0.009
1.0	0.014	0.025	0.061	0.159	0.223	0.275	0.279	0.241	0.129	0.045	0.013
1.5	0.020	0.048	0.096	0.145	0.178	0.200	0.202	0.185	0.124	0.062	0.041
2.0	0.0333	0.061	0.092	0.127	0.146	0.155	0.163	0.153	0.108	0.069	0.050
3.0	0.050	0.064	0.080	0.096	0.103	0.104	0.108	0.104	0.190	0.071	0.050
4.0	0.051	0.060	0.067	0.075	0.078	0.085	0.082	0.075	0.073	0.060	0.049
5.0	0.047	0.052	0.057	0.059	0.062	0.063	0.063	0.065	0.061	0.051	0.047
6.0	0.041	0.041	0.050	0.051	0.052	0.053	0.053	0.053	0.050	0.050	0.045

任务实例 ◀◀◀

例1　地面上作用集中力 $P = 200\text{kN}$,计算深度 $z = 3\text{m}$ 处水平面上的竖向附加应力,以及距 P 的作用点 $r = 1\text{m}$ 处竖直面上竖向附加应力,并绘制应力分布图。

解答:各点的竖向应力可按式(2-8)计算,并列于表2-6及表2-7中,同时可绘出应力分布图(图2-18)。σ_z的分布曲线表明,在半无限土体内任一水平面上,随着与集中力作用点距离的增大,σ_z值迅速减小。在不通过集中力作用点的任一竖向剖面上,在土体表面处,随着深度的增加,σ_z值逐渐增大,在某一深度处达到最大值,然后逐渐减小。

$z=3\text{m}$ 处水平面上竖向附加应力 σ_z　　　　　　　　　表2-6

$r(\text{m})$	0	1	2	3	4	5
$\dfrac{r}{z}$	0	0.33	0.67	1.00	1.33	1.67
α	0.4775	0.3686	0.1892	0.0844	0.0375	0.0171
$\sigma_z(\text{kPa})$	10.6	8.2	4.2	1.9	0.8	0.4

$r=1\text{m}$ 处竖直面上竖向附加应力 σ_z　　　　　　　　　表2-7

$z(\text{m})$	0	1	2	3	4	5	6
$\dfrac{r}{z}$	∞	1.00	0.50	0.33	0.25	0.20	0.17
α	0	0.0844	0.2733	0.3686	0.4103	0.4329	0.4441
$\sigma_z(\text{kPa})$	0	16.8	13.7	8.2	5.1	3.5	2.5

例2　某均布荷载 $p=100\text{kN/m}^2$,荷载作用面积为 $2.0\text{m}\times1.0\text{m}$,如图2-19所示,求荷载面积上角点 A、边点 E、中心点 O 以及荷载面积外 F 点和 G 点等各点下 $z=1.0\text{m}$ 深度处的附加应力,并利用计算结果说明附加应力的扩散规律。

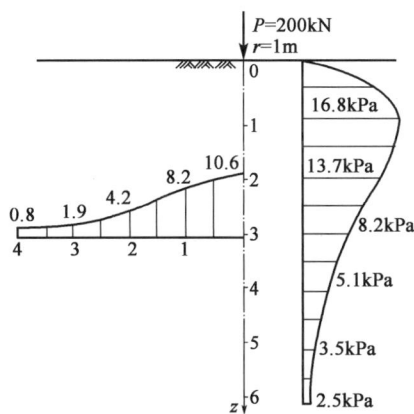

图2-18　附加应力分布图

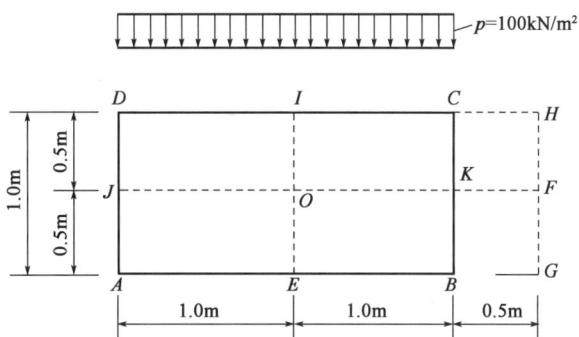

图2-19　荷载分布平面示意图

解答:

1. A 点下的附加应力

A 点是矩形 $ABCD$ 的角点,且 $m=\dfrac{l}{b}=\dfrac{2}{1}=2$,$n=\dfrac{z}{b}=1$,查表2-2得

$\alpha_c=0.1999$,故

$$\sigma_{zA}=\alpha_c p=0.1999\times100=20(\text{kPa})$$

2. E 点下的附加应力

通过 E 点将矩形荷载面积划分为两个相等的矩形 $EADI$ 和 $EBCI$。求 $EADI$ 的角点应力系数：

$$m = \frac{l}{b} = \frac{1}{1} = 1, n = \frac{z}{b} = \frac{1}{1} = 1$$

查表 2-2 得 $\alpha_c = 0.1752$，故

$$\sigma_{zE} = 2\alpha_c p = 2 \times 0.1752 \times 100 = 35(kPa)$$

3. O 点下的附加应力

通过 O 点将原矩形面积分为 4 个相等的矩形 $OEAJ$、$OJDI$、$OICK$ 和 $OKBE$。求 $OEAJ$ 角点的附加应力系数 α_c：

$$m = \frac{l}{b} = \frac{1}{0.5} = 2, n = \frac{z}{b} = \frac{1}{0.5} = 2$$

查表 2-2 得 $\alpha_c = 0.1202$，故 $\sigma_{zO} = 4\alpha_c p = 4 \times 0.1202 \times 100 = 48.1(kPa)$

4. F 点下的附加应力

过 F 点作矩形 $FGAJ$、$FJDH$、$FGBK$ 和 $FKCH$。假设 α_{cI} 为矩形 $FGAJ$ 和 $FJDH$ 的角点应力系数，α_{cII} 为矩形 $FGBK$ 和 $FKCH$ 的角点应力系数。

α_{cI}：

$$m = \frac{l}{b} = \frac{2.5}{0.5} = 5, n = \frac{z}{b} = \frac{1}{0.5} = 2$$

查表 2-2 得 $\alpha_{cI} = 0.1363$

α_{cII}：

$$m = \frac{l}{b} = \frac{0.5}{0.5} = 1, n = \frac{z}{b} = \frac{1}{0.5} = 2$$

查表 2-2 得 $\alpha_{cII} = 0.0840$，故

$$\sigma_{zF} = 2(\alpha_{cI} - \alpha_{cII})p = 2 \times (0.1363 - 0.0840) \times 100 = 10.5(kN/m^2)$$

5. G 点下的附加应力

通过 G 点作矩形 $GADH$ 和 $GBCH$，分别求出它们的角点应力系数 α_{cI} 和 α_{cII}。

α_{cI}：

$$m = \frac{l}{b} = \frac{2.5}{1} = 2.5, n = \frac{z}{b} = \frac{1}{1} = 1$$

查表 2-2 得 $\alpha_{cI} = 0.2016$

α_{cII}：

$$m = \frac{l}{b} = \frac{1}{0.5} = 2, n = \frac{z}{b} = \frac{1}{0.5} = 2$$

查表 2-2 得 $\alpha_{cII} = 0.1202$

故 $\sigma_{zG} = (\alpha_{cI} - \alpha_{cII})p = (0.2016 - 0.1202) \times 100 = 8.1(kPa)$

根据以上计算结果绘制附加应力分布图(图 2-20)，可以看出，在矩形面积受均布荷载作

用时,不仅在受荷载面积垂直下方的范围内产生附加应力,而且在荷载面积以外的地基土中(F、G 点下方)也会产生附加应力。另外,在地基中同一深度处(如 z = 1m),离受荷载面积中线越远的点,其附加应力值越小,矩形面积中点处附加应力最大。求出中点 O 下和 F 点下不同深度的附加应力并绘成曲线[图 2-20b)],可看出地基中附加应力的扩散规律。

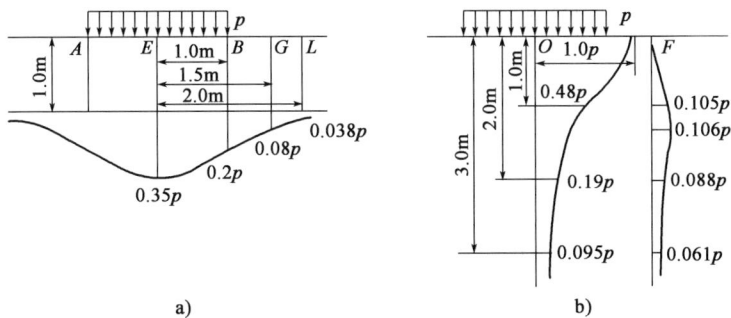

图 2-20 附加应力分布图

学习评价 ◄◄◄

1. 分组从应力角度分析采取以下设计与施工措施的原因。

当软土地区表面有一层硬壳层时,设计时需要合理选择埋置深度,才能减少地基的沉降,故在设计中基础一般应尽量浅埋,并在施工中采取保护措施,以免浅层土的结构被破坏。

2. 每名学生举例说明产生竖向均布条形荷载和竖向三角形分布荷载的实际工程。

3. 完成学习评价手册中的任务。

任务三　计算建筑物基础下地基应力

任务描述

某小桥 2 号墩基础埋深 1m,基础为矩形底面刚性浅基础,已知基础底面压力分布情况,请分析基础中心轴线上的附加应力分布。(完成该任务应领会基础埋置深度对基础下地基应力的影响)

学习引导

本工作任务沿着以下脉络进行学习:

理解基础底面压应力与基础底面附加应力的区别 → 理解基础埋置深度的含义 →

学习建筑物基础下地基应力计算方法 → 绘制建筑物基础下地基应力分布图

相关知识 ‹‹‹

一、基础底面的附加应力

当建筑物修建在地面上时,基础底面的附加应力就是基础底面压应力 p,但一般基础建设时,通常将建筑物的基础建在地面以下一定的深度(图2-21),此时,基础底面的附加应力为

$$p_0 = p - \gamma h \tag{2-14}$$

式中:p_0——基础底面附加应力,kPa;

p——基础底面压应力,kPa;

γ——基础底面以上地基土的重度,kN/m³;

h——基础的埋置深度,m。

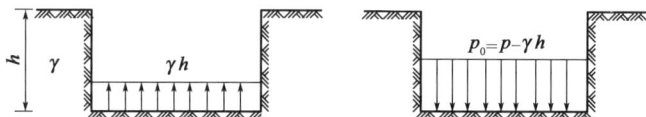

图2-21 基础底面附加应力

在未修建基础之前,地面的下深为 h 处原已存在大小为 γh 的自重应力;当修建基础时,将这部分土挖除后又建基础,所以在建筑物基础底面处实际增加的压应力为 $p_0 = p - \gamma h$,即超过自重应力的为附加应力。

二、地基中的附加应力

当建筑物基础建在地面上时,地基中的附加应力可用土中附加应力计算公式计算;当建筑物基础底面在地面以下一定深度处时,需要考虑埋置深度的影响。当基础底面为矩形时,在均布荷载 p 的作用下,基础底面中心下深度为 z 的附加应力为

$$\sigma_z = 4\alpha_c p_0 = 4\alpha_c (p - \gamma h) \tag{2-15}$$

式中:α_c——矩形竖向均布荷载角点下的应力系数,可查表2-2得。需要注意的是,查表时,深度 z 从基础底面算起,而不是从地面算起。

任务实例 ‹‹‹

例 某桥墩基础及土层断面如图2-22所示,已知基础底面尺寸:$b = 2m, l = 8m$。作用在基础底面中心处的荷载为 $N = 1120kN, H = 0, M = 0$。试计算在竖向荷载作用下,基础中心轴线上的自重应力和附加应力,并画应力分布图。

已知各层土的物理指标:

褐黄色亚黏土 $\gamma = 18.7kN/m^3$(水上),$\gamma' = 8.9kN/m^3$(水下)

灰色淤泥质亚黏土 $\gamma' = 8.4kN/m^3$(水下)

解答:在基础底面中心轴线上取几个计算点0、1、2、3,它们都位于土层分界面上,如图2-22所示。

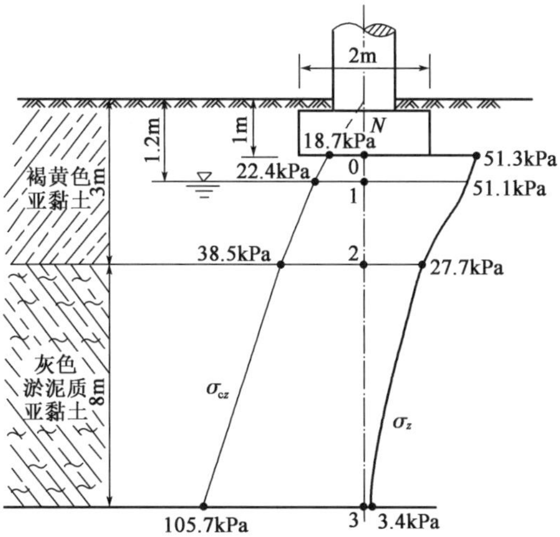

图 2-22 基础及土层断面图

1. 自重应力计算

按式(2-3)计算,将各点的自重应力结果列于表 2-8 中。

各点的自重应力计算结果   表 2-8

计算点	土层厚度 h_i (m)	重度 γ_i (kN/m³)	$\gamma_i h_i$ (kPa)	$\sigma_{cz} = \sum \gamma_i h_i$ (kPa)
0	1.0	18.7	18.7	18.7
1	0.2	18.7	3.74	22.4
2	1.8	8.9	16.02	38.5
3	8	8.4	67.2	105.7

2. 附加应力计算

基础底面压应力

$$p = \frac{N}{A} = \frac{1120}{2 \times 8} = 70\,(\text{kPa})$$

基础底面附加应力

$$p_0 = p - \gamma h = 70 - 18.7 = 51.3\,(\text{kPa})$$

附加应力计算见表 2-9。

附加应力计算   表 2-9

计算点	z(m)	$m = \dfrac{l}{b}$	$n = \dfrac{z}{b}$	α_c	$\sigma_0 = 4\alpha_c p_0$
0	0.0	4	0.0	0.2500	51.3
1	0.2	4	0.2	0.2492	51.1
2	2.0	4	2.0	0.1350	27.7
3	10.0	4	10.0	0.0167	3.4

学习评价 ‹‹‹

1.分组解释任务实例表2-8、表2-9中数据的含义与计算方法。

2.每名学生说明绘制自重应力分布图与附加应力分布图的方法。

3.完成学习评价手册中的任务。

土的压缩性与地基沉降

学习目标

【知识目标】

1. 了解土体压缩变形的原因,掌握压缩指标及其应用;

2. 了解地基沉降的含义及分类,了解地基沉降计算的原理;

3. 了解饱和土的有效应力原理,熟悉饱和土体的渗流固结过程,领会单向固结的基本假定。

【能力目标】

1. 能够正确完成室内固结试验,能够根据压缩指标判断土的压缩性;

2. 能够根据规范方法,完成地基沉降计算;

3. 能够解释地基单向固结情况下沉降和时间的关系。

【素质目标】

在沉降量计算过程中,学会戒骄戒躁、一丝不苟地按照规范要求完成任务,培养精益、钻研、认真的工作作风。

任务一　认知土的压缩性

📝 任务描述

从某小桥 1 号墩地基勘察探井中按规定方法取出土样,土样在现场削成长方体,标明上下方向,用塑料袋密封防止水分散失,及时运送到实验室,作为路桥技术人员,请你通过试验判断该土样的压缩性。

📖 学习引导

本任务沿着以下脉络进行学习:

领会土的压缩原因 → 明确压缩变形的类型 → 完成室内固结试验 → 分析压缩指标 →

学习测定土体压缩性的原位试验方法 → 了解土的固结状态

📚 相关知识 ◂◂◂

在建筑物基础底面附加压力作用下,地基土内各点除了承受土自重引起的自重应力之外,还要承受附加应力。同其他材料一样,在附加应力的作用下,地基土会产生附加变形,这种变形一般包括体积变形和形状变形。对土这种材料来说,体积变形通常表现为体积缩小。这种在外力作用下土体积缩小的特性称为土的压缩性。

土作为三相体,是由土粒及土粒间孔隙中的水和空气组成的。从理论上讲,土的压缩变形包括:①土粒本身的压缩变形;②孔隙中不同形态的水和气体的压缩变形;③孔隙中水和气体有一部分被挤出,土的颗粒相互靠拢使孔隙体积减小。固相矿物本身压缩量极小,在物理学上有意义,对工程来说是没有意义的;土中液相水的压缩,在一般路桥工程荷载(100~600kPa)作用下也很小,可忽略不计;一般认为土的压缩是土中孔隙的压缩,即土中水与气体受压后,从孔隙中挤出,使土的孔隙减小。

为了研究土的压缩性,通常可以在室内进行固结试验,从而测定土的压缩指标;也可以在现场进行原位试验(如载荷试验、旁压试验等),测定有关参数。

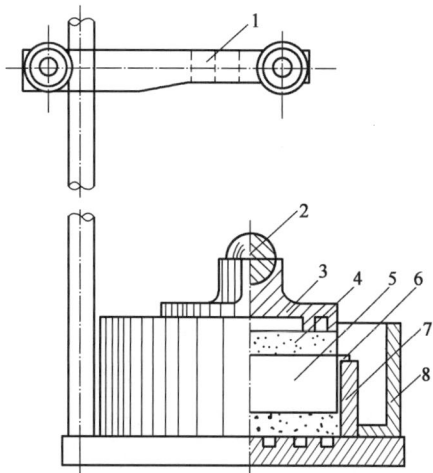

图 3-1　固结仪结构示意图
1-量表架;2-钢珠;3-加压上盖;4-透水石;5-试样;
6-环刀;7-护环;8-水槽

一、室内固结试验

室内固结试验的主要装置是固结仪。固结仪结构示意图如图 3-1 所示。其中,环刀用来切取土样,直径通常有 6.18cm 和7.98cm两种,高度为 2cm;切土样的环刀置于刚性护环中,环刀及刚性护环的限制,使得土样在竖向压力作用下只能发生竖向变形,而无侧向变形;在土样上、下放置的透水石是土样受压后排出孔隙水的两个界面;水槽内注水使土样在试验过程中保持浸在水中。如需做不饱和土的侧限压缩试验,就不能把土样浸在水中,但需要用湿棉纱或湿海绵覆盖于容器上,以免土样内水分蒸发;竖向的压力通过刚性加压上盖施加给土样;土样产生的压缩量可通过百分表量测。

试验时用环刀切取钻探取得保持天然结构的原状土样。由于地基沉降主要与土竖直方向的压缩有关,且土是各向异性的,所以切土方向还应与土天然状态垂直方向一致,压缩试验加荷等级 p 为 50kPa、100kPa、200kPa、300kPa、400kPa。每级荷载要求恒压 24h 或当在 1h 内的压缩量不超过 0.01mm 时,测定其压缩量。其他特殊要求的压缩试验的加荷等级则较为复杂,此处不予介绍。

若试验前试样的横截面面积为 A,土样的原始高度为 h_0,原始孔隙比为 e_0,当加压 p_1 后,土样的压缩量为 Δh_1,土样高度由 h_0 减至 $h_1 = h_0 - \Delta h_1$,相应的孔隙比由 e_0 减至 e_1,如图 3-2 所示。由于土样压缩时不可能发生侧向膨胀,故压缩前后土样的横截面面积不变。压缩过程中土粒体积也是不变的,因此加压前土中固体颗粒体积 $Ah_0/(1 + e_0)$ 等于加压后土中固体颗粒体积 $Ah_1/(1 + e_1)$,即

$$\frac{Ah_0}{1 + e_0} = \frac{A(h_0 - \Delta h_1)}{1 + e_1}$$

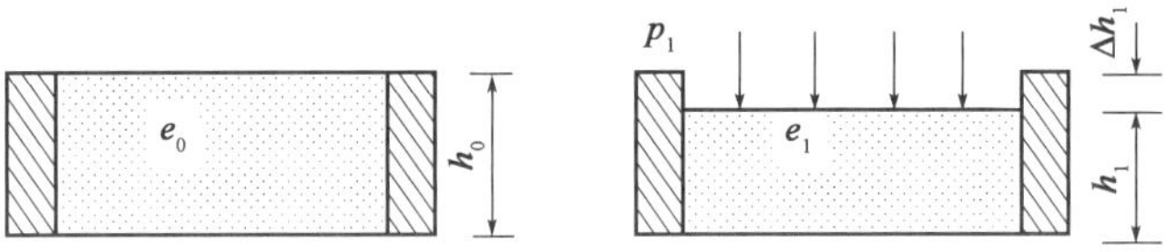

图 3-2 土的压缩示意图

整理得

$$\frac{\Delta h_1}{h_0} = \frac{e_0 - e_1}{1 + e_0} \tag{3-1}$$

则

$$e_1 = e_0 - \frac{\Delta h_1}{h_0}(1 + e_0)$$

图 3-3 土的压缩曲线

同理,各级压力 p_i 作用下土样压缩稳定后相应的孔隙比 e_i 为

$$e_i = e_0 - \frac{\Delta h_i}{h_0}(1 + e_0) \tag{3-2}$$

式(3-2)中 e_0 与 h_0 值已知,Δh_i 可由百分表(位移传感器)测得。求得各级压力下的孔隙比后(一般为3~5级荷载),以纵坐标表示孔隙比,以横坐标表示压力,便可根据压缩试验成果绘制孔隙比与压力的关系曲线(图 3-3),称为压缩曲线。

压缩曲线的形状与土样的成分、结构、状态以及受

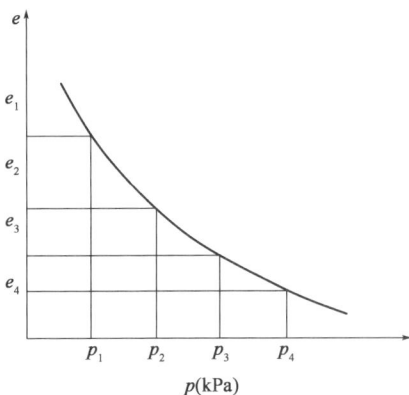

力历史等有关。若压缩曲线较陡,说明压力增加时孔隙比减小得多,土的压缩性高;若压缩曲线是平缓的,则土的压缩性低。

1. 压缩系数

如图 3-4 所示,M_1、M_2 为压缩曲线上的两个点,e_1、e_2 分别是对应于点 M_1、M_2 的土的孔隙比,p_1、p_2 相当于点 M_1、M_2 点的压力,当压力 p_1、p_2 相差不大时,压缩曲线 M_1、M_2 可近似地用直线段代替,由此引起的误差很小,可以忽略不计。直线段的坡度用 a 表示,即

$$a = \tan\alpha = \frac{e_1 - e_2}{p_2 - p_1} \quad 或 \quad a = -\frac{\Delta e}{\Delta p} = \frac{e_i - e_{i+1}}{p_{i+1} - p_i} \tag{3-3}$$

a 又称为压缩系数,压缩系数是表示土的压缩性大小的主要指标,压缩系数大,表明在某压力变化范围内孔隙比减少得越多,压缩性就越高。在工程实际中,规范常以 $p_1 = 0.1\mathrm{MPa}$,$p_2 = 0.2\mathrm{MPa}$ 的压缩系数 a_{1-2} 作为判断土的压缩性高低的标准。根据 a_{1-2} 将土的压缩性分为三级:

低压缩性土:$a_{1-2} < 0.1\mathrm{MPa}^{-1}$

中压缩性土:$0.1 \leqslant a_{1-2} < 0.5\mathrm{MPa}^{-1}$

高压缩性土:$a_{1-2} \geqslant 0.5\mathrm{MPa}^{-1}$

2. 压缩指数 C_c

当采用半对数的直角坐标系来表示室内侧限压缩试验 e-p 关系时,就得到了 e-$\lg p$ 曲线(图 3-5)。在 e-$\lg p$ 曲线中可以看到,当压力较大时,e-$\lg p$ 曲线接近直线。

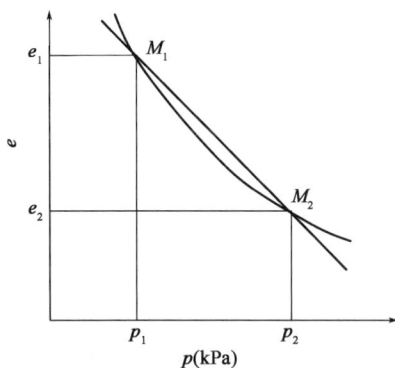

图 3-4　土的压缩曲线与压缩系数示意图　　　图 3-5　e-$\lg p$ 曲线确定压缩指数

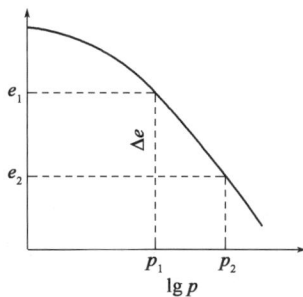

将 e-$\lg p$ 曲线直线段的斜率用 C_c 来表示,称为压缩指数,它是无量纲量。

$$C_c = \frac{e_1 - e_2}{\lg p_2 - \lg p_1} = \frac{e_1 - e_2}{\lg \frac{p_2}{p_1}} \tag{3-4}$$

压缩指数 C_c 与压缩系数 a 不同,它在压力较大时为常数,不随压力变化而变化。C_c 值越大,土的压缩性越高。低压缩性土的 C_c 一般小于 0.2,高压缩性土的 C_c 值一般大于 0.4。

3.压缩模量

压缩模量是指土体在无侧限膨胀条件下受压时,竖向压应力增量与相应应变增量之比。如图 3-6 所示,当土样上的压力由 p_1 增加到 p_2 时,其相应的孔隙比由 e_1 减小到 e_2。

土的竖向应力增量为

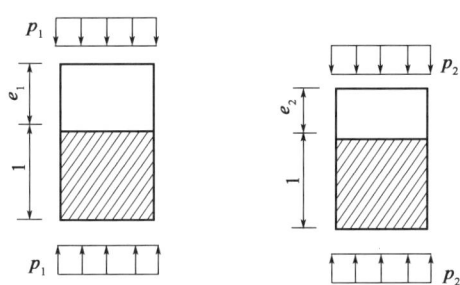

$$\Delta p = p_2 - p_1$$

竖向应变增量为

$$\Delta \varepsilon = \frac{e_1 - e_2}{1 + e_1}$$

压缩模量为

$$E_s = \frac{\Delta p}{\Delta \varepsilon} = \frac{(p_2 - p_1)(1 + e_1)}{e_1 - e_2}$$

图 3-6 压缩变形前后的三相简化图

因为

$$a = \frac{e_1 - e_2}{p_2 - p_1}$$

所以

$$E_s = \frac{1 + e_1}{a} \quad (\text{kPa}) \tag{3-5}$$

压缩模量与压缩系数之间的关系:E_s 越大,表明在同一压力范围内土的压缩变形越小,土的压缩性越低。E_s 值和压缩系数一样,对同一种土不是固定常数,而是随压力的取值范围变化,因此,将与压缩系数 a_{1-2} 相对应的压缩模量用 E_{s1-2} 表示。

二、载荷试验和变形模量

室内有侧限的固结试验不能准确地反映土层的实际情况,因此,可在现场进行原位载荷试验,其条件近似无侧限压缩。根据载荷试验结果可以绘制压力 p 与变形量 S 的关系曲线或变形量 S 与时间 t 的关系曲线。

1.现场载荷试验方法

如图 3-7 所示,在准备修建基础的地点开挖基坑,并使其深度等于基础的埋置深度,然后在坑底安置刚性承压板、加载设备和测量地基变形的仪器。刚性承压板的底面一般为正方形,边长为 $0.5 \sim 1.0\text{m}$,相应的承压面积为 $0.25 \sim 1.0\text{m}^2$。也可以用同样面积的圆形承压加载设备安置在承压板上面,其一般由支柱、千斤顶、锚碇木桩和刚度足够大的横梁组成。测量地基变形的仪器采用测微表(百分表),该表放在承压板上方。加载由小到大分级进行,每级增加的压力值视土质软硬程度而定:对较松软的土,一般按 $10 \sim 25\text{kPa}$ 的等级增加;对较坚硬的土,一般按 $50 \sim 100\text{kPa}$ 的等级增加。每加一级荷载,按规定的时间间隔读沉降量。当在连续 2h 内,每小时的沉降量小于 0.1mm 时,则认为已趋于稳定,可加下级荷载。

将试验成果整理后,以承压板的压力强度 p(单位面积压力)为横坐标,以总沉降量 S 为纵坐标,在直角坐标系中绘出压力与沉降关系曲线,即可得到载荷试验沉降曲线,即 p-S 曲线,如图 3-8 所示。

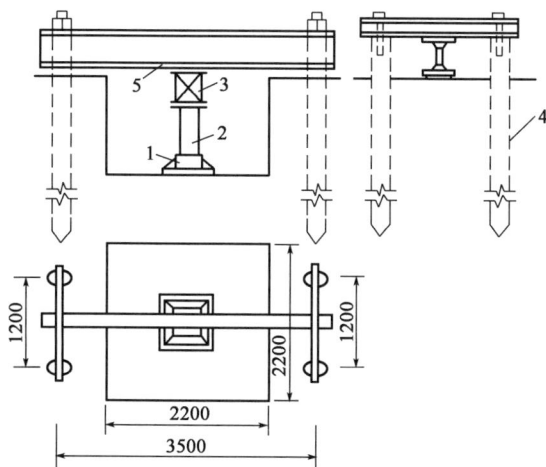

图 3-7 现场载荷试验装置示意图(尺寸单位 mm)

1-承载板;2-支柱;3-千斤顶;4-锚碇木桩;5-横梁

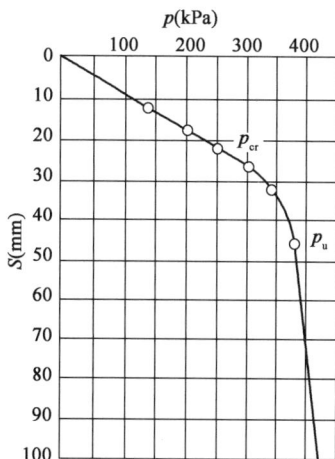

图 3-8 载荷试验沉降曲线

2. 土的变形模量

从载荷试验的结果来看,0 至 p_{cr} 段(图 3-8),S-p 的关系接近直线,利用弹性理论的成果,还可以得出地基计算中所需要的另一个压缩性指标——变形模量 E_0,其单位为 MPa。

$$E_0 = \omega \frac{pb(1 - \mu^2)}{S} \tag{3-6}$$

式中:ω——与承压板(或基础)的刚度和形状有关的系数,刚性方形承压板 $\omega = 0.89$,刚性圆形承压板 $\omega = 0.79$;

b——承压板的短边长或直径,m;

μ——土的泊松比;

p、S——分别为压密阶段曲线上某点的压力强度值和与其对应的沉降值。

三、旁压试验

上述载荷试验一般只适用于在地表下不深处(小于 2m)进行。如果要测定地下较深处土层的压缩性指标,可在预先钻好的孔中做旁压试验,详见《公路工程地质原位测试规程》(JTG 3430—2021)。在孔中某一待测深度处放入一个带有可扩张的橡皮囊的圆柱形装置——旁压仪,然后从地面气水系统向旁压室内通压力水,使橡皮囊径向膨胀,从而得到压力与扩张体积(径向位移)之间的关系。根据这种关系对地基土的承载力(强度)、变形性质等进行评价。注意:对于各向异性的土,需要对旁压试验得到的变形模量进行修正。

技术提示:旁压试验的可靠性关键在于成孔质量的好坏,钻孔直径应与旁压仪的直径相适应。预钻成孔的孔壁要求垂直、光滑,孔形圆整,并尽量减少对孔壁土体的扰动,保持孔壁土层的天然含水率。

四、土的回弹、再压与前期固结压力

1. 土的回弹和再压

做压缩试验得到压缩曲线后,不再加载,分级逐渐卸去荷载直至为零,并测各级卸载等级下的土样回弹高度,算出每级卸荷后膨胀变形稳定时的孔隙比,可绘出卸荷后的孔隙比与压力的关系曲线(称为膨胀曲线或回弹曲线),如图3-9中 bc 曲线。

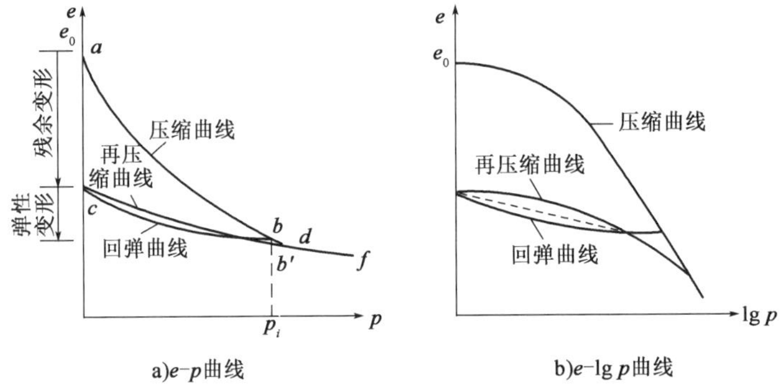

a)e–p曲线　　　　　　　b)e–lg p曲线

图3-9　土的回弹-再压缩曲线

卸荷后可以恢复的那部分变形,称为土的弹性变形,它主要是结合水膜的变形、封闭气体的压缩和土粒本身的弹性变形等。卸荷后,仍不能恢复的那部分变形,称为土的残余变形。因为土粒和结构单元产生相对位移,改变了原有接触点位置;孔隙水和气体被挤出。试验结果表明:土的残余变形常比弹性变形大得多。

如果再重新分级加压,可测得土样在各级荷载作用下再压缩稳定后的孔隙比,相应可以绘制再压曲线,如图3-9a)中 cdf 段曲线。可以发现,其中 df 段就像是 ab 段的延续,犹如期间没有经过卸载和再压缩过程。土的再压缩过程所表现出的特性在工程中应予以重视。

2. 土的前期固结压力

土的前期固结压力是指土层在过去历史上曾经受过的最大固结压力,通常用 P_c 来表示。前期固结压力也是反映土体压密程度及判别其固结状态的一个指标。

目前将土的前期固结压力与土层所承受的上覆土的自重压力 P_0 进行比较,可以把天然土层分以下三种不同的固结状态,并用超固结比 $OCR = P_c/P_0$ 判别:

(1) $P_c = P_0$,OCR = 1,称为正常固结土,是指目前土层的自重压力就是该地层在历史上所受过的最大固结压力。

(2) $P_c > P_0$,OCR > 1,称为超固结土,是指土层历史上曾受过的固结力,大于现有土的自重压力,使土层原有的密度超过现有的自重压力相对应的密度,而形成超压状态。

(3) $P_c < P_0$,OCR < 1,称为欠固结土,是指土层在自重压力下尚未完成固结,新近沉积的土层如淤泥、充填土等处于欠压密状态。

一般当施加土层的荷重小于或等于土的前期固结压力时,土层的压缩变形量将极小,甚至可以忽略不计;当荷重超过土的前期固结压力时,土层的压缩变形量将会有很大的变化。在其他条件相同时,三种不同的固结状态土的压缩变形量有如下关系:超固结土 < 正常固结土 < 欠固结土。

📚 任务实例 ◀◀◀

例　某土样试样原始高度 $h_0 = 20mm$,试验前孔隙比 $e_0 = 1.04$,固结试验记录表见表3-1,请判断该土样压缩性。

固结试验记录表

表 3-1

压应力 p(kPa)	50	100	200	400
试样总变形量(mm)	0.926	1.308	1.886	2.564
压缩后试样高度(mm)	19.074	18.692	18.114	17.436

解答: 根据公式 $e_i = e_0 - \dfrac{\Delta h_i}{h_0}(1 + e_0)$,当压应力为 100kPa 时,计算压缩稳定后,土样孔隙比

$e_1 = e_0 - \dfrac{\Delta h_1}{h_0}(1 + e_0) = 1.04 - \dfrac{1.308}{20}(1 + 1.04) = 0.91$。同理,当压应力为 200kPa 时,计算压

缩稳定后,土样孔隙比为 0.85,根据压缩系数计算公式 $a = \dfrac{e_1 - e_2}{p_2 - p_1}$,计算 $a_{1-2} = \dfrac{0.91 - 0.85}{200 - 100} =$

$0.6 \times 10^{-3}(\text{kPa}^{-1}) = 0.6(\text{MPa}^{-1})$,故判别该土样为高压缩性土。

学习评价 <<<

1. 分组在试验室完成土样的固结试验,填写试验记录表格。

2. 每名学生根据任务实例表 3-1 中的数据,绘制压缩曲线。

3. 完成学习评价手册中的任务。

任务二 计算地基沉降量

任务描述

《公路桥涵地基与基础设计规范》(JTG 3363—2019)要求相邻墩台间不均匀沉降差值(不包括施工中的沉降)不应使桥面形成大于 2‰ 的附加纵坡(折角)。超静定结构桥梁墩台间不均匀沉降差值还应满足结构的受力要求。作为路桥工程技术人员,请你根据相关勘察资料与试验数据,计算地基沉降量。

学习引导

本任务沿着以下脉络进行学习:

领会地基沉降的含义 → 明确规范法的计算原理 → 选取沉降计算经验系数 →

确定地基沉降计算深度 → 完成地基沉降计算

相关知识 <<<

建筑物作为外荷载作用于地基上,使地基产生附加应力,而附加应力的产生致使地基土出

现压缩变形,通常将建筑物基础随之产生的竖向变位称为沉降。为了保证建筑物的安全和正常使用,必须将基础沉降量限制在允许范围内。因为基础沉降或不均匀沉降过大,会造成建筑物的某些部位开裂、扭曲或倾斜,甚至倒塌毁坏。特别是对于一些超静定结构,不均匀沉降会造成其内力的重新分布,直接影响建筑物的使用安全。因此,设计时需要进行基础沉降量的计算。沉降量的大小取决于地基土的压缩变形量,它不仅与其应力状态的变化情况(荷载作用情况)有关;而且与土的变形特性(土的压缩性)有关。前者可视为地基变形的外因,后者则是地基变形的内因。

本任务中计算的地基沉降量是建筑物从开始变形到变形稳定时基础的总沉降量,即最终沉降量。基础沉降量的大小取决于地基土的压缩变形量,计算基础沉降量就是求地基土的压缩变形量。压力面积法是《公路桥涵地基与基础设计规范》(JTG 3363—2019)推荐使用的一种计算地基最终沉降量的方法,又称为规范法。

一、计算原理

采用压力面积法计算墩台基础的最终沉降量,按地基土的天然分层面划分计算土层,引入土层平均附加应力的概念,通过平均附加应力系数,将基底中心以下地基中 $z_{i-1} \sim z_i$ 深度范围的附加应力按等面积原则转化为相同深度范围内矩形分布时的分布应力大小(图 3-10),再按矩形分布应力情况计算土层的压缩变形量,各土层压缩变形量的总和即计算的地基沉降量。

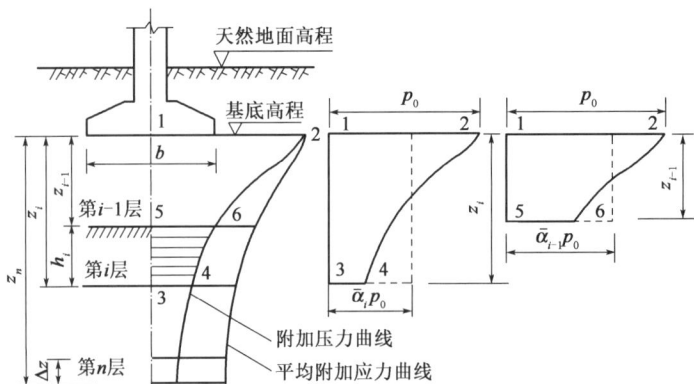

图 3-10　基础沉降计算分层示意图

如果在地层中截取某层土(图 3-10 中第 i 层土),基底中心点下 $z_i \sim z_{i-1}$ 深度范围,附加应力随深度发生变化。假设压缩模量 E_s 不变,由于压缩模量是指土体在无侧膨胀条件下受压时,竖向压应力增量与相应应变增量之比,第 i 层土的压缩量为:

$$\Delta s_i = \int_{z_{i-1}}^{z_i} \varepsilon_z \mathrm{d}z = \int_{z_{i-1}}^{z_i} \frac{\sigma_z}{E_{si}} \mathrm{d}z = \frac{1}{E_{si}} \int_{z_{i-1}}^{z_i} \sigma_z \mathrm{d}z = \frac{1}{E_{si}} \left(\int_0^{z_i} \sigma_z \mathrm{d}z - \int_0^{z_{i-1}} \sigma_z \mathrm{d}z \right) \quad (3\text{-}7)$$

式中:$\int_0^{z_i} \sigma_z \mathrm{d}z$ ——基底中心点下 z_i 深度范围附加应力面积,用 A_i 表示,m^2,如图 3-10 中 A_{1243} 所示;

$\int_0^{z_{i-1}} \sigma_z \mathrm{d}z$ ——基底中心点下 z_{i-1} 深度范围附加应力面积,用 A_{i-1} 表示,m^2,如图 3-10 中 A_{1265} 所示。

设 $\Delta A = A_i - A_{i-1}$，为基底中心点下 $z_i \sim z_{i-1}$ 深度范围附加应力面积，则式(3-7)可以表示为

$$\Delta s_i = \frac{\Delta A_i}{E_{si}} = \frac{A_i - A_{i-1}}{E_{si}} \tag{3-8}$$

为便于计算，引入一个竖向平均附加应力（面积）系数 $\bar{\alpha}_i = A_i / p_0 z_i$，把附加应力的面积转化为矩形面积，如图 3-10 中 $A_{1234} = \bar{\alpha}_i p_0 z_i$ 所示，则

$$A_i = \bar{\alpha}_i p_0 z_i \tag{3-9}$$

$$A_{i-1} = \bar{\alpha}_{i-1} p_0 z_{i-1} \tag{3-10}$$

式中：$\bar{\alpha}_i p_0 z_i$、$\bar{\alpha}_{i-1} p_0 z_{i-1}$——$z_i$ 和 z_{i-1} 深度范围内竖向附加应力面积 A_i 和 A_{i-1} 的等代值，就是以附加应力面积等代值引出一个平均附加应力系数表达的从基础底面至任意深度 z 范围内地基沉降量的计算公式。由此可得成层地基沉降量的计算公式：

$$\Delta s_i = \frac{A_{3456}}{E_{si}} = \frac{A_{1234} - A_{1256}}{E_{si}} = \frac{p_0}{E_{si}}(z_i \bar{\alpha}_i - z_{i-1}\bar{\alpha}_{i-1}) \tag{3-11}$$

$$p_0 = p - \gamma h \tag{3-12}$$

式中：p_0——对应于作用的准永久组合时基础底面处附加压应力，kPa；

$\quad\quad p$——基础底面压应力，kPa；

$\quad\quad h$——基础底面埋置深度，m；

$\quad\quad \gamma$——h 内土的重度，kN/m^3，基底为透水地基时，水位以下取浮重度。

其中，当 $z/b > 1$ 时，采用基底平均压应力；当 $z/b \leqslant 1$ 时，p 按压应力图形采用距最大应力点 $b/4 \sim b/3$ 处的压力值（对于梯形分部荷载，前后端压应力差值较大时，可采用上述 $b/4$ 处的压力值；反之，则采用上述 $b/3$ 处的压应力值），以上 b 为基础宽度。当基础受到水流冲刷时，基础地面埋置深度从一般冲刷线算起；当不受水流冲刷时，基础地面埋置深度从天然地面算起；如位于挖方内，则基础地面埋置深度由开挖后的地面算起。

n 层总的压缩变形量为

$$s_0 = \sum_{i=1}^{n} \Delta s_i = \sum_{i=1}^{n} \frac{p_0}{E_{si}}(z_i \bar{a}_i - z_{i-1}\bar{\alpha}_{i-1}) \tag{3-13}$$

式中：n——地基变形计算深度范围内所划分的土层数；

$\quad\quad E_{si}$——基础底面以下第 i 层土的压缩模量，按第 i 层实际应力变化范围取值；

$\quad\quad z_i$、z_{i-1}——分别为基础底面至第 i 层、$i-1$ 层底面的距离，m；

$\quad\quad \bar{a}_i$、$\bar{\alpha}_{i-1}$——分别为基础底面到第 i 层、$i-1$ 层底面范围内平均附加系数，可查表 3-2 得。

矩形面积上均布荷载作用下中点下平均附加压力系数 $\bar{\alpha}$　　　　表 3-2

$\frac{z}{b}$	$\frac{l}{b}$												
	1.0	1.2	1.4	1.6	1.8	2.0	2.4	2.8	23.2	3.6	4.0	5.0	≥10.0
0.0	1.000	1.000	1.000	1.000	1.000	1.000	1.000	1.000	1.000	1.000	1.000	1.000	1.000
0.1	0.997	0.998	0.998	0.998	0.998	0.998	0.998	0.998	0.998	0.998	0.998	0.998	0.998
0.2	0.987	0.990	0.991	0.992	0.992	0.992	0.993	0.993	0.993	0.993	0.993	0.993	0.993

续上表

$\dfrac{z}{b}$	$\dfrac{l}{b}$												
	1.0	1.2	1.4	1.6	1.8	2.0	2.4	2.8	23.2	3.6	4.0	5.0	≥10.0
0.3	0.967	0.973	0.976	0.978	0.979	0.980	0.980	0.981	0.981	0.981	0.981	0.981	0.981
0.4	0.936	0.947	0.953	0.956	0.958	0.965	0.961	0.962	0.962	0.963	0.963	0.963	0.963
0.5	0.900	0.915	0.924	0.929	0.933	0.935	0.973	0.939	0.939	0.940	0.940	0.940	0.940
0.6	0.858	0.878	0.890	0.898	0.903	0.906	0.910	0.912	0.913	0.914	0.914	0.915	0.915
0.7	0.816	0.840	0.855	0.865	0.871	0.876	0.881	0.884	0.885	0.886	0.887	0.887	0.888
0.8	0.775	0.801	0.819	0.831	0.839	0.844	0.851	0.855	0.857	0.858	0.859	0.860	0.860
0.9	0.735	0.764	0.784	0.797	0.806	0.813	0.821	0.826	0.829	0.830	0.831	0.830	0.836
1.0	0.689	0.728	0.749	0.764	0.775	0.783	0.792	0.798	0.801	0.803	0.804	0.806	0.807
1.1	0.663	0.694	0.717	0.733	0.744	0.753	0.764	0.771	0.755	0.777	0.799	0.780	0.782
1.2	0.631	0.633	0.686	0.703	0.715	0.725	0.737	0.744	0.749	0.752	0.754	0.756	0.758
1.3	0.601	0.633	0.657	0.674	0.688	0.698	0.711	0.719	0.725	0.728	0.730	0.733	0.735
1.4	0.573	0.605	0.629	0.648	0.661	0.672	0.687	0.696	0.701	0.705	0.708	0.711	0.714
1.5	0.548	0.580	0.604	0.622	0.637	0.648	0.664	0.673	0.679	0.683	0.686	0.690	0.693
1.6	0.524	0.556	0.580	0.599	0.613	0.625	0.641	0.651	0.658	0.663	0.666	0.670	0.675
1.7	0.502	0.533	0.558	0.577	0.591	0.603	0.620	0.631	0.638	0.643	0.646	0.651	0.656
1.8	0.482	0.513	0.537	0.556	0.571	0.588	0.600	0.611	0.619	0.624	0.629	0.633	0.638
1.9	0.463	0.493	0.517	0.536	0.551	0.563	0.581	0.593	0.601	0.606	0.610	0.616	0.622
2.0	0.446	0.475	0.499	0.518	0.533	0.545	0.563	0.575	0.584	0.590	0.594	0.600	0.606
2.1	0.429	0.459	0.482	0.500	0.515	0.528	0.546	0.559	0.567	0.574	0.578	0.585	0.591
2.2	0.414	0.443	0.466	0.484	0.499	0.511	0.530	0.543	0.552	0.558	0.563	0.570	0.577
2.3	0.400	0.428	0.451	0.468	0.484	0.496	0.515	0.528	0.537	0.544	0.548	0.554	0.564
2.4	0.387	0.414	0.436	0.454	0.469	0.481	0.500	0.513	0.523	0.530	0.535	0.543	0.551
2.5	0.374	0.401	0.423	0.441	0.455	0.468	0.486	0.500	0.509	0.516	0.522	0.530	0.539
2.6	0.362	0.389	0.410	0.428	0.442	0.473	0.473	0.487	0.496	0.504	0.509	0.518	0.528
2.7	0.351	0.377	0.398	0.416	0.430	0.461	0.461	0.74	0.484	0.492	0.497	0.506	0.517
2.8	0.341	0.366	0.387	0.404	0.418	0.449	0.449	0.463	0.472	0.480	0.486	0.495	0.506
2.9	0.331	0.356	0.377	0.393	0.407	0.438	0.438	0.451	0.461	0.469	0.475	0.485	0.496
3.0	0.322	0.346	0.366	0.383	0.397	0.409	0.427	0.441	0.451	0.459	0.465	0.474	0.487
3.1	0.313	0.337	0.357	0.373	0.387	0.398	0.417	0.430	0.440	0.448	0.454	0.464	0.477
3.2	0.305	0.328	0.348	0.364	0.377	0.389	0.407	0.420	0.431	0.439	0.445	0.455	0.468
3.3	0.297	0.320	0.339	0.355	0.368	0.379	0.397	0.411	0.421	0.429	0.436	0.446	0.460
3.4	0.289	0.312	0.331	0.346	0.359	0.371	0.388	0.402	0.412	0.420	0.427	0.437	0.452
3.5	0.282	0.304	0.323	0.338	0.351	0.362	0.380	0.393	0.403	0.412	0.418	0.429	0.444

续上表

$\frac{z}{b}$	$\frac{l}{b}$												
	1.0	1.2	1.4	1.6	1.8	2.0	2.4	2.8	23.2	3.6	4.0	5.0	≥10.0
3.6	0.276	0.297	0.315	0.330	0.343	0.354	0.372	0.385	0.395	0.403	0.410	0.421	0.436
3.7	0.269	0.290	0.308	0.323	0.335	0.346	0.364	0.377	0.387	0.395	0.402	0.413	0.429
3.8	0.263	0.284	0.301	0.316	0.328	0.339	0.356	0.369	0.379	0.388	0.394	0.405	0.422
3.9	0.257	0.277	0.294	0.309	0.321	0.332	0.349	0.362	0.372	0.380	0.387	0.398	0.415
4.0	0.251	0.271	0.288	0.302	0.314	0.325	0.342	0.355	0.365	0.373	0.379	0.391	0.408
4.1	0.246	0.265	0.282	0.296	0.308	0.318	0.335	0.348	0.368	0.366	0.372	0.384	0.402
4.2	0.241	0.260	0.276	0.290	0.302	0.312	0.328	0.341	0.352	0.359	0.366	0.377	0.396
4.3	0.236	0.255	0.270	0.284	0.296	0.306	0.322	0.335	0.345	0.363	0.359	0.371	0.390
4.4	0.231	0.250	0.265	0.278	0.290	0.300	0.316	0.329	0.339	0.347	0.353	0.365	0.384
4.5	0.226	0.245	0.260	0.273	0.285	0.294	0.310	0.323	0.333	0.341	0.347	0.359	0.378
4.6	0.222	0.240	0.255	0.268	0.279	0.289	0.305	0.317	0.327	0.335	0.341	0.353	0.373
4.7	0.218	0.235	0.250	0.263	0.274	0.284	0.299	0.312	0.321	0.329	0.336	0.347	0.367
4.8	0.214	0.231	0.245	0.258	0.269	0.279	0.294	0.306	0.316	0.324	0.330	0.342	0.362
4.9	0.210	0.227	0.241	0.253	0.265	0.274	0.289	0.301	0.311	0.319	0.325	0.337	0.357
5.0	0.206	0.223	0.237	0.249	0.260	0.269	0.284	0.296	0.306	0.313	0.320	0.332	0.352

注:b、l分别是矩形基础的短边和长边,z是从基础底面算起的土层深度(m)。

二、沉降计算经验系数 ψ_s

沉降计算经验系数 ψ_s 综合反映了计算公式中一些未能考虑的因素,它是根据大量工程实例中沉降的观测值与计算值的统计分析比较而得的。ψ_s 的确定与地基土的压缩模量 $\overline{E}_s$ 以及地基承载力特征值有关,具体见表3-3。

沉降计算经验系数 ψ_s 表3-3

基底附加应力	$\overline{E}_s$(MPa)				
	2.5	4.0	7.0	15.0	20.0
$p_0 \geq f_{a0}$	1.4	1.3	1.0	0.4	0.2
$p_0 \leq 0.75 f_{a0}$	1.1	1.0	0.7	0.4	0.2

注:f_{a0} 为地基承载力特征值。

$\overline{E}_s$ 为沉降计算深度范围内的压缩模量当量值,按下式计算:

$$\overline{E}_s = \frac{\sum A_i}{\sum \dfrac{A_i}{E_{si}}} = \frac{p_0 \sum (z_i \overline{\alpha}_i - z_{i-1}\overline{\alpha}_{i-1})}{p_0 \sum \dfrac{z_i \overline{\alpha}_i - z_{i-1}\overline{\alpha}_{i-1}}{E_{si}}} \tag{3-14}$$

式中:A_i——第 i 层附加应力系数沿土层深度的积分值;

E_{si}——相应于该土层的压缩模量。

综上所述,应力面积法的地基最终沉降量计算公式为

$$S = \psi_s s_0 = \psi_s \sum_{i=1}^{n} \frac{p_0}{E_{si}} (z_i \bar{a}_i - z_{i-1} \bar{\alpha}_{i-1}) \tag{3-15}$$

式中:ψ_s——沉降计算经验系数,根据地区沉降观测资料及经验确定,缺少沉降观测资料及经验数据时,可查表3-3确定;

    S——地基的最终沉降量,m;

    s_0——计算地基压缩变形量,m。

三、地基沉降计算深度 z_n

地基沉降计算深度 z_n,应满足:

$$\Delta S_n \leq 0.025 \sum_{i=1}^{n} \Delta S_i \tag{3-16}$$

式中:ΔS_n——计算深度处向上取厚度 Δz 分层的沉降计算值,Δz 的厚度选取与基础宽度 b 有关,见表3-4;

    ΔS_i——计算深度范围内第 i 层土的沉降计算值。

Δz 值   表3-4

b(m)	≤ 2	$2 < b \leq 4$	$4 < b \leq 8$	$8 < b$
Δz(m)	0.3	0.6	0.8	1.0

当无相邻荷载影响,基础宽度在 $1 \sim 30$m 范围内时,基础底面中心的地基沉降计算深度也可按式(3-17)简化公式计算:

$$z_n = b(2.5 - 0.4 \ln b) \tag{3-17}$$

式中:z_n——基础底面中心的地基沉降计算深度,m;

    b——基础宽度,m。

在计算深度范围内存在基岩时,z_n 可取至基岩表面;当存在较厚的坚硬黏土层,其孔隙比小于0.5、压缩模量大于50MPa,或存在较厚的密实砂卵石层,其压缩模量大于80MPa 时,z_n 可取至该土层表面。

任务实例 ◀◀◀

例 某基础底面尺寸为 $4m \times 2m$,埋深为 $1.5m$,传至基础底面的中心荷载 $N = 1434$kN,如图 3-11 所示,持力层的地基承载力特征值 $f_{a0} = 150$kPa,用压力面积法计算基础中点的最终沉降。

解答:

1. 基础底面附加压力

$$p_0 = p - \gamma d = \frac{1434}{4 \times 2} - 19.5 \times 1.5 = 150 (\text{kPa})$$

2. 计算深度 z_n

$$z_n = b(2.5 - 0.4 \ln b) = 2 \times (2.5 - 0.4 \ln 2) = 4.445 (\text{m}) \approx 4.5 \text{m}$$

按该深度,沉降量计算至粉质黏土层底面。

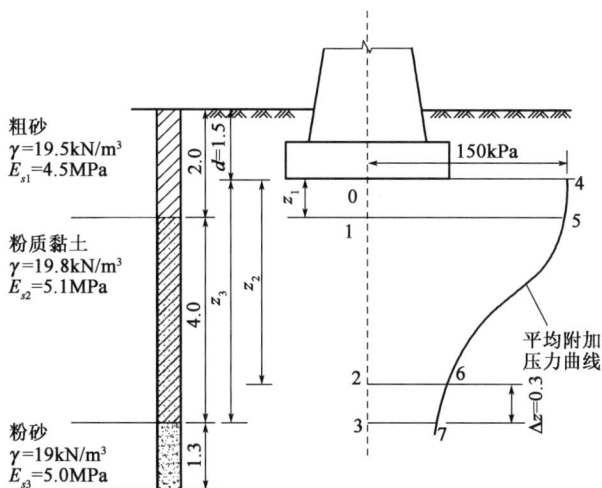

图 3-11　基础底面沉降计算示意图(尺寸单位:m)

3.沉降量计算

沉降量计算见表 3-5。

沉降量计算 　　　　　　　　　　　　　　　　　　　　　　　表 3-5

点号	z (m)	l/b	z/b	$\overline{\alpha}_i$	$z_i\overline{\alpha}_i$ (mm)	$z_i\overline{\alpha}_i - z_{i-1}\overline{\alpha}_{i-1}$ (mm)	p_0/E_{si}	$\dfrac{p_0}{E_{si}}(z_i\overline{\alpha}_i - z_{i-1}\overline{\alpha}_{i-1})$ (mm)	$\sum\limits_{i=1}^{n}\Delta S_i$ (mm)
0	0		0	1.000		0			
1	0.50		0.25	0.9855	492.75	492.75	0.033	16.26	16.26
2	4.2	$\dfrac{4}{2}=2$	2.1	0.5280	2217.6	1724.85	0.029	50.02	66.28
3	4.5		2.25	0.5035	2265.75	48.15	0.029	1.40 < 0.025 × 67.68	67.68

(1)表中 $\overline{\alpha}$ 是基础底面中心平均附加压力系数,查表 3-2 得。

(2)z_n 校核。

根据规范规定,由表 3-4 得 $\Delta z=0.3\text{m}$,计算 0.3m 厚土层的压缩量,即图 3-11 中 2 点到 3 点的土层压缩变形量。计算过程见表 3-5 中点号 3 的计算过程。

对于 3 点:$\dfrac{l}{b}=\dfrac{4}{2}=2,\dfrac{z}{b}=\dfrac{4.5}{2}=2.25$

查表 3-2 得 $\overline{\alpha}_i=0.5035$

$z_i\overline{\alpha}_i=0.5035\times4500=2265.75\,(\text{mm})$

$z_i\overline{\alpha}_i-z_{i-1}\overline{\alpha}_{i-1}=2265.75-2217.6=48.15\,(\text{mm})$

$$\frac{p_0}{E_{si}} = \frac{150}{5.1 \times 10^3} = 0.029$$

$\frac{p_0}{E_{si}}(z_i \overline{\alpha}_i - z_{i-1} \overline{\alpha}_{i-1}) = 0.140 \text{cm}$，即 $\Delta S_n = 1.40 \text{mm}$，$0.025 \sum\limits_{i=1}^{n} \Delta S_i = 0.025 \times 67.68 = 1.692 \text{mm}$，满

足 $\Delta S_n \leqslant 0.025 \sum\limits_{i=1}^{n} \Delta S_i$，表明 $z_n = 4.5 \text{m}$ 符合要求。

4. 确定沉降经验系数 ψ_s

$$\overline{E}_s = \frac{\sum A_i}{\sum \dfrac{A_i}{E_{si}}} = \frac{p_0 \sum (z_i \overline{\alpha}_i - z_{i-1} \overline{\alpha}_{i-1})}{p_0 \sum \dfrac{(z_i \overline{\alpha}_i - z_{i-1} \overline{\alpha}_{i-1})}{E_{si}}} = \frac{492.75 + 1724.85 + 48.15}{\dfrac{492.75}{4.5} + \dfrac{1724.85}{5.1} + \dfrac{48.15}{5.1}}$$

$$= \frac{2265.75}{109.5 + 338.2 + 9.4} = 5.0 (\text{MPa})$$

由于 $p_0 = f_{a0}$，查表 3-3 内插得 $\psi_s = 1.2$

5. 计算基础中点最终沉降量 S

$$S = \psi_s s_0 = \psi_s \sum\limits_{i=1}^{n} \frac{p_0}{E_{si}}(z_i \overline{a}_i - z_{i-1} \overline{a}_{i-1}) = 1.2 \times 67.68 = 81.22 (\text{mm})$$

📖 学习评价 ‹‹‹

1. 分组收集地基沉降引起的路桥工程病害,并进行简单描述。
2. 每名学生汇报任务实例表 3-5 中各组数据的计算方法。
3. 完成学习评价手册中的任务。

任务三 认知地基沉降与时间的关系

✎ 任务描述

某新建码头护岸工程采用"竖向排水板 + 分层抛石堆载"的软基处理方案,作为工程技术人员,你要进行软土固结周期评价,需要进行一系列的试验和数据分析,从而确定地基在不同荷载、深度和时间下的固结特性。这些数据是工程设计和施工中的地基处理和支撑结构设计的重要参考。

🖱 学习引导

本任务沿着以下脉络进行学习:

| 领会饱和土的有效应力原理的含义 | → | 明确饱和土体的渗流固结过程 | → |

| 理解单向固结理论 | → | 学习土的固结和时间的关系 | → | 解决土层单向固结问题 |

相关知识 ◄◄◄

一、饱和土的有效应力原理

如图 3-12 所示,在饱和土体中的某一点截取截面 b-b,取其面积 F,作用于 F 上的应力 σ 由自重应力、静水压力及外荷载 p 所产生的附加应力组成,统称总应力。总应力的一部分由土颗粒间的接触面承担,为有效应力;另外一部分由超静孔隙水压力,通常简称为孔隙水压力。沿 a-a 截面取脱离体,a-a 截面上沿着土颗粒接触面间的法向应力为 σ_s,各土颗粒间的接触面积之和为 F_s。孔隙水压力为 μ,其相应的面积为 F_w。根据土体平衡条件可知:

图 3-12 有效应力原理

$$\sigma F = \sigma_s F_s + \mu F_w = \sigma_s F_s + \mu(F - F_s)$$

$$\sigma = \frac{\sigma_s F_s}{F} + \mu\left(1 - \frac{F_s}{F}\right)$$

式中:$\dfrac{\sigma_s F_s}{F}$——土颗粒间的接触压力在截面面积上的平均应力,称为土的有效应力,用 $\bar{\sigma}$ 表示,则

$$\sigma = \bar{\sigma} + \mu\left(1 - \frac{F_s}{F}\right) \tag{3-18}$$

由于土颗粒间的接触面积很小,F_s/F 可略去不计,故又可以写为

$$\sigma = \bar{\sigma} + \mu \tag{3-19}$$

式(3-19)称为饱和土的有效应力公式,它包含两个内容:

(1)饱和土体内任一平面上受到的总应力等于有效应力与孔隙水压力之和。

(2)仅仅作用在土骨架上的有效应力才是影响土的强度和变形的决定因素。

因为土中任意点的孔隙水压力对各个方向的作用是相等的,它只能使土颗粒产生压缩(压缩变形量很微小,可以忽略不计),而不能使土颗粒产生位移。只有土颗粒间的有效应力作用才会引起土颗粒的位移,使土体产生压缩变形。

二、饱和土体的渗流固结过程

前面介绍的方法所确定的地基沉降量,是指地基土在建筑荷载作用下达到压缩稳定后的沉降量,因而称为地基的最终沉降量。然而,在工程实践中,常常需要预估建筑物完工及一段时间后的沉降量和达到某一沉降所需要的时间,这就要求解决沉降与时间的关系问题。显然饱和土体承受荷载,地基从开始变形到变形稳定与时间有关,即沉降值是时间的函数。在工程实践中,有时需要计算建筑物在施工期间或使用期间某一时刻基础沉降值,其主要目的是考虑沉降随时间增加而发展给工程建筑物带来的影响,以便在设计中提出处理方案。面对已发生裂缝、倾斜等问题的建筑物,更需要了解当时的沉降与今后沉降的发展趋势,作为解决问题的重要依据。

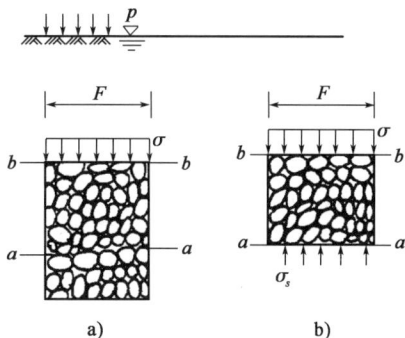

如前所述,饱和土体压缩主要是由于土粒、孔隙中的水和空气相对移动,使孔隙中有一部分气体和水被挤掉,使得土颗粒被压密,即土体产生压缩变形。但由于土粒很细,孔隙更细,要使孔隙中的水通过非常细小的孔隙排出,需要经历相当长的时间。而时间的长短主要取决于土层排水距离的长短、土粒粒径与孔隙的大小、土层渗透系数和荷载大小以及土的压缩系数等因素。通常,对于碎石土和砂性土地基,因其压缩性小及渗透性大,一般在施工期间基础沉降即可全部或基本完成。而对于饱和黏性土地基,因其压缩性大及渗透性小,通常需要几年、几十年,甚至几百年基础的沉降才能达到稳定。例如,上海展览中心馆的中央大厅1954年5月开工,当年年底沉降为60cm,1957年6月沉降为140cm,1979年9月沉降为160cm。

为了更清楚形象地掌握饱和土体压缩变形的过程,即饱和土体渗透固结的过程,可以借助一个著名的水-弹簧-活塞力学模型(图3-13)来说明土的骨架和孔隙水承担外力的情况及相互转移的过程。

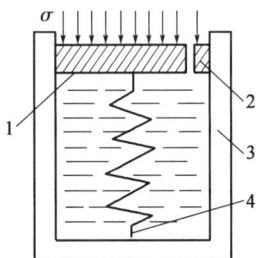

图3-13　水-弹簧-活塞力学模型
1-带孔活塞;2-排水孔;3-圆筒;4-弹簧

在一个装满水的圆筒中,上部安装一个带小孔的活塞。此活塞与筒底之间安装一个弹簧,以此模拟饱和土体的压缩变形过程(模型中的弹簧被视为土粒骨架,圆筒中的水相当于土体孔隙中的自由水,活塞上小孔的大小代表了土的渗水性的大小)。

(1)在活塞顶面骤然施加压力 σ 的瞬间,圆筒中的水尚未从活塞上的小孔排出,弹簧也没有变形,因此,弹簧不受力,压力完全由水承担,即 $\mu = \sigma, \bar{\sigma} = 0$。

(2)随着筒中水不断地通过活塞上的小孔向外面流出,活塞开始下降,弹簧逐渐变形,表明弹簧相应受力。此时,弹簧压力受力逐渐增大,筒中水压力 μ 逐渐减小,但在此期间弹簧和水受力的总和始终不变 $\sigma = \bar{\sigma} + \mu$。

(3)随着弹簧变形的增大,弹簧上承受的压力越来越大。当弹簧压力 $\sigma = \bar{\sigma}$ 时,筒中水压力 $\mu = 0$,筒中水停止向外流出,表明土体渗流固结过程结束。

由于试验中模型中的弹簧被视为土粒骨架,弹簧压力即土粒骨架压力,它使得土粒间产生相互挤压,是土体产生压缩变形的有效因素,被称为有效压力;圆筒中的水相当于土体孔隙中的自由水,筒中水压力即孔隙水压力,它使得孔隙水产生渗流,为土体的压缩提供了条件,但它不是产生土体压缩变形的直接因素,被称为中性压力;活塞上小孔的大小代表了土体渗水性的大小,活塞上小孔越大,表明土体的透水性越好,而完成土体渗流固结过程需要的时间就越短。因此,饱和土体的渗流固结过程,就是土中的孔隙水压力 μ 消散并逐渐转移为有效应力 $\bar{\sigma}$ 的过程。

三、单向固结理论

所谓单向固结,是指土中的孔隙水在压力的作用下,只产生竖直方向的渗流,同时土颗粒在有效应力的作用下,也只沿竖直方向产生位移。土在水平方向无渗流,无位移。此种条件相当于荷载分布面积很广,靠近地表的薄层黏性土的渗流固结情况。下面简单介绍饱和土体以渗流固结理论为基础解决地基沉降与时间的关系——1925年太沙基提出的单向固结。因为这一理论计算简便,并符合工程实践要求,所以目前应用较多。

1. 基本假定

将固结理论模型用于反映饱和黏性土的实际固结问题，其基本假设如下：

（1）土层是均质的，而且是饱和的。

（2）在固结过程中，土粒和孔隙水是不可压缩的。

（3）土层仅在竖向产生排水固结（相当于有侧限条件）。

（4）土层的渗透系数 k 和压缩系数 a 为常数。

（5）土层的压缩速率取决于自由水的排出速率，水的渗出符合达西定律。

（6）外荷载是一次瞬时施加的，且沿深度 z 为均匀分布。

2. 固结参数

在黏性土层中，土体初始孔隙比为 e_1，土的压缩系数为 a，渗透系数为 k，渗透固结过程时间为 t，渗流满足达西定律和有效应力原理：

$$令 \qquad C_v = \frac{k(1+e_1)}{ar_w} \tag{3-20}$$

$$T_v = \frac{C_v}{H^2}t = \frac{k(1+e_1)t}{\alpha\gamma_w H^2} \tag{3-21}$$

式中：C_v——土的竖向渗透固结系数，cm^2/s；

T_v——时间因数，无因次；

H——压缩土层的透水面至不透水面的排水距离，cm，当土层双面排水时，H 取土层厚度的一半。

3. 固结度

土层平均固结度又可表述为土层在固结过程中任一时刻的压缩量 S_t 与最终压缩量 S 之比，即

$$U = \frac{S_t}{S} \tag{3-22}$$

图 3-14 绘出了固结度 U 与时间因数 T_v 的关系曲线，以时间因数 T_v 为横坐标，以固结度 U 为纵坐标。图中依据 α 值的不同共有 10 条关系曲线，由下至上分别为 0、0.2、0.4、0.6、0.8、1.0、2.0、4.0、8.0、∞。其中

$$\alpha = \frac{排水面附加应力}{不排水面附加应力} = \frac{\sigma_1}{\sigma_2} \tag{3-23}$$

由地基土的性质，先计算时间因子 T_v，再由曲线横坐标时间因子 T_v 以及 α 值，找出纵坐标对应的 U，即为所求。

4. 固结度应用

利用上述几个公式，可根据土层中的固结应力、排水条件解决以下两类问题：

（1）已知土层的最终沉降量 S，求某时刻历时 t 的沉降 S_t。

由地基土的渗透系数 k，压缩系数 a，初始孔隙比 e_1，土层厚度 H，固结历时 t，按式（3-20）、式（3-21），求得 T_v 后，利用图 3-14 查出相应的固结度 U，利用式（3-22）求得 S_t。

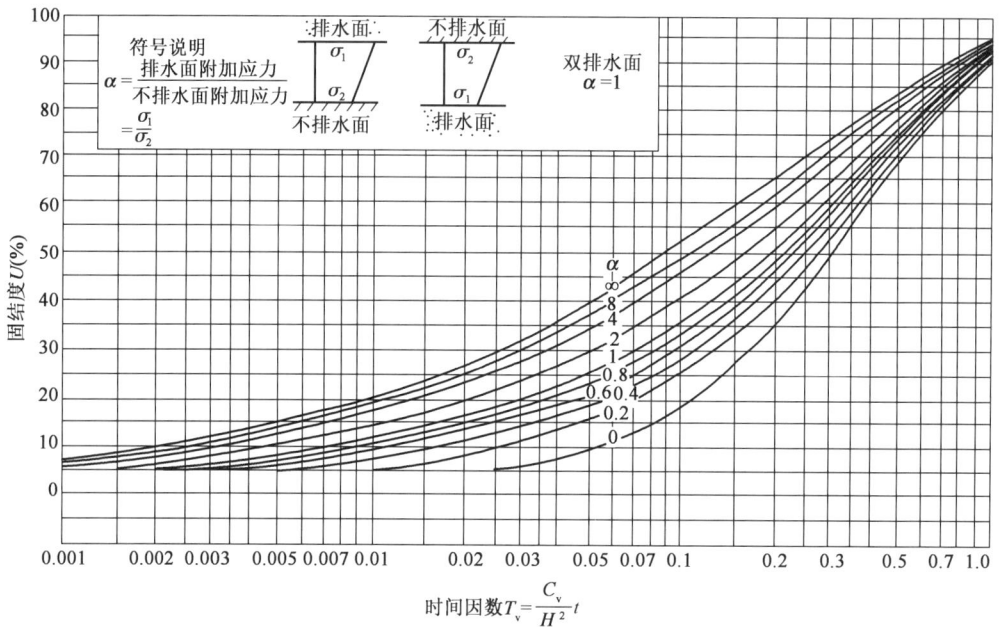

图 3-14　时间因数与固结度 U 的关系图

(2)已知土层的最终沉降量 S,求土层到达某一沉降 S_t 时,所需的时间 t。

由 S 和 S_t 可以求得 U,然后利用图 3-14 查出相应的时间因数 T_v,根据 $T_v = \dfrac{C_v}{H^2}t$ 推出时间 t。

任务实例 <<<

例　某饱和黏性土层,厚10m,在外荷载作用下产生的附加应力沿土层深度分布简化为梯形(图3-15),下层为不透水层。已知:初始孔隙比 $e_1 = 0.85$,压缩系数 $a = 2.5 \times 10^{-4} \, \mathrm{m^2/kN}$,渗透系数 $k = 2.5 \mathrm{cm}/$年。试求:

(1)加荷1年后的沉降量;

(2)土层沉降15.0cm所需时间。

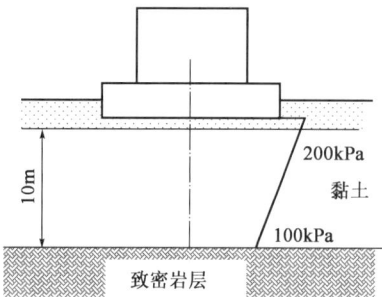

图 3-15　附加应力分布示意图

解答:(1)固结应力 $\sigma_z = \dfrac{1}{2} \times (100 + 200) = 150 \, (\mathrm{kPa})$

根据 $E_s = \dfrac{\Delta p}{\Delta \varepsilon}$,土层加压前后 Δp 即 σ_z,土层厚度 h,

加压后应变为 $\Delta \varepsilon = \dfrac{\Delta s}{h}$。

计算该土层最终沉降量

$$S = \frac{\sigma_z}{E_s}h = \frac{a}{1+e_1}\sigma_z h = \frac{2.5 \times 10^{-4}}{1 + 0.85} \times 150 \times 1000 = 20.27 \, (\mathrm{cm})$$

固结系数　　　　$C_v = \dfrac{K(1+e_1)}{ar_w} = 18.9 \mathrm{m^2}/$年 $= 1.89 \times 10^5 \mathrm{cm^2}/$年

时间因数　　　　$T_v = \dfrac{C_v}{H^2}t = \dfrac{1.89 \times 10^5}{1000^2} \times 1 = 0.189 \approx 0.19$

$$\alpha = \frac{排水面上固结应力}{不排水面上固结应力} = \frac{200}{100} = 2$$

查图 3-14 得 $U = 54\%$

$$S_t = US = 0.54 \times 20.27 = 10.95 (\text{cm})$$

（2）$S_t = 15.0 \text{cm}$

$$U = \frac{S_t}{S} = \frac{15.0}{20.27} = 0.740, 查图 3\text{-}14 得 T_v = 0.422$$

所以 $t = \dfrac{T_v H^2}{C_v} = \dfrac{0.422 \times 1000^2}{1.9 \times 10^5} = 2.22 (\text{年})$

学习评价 ◂◂◂

1. 分组归纳公式 $C_v = \dfrac{k(1+e_1)}{a r_w}$ 与公式 $T_v = \dfrac{C_v}{H^2} t$ 中各个参数的含义。

2. 每名学生思考渗透系数常用单位是 cm/s 还是 m/d，但本任务中需要换算为 cm/年，需要如何换算。

3. 完成学习评价手册中的任务。

土的抗剪强度与地基承载力

📝 学习目标

【知识目标】

1. 了解土的抗剪强度的含义,掌握土的抗剪强度理论、抗剪强度指标及其确定方法;

2. 了解地基承载力特征值的含义;

3. 了解地基的主要破坏模式。

【能力目标】

1. 能够根据《公路土工试验规程》(JTG 3430—2020)完成土的直接剪切试验,能够汇总试验数据;

2. 会用理论公式计算土的临塑荷载、临界荷载,会用太沙基理论公式计算极限荷载;

3. 能够应用规范公式确定地基承载力特征值。

【素质目标】

土的抗剪强度、地基承载力的大小与多种因素有关,通过学习,培养以全面的、实事求是的科学态度分析问题和解决问题的能力。

任务一 认知土的抗剪强度

任务描述

根据某公路 K35 + 000 ~ K64 + 500 段勘察任务,请采用野外工程地质调查与钻探、原位测试、室内试验等相结合的方法确定地基承载力,为公路选线、确定工程构筑物的位置和编制施工图设计文件提供资料。

学习引导

本工作任务沿着以下脉络进行学习:

学习土的抗剪强度的基本知识 → 明确土的抗剪强度理论、抗剪强度指标 →

掌握抗剪强度指标确定方法 → 分析抗剪强度指标影响因素

相关知识 ‹‹‹

一、土的抗剪强度

1. 土的抗剪强度的概念

土的抗剪强度是指土体抵抗剪切破坏的极限能力,是土的重要力学性质指标之一。在外荷载作用下,建筑物地基或工程构筑物内部将产生剪应力和剪切变形,而土体具有抵抗剪应力的潜在能力——剪阻力或抗剪力,它随着剪应力的增加而逐渐发挥作用,当剪阻力完全发挥作用时,土就处于剪切破坏的极限状态,此时剪阻力也就达到了极限。这个极限值就是土的抗剪强度。如果土体内某一局部范围的剪应力达到土的抗剪强度,在该局部范围的土体将出现剪切破坏,但此时整个建筑物地基或工程构筑物并不因此而丧失稳定性。随着荷载的增加,土体的剪切变形将不断增大,致使剪切破坏的范围逐步扩大,并由局部范围的剪切发展到连续剪切,最终在土体中形成连续的滑动面,从而导致整个建筑物地基或工程构筑物丧失稳定性。

在工程实践中,与土的抗剪强度直接相关的工程问题主要有三类(图4-1):第一类,土作为建筑材料构成的工程构筑物的稳定性问题,如土坝、路堤等填方边坡出现滑坡、基坑边坡产生坍塌等[图4-1a)];第二类,土作为工程构筑物的环境的问题,即土压力问题,如挡土墙、地下结构等的周围土体,它的强度破坏将造成对墙体过大的侧向土压力,以至于可能导致这些工程构筑物产生倾覆或滑动等破坏事故[图4-1b)];第三类,土作为建筑物地基的承载力问题,如果建筑物下的地基土产生整体滑动或局部剪切破坏而导致较大的地基变形,会造成上部结构的破坏或影响其正常使用[图4-1c)]。由此看来,土的抗剪强度是土力学中非常重要的内容之一。

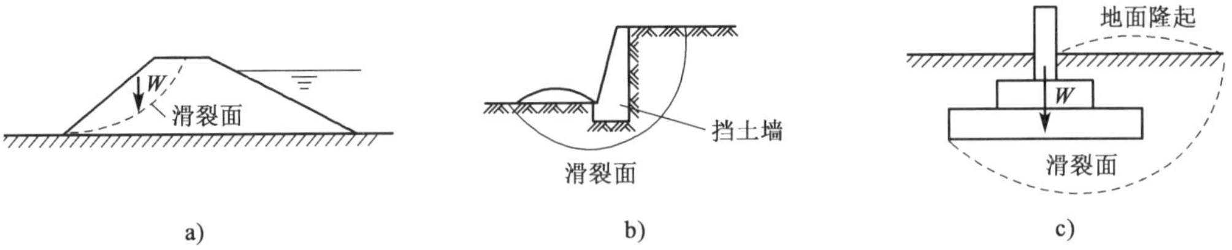

图 4-1 工程中与土的抗剪强度相关问题

2. 库仑强度定律

土体发生剪切破坏时,土体内部将沿着某一曲面(滑动面)产生相对滑动,而此时该面上的剪应力就等于土的抗剪强度。

抗剪强度的表达式为

砂土 $\qquad\qquad\qquad\qquad \tau_f = \sigma \tan\varphi$ （4-1a)

黏性土 $\qquad\qquad\qquad\qquad \tau_f = c + \sigma \tan\varphi$ （4-1b)

式中: τ_f——土的抗剪强度,kPa;

$\qquad \sigma$——剪切滑动面上的法向应力,kPa;

$\qquad c$——土的黏聚力,kPa,图 4-2 中 $\tau - \sigma$ 直线在纵轴上的截距;

$\qquad \varphi$——土的内摩擦角(°),即 $\tau - \sigma$ 直线与横轴上的夹角。

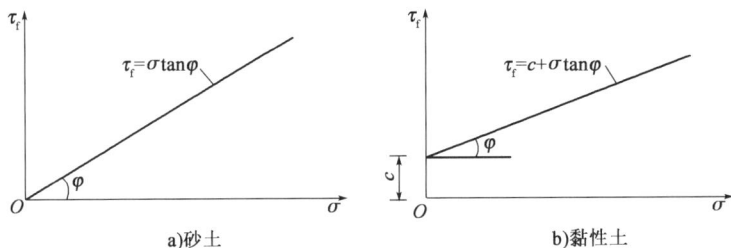

图 4-2 抗剪强度与法向应力之间的关系

式(4-1)是土的抗剪强度规律的数学表达式,它是库仑于 18 世纪 70 年代提出的,所以也称库仑定律。它表明在法向应力变化不大时,抗剪强度与法向应力之间呈直线关系,其中 c、φ 被称为土的抗剪强度指标或抗剪强度参数。对于同一种土,在相同的试验条件下,c、φ 接近常数,但试验方法不同时则会有较大的差异。

由式(4-1)可以看出,砂土的抗剪强度是由内摩阻力构成的,而黏性土的抗剪强度则由内摩阻力和黏聚力两部分构成。

内摩阻力包括土粒之间的表面摩擦力和由于土粒之间的联锁作用而产生的咬合力。咬合力是指当土体相对滑动时,将嵌在其他颗粒之间的土粒拔出所需的力,土越密实,联锁作用越强。

黏聚力,包括原始黏聚力、固化黏聚力及毛细黏聚力。其中,原始黏聚力主要是由于土粒间水膜受到相邻土粒之间的电分子引力而形成的。当土被压密时,土粒间的距离减小,原始黏聚力随之增大;当土的天然结构被破坏时,原始黏聚力将丧失一些,但会随着时间而恢复其中的一部分或全部。固化黏聚力是由土中化合物的胶结作用而形成的。当土的天然结构被破坏时,则固化黏聚力随之丧失,而且不能恢复。至于毛细黏聚力,是由毛细压力所引起的,一般可忽略不计。

砂土的内摩擦角 φ 变化范围不是很大,中砂、粗砂、砾砂一般为 32°~40°,粉砂、细砂一般为 28°~36°。孔隙比越小,φ 越大,但是,饱和的粉砂、细砂很容易失去稳定,因此对其内摩擦角的取值应慎重,有时规定取 20°左右。砂土有时也有很小的黏聚力(10kPa 以内),这可能是由于砂土中夹有一些黏土颗粒,也可能是由于毛细黏聚力的存在。

黏性土的抗剪强度指标的变化范围很大,它与土的种类有关,而且与土的天然结构是否破坏、试样在法向压力下的排水固结程度及试验方法等因素有关。内摩擦角的变化范围为 0°~30°,黏聚力则可从小于 10kPa 变化到 200kPa 甚至以上。

近代土力学中,人们认识到只有有效应力的作用才能引起抗剪强度的变化,因此上述的库仑定律又可改写为

$$\tau_f = (\sigma - u)\tan\varphi' + c' \tag{4-2}$$

式中:φ'——有效内摩擦角;

　c'——有效黏聚力。

对于同一种土,φ'、c' 值理论上与试验方法无关,应接近常数。为了区别式(4-1)和式(4-2),前者称为总应力抗剪强度公式,后者称为有效应力抗剪强度公式。总应力法操作简单,运用方便(一般用直剪仪测定),但不能反映地基土在实际固结情况下的抗剪强度。有效应力法理论上比较严格,能较好地反映抗剪强度的实质,能检验土体处于不同固结情况下的稳定性,但孔隙水压力的正确测定比较困难。

3.莫尔-库仑强度理论

1910 年莫尔提出了材料的破坏是剪切破坏,并指出破坏面上的剪应力 τ_f 是作用于该面上法向应力 σ 的函数,即

$$\tau_f = f(\sigma) \tag{4-3}$$

这个函数在 τ_f 和 σ 的直角坐标系中是一条向上略凸的曲线,称为莫尔包线(也称为抗剪强度包线),如图 4-3 中实线所示。莫尔包线表示当材料受到不同应力作用达到极限时,滑动面上的法向应力 σ 与抗剪强度 τ_f 的关系。土的莫尔包线可以近似地用直线表示,如图 4-3 中虚线所示,该直线的方程就是库仑定律所表示的方程。由库仑公式表示莫尔包线的土体强度理论,可称为莫尔-库仑强度理论。

(1)土中一点的应力状态

在自重与外荷载作用下土体中任意一点的应力状态,对于平面应力问题,只要知道应力分量即 σ_x、σ_z 和 τ_{xz}(图 4-4)即可确定一点的应力状态。对于土体中任意一点,所受的应力又随所取平面的方向发生变化。

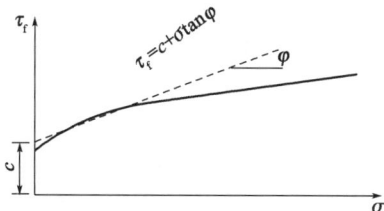

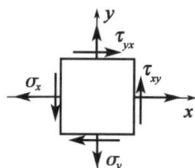

图 4-3　莫尔包线　　　　　图 4-4　一点的平面应力状态

由材料力学可知,当土体中任意一点的应力 σ_x、σ_z、τ_{xy} 已知时,主应力可以由下面的应力转换关系得出:

$$\frac{\sigma_1'}{\sigma_3'} = \frac{\sigma_z + \sigma_x}{2} \pm \sqrt{\left(\frac{\sigma_z + \sigma_x}{2} + \tau_{xy}^2\right)} \tag{4-4}$$

主应力平面与任意平面间的夹角由下式得出:

$$\alpha = \frac{1}{2}\tan^{-1}\left(\frac{\tau_{xy}}{\sigma_z - \sigma_x}\right) \tag{4-5}$$

在所有的平面中必有一组平面的剪应力为零,该平面称为主应力面。作用于主应力面的法向应力称为主应力。那么,对于平面应力问题,土中一点的应力可用主应力 σ_1 和 σ_3 表示(图4-5)。σ_1 称为最大主应力,σ_3 称为最小主应力。

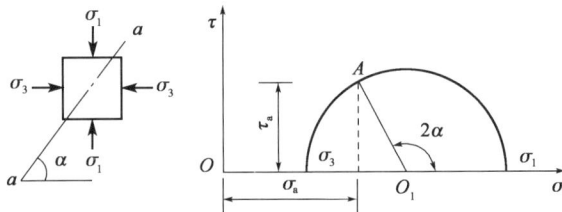

图4-5 莫尔圆表示一点的应力状态

(2)土的极限平衡状态

当土体中某点可能发生剪切破坏面的位置已经确定时,只要计算出作用于该面上的法向应力 σ 以及剪应力 τ,就可以根据库仑定律确定的抗剪强度 τ_f 与 τ 的对比来判断该点是否会发生剪切破坏:

①当 $\tau < \tau_f$ 时,表示该点处于弹性平衡状态,不发生剪切破坏。

②当 $\tau = \tau_f$ 时,表示该点处于极限平衡状态,将发生剪切破坏。

但是,土体中某点可能发生剪切破坏面的位置一般不能预先确定。该点往往处于复杂的应力状态,无法利用库仑定律直接判断该点是否会发生剪切破坏。如果通过对该点的应力分析,计算出该点的主应力,画出其莫尔应力圆,把代表土体中某点应力状态的莫尔应力圆,与该土的库仑强度线画在同一个 $\tau - \sigma$ 坐标图中,可知当莫尔应力圆与库仑强度线不相交时,表明通过该点的任意平面上的剪应力都小于土的抗剪强度,故不会发生剪切破坏(图4-6中的 c 圆),也即该点处于稳定状态;当应力圆与强度线相割时,表明该点土体已经破坏(图4-6中的 a 圆),事实上该应力圆所代表的应力状态是不存在的;当应力圆与强度线相切时即土体濒于剪切破坏的极限应力状态,称为极限平衡状态,与强度线相切的应力圆称为极限应力圆(图4-6中的 b 圆),切点 A 的坐标表示通过土中一点的某一切面处于极限平衡状态时的应力条件。也就是说,通过库仑定律与莫尔应力圆原理的结合可以推导出表示土体极限平衡状态时主应力之间的相互关系式或应力条件。

(3)土的极限平衡条件

在图4-7中,根据极限应力圆 O_1 与强度线 $\tau_f = c + \sigma\tan\varphi$ 相切于 A 点的几何关系,由直角三角形 ABO_1 得到:

$$2\alpha = 90° + \varphi$$

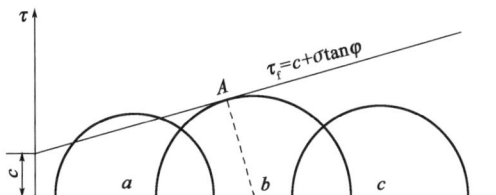

图 4-6　不同应力状态时的莫尔应力圆

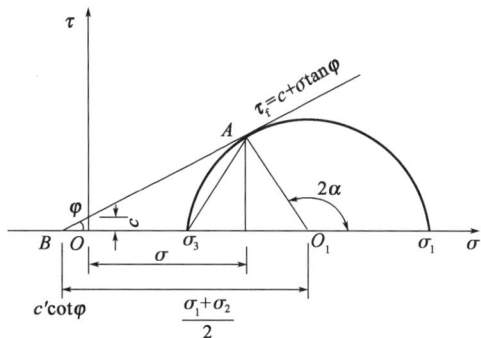

图 4-7　土中一点达到极限平衡状态时的莫尔应力圆

即破裂面与大主应力的作用面成 $\alpha = 45° + \varphi/2$ 的夹角。

通过三角函数间的变换关系最后可以得到土中某点处于极限平衡状态时主应力之间的关系式：

$$\sigma_1 = \sigma_3 \tan^2\left(45° + \frac{\varphi}{2}\right) + 2c\tan\left(45° + \frac{\varphi}{2}\right) \tag{4-6a}$$

$$\sigma_3 = \sigma_1 \tan^2\left(45° - \frac{\varphi}{2}\right) - 2c\tan\left(45° - \frac{\varphi}{2}\right) \tag{4-6b}$$

式(4-6)可以用来判断土体中一点的应力状态,表达土体的主应力之间关系。由于等式成立时土体处于极限平衡状态,故称为土体的极限平衡条件。

二、土的抗剪强度试验

土的抗剪强度指标包括内摩擦角 φ 和黏聚力 c,其值是地基与基础设计的重要参数,该指标需要用专门的仪器通过试验来确定。抗剪强度试验有室内试验和野外试验等。室内最常用的是直接剪切试验(直剪试验)、三轴剪切试验和无侧限抗压强度试验等。野外试验有原位十字板剪切试验等。由于各试验的仪器构造和试验条件、原理及方法的不同,对于同一种土会得到不同的试验结果,所以需要根据工程的实际情况选择适当的试验方法。

1. 直接剪切试验

直剪试验使用的仪器称直剪仪,按加荷方式分为应变式和应力式两类。前者是以等速推动剪切盒使土样受剪,后者则是分级施加水平剪力于剪力盒使土样受剪。目前我国普遍应用的是应变式直剪仪,如图 4-8 所示。

试验开始前将金属上盒和下盒的内圆腔对正,把试样置于上下盒之间。通过传压板和滚珠对土样先施加垂直法向应力 $\sigma = P/F$(F 为土样的横截面面积),然后以规定的速率等速转动手轮对下盒施加水平推力 T,使土样沿上下盒水平接触面发生剪切位移直至破坏。在剪切过程中,每隔一定的时间,测记相应的剪切变形,求出施加于试样截面的剪应力值。根据结果,即可绘制在一定法向应力条件下的土样剪切位移 Δl 与剪应力 τ 的对应关系[图 4-9a)]。整理剪切试验的资料,当剪应力-剪切位移曲线出现峰值时[图 4-9a)],取峰值剪应力为破坏时的剪

应力 τ_f(抗剪强度);当无峰值时可取对应于剪切位移 $\Delta l = 4mm$ 时的剪应力作为 τ_f。同一种土的几个不同土样分别施加不同的垂直法向应力 σ 做直剪试验都可得到相应的剪应力-剪切位移曲线[图4-9a)],根据这些曲线求出对应不同法向应力 σ 试样剪坏时剪切面上的剪应力 τ_f。在直角坐标 $\sigma - \tau$ 关系图中可以作出破坏剪应力的连线[图4-9b)]。在一般情况下,这条连线是线性的,称为抗剪强度线。该线与纵坐标轴的截距 c,就是土的黏聚力;该线与横坐标轴的夹角 φ,就是土的内摩擦角。

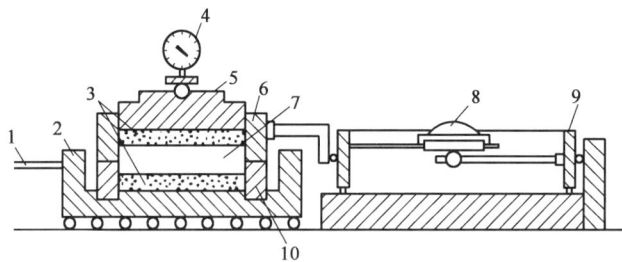

图 4-8　应变式直剪仪

1-轮轴;2-底座;3-透水石;4-垂直变形量表;5-活塞;6-上盒;7-土样;8-水平位移量表;9-量力环;10-下盒

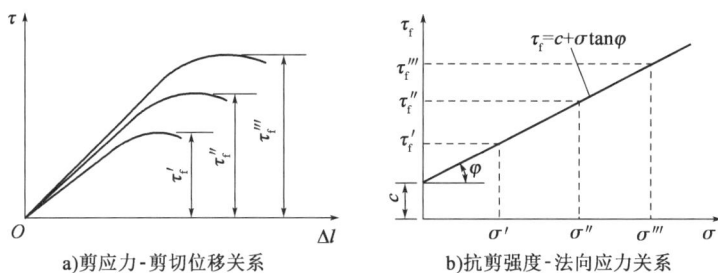

a)剪应力-剪切位移关系　　　　b)抗剪强度-法向应力关系

图 4-9　直剪试验成果曲线

在直剪试验中,不能量测孔隙水压力,也不能控制排水,所以只能以总应力法来表示土的抗剪强度。但是考虑到固结程度和排水条件对抗剪强度的影响,根据加荷速率的快慢将直剪试验划分为快剪、固结快剪和慢剪三种试验类型。

(1)快剪:竖向压力施加后,立即施加水平剪力进行剪切,剪切速度为 0.8mm/min,直至剪坏。由于剪切速度快,可认为土样在这样短暂的时间内没有排水固结或者说模拟了"不排水"剪切情况,得到的强度指标用 c_q、φ_q 表示。当地基土排水不良,工程施工进度又快,土体将在没有固结的情况下承受荷载时,宜用此方法。

(2)固结快剪:竖向压力施加后,给予充分时间使土样排水固结。固结终了后施加水平剪力,快速地(剪切速度为 0.8mm/min)把土样剪坏,即剪切时模拟不排水条件,得到的指标用 c_{cq}、φ_{cq} 表示。当建筑物在施工期间允许土体充分排水固结,但完工后可能有突然增加的荷载作用时,宜用此方法。

(3)慢剪:竖向压力施加后,让土样充分排水固结,固结后以慢速施加水平剪力,以小于 0.02mm/min 的速度进行剪切,并每隔一定时间测记测力计百分表读数,直至剪损,得到的指标用 c_s、φ_s 表示。当地基排水条件良好(如砂土或砂土中夹有薄黏性土层),土体易在较短时间内固结,当工程的施工进度较慢且使用中无突然增加荷载时,可用此方法。

上述三种试验方法对黏性土是有意义的,但效果要视土的渗透性大小而定。对于非黏性土,由于土的渗透性很大,即使快剪也会产生排水固结,所以通常只采用一种剪切速率进行"排水剪"试验。

直剪试验的优点是仪器构造简单,操作方便,但存在以下缺点:不能控制排水条件;剪切面是人为固定的,该剪切面不一定是土样的最薄弱面;剪切面上的应力分布是不均匀的。

2. 三轴剪切试验

为了克服直剪试验存在的缺点,后来又发展了三轴剪切试验方法。三轴剪切仪(也称三轴压缩仪)是目前测定土抗剪强度较为完善的仪器,其核心部分是三轴压力室。应变控制式三轴压缩仪示意图如图 4-10 所示。此外,它还配备有以下系统:①轴压系统,即三轴剪切仪的主机台,用于对试样施加轴向附加压力,并可控制轴向应变的速率;②侧压系统,通过液体(通常是水)对土样施加周围压力;③孔隙水压力测读系统,用于测量土样孔隙水压力及其在试验过程中的变化。

试验用的土样为正圆柱形,常用的高度与直径之比为 2.0 ~ 2.5。土样用薄橡皮膜包裹,以免压力室的水进入。

试样上、下两端可根据试样要求放置透水石或不透水板。试验中试样的排水情况由排水阀控制。试样底部与孔隙水压力量测系统相接,必要时可以测定试验过程中试样的孔隙水压力变化。

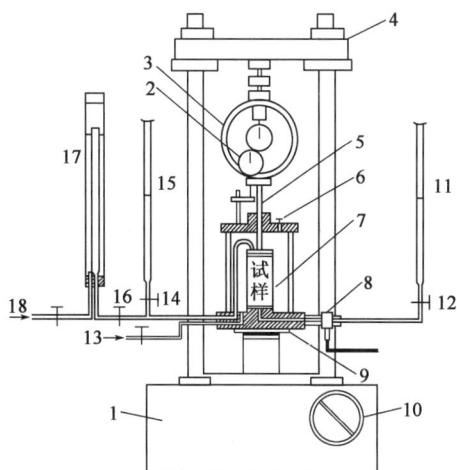

图 4-10　应变控制式三轴压缩仪示意图

1-试验机;2-轴向位移计;3-轴向测力计;4-试验机横梁;5-活塞;6-排气孔;7-压力室;8-孔隙压力传感器;9-升降台;10-手轮;11-排水管;12-排水管阀;13-周围压力;14-排水管阀;15-量水管;16-体变管阀;17-体变管;18-反压力

试验时,先打开周围压力阀门,向压力室压入液体,使土样在三个轴向受到相同的周围压力 σ_3,此时土样中不受剪力。然后由轴向系统通过活塞对土样施加竖向压力 $\Delta\sigma_3$,此时试样中将产生剪应力。在周围压力 σ_3 不变的情况下,不断增大 $\Delta\sigma_3$,直到土样被剪坏。其破坏面发生在与大主应力作用面所成角 $\alpha = 45° + \varphi/2$ 处,如图 4-11 所示。这时作用于土样的轴向应力为最大主应力 $\sigma_1 = \sigma_3 + \Delta\sigma_3$,周围压力 σ_3 为最小主应力。用 σ_1 和 σ_3 可绘得土样破坏时的一个极限应力圆。若取同一种土的 3 ~ 4 个试样,在不同周围压力 σ_3 下进行剪切得到相应的 σ_1,就可得出几个极限应力圆。这些极限应力圆的公切线即抗剪强度包线。它一般呈直线形状,从而可求得指标 c、φ 值,如图 4-12 所示。

三轴剪切仪由于土样和压力室均可分别形成各自的封闭系统(通过相关的管路和阀门)。根据土样固结排水条件的不同,对应直剪试验,三轴试验也可分为下列三种试验类型。

(1)不固结不排水剪试验

先向土样施加周围压力 σ_3,随后即施加轴向应力 σ_1 直至剪坏。在施加压力时,自始至终关闭排水阀门不允许土中水排出,即在施加周围压力和剪切力时均不允许土样发生排水固结。这样从开始加压直到试样剪坏全过程中土样含水率保持不变。这种试验方法所对应的实际工程条件相当于饱和软黏土中快速加荷时的应力状况。

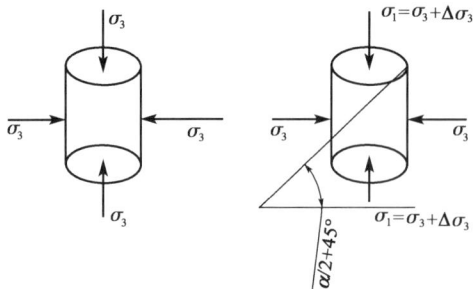

图 4-11 试样受压示意图

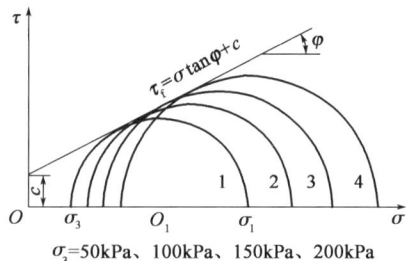

图 4-12 三轴剪切试验莫尔破坏包线

(2)固结不排水剪试验

试验时先对土样施加周围压力 σ_3,并打开排水阀门,使土样在 σ_3 作用下充分排水固结。在确认土样的固结已经完成后,关闭排水阀门然后施加轴向应力 σ_1,使土样在不能向外排水的情况下受剪直至破坏为止。三轴固线不排水剪试验是经常要做的工程试验,它适用的实际工程条件常常是一般正常固结土层在工程竣工时或以后受到大量、快速的活荷载或新增加的荷载的作用时所对应的受力情况。

(3)固结排水剪试验

在施加周围压力 σ_3 和轴向压力 σ_1 的全过程中,土样始终是排水状态,土中孔隙水压力始终处于消散为零的状态,在整个试验过程中,包括施加周围压力 σ_3 后的固结及施加竖向应力 σ_1 后的剪切,排水阀门,甚至包括孔隙压力阀门一直是打开的。

三轴剪切试验的优点包括:①试验中能严格控制试样排水条件及测定孔隙水压力的变化;②剪切面不是人为固定的;③应力状态比较明确;④除抗剪强度外,尚能测定其他指标。

三轴剪切试验的缺点:①操作复杂;②所需试样较多;③主应力方向固定不变,与实际情况尚不能完全符合。

3. 无侧限抗压强度试验

无侧限抗压试验实际上是三轴剪切试验的一种特殊情况,即周围压力 $\sigma_3 = 0$ 的三轴试验,所以又称为单轴试验。无侧限抗压试验所使用的无侧限压力仪如图 4-13a)所示,现在也常用三轴仪做该试验。试验时,在不加任何侧向压力的情况下,对圆柱体试样施加轴向压力,直至试样被剪切破坏为止。试样被破坏时的轴向压力用 q_u 表示,称为无侧限抗压强度。

由于不能变动周围压力,根据试验结果,只能作一个极限应力圆,难以得到破坏包线,如图 4-13b)所示。饱和黏性土的三轴不固结不排水试验结果表明,其破坏包线为一水平线,即 $\varphi_u = 0$,因此,对于饱和黏性土的不排水剪切强度就可以利用无侧限抗压强度 q_u 得到,即

$$\tau_f = c_u = \frac{q_u}{2} \tag{4-7}$$

式中:τ_f——土的不排水抗剪强度,kPa;

c_u——土的不排水黏聚力,kPa;

q_u——无侧限抗压强度,kPa。

利用无侧限抗压强度试验可以测定饱和黏性土的灵敏度 S_t(具体见模块一任务一)。

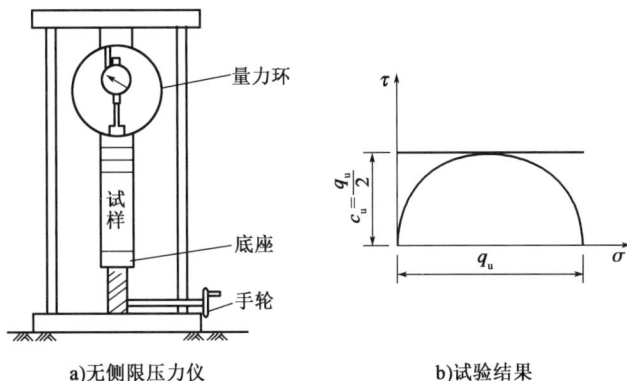

a)无侧限压力仪　　　　　　b)试验结果

图 4-13　无侧限抗压强度试验

4. 十字板剪切试验

前面所介绍的三种试验方法都是室内测定土的抗剪强度的方法,这些试验方法都要求事先取得原状土样,但由于试样在采取、运送、保存和制备等过程中不可避免地会受到扰动,土的含水率也难以保持天然状态,特别是对于高灵敏度的黏性土,室内试验结果对土的实际情况的反映就会受到不同程度的影响。十字板剪切试验是一种土的抗剪强度的原位测试方法,这种试验方法适用于现场测定饱和黏性土的原位不排水抗剪强度,特别适用于均匀饱和软黏土。

十字板剪切仪构造示意图如图 4-14 所示。试验时先把套管打到要求测试的深度以上 75cm 处,并将套管内的土清除,然后通过套管将安装在钻杆下的十字板压入土中至测试的深度。由地面的扭力装置对钻杆施加扭矩,使埋在土中的十字板扭转,直至土体剪切破坏,破坏面为十字板旋转所形成的圆柱面。

十字板剪切试验由于在直接的原位进行试验,不必取土样,所以土体受到的扰动较小,被认为是比较能反映土体原位强度的测试方法,但如果软土层中夹有薄层粉砂,十字板剪切试验结果可能会偏大。

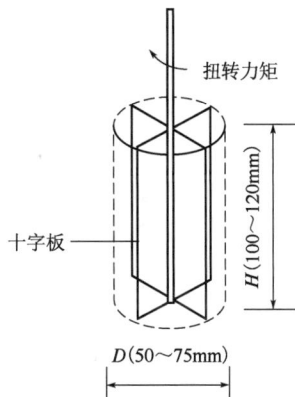

图 4-14　十字板剪切仪构造示意图

任务实例 ◄◄◄

例　某黏性土地基黏聚力 $c=20kPa$,内摩擦角 $\varphi=26°$,承受最大主应力 $\sigma_1=450kPa$ 和最小主应力 $\sigma_3=150kPa$。试判断该点是否处于极限平衡状态。

解答:已知最小主应力 $\sigma_3=150\ kPa$,现将其余已知的有关数据代入式(4-6b),得最小主应力的计算值为

$$\sigma_3=\sigma_1\tan^2\left(45°-\frac{\varphi}{2}\right)-2c\tan\left(45°-\frac{\varphi}{2}\right)$$
$$=450\tan^2(45°-13°)-2\times20\tan(45°-13°)=150.5(kPa)$$

根据计算结果可以认为 σ_3 的计算值与已知值相等,所以该土样处于极限平衡状态。如果

用图解法,则可得到莫尔应力圆与抗剪强度线相切的结果。

学习评价 <<<

1. 分组在试验室完成直剪试验,汇总试验结果,并归纳快剪、固结快剪和慢剪三种试验类型的工程适用性。

2. 每名学生绘制莫尔应力圆与抗剪强度线的三种关系图,并说明所代表土的应力状态。

3. 完成学习评价手册中的任务。

任务二 确定地基承载力

任务描述

某公路混凝土盖板涵,涵址处地势为缓坡,上覆为可塑状粉质黏土,厚度为 $2.0 \sim 6.0 \mathrm{m}$,下为白云岩,强风化层厚度约4m,地下水主要由大气降水补给,水文地质条件简单,无不良地质现象。因受到现场条件限制,开展载荷试验和其他原位测试确有困难,请应用理论公式法,结合规范,初步确定地基承载力特征值。

学习引导

本任务沿着以下脉络进行学习:

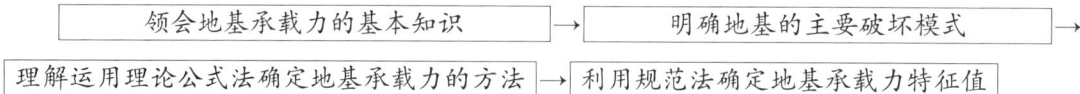

领会地基承载力的基本知识 → 明确地基的主要破坏模式 →

理解运用理论公式法确定地基承载力的方法 → 利用规范法确定地基承载力特征值

相关知识 <<<

一、地基承载力

地基承受建筑物荷载的作用后,内部应力发生变化,包括两方面:一方面,附加应力引起地基土的变形,造成建筑物的沉降;另一方面,附加应力引起地基内土体的剪应力增加,当某一点的剪应力达到土的抗剪强度时,这一点的土就处于极限平衡状态。若土体中某一区域内各点都达到极限平衡状态,就会形成极限平衡区,或称为塑性区。如果荷载继续增大,地基内极限平衡区的范围随之不断扩大,局部的塑性区发展成为连续贯穿到地面的整体滑动面,这时,基础下一部分土体将沿滑动面产生整体滑动,这种情况称为地基失稳。如果发生地基失稳,建筑物将发生严重的塌陷、倾斜等灾害性破坏。

地基承载力是指地基承受荷载的能力,在不同使用状态下地基具有不同的承载力,如极限承载力、临塑承载力等。在设计建筑物基础时,为了保证建筑物的安全和正常使用,即保证地基稳定性不受破坏,而且有一定的安全度,同时满足建筑物的变形要求(正常使用状态),常将基础底面压力限制在某一特征值范围内。现行《公路桥涵地基与基础设计规范》(JTG 3363)采用地基承载力特征值表示正常使用极限状态计算时的地基承载力。

地基承载力的确定,目前常用的方法有理论公式法、现场原位试验以及承载力经验数据表(规范法)三类。

二、地基的破坏形式

地基受到外荷载作用时,首先在基础边缘产生应力集中,地基土出现塑性变形,随着荷载加大,塑性变形区自基础边缘向基础中心以及地基深处发展,造成地基失稳破坏。试验表明,地基破坏大致分为三种形式:整体剪切破坏、局部剪切破坏、冲剪破坏,如图4-15 所示。

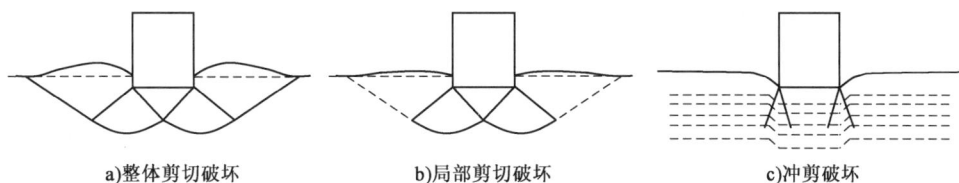

a)整体剪切破坏　　　　b)局部剪切破坏　　　　c)冲剪破坏

图 4-15　地基破坏形式

1.整体剪切破坏

当基础上荷载较小时,基础下形成一个三角形压密区,随同基础压入土中,这时 p-S 曲线如图4-16 中的曲线 a 所示。随着荷载增加,压密区向两侧挤压,土中产生塑性区,塑性区先在基础边缘产生,然后逐步扩大扩展。这时基础的沉降增长率较前一阶段增大,故 p-S 曲线呈曲线状。当荷载达到最大值后,土中形成连续滑动面,并延伸到地面,土从基础两侧挤出并隆起,基础沉降急剧增加,整个地基失稳破坏, p-S 曲线上出现明显的转折点,其相应的荷载称为极限荷载。整体剪切破坏常发生在浅埋基础下的密砂或硬黏土等坚实地基中。当发生这种类型的破坏时,建筑物往往会突然倾倒。

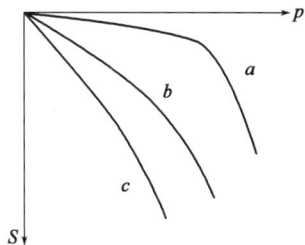

图 4-16　p-S 曲线图

2.局部剪切破坏

随着荷载的增加,基础下也产生压密区及塑性区,但塑性区仅仅发展到地基某一范围内,土中滑动面并不延伸到地面,基础两侧地面微微隆起,没有出现明显的裂缝。其 p-S 曲线如图4-16 中的曲线 b 所示,该曲线也有一个转折点,但不像整体剪切破坏那么明显。局部剪切破坏常发生于中等密实砂土中。

3.冲剪破坏

在基础下没有明显的连续滑动面,随着荷载的增加,基础随着土层发生压缩变形而下沉。当荷载继续增加时,基础周围附近土体发生竖向剪切破坏,使基础刺入土中,刺入剪切破坏的 p-S 曲线如图4-17 中的曲线 c 所示,该曲线没有明显的转折点,没有明显的比例界限及极限荷载,这种破坏形式常发生在松砂及软土中。

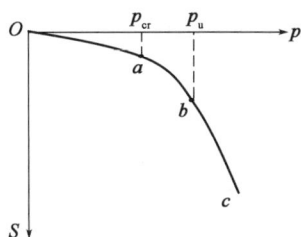

图 4-17　整体剪切破坏 p-S 曲线

地基整体剪切破坏过程一般会经历如下三个阶段。

(1)压密阶段(或称直线变形阶段)

如图 4-17 中 p-S 曲线上的 Oa 段所示,在这一阶段,p-S 曲线接近直线,土中各点的剪应力均小于土的抗剪强度,土体处于弹性平衡状态。沉降主要是由土的压密变形引起的,图 4-17 中 p-S 曲线上 a 点对应的荷载称为比例界限 p_{cr},也称临塑荷载。

(2)剪切阶段

如图 4-17 中 p-S 曲线上的 ab 段所示,此阶段 p-S 曲线已不再保持线性关系,沉降的增长率 $\Delta S / \Delta p$ 随荷载的增大而增加。地基土中局部范围内的剪应力达到土的抗剪强度,土体发生剪切破坏,这些区域也称塑性区。随着荷载的继续增加,土中塑性区的范围也逐步扩大[图 4-15a)],直到土中形成连续的滑动面。因此,剪切阶段也是地基中塑性区的发生与发展阶段。图 4-17 中 p-S 曲线上 b 点对应的荷载称为极限荷载 p_u。

(3)破坏阶段

如图 4-17 中 p-S 曲线上的 bc 段所示,当荷载超过极限荷载后,载荷板急剧下沉,即使不增加荷载,沉降也将继续发展,因此,p-S 曲线陡直下降。在这一阶段,土中塑性区范围不断扩大,最后在土中形成连续滑动面,地基土失稳而破坏。

三、理论公式法确定地基承载力

荷载作用下地基变形的发展经历了三个阶段,即压密阶段、局部剪切变形阶段及破坏阶段。地基变形的局部剪切变形阶段也是土中塑性区范围随着作用荷载的增加而不断扩大的阶段,我们把土中塑性区发展到不同深度时,其相应的荷载称为临界荷载。如图 4-18 所示,当条形基础上作用均布荷载 p 时,地基土中发生的塑性区,塑性区发展的深度为 z_{max}(z 是从基底算起)。我们把 $z_{max} = 0$ 时(地基中即将发生塑性区时)相应的基底荷载,称为临塑荷载,用 p_{cr} 表示。如允许地基中塑性区发展到一定范围,这时相应的荷载称为临界荷载,如 $z_{max} = b/4$ 时对应的临界荷载用 $p_{1/4}$ 表示。

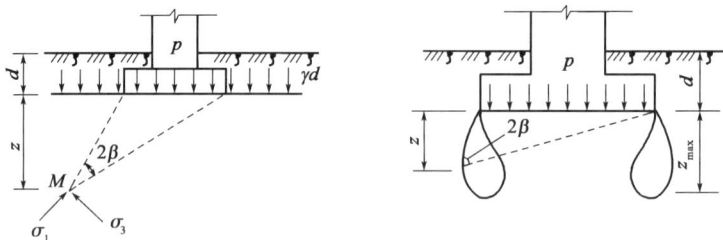

图 4-18 条形均布荷载作用下地基中的主应力和塑性区

在实践中,可以根据建筑物的不同要求,用临塑荷载或临界荷载作为地基容许承载力,下面介绍临塑荷载及临界荷载的计算公式。

1.临塑荷载

条形基础在均布荷载作用下,当基础埋深为 d,侧压力系数为 1 时,地基中任意深度 z 处一点 M,它的最大、最小主应力为(图 4-18)

$$\begin{matrix} \sigma_1' \\ \sigma_3' \end{matrix} = \frac{p - \gamma_d}{\pi}(2\beta \pm \sin 2\beta) + \gamma(d + z) \tag{4-8}$$

式中:p——基底压力,kPa;

2β——M 点至基础边缘两连线的夹角,rad。

当地基内 M 点达到极限平衡状态时,大小主应力应满足下列关系式:

$$\sigma_1 = \sigma_3 \tan^2\left(45° + \frac{\varphi}{2}\right) + 2c\tan\left(45° + \frac{\varphi}{2}\right) \tag{4-9}$$

将式(4-8)代入式(4-9),整理后可得出塑性变形区边界方程式,即

$$z = \frac{p - \gamma d}{\pi\gamma}\left(\frac{\sin 2\beta}{\sin\varphi} - 2\beta\right) - \frac{c}{\gamma\tan\varphi} - d \tag{4-10}$$

为了计算塑性变形区最大深度 $z_{\max}$,令 $\dfrac{\mathrm{d}z}{\mathrm{d}\beta} = 0$,得出

$$z_{\max} = \frac{p - \gamma d}{\pi\gamma}\left(\cot\varphi - \frac{\pi}{2} + \varphi\right) - \frac{c}{\gamma\tan\varphi} - d \tag{4-11}$$

当 $z_{\max} = 0$ 时,即得临塑荷载 p_{cr} 的计算公式:

$$p_{cr} = \frac{\pi(\gamma d + c\cot\varphi)}{\cot\varphi - \dfrac{\pi}{2} + \varphi} + \gamma d = \gamma d N_q + c N_c \tag{4-12}$$

$$N_q = \frac{\cot\varphi + \varphi + \dfrac{\pi}{2}}{\cot\varphi - \dfrac{\pi}{2} + \varphi}$$

$$N_c = \frac{\pi\cot\varphi}{\cot\varphi - \dfrac{\pi}{2} + \varphi}$$

式中:d——基础的埋置深度,m;

γ——基底平面以上土的重度,kN/m³;

c——土的黏聚力,kPa;

φ——土的内摩擦角,计算时化为弧度;

N_q、N_c——承载力系数,可查表 4-1 得到。

承载力系数 N_r、N_q、N_c 值

表 4-1

$\varphi(°)$	N_q	N_c	$N_{1/4}$	$N_{1/3}$	$\varphi(°)$	N_q	N_c	$N_{1/4}$	$N_{1/3}$
0	1.0	3.0	0.0	0.0	22	3.4	6.0	0.6	0.8
2	1.1	3.3	0.0	0.0	24	3.9	6.5	0.7	1.0
4	1.2	3.5	0.0	0.1	26	4.4	6.9	0.8	1.1
6	1.4	3.7	0.1	0.1	28	4.9	7.4	1.0	1.3
8	1.6	3.9	0.1	0.2	30	5.6	8.0	1.2	1.5
10	1.7	4.2	0.2	0.2	32	6.3	8.5	1.4	1.8
12	1.9	4.4	0.2	0.3	34	7.2	9.2	1.6	2.1
14	2.2	4.7	0.3	0.4	36	8.2	10.0	1.8	2.4
16	2.4	5.0	0.4	0.5	38	9.4	10.8	2.1	2.8
18	2.7	5.3	0.4	0.6	40	10.8	12.8	2.5	3.3
20	3.1	5.6	0.5	0.7	42	11.7	12.8	2.9	3.8

2. 临界荷载

大量工程实际表明,工程中允许塑性区扩大到一定范围,这个范围的大小与建筑物的重要性、荷载性质以及土的特征等因素有关。一般中心受压基础可取 $z_{max} = b/4$(b 为基础的宽度),偏心受压基础可取 $z_{max} = b/3$。与此相应的地基承载力用 $P_{1/3}$、$P_{1/4}$ 表示,称为临界荷载,这时的荷载:

$$P_{1/4} = \frac{\pi \left(\gamma d + c\cot\varphi + \frac{1}{4}\gamma b \right)}{\cot\varphi - \frac{\pi}{2} + \varphi} = N_{1/4}\gamma b + N_q \gamma d + N_c c \tag{4-13}$$

$$P_{1/3} = \frac{\pi \left(\gamma d + c\cot\varphi + \frac{1}{3}\gamma b \right)}{\cot\varphi - \frac{\pi}{2} + 2} = N_{1/3}\gamma b + N_q \gamma d + N_c c \tag{4-14}$$

$$N_{1/4} = \frac{\pi}{4 \left(\cot\varphi - \frac{\pi}{2} + \varphi \right)}$$

$$N_{1/3} = \frac{\pi}{3 \left(\cot\varphi - \frac{\pi}{2} + \varphi \right)}$$

式中: b——基础的宽度,m;

$N_{1/4}$、$N_{1/3}$——承载力系数,可由表4-1查得。

式(4-13)与式(4-14)中,第一项中的 γ 为基础底面以下地基土的重度,第二项中的 γ 为基础埋置深度范围内土的重度,若是均质土地基则重度相同。另外,如地基中存在地下水,则位于水位以下的地基土取浮重度 γ' 值计算。其余的符号意义同前。

3. 极限荷载

极限荷载除以安全系数可作为地基的承载力设计值。极限承载力的理论推导目前只能针对整体剪切破坏模式进行。确定极限承载力的计算公式可归纳为两大类:一类是按照假定滑动面法求解,先假定在极限荷载作用时土中滑动面的形状,然后根据滑动土体的静力平衡条件求解。按照这种方法得到的极限荷载公式比较简单,使用方便,目前在实践中得到较广泛的应用。另一类是按照极限平衡理论求解,根据塑性平衡理论导出在已知边界条件下,滑动面的数学方程式来求解。这种方法由于在求解数学问题时遇到很大的困难,目前尚没有严格的解析解,仅能对某些边界条件比较简单的情况求得其解析解。由于假定不同,计算极限荷载的公式形式也各不相同。这里仅介绍一种太沙基公式。

太沙基于1943年提出了确定条形基础的极限荷载公式。太沙基认为,从实用角度考虑,当基础的长宽比 $l/b \geqslant 5$ 及基础的埋深 $h \leqslant b$ 时,即可视其为条形基础。基底以上的土体看作作用在基础两侧的均布荷载 $q = \gamma d$。太沙基利用塑性理论推导了条形基础在中心荷载作用下的极限承载力公式,在公式推导时假定(图4-19):

(1)基底面粗糙,Ⅰ区在基底面下的三角形弹性楔体,处于弹性压密状态,它在地基破坏时随基础一同下沉。楔体与基底面的夹角为 φ。

（2）Ⅱ区（辐射受剪区）的下部近似为对数螺旋曲线。Ⅲ区（朗肯被动区）下部为一斜直线，其与水平面夹角为（45° − $\varphi/2$），塑性区（Ⅱ与Ⅲ）的地基同时达到极限平衡。

（3）基础两侧的土重视为"边载荷"$q = \gamma d$，不考虑这部分土的剪切阻力。

根据对弹性楔体（基底下的三角形土楔体）的静力平衡条件分析，经过一系列的推导，整理得出如下公式：

$$p_{u} = \frac{1}{2}\gamma b N_{r} + c N_{c} + q N_{q} \tag{4-15}$$

式中：N_{r}、N_{c}、N_{q}——承载力系数，仅与地基土的内摩擦角 φ 有关，可查专用的承载力系数图 4-20 中的曲线（实线）确定；

　　　　q——作用在基础两侧的边荷载，$q = \gamma d$。

其余符号意义同前。

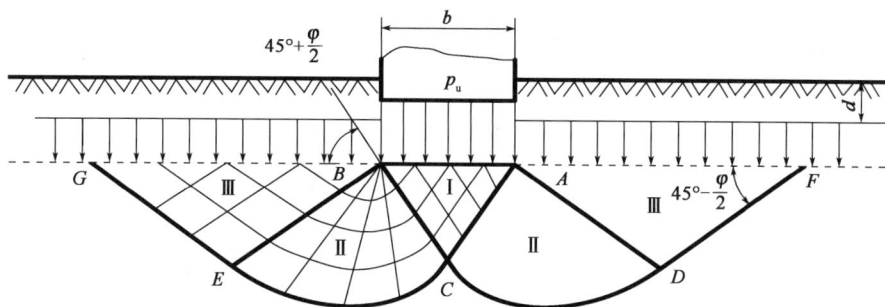

图 4-19　太沙基公式滑动画性状

式（4-15）的适用条件：如果地基土较密实且地基土产生完全的剪切整体滑动破坏，即载荷试验结果 p-S 曲线上有明显的第二拐点情况，如图 4-20 中曲线①所示；如果地基土松软，荷载试验结果 p-S 曲线上就没有明显的拐点，如图 4-20 中曲线②所示，太沙基称这类情况为局部剪损，此时的极限荷载公式为

$$p_{u} = \frac{1}{2}\gamma b N'_{r} + \frac{2}{3}c N'_{c} + q N'_{q} \tag{4-16}$$

式中：N'_{r}、N'_{c}、N'_{q}——局部剪损时的承载力系数，也仅与地基土的内摩擦角 φ 有关，可查专用的承载力系数图 4-21 中的曲线（虚线）确定。

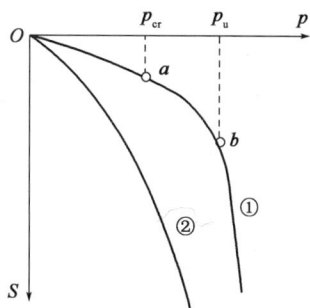

图 4-20　p-S 曲线两种类型

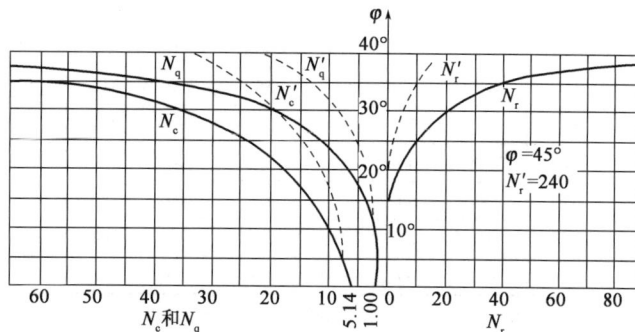

图 4-21　太沙基公式的承载力系数

太沙基的极限荷载公式[式(4-15)]和[式(4-16)]都是由条形基础推导得来的。对于方形基础和圆形基础,太沙基对极限荷载公式中的数字做了适当的修改,提出了半经验的公式:

方形基础

$$p_u = 0.4\gamma b N_r + 1.2 c N_c + q N_q \tag{4-17}$$

式中:b——方形基础的边长,m。

圆形基础

$$p_u = 0.6\gamma b N_r + 1.2 c N_c + q N_q \tag{4-18}$$

式中:b——圆形基础的半径,m。

综上,在用理论公式确定地基承载力时,临塑荷载 p_{cr} 或临界荷载 $p_{1/4}$ 和 $p_{1/3}$ 均能作为承载力特征值;用太沙基极限荷载公式计算地基承载力特征值时,其安全系数 k 为 $2.0 \sim 3.0$,即地基的承载力特征值为 $f = p_u/k$。

四、按规范法确定地基承载力特征值

现行《公路桥涵地基与基础设计规范》(JTG 3363—2019)规定,地基承载力的验算以修正后的地基承载力特征值 f_a 控制。该值是在地基原位测试或规范给出的各类岩土承载力特征值 f_{a0} 的基础上,经修正得出。用规范法确定地基承载力特征值时,方法如下。

1. 确定地基土的类别和土的物理状态指标

对于一般的黏性土,主要指标是液性指数 I_L 和天然孔隙比 e;对于砂土,主要指标是湿度和相对密度 D_r;对于碎石,主要是按野外现场观察鉴定方法所确定的土的紧密程度;其他类型土的指标参见相应规范。

2. 查取地基承载力特征值 f_{a0}

当基础宽度 $b \leqslant 2m$,基础的埋置深度 $h \leqslant 3m$ 时,地基土的承载力用地基承载力特征值 f_{a0} 表示,可按土的类别和它的物理状态指标,从规范相应的表中查。现选常用土的地基承载力特征值 f_{a0} 如下。

(1)黏性土

①一般黏性土地基,按液性指数 I_L 和天然孔隙比 e 查表 4-2。

一般黏性土地基承载力特征值 f_{a0}(单位:kPa)　　　　　　表 4-2

e	I_L												
	0	0.1	0.2	0.3	0.4	0.5	0.6	0.7	0.8	0.9	1.0	1.1	1.2
0.5	450	440	430	420	400	380	350	310	270	240	220	—	—
0.6	420	410	400	380	360	340	310	280	250	220	200	180	—
0.7	400	370	350	330	310	290	270	240	220	190	170	160	150
0.8	380	330	300	280	260	240	230	210	180	160	150	140	130
0.9	320	280	260	240	220	210	190	180	160	140	130	120	100
1.0	250	230	220	210	190	170	160	150	140	120	110	—	—
1.1	—	—	160	150	140	130	120	110	100	90	—	—	—

注:1. 土中含有粒径大于 2mm 的颗粒质量超过总质量 30% 以上者,f_{a0} 可适当提高。

　　2. 当 $e < 0.5$ 时,取 $e = 0.5$;当 $I_L < 0$ 时,取 $I_L = 0$。此外,超出列表范围的一般黏性土,$f_{a0} = 57.22 E_s^{0.57}$。

　　3. 一般黏性土地基承载力特征值 f_{a0} 取值大于 300kPa 时,应有原位测试数据作为依据。

②新近沉积黏性土地基可根据液性指数 I_L 和天然孔隙比 e 确定地基承载力特征值 f_{a0}，见表4-3。

新近沉积黏性土地基承载力特征值 f_{a0}（单位：kPa）　　　表4-3

e	I_L		
	≤0.25	0.75	1.25
≤0.8	140	120	100
0.9	130	110	90
1.0	120	100	80
1.1	110	90	—

③老黏性土地基可根据压缩模量 E_s 确定地基承载力特征值 f_{a0}，见表4-4。

老黏性土地基承载力特征值 f_{a0}　　　表4-4

E_s（MPa）	10	15	20	25	30	35	40
f_{a0}（kPa）	380	430	470	510	550	580	620

（2）砂土

砂土地基承载力特征值 f_{a0} 可按表4-5选用。

砂土地基承载力特征值 f_{a0}（单位：kPa）　　　表4-5

土名	湿度	密实程度			
		密实	中密	稍密	松散
砾砂、粗砂	与湿度无关	550	430	370	200
中砂	与湿度无关	450	370	330	150
细砂	水上	350	270	230	100
	水下	300	210	190	—
粉砂	水上	300	210	190	—
	水下	200	110	90	—

注：1. 砂土的密实度按相对密度 D_r 或标准贯入锤击数 N 确定。

2. 在地下水位以上的地基土的湿度称为"水上"，地下水位以下的称为"水下"。

（3）碎石

碎石地基承载力特征值 f_{a0} 可按表4-6选用。

碎石地基承载力特征值 f_{a0}（单位：kPa）　　　表4-6

土名	密实程度			
	密实	中密	稍密	松散
卵石	1200～1000	1000～650	650～500	500～300
碎石	1000～800	800～550	550～400	400～200
圆砾	800～600	600～400	400～300	300～200
角砾	700～500	500～400	400～300	300～200

注：1. 由硬质岩组成，填充砂土者取其高值；由软质岩组成，填充黏性土者取其低值。

2. 半胶结的碎石，可按密实的同类土的 f_{a0} 值提高 10%～30%。

3. 松散的碎石土在天然河床中很少遇见，需要特别注意鉴定。

4. 漂石、块石的 f_{a0} 值可参照卵石、碎石适当提高。

（4）岩石

一般岩石地基可根据强度等级、节理按表4-7确定承载力特征值f_{a0}。对于复杂的岩层(如溶洞、断层、软弱夹层、易溶岩石、软化岩石等)，应按各项因素综合确定。

岩石地基承载力特征值f_{a0}(单位:kPa) 表4-7

坚硬程度	节理发育程度		
	节理不发育	节理发育	节理很发育
坚硬岩、较硬岩	>3000	3000~2000	2000~1500
较软岩	3000~1500	1500~1000	1000~800
软岩	1200~1000	1000~800	800~500
极软岩	500~400	400~300	300~200

岩石地基的承载力与岩石的成因、构造、矿物成分、形成年代、裂隙发育程度和水浸湿影响等因素有关。各种因素影响程度因具体情况而异，通常主要取决于岩块强度和岩体破碎程度这两个方面。

（5）粉土

粉土地基承载力特征值f_{a0}可根据土天然孔隙比e和天然含水率w按表4-8选用。

粉土地基承载力特征值f_{a0}(单位:kPa) 表4-8

e	$w(\%)$					
	10	15	20	25	30	35
0.5	400	380	355	—	—	—
0.6	300	290	280	270	—	—
0.7	250	235	225	215	205	—
0.8	200	190	180	170	165	—
0.9	160	150	145	140	130	125

3.计算修正后的地基承载力特征值f_a

地基承载力特征值不仅与地基土的性质和状态有关，而且与基础尺寸和埋置深度有关(有时还与地面水的深度有关)。因此，当基底宽度$b>2$m，埋置深度$h>3$m且$h/b\leq4$时，修正后的地基承载力特征值f_a可按式(4-19)计算，当基础位于水中不透水地层上时，f_a按平均正常水位至一般冲刷线的水深每米再增大10kPa。

$$f_a = f_{a0} + k_1\gamma_1(b-2) + k_2\gamma_2(h-3) \tag{4-19}$$

式中:f_a——修正后的地基承载力特征值，kPa;

　　b——基础底边的最小边宽，m(当$b<2$m时，取$b=2$m;当$b>10$m时，取$b=10$m);

　　h——基础底面埋置深度，m，无水流冲刷时自天然地面算起，有水流冲刷时自一般冲刷线算起(当$h<3$m时，取$h=3$m;当$h/b>4$时，取$h=4b$);

　　k_1、k_2——基础宽度、深度修正系数，根据基底持力层土的类别按表4-9确定;

　　γ_1——基础底面持力层土的天然重度，kN/m³，持力层在水以下且为透水土层者，应取浮重度;

γ_2——基础底面以上土层的加权平均重度，kN/m^3（换算时若持力层在水面以下，且不透水，不论基础底面以上土的透水性质如何，一律取饱和重度；当透水时，水中部分土层则应取浮重度）。

地基土承载力宽度、深度修正系数 k_1、k_2 表4-9

系数	黏性土				粉土	砂土								碎石土			
	老黏性土	一般黏性土		新近沉积黏性土	—	粉砂		细砂		中砂		砾砂、粗砂		碎石、圆砾角砾		卵石	
		$I_T \geq 0.5$	$I_L < 0.5$		—	中密	密实	中密	密实	中密	密实	中密	密实	中密	密实	中密	密实
k_1	0	0	0	0	0	1.0	1.2	1.5	2.0	2.0	3.0	3.0	4.0	3.0	4.0	3.0	4.0
k_2	2.5	1.5	2.5	1.0	1.5	2.0	2.5	3.0	4.0	4.0	5.5	5.0	6.0	5.0	6.0	6.0	10.0

注：1. 对稍密和松散状态的砂土、碎石土，k_1、k_2 值可采用表中密值的50%。

2. 强风化和全风化的岩石，可参照所风化成的相应土类取值；其他状态下的岩石不修正。

4. 地基承载力抗力系数 γ_R

根据《公路桥涵地基与基础设计规范》（JTG 3363—2019），桥涵地基承载力的验算应以修正后的地基承载力特征值 f_a 乘以地基承载力抗力系数 γ_R（表4-10）控制。

地基承载力抗力系数 γ_R 表4-10

受荷阶段	作用组合或地基条件		f_a(kPa)	γ_R
使用阶段	频遇组合	永久作用与可变作用组合	≥150	1.25
			<150	1.00
		仅计结构重力、预加力、土的重力、土侧压力和汽车荷载、人群荷载	—	1.00
	偶然组合		≥150	1.25
			<150	1.00
	多年压实未遭破坏的非岩石旧桥基		≥150	1.5
			<150	1.25
	岩石旧桥基		—	1.00
施工阶段	不承受单向推力			1.25
	承受单向推力			1.5

📚 **任务实例** ◀◀◀

例1 某条形基础承受中心荷载，已知：底面宽度 $b = 2m$，埋置深度 $d = 1m$，地基土的重度 $\gamma = 20kN/cm^3$，内摩擦角 $\varphi = 20°$，黏聚力 $c = 30kPa$。试用理论公式确定地基承载力特征值。

解答:

(1)计算地基的临塑荷载 p_{cr}

由内摩擦角 $\varphi = 20°$,查表 4-1 得 $N_q = 3.1, N_c = 5.6$

$$P_{cr} = \gamma d N_q + c N_c = 3.1 \times 20 \times 1 + 5.6 \times 30 = 230(kPa)$$

(2)计算地基的临界荷载

由内摩擦角 $\varphi = 20°$,查表 4-1 得 $N_q = 3.1, N_c = 5.6, N_{1/4} = 0.5$(中心荷载)

$$P_{1/4} = N_{1/4}\gamma b + N_q \gamma d + N_c c = 0.5 \times 20 \times 2 + 230 = 250(kPa)$$

(3)计算地基的极限荷载

由内摩擦角 $\varphi = 20°$,查图 4-21 得 $N_r = 4, N_c = 17.5, N_q = 7$,按太沙基公式:

$$p_u = \frac{1}{2}\gamma b N_\gamma + c N_c + q N_q = \frac{1}{2} \times 20 \times 2 \times 4 + 30 \times 17.5 + 20 \times 1 \times 7 = 745(kPa)$$

用太沙基极限荷载公式计算地基承载力特征值时,安全系数取 3.0,则地基承载力特征值为

$$f = \frac{p_u}{3} = \frac{745}{3} = 248.3(kPa)$$

比较上面的结果,其值还是比较接近的,取最小值作为地基承载力特征值偏安全。

例2 某桥墩基础如图 4-22 所示,已知:基础底面宽度 $b = 5m$,长度 $l = 10m$,埋置深度 $h = 4m$,作用在基底中心的竖向荷载 $N = 8000kN$,地基土的性质如图 4-21 所示,试按《公路桥涵地基与基础设计规范》(JTG 3363—2019),确定地基承载力特征值是否满足强度要求。

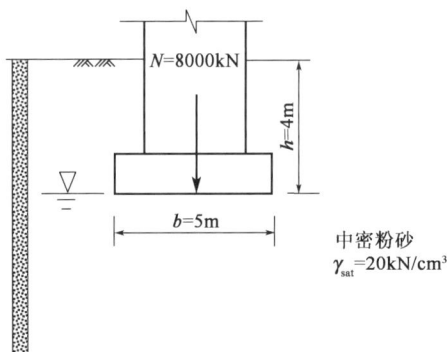

图 4-22 基础断面图

解答:

(1)由已知地基下持力层为中密粉砂(水下),查表 4-5 得 $f_{a0} = 110kPa$。

(2)地基土为中密粉砂,在水下,且透水,故 $\gamma_1 = \gamma_{sat} - \gamma_w = 20 - 10 = 10(kN/m^3)$;基础底面以上为中密粉砂,但在地下水位以上,结合粉砂特性,距离地下水位较近的粉砂接近饱和,故 $\gamma_2 = 20(kN/m^3)$;由表 4-9 查得 $k_1 = 1.0, k_2 = 2.0$。

$$\begin{aligned} f_a &= f_{a0} + k_1 \gamma_1 (b - 2) + k_2 \gamma_2 (h - 3) \\ &= 110 + 1 \times 10 \times (5 - 2) + 2 \times 20 \times (4 - 3) \\ &= 110 + 30 + 40 \\ &= 180(kPa) \end{aligned}$$

基底压力 $\sigma = \dfrac{N}{bl} = \dfrac{8000}{50} = 160 \, (\text{kPa})$

$\sigma < f_a$，故地基强度满足要求。

学习评价 ◄◄◄

1. 分组讲解式(4-19)中各个参数的含义和取值方法。

2. 每名学生结合表4-2、表4-3、表4-4中的数据，总结一般黏性土、新近沉积黏性土与老黏性土的特点。

3. 完成学习评价手册中的任务。

土压力及土坡稳定性

✒ 学习目标

【知识目标】

1. 了解挡土构筑物的类型、土压力的类型及形成条件；

2. 了解朗肯土压力理论与库仑土压力理论的基本假定，掌握朗肯土压力与库仑土压力的计算方法；

3. 了解土坡失稳的主要原因，理解土坡稳定性在工程实践中的重要意义。

【能力目标】

1. 能够根据挡土构筑物的特点区分土压力的类型；

2. 能够应用朗肯土压力理论和库仑土压力理论计算土压力；

3. 能够进行简单的土坡稳定分析。

【素质目标】

通过土压力理论与土坡稳定性分析，培养自主学习意识和能力，具备初步分析解决工程问题的能力。

任务一   计算静止土压力

任务描述

某公路某路段属于高填方路段,选用重力式挡土墙,墙体刚性,墙背竖直,挡土墙处于相对静止状态,试根据相关指标确定挡土墙背上的静止土压力大小。

学习引导

本任务沿着以下脉络进行学习:

领会挡土构筑物的类型、土压力的形成条件 → 明确挡土构筑物对土压力分布的影响 →
掌握静止土压力的计算原理及方法 → 分析静止土压力的分布规律

相关知识 <<<

一、挡土构筑物

在道路与桥梁工程中,挡土构筑物是用来支撑天然或人工斜坡,使其不致坍塌,保持土体稳定的一种的构筑物。工程中常把这种构筑物称为挡土墙。在山区斜坡上填方或挖方筑路,为防止边坡土方坍塌或减少边坡挖(填)方量,常常需要设置挡土墙,如图 5-1a)所示;图 5-1b)所示的桥台是衔接路堤与桥梁的构筑物,它除了承受桥梁荷载外,还抵抗台后土压力;图 5-1c)所示的桥梁引道两侧的挡土墙,能够减少引道路堤土方量。此外,护岸、码头、水闸,地下室基坑开挖、隧道等工程中也常常采用各种形式的挡土构筑物,如图 5-1d)~图 5-1f)所示。

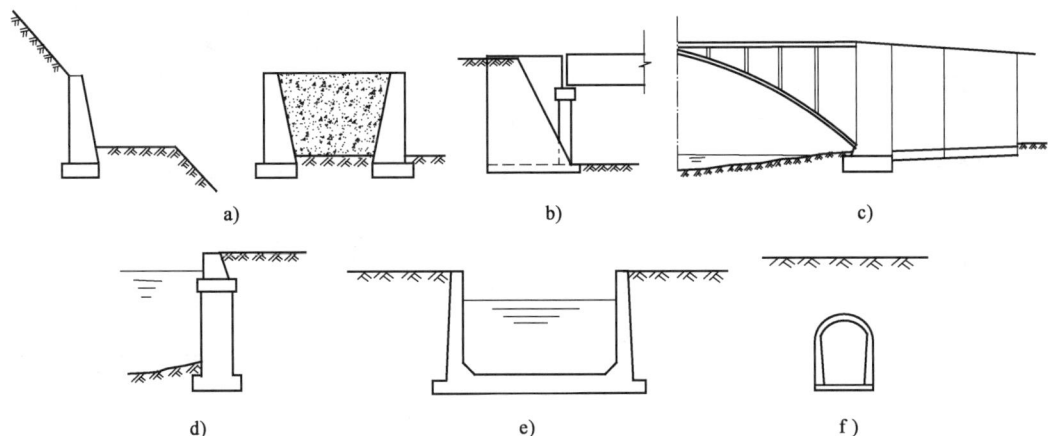

a)   b)   c)

d)   e)   f)

图 5-1 各种形式的挡土构筑物

任何一种挡土构筑物,都要承受挡土墙后的土体、地下水、墙后地面建筑物及其他形式荷载对墙背产生的侧向压力,为了使挡土墙能承受土压力的作用,必须计算土压力大小,确定其分布规律,进行针对性设计。

二、土压力的类型

土压力是指作用在各种挡土构筑物上的侧向压力。土压力的计算是个比较复杂的问题,影响因素很多。土压力的大小及其分布规律,除与土的性质有关外,还与挡土构筑物的水平位移方向、位移量、土体与结构间的相互作用以及挡土构筑物的结构类型有关,在影响土压力的诸多因素中,墙体位移条件是最主要的因素。其中,当挡土构筑物位移的方向相反时,作用在挡土构筑物上的土压力会相差几十倍。墙体位移的方向和位移量决定着所产生的土压力的性质和大小。因此,根据挡土墙的位移方向、大小及墙后填土所处的应力状态,通常将土压力分为静止土压力、主动土压力和被动土压力三种。

1. 静止土压力

挡土墙保持原来位置静止不动,挡土墙背后的土体处于静止的弹性平衡状态,此时墙后土体作用在挡土墙上的土压力称为静止土压力,如图 5-2a)所示。静止土压力强度用 p_0 表示,作用在每延米挡土墙上的静止土压力的合力用 E_0(kN/m)表示,其大小相当于图 5-3 中 a 点的纵坐标。

2. 主动土压力

挡土墙在墙后土体的作用下背离填土方向向前移动[图 5-2b)],墙后土体也随之向前移动,这时作用在挡土墙上的土压力将由静止土压力逐渐减小,土中产生了剪应力 τ。随着位移的逐渐增大,土中剪应力逐渐增大,具有阻碍土体移动的抗剪强度逐渐发挥作用。当土中剪应力达到极限值($\tau = \tau_f$)时,墙后土体达到极限平衡状态,并出现连续滑动面,使土体下滑。此时土压力减至最小值,该值被称为主动土压力。主动土压力强度用 p_a 表示,作用于每延米挡土墙上的主动土压力用 E_a(kN/m)表示,其大小相当于图 5-3 中点 b 的纵坐标。

3. 被动土压力

挡土墙在某种外力的作用下向填土方向移动[图 5-2c)],墙后土体也随之向后移动,土中产生了剪应力。随着位移的逐渐增大,土中剪应力逐渐增大,具有阻碍土体移动的抗剪强度逐渐发挥作用。当土中剪应力达到极限值($\tau = \tau_f$)时,墙后土体达到极限平衡状态,并出现连续滑动面,墙后土体向上挤出隆起,此时土压力增至最大值,该值被称为被动土压力。被动土压力强度用 p_p 表示,作用于每延米挡土墙上的被动土压力用 E_p(kN/m)表示,其大小相当于图 5-3 中点 c 的纵坐标。某种外力作用在挡土墙前端,如拱桥的桥台所承受的土压力,属于这种情况。

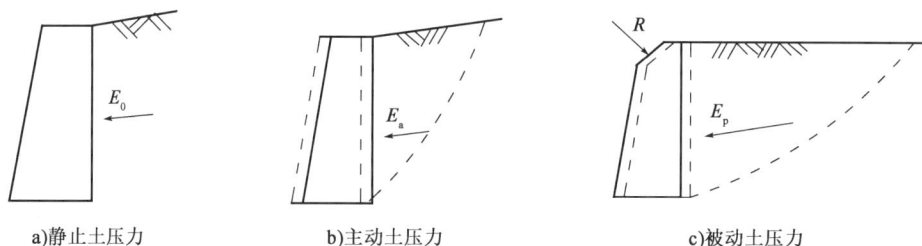

a)静止土压力　　　　　b)主动土压力　　　　　c)被动土压力

图 5-2　挡土墙上的三种土压力

太沙基于1929年通过挡土墙模型试验,研究了土压力与墙体位移之间的关系,在相同的墙高和填土条件下,主动土压力小于静止土压力,被动土压力大于静止土压力,即 $E_a < E_0 < E_p$,如图5-3所示。在设计挡土墙时,采用何种土压力,除了根据挡土墙产生位移的方向确定外,还要考虑其位移的大小,即位移量。因为,试验表明,形成被动极限平衡状态时的位移量远远大于形成主动极限平衡状态时的位移量。

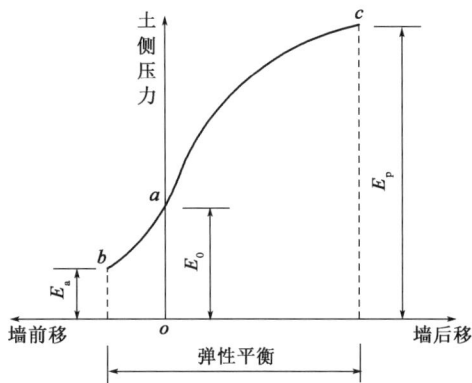

图5-3 挡墙位移和土压力间的关系曲线

技术提示:设挡土墙高为 H;土体达到主动极限平衡状态时的位移量,密实砂土为 $0.5\%H$,密实黏土为 $(1\% \sim 2\%)H$;土体达到被动极限平衡状态时的位移量,密实砂土为 $5\%H$,密实黏土为 $10\%H$。若 $H = 10\text{m}$,土体达到被动极限平衡状态时,密实黏土的位移量将达到 1m,这样大的位移量一般的挡土墙是不允许的。因此在实际工程中,被动土压力可根据挡土墙允许产生的位移量,按其一部分计算,有时也可按静止土压力计算。

三、挡土结构类型对土压力分布的影响

挡土墙按其刚度可分为刚性挡土墙、柔性挡土墙和临时支撑三类。

1. 刚性挡土墙

刚性挡土墙一般指用砖、石或混凝土所筑成的断面较大的挡土墙。由于刚度大,刚性挡土墙墙体在侧向土压力作用下,仅能发生整体平移或转动,墙身的挠曲变形则可忽略。对于刚性挡土墙,墙背受到的土压力呈三角形分布,最大压力强度发生在底部,如图5-4所示。

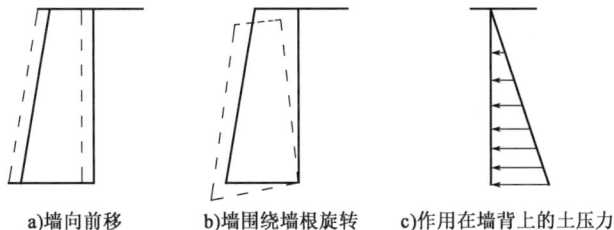

a)墙向前移   b)墙围绕墙根旋转   c)作用在墙背上的土压力

图5-4 刚性挡土墙背上的土压力分布

2. 柔性挡土墙

挡土构筑物在土压力作用下发生挠曲变形时,结构变形将影响土压力的大小和分布,这种类型的挡土构筑物称为柔性挡土墙。例如,在深基坑开挖过程中,为支护坑壁而打入土中的板桩墙,作用在墙身上的土压力为曲线分布,计算时可简化为直线分布,如图5-5所示。

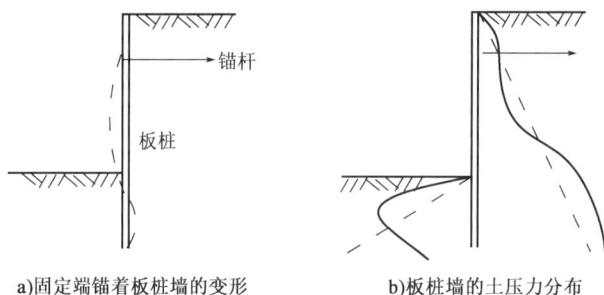

a)固定端锚着板桩墙的变形　　　　b)板桩墙的土压力分布

图5-5　柔性挡土墙背上的土压力分布

3.临时支撑

基坑的坑壁围护可以采用由横板、立杆和横撑组成的临时支撑。受施工过程和变位条件的影响,作用于支撑上的土压力分布与前述两种类型的挡土墙有所不同。由于支撑系统的铺设都是在基坑开挖过程中自上而下,边挖边铺边撑,分层进行的,当在坑顶部放置第一根横撑后,再向下开挖,至第二根横撑安置以前,在侧向土压力作用下,立柱的变位受顶部横撑的限制,只能发生绕顶部向坑内的转动。这种变位条件使得支撑上部的土压力增大,而下部土压力要减小,作用在支撑上的土压力分布呈抛物线形,最大土压力不是发生在基础底面,而是在中间某一高度处。

四、静止土压力计算

计算静止土压力时,挡土墙后的土处于弹性平衡状态。若假定填土是半无限弹性体,由于墙背静止不动,墙后土体无侧向位移,利用前述的自重应力计算公式计算静止土压力。如图5-6a)所示,在挡土墙后水平填土表面以下深度 z 处,土体自重所引起的竖向应力 $\sigma_z = \gamma z$,水平应力 $\sigma_x = \sigma_y \sigma_y = K_0 \sigma_z = K_0 \gamma z$。所以挡土墙背后在该点静止土压力强度(单位为 kPa)就是该点由土体自重所引起的水平应力,即

$$p_0 = K_0 \sigma_z = K_0 \gamma z \tag{5-1}$$

式中:K_0——静止土压力系数(土的侧压力系数),可参考表5-1选取,或按半经验公式求得 $K_0 = 1 - \sin\varphi'$,其中,φ' 为土的有效内摩擦角;

γ——墙后填土的重度,kN/m³;

z——土压力计算点的深度,m。

压实土的静止土压力系数　　　　　　　　　　　表5-1

压实土的名称	砾石、卵石	砂土	亚砂土	亚黏土	黏土
K_0	0.20	0.25	0.35	0.45	0.55

由式(5-1)可知:当墙高为 H 时,作用于墙背上的静止土压力强度 p_0 沿墙背高度呈三角形分布,如图5-6b)所示,作用在每延米挡土墙上的静止土压力合力 E_0 为

$$E_0 = \frac{1}{2} K_0 \gamma H^2 \tag{5-2}$$

式中:E_0——作用于墙背上的静止土压力,kN/m;

γ——墙后填土的重度,kN/m³;

H——挡土墙的高度,m。

E_0 的方向水平,作用线通过分布图的形心,离墙脚的高度为 $H/3$,如图 5-6b)所示。

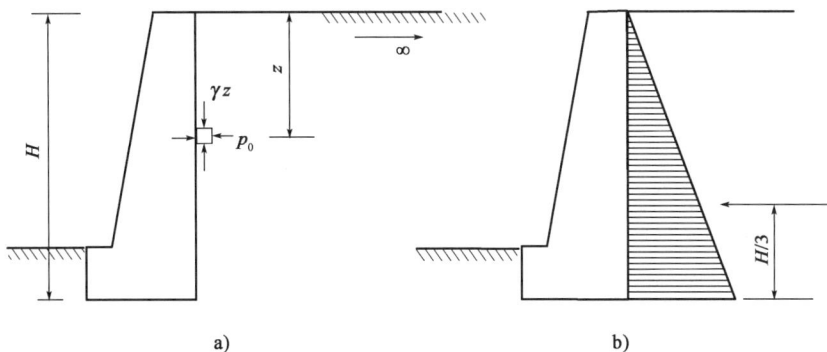

图 5-6 静止土压力的计算示意图

挡土墙后的填土表面上作用有均布荷载 q 时,挡土墙背后在 z 处的静止土压力强度为

$$p_0 = K_0(q + \gamma z) \qquad (5-3)$$

绘出 p_0 沿挡土墙高度 H 的分布图(此时分布图形为梯形),再求出分布图形的面积,就是作用在每延米挡土墙上的静止土压力 E_0,其值为

$$E_0 = \frac{1}{2}\left[K_0 q + K_0(q + \gamma H) \right] H = \frac{1}{2}(2q + \gamma H)K_0 H \qquad (5-4)$$

E_0 的方向水平,作用线通过梯形分布图的形心。

墙后填土中有地下水时,水下土应考虑水的浮力,即式(5-2)中 γ 应采用浮重度,并同时计算作用在挡土墙上的静水压力 E_w,分别绘出 p_0 和 E_w 沿挡土墙高度 H 的分布图。

任务实例 ◂◂◂

例 某挡土墙高度与墙后填土情况如图 5-7a)所示,试计算挡土墙上的静止土压力。

解答:

(1)计算各特征点的竖向应力:

$$\sigma_{za} = q = 20(\text{kPa})$$
$$\sigma_{zb} = q + \gamma_1 h_1 = 20 + 18 \times 6 = 128(\text{kPa})$$
$$\sigma_{zc} = q + \gamma_1 h_1 + \gamma_2 h_2 = 128 + 9.2 \times 4 = 164.8(\text{kPa})$$

(2)计算各特征点的土压力强度:

查表 5-1 得

$$K_0 = 0.25$$
$$p_{0a} = K_0 \sigma_{za} = 0.25 \times 20 = 5.0(\text{kPa})$$
$$p_{0b} = K_0 \sigma_{zb} = 0.25 \times 128 = 32.0(\text{kPa})$$
$$p_{0c} = K_0 \sigma_{zc} = 0.25 \times 164.8 = 41.2(\text{kPa})$$

c 点静水压力:

$$p_{wc} = \gamma_w h_w = 9.8 \times 4 = 39.2(\text{kPa})$$

(3)计算 E_0 及 E_w:

由计算结果绘出土压力强度 p_0 及静水压强 p_w 分布图,如图5-7b)所示。将 p_0 分布图分为四部分(矩形或三角形,如图5-7c 所示),分别求其面积,总和后即为 E_0:

$$E_{01} = p_{01}h_1 = 5.0 \times 6 = 30.0(\text{kN/m})$$

$$E_{02} = \frac{1}{2}(p_{0b} - p_{0a})h_1 = \frac{1}{2} \times (32.0 - 5.0) \times 6 = 81.0(\text{kN/m})$$

$$E_{03} = p_{0b}h_2 = 32.0 \times 4 = 128.0(\text{kN/m})$$

$$E_{04} = \frac{1}{2}(p_{0c} - p_{0b})h_2 = \frac{1}{2} \times (41.2 - 32.0) \times 4 = 18.4(\text{kN/m})$$

$$E_0 = E_{01} + E_{02} + E_{03} + E_{04} = 30.0 + 81.0 + 128.0 + 18.4 = 257.4(\text{kN/m})$$

$$E_w = \frac{1}{2}p_{wc}h_w = \frac{1}{2} \times 39.2 \times 4 = 78.4(\text{kN/m})$$

(4)计算 E_0 和 E_w 的作用点位置:

$$z_{0c} = \frac{\sum(E_{0i}Z_i)}{\sum E_{0i}} = \frac{E_{0i}\left(h_2 + \frac{h_1}{2}\right) + E_{02}\left(h_2 + \frac{h_1}{3}\right) + E_{03}\frac{h_2}{2} + E_{04}\frac{h_2}{3}}{E_{0i}}$$

$$= \frac{30.0 \times \left(4 + \frac{6}{2}\right) + 81.0 \times \left(4 + \frac{6}{3}\right) + 128.0 \times \frac{4}{2} + 18.4 \times \frac{4}{3}}{257.4} = 3.79(\text{m})$$

$$z_{wc} = \frac{h_w}{3} = \frac{4}{3} = 1.33(\text{m})$$

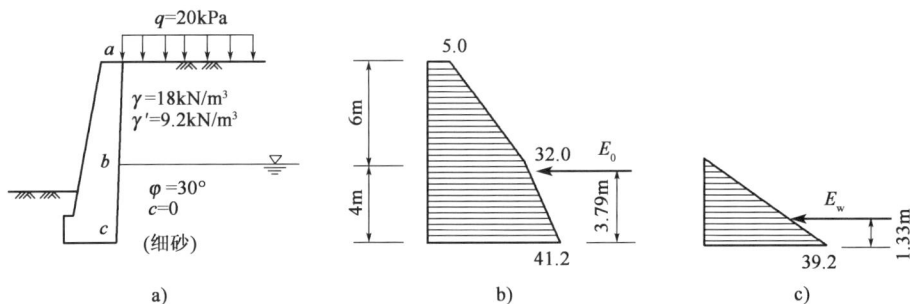

图5-7　静止土压力计算示意图

 学习评价 <<<

1.在教师指导下阅读下面的文字,分组汇报对路基防护与支挡结构要求的理解。

设计支挡结构时,应对拟加固的边坡和地基进行工程地质勘察,查明其工程地质、水文地质条件及其潜在腐蚀性,不良地质和特殊岩土的分布情况,以及支挡结构地基的承载力和锚固条件;合理确定岩土体的物理力学参数。

——摘选自《公路路基设计规范》(JTG D30—2015)5.1.3。

2.每名学生收集一张学校周围的挡土构筑物照片,并进行简单的描述。

3.完成学习评价手册中的任务。

任务二　应用朗肯土压力理论计算土压力

✍ 任务描述

某公路一路段属于高填方路段,为了收缩填方坡脚,减少填土数量,选用重力式挡土墙,墙背竖直,路基填土与挡土墙顶齐平。作为一名工程技术人员,在挡土墙稳定性验算时,请你计算作用在墙背上的土压力。

📖 学习引导

本工作任务沿着以下脉络进行学习:

领会朗肯土压力理论的基本假定 → 学习应用朗肯土压力理论主动土压力、被动土压力的计算方法 →

分析不同条件下土压力的分布规律

📚 相关知识 ◁◁◁

一、朗肯土压力理论的基本原理

1857 年,英国学者朗肯(Rankine)研究了半无限土体处于极限平衡状态时的应力,提出了著名的朗肯土压力理论。朗肯土压力理论虽然不够完善,但由于计算简单,在一定条件下其计算结果与实际较符合,所以目前仍被广泛应用。

朗肯土压力理论是从分析挡土构筑物后面土体内部因自重产生的应力状态入手去研究土压力的。如图 5-8a)所示,在半无限土体中任意取一竖直切面 AB,即对称面。因为 AB 面为半无限土体对称面,所以该面无剪力作用,即说明该面和与其垂直的水平面为主应力面,则 AB 面上的深度 z 处的单元土体上的竖向应力 σ_z 和水平应力 σ_x 均为主应力。此时由于 AB 面两侧的土体无相对位移,土体处于弹性平衡状态,$\sigma_z = \gamma_z$,$\sigma_x = k_0\gamma_z$,其应力圆如图 5-8b)所示,应力图与强度包线(库仑直线)相离,该点处于弹性平衡状态。在 σ_z 不变的情况下,若 σ_x 逐渐减小,在土体达到极限平衡时,其应力圆将与抗剪强度包线相切,如图 5-8b)中的 MN_2 所示,σ_z 和 σ_x 分别为最大主应力及最小主应力,称为朗肯主动极限平衡状态,土体中产生的两组滑动面与水平面所成夹角为 $(45° + \varphi/2)$,如图 5-8c)所示。在 σ_z 不变的情况下,若 σ_x 逐渐增大,在土体达到极限平衡时,其应力圆将与抗剪强度包线相切,如图 5-8b)中的 MN_3 所示,称为朗肯被动极限平衡状态,土体中产生的两组滑动面与水平面所成夹角为 $(45° - \varphi/2)$,如图 5-8d)所示。朗肯假定:把半无限土体中的任意竖直面 AB 看成一个虚设的光滑(无摩擦)的挡土墙墙背,当该墙背产生位移时,使得墙后土体达到主动极限平衡状态或被动极限平衡状态,此时作用在墙背上的土压力强度等于相应状态下的水平应力 σ_x。

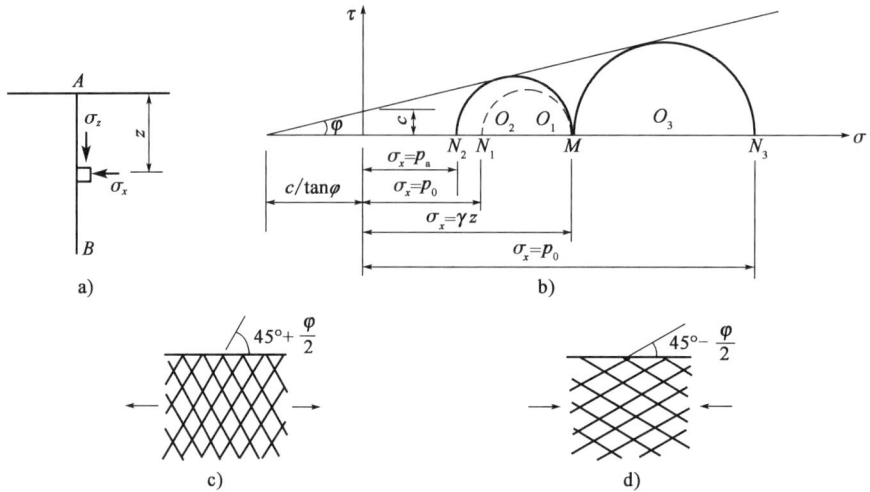

图 5-8 朗肯极限平衡状态

朗肯土压力公式适用于墙背竖直光滑(墙背与土体间不计摩擦力),墙后填土表面水平且与墙顶齐平的情况。

二、朗肯主动土压力计算

1. 主动土压力计算公式

计算图 5-9a)所示的挡土墙上的主动土压力。已知墙背竖直,填土面水平,若墙背在土压力作用下背离填土向外移动,土体达到主动极限平衡状态,即朗肯主动状态,在墙背深度 z 处取单元土体上,其竖直应力 $\sigma_z = \gamma z$ 是最大土应力 σ_1,水平应力 $\sigma_x = \sigma_3 = p_a$,根据极限平衡条件即 $\sigma_3 = \sigma_1 \tan^2\left(45° - \dfrac{\varphi}{2}\right) - 2c\tan\left(45° - \dfrac{\varphi}{2}\right)$,可得出 z 处的土压力强度为

$$p_a = \sigma_z \tan^2\left(45° - \frac{\varphi}{2}\right) - 2c\tan\left(45° - \frac{\varphi}{2}\right) \tag{5-5}$$

式中:p_a——主动土压力强度,kPa;

σ_z——深度 z 处的竖向应力,kPa;

φ——土体的内摩擦角,(°);

c——土体的黏聚力,kPa。

若令主动土压力系数 $K_a = \tan^2\left(45° - \dfrac{\varphi}{2}\right)$,则

$$p_a = \gamma z K_a - 2c\sqrt{K_a}$$

(1)砂性土:黏聚力 $c = 0$,由式(5-5)得 $p_a = \gamma z \tan^2\left(45° - \dfrac{\varphi}{2}\right) = \gamma z K_a$,$p_a$ 与 z 成正比,其分布图为三角形,如图 5-9b)所示,作用于每延米挡土墙上的主动土压力合力 E_a(单位为 kN/m)等于该三角形的面积。

E_a 的大小:

$$E_a = \frac{1}{2}\gamma H^2 K_a \qquad (5\text{-}6)$$

E_a 的方向:水平指向挡土墙墙背。

E_a 的作用点:通过该面积形心,离墙角的高度为 $z_c = H/3$,如图 5-9b)所示。

(2)黏性土:黏聚力 $c \ne 0$,由式(5-5)知:当 $z = 0$ 时,$\sigma_z = \gamma_z = 0$,$p_a = -2c\sqrt{K_a}$,$z = H$ 时,$\sigma_z = \gamma H$,$p_a = \gamma H K_a - 2c\sqrt{K_a}$,其分布图为两个三角形,如图 5-9c)所示,其中面积为负的部分表示受拉,而墙背与土体间不可能存在拉应力,故计算土压力时,负值部分应略去不计。

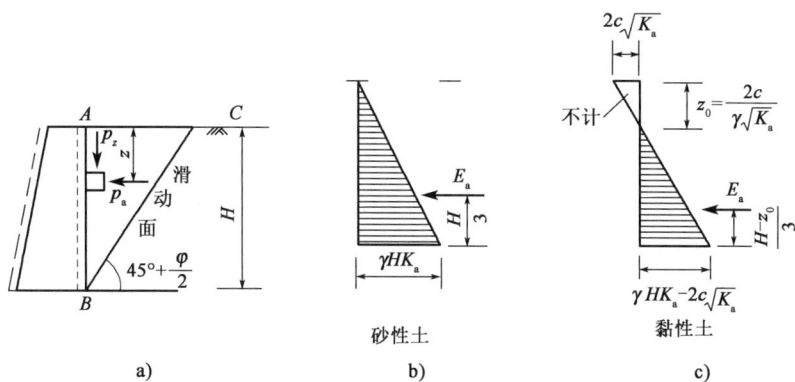

图 5-9 朗肯主动土压力计算示意图

假设 $p_a = 0$ 处的深 z_0,则由式(5-5)得

$$z_0 = \frac{2c}{\gamma\sqrt{K_a}}$$

作用于每延米挡土墙的主动土压力合力 E_a 等于分布土中压力部分三角形的面积。

E_a 的大小:

$$E_a = \frac{1}{2}\left(\gamma H K_a - 2c\sqrt{K_a}\right)\left(H - z_0\right) \qquad (5\text{-}7)$$

E_a 的方向:水平指向挡土墙墙背。

E_a 的作用点:通过分布图形心,即作用点离墙角的高度为 $(H - z_0)/3$。

2. 朗肯土压力公式应用

(1)填土面上作用有连续均布荷载时

如图 5-10a)所示,当填土表面作用有连续均布荷载 q 时,先求出深度 z 处的竖向应力:

$$\sigma_z = q + \gamma z \qquad (5\text{-}8)$$

将式(5-8)代入式(5-5)得

$$p_a = (q + \gamma z)K_a - 2c\sqrt{K_a} \qquad (5\text{-}9)$$

①对于砂性土:黏聚力 $c = 0$,

当 $z = 0$ 时,$p_a = q\tan^2\left(45° - \dfrac{\varphi}{2}\right) = qK_a$;

当 $z = H$ 时,$p_a = (q + \gamma z)K_a$,其土压力分布图为梯形,如图 5-10b)所示。

②对于黏性上:黏聚力 $c \ne 0$,

当 $z=0$ 时, $p_a = qK_a - 2c\sqrt{K_a}$,若 $qK_a > 2c\sqrt{K_a}$,则 $p_a > 0$, p_a 分布图为梯形;若 $qK_a < c\sqrt{K_a}$,则 $p_a \le 0$, p_a 分布图为三角形,如图5-10c)所示,若有负值部分应忽略不计。

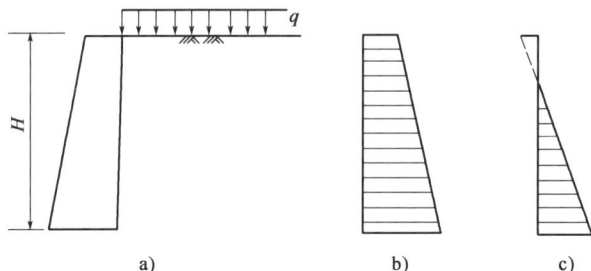

图5-10　填土表面作用有连续均布荷载 q 时主动土压力计算

(2)墙后填土为多层土时

如图5-11a)所示,当填土有两层或两层以上时,需分层计算其土压力。

①上部土层产生的土压力按前述方法计算,对于黏性土:

$$p_{a0} = -2c_1\sqrt{K_{a1}}$$

$$p_{a1} = \gamma_1 h_1 K_{a1} - 2c_1\sqrt{K_{a1}}$$

其分布图如图5-11b)所示。

②下部土层产生的土压力,可将上部土层视为均布荷载,即

$$\sigma_{z1} = \gamma_1 h_1$$

$$\sigma_{z2} = \gamma_1 h_1 + \gamma_2 h_2$$

$$p_{a1} = \sigma_{z1} K_{a1} - 2c_2\sqrt{K_{a2}} = \gamma_1 h_1 K_{a2} - 2c_2\sqrt{K_{a2}}$$

$$p_{a2} = \sigma_{z2} K_{a2} - 2c_2\sqrt{K_{a2}} = (\gamma_1 h_1 + \gamma_2 h_2)K_{a2} - 2c_2\sqrt{K_{a2}}$$

其分布图如图5-11c)所示。

③挡土墙所承受的土压力 E_a ,如图5-11d)所示,将土压力分布图的面积相加, E_a 作用方向水平,作用点通过其分布图的形心。

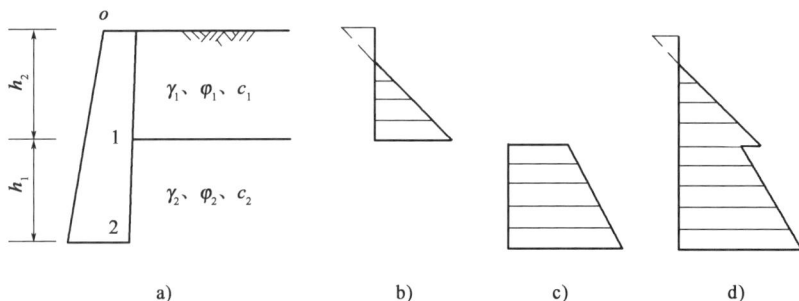

图5-11　多层填土的主动土压力计算

(3)墙后填土中有地下水时

将地下水位处看作一个土层分界面,水位以下的土一般采用浮重度 γ' ,土压力计算方法同上,应注意计算静水压力。

三、朗肯被动土压力计算

计算图 5-12 所示挡土墙的朗肯被动土压力。已知墙背竖直,填土面水平,若墙背在土压力作用下背离填土向外移动,挡土墙在外力作用下推向填土,墙后土体达到被动极限平衡状态,即朗肯被动状态,在墙背深度 z 处取单元土体,$p_p = \sigma_x = \sigma_1$,$\sigma_z = \gamma z = \sigma_3$,根据极限平衡条件:

$$\sigma_1 = \sigma_3 \tan^2\left(45° + \frac{\varphi}{2}\right) + 2c\tan\left(45° + \frac{\varphi}{2}\right)$$

可得出深度 z 处的被动土压力强度:

$$p_p = \sigma_z \tan^2\left(45° + \frac{\varphi}{2}\right) + 2c\tan\left(45° + \frac{\varphi}{2}\right) \tag{5-10}$$

若令 $K_p = \tan^2\left(45° + \frac{\varphi}{2}\right)$,则有 $p_p = \gamma z K_p + 2c\sqrt{K_p}$

式中:p_p——被动土压力强度,kPa;

其他符号意义同前。

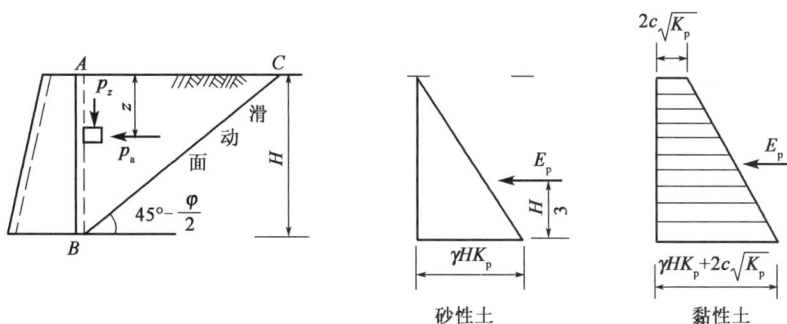

图 5-12　朗肯被动土压力计算示意图

(1)砂性土:黏聚力 $c = 0$,$p_p = \sigma_z K_p$,p_p 与 z 成正比例,其分布图为三角形,如图 5-12 所示,作用与每延米挡土墙上的合力 E_p 等于该三角形的面积。

E_p 的大小

$$E_p = \frac{1}{2}\gamma H^2 K_p \tag{5-11}$$

E_p 的方向:水平指向挡土墙墙背。

E_p 的作用点:通过面积形心,离墙角的高度为 $H/3$,如图 5-12 所示。

(2)黏性土:黏聚力 $c \neq 0$,当 $z = 0$ 时,$\sigma_z = 0$,$p_p = 2c\sqrt{K_p}$;当 $z = H$ 时,$\sigma_z = \gamma H$,$p_p = \gamma H K_p + 2c\sqrt{K_p}$,其分布图形为梯形,如图 5-12 所示,作用于每延米挡土墙上的合力 E_p 等于该梯形分布图的面积。

E_p 的大小

$$p_p = \frac{1}{2}\gamma H^2 K_p - 2cH\sqrt{K_p} \tag{5-12}$$

E_p 的方向:水平指向挡土墙墙背。

E_p 的作用点:通过其分布图的形心。

任务实例 ◄◄◄

例1 如图 5-13 所示,某挡土墙后水位距墙顶 6m,墙后填土 $\gamma = 18\text{kN/m}^3$,$c = 0$,$\varphi = 30°$,$\gamma' = 9\text{kN/m}^3$。试求作用在挡土墙上的主动土压力。

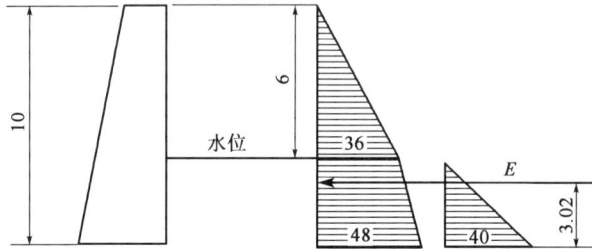

图 5-13 挡土墙土压力计算示意图(尺寸单位:m)

解答:

(1)计算各层面的竖向应力:

$$\sigma_{z0} = q = 0(\text{kPa})$$

$$\sigma_{z1} = \gamma h_1 = 18 \times 6 = 108(\text{kPa})$$

$$\sigma_{z2} = \gamma h_1 + \gamma' h_2 = 108 + 9 \times 4 = 144(\text{kPa})$$

$$\sqrt{K_a} = \tan\left(45° - \frac{\varphi}{2}\right) = \tan\left(45° - \frac{30°}{2}\right) = 0.577$$

$$K_a = 0.333$$

(2)计算各层面的土压力强度:

$$p_{a0} = \sigma_{z0}K_a = 0$$

$$p_{a1} = \sigma_{z1}K_{a1} = 108 \times 0.333 = 36(\text{kPa})$$

$$p_{a2} = \sigma_{z2}K_{a2} = 144 \times 0.333 = 48(\text{kPa})$$

(3)计算 E_a 值及其作用点位置:

$$E_a = E_{a1} + E_{a2} + E_{a3} = \frac{36 \times 6}{2} + 36 \times 4 + \frac{(48 - 36) \times 4}{2} = 108 + 144 + 24 = 276(\text{kN/m})$$

E_a 作用方向水平指向挡土墙,作用点距挡土墙底的高度为

$$z_c = \frac{\sum(E_{ai}z_i)}{\sum E_{ai}} = \frac{108 \times \left(4 + \frac{6}{3}\right) + 144 \times \frac{4}{2} + 24 \times \frac{4}{3}}{276} = 3.51(\text{m})$$

静水压力

$$E_w = \frac{1}{2} \times 10 \times 4 \times 4 = 80(\text{kN/m})$$

总压力

$$E = 276 + 80 = 356(\text{kN/m})$$

总压力 E 作用点距墙底高度为

$$z_c' = \frac{\sum(E_{ai}z_i)}{\sum E_{ai}} = \frac{276 \times 3.51 + 80 \times \frac{4}{3}}{356} = 3.02(\text{m})$$

技术提示：目前岩土工程界一般认为，对地下水的考虑应分成两种情况：对于砂性土采用"水土分算法"，而对黏性土采用"水土合算法"。

例2　某挡土墙后的填土面上作用着均布荷载 $q=10\text{kPa}$，填土分两层，其厚度和物理力学性质指标如图 5-14 所示。试求作用在挡土墙上的主动土压力。

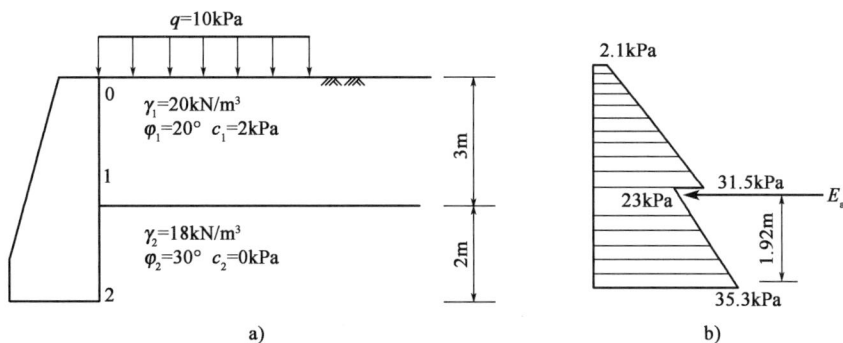

图 5-14　挡土墙土压力示意图

解答：

(1)计算各层面的竖向应力：

$$\sigma_{z0}=q=10(\text{kPa})$$

$$\sigma_{z1}=q+\gamma_1 h_1=10+20\times3=70(\text{kPa})$$

$$\sigma_{z2}=\sigma_{z1}+\gamma_2 h_2=70+18\times2=106(\text{kPa})$$

(2)计算各层面的土压力强度：

由 $\varphi_1=20°$，$\varphi_2=30°$，利用 $\sqrt{K_a}=\tan\left(45°-\dfrac{\varphi}{2}\right)$ 计算得：

$$\sqrt{K_{a1}}=0.70,K_{a1}=0.49；\sqrt{K_{a2}}=0.577,K_{a2}=0.333$$

上层　　$p_{a0}=\sigma_{z0}K_{a1}-2c_1\sqrt{K_{a1}}=10\times0.49-2\times2\times0.7=2.1(\text{kPa})$

　　　　$p_{a1上}=\sigma_{z1}K_{a1}-2c_1\sqrt{K_{a1}}=70\times0.49-2\times2\times0.7=31.5(\text{kPa})$

下层　　$p_{a1下}=\sigma_{z1}K_{a2}-2c_2\sqrt{K_{a2}}=70\times0.333=23.3(\text{kPa})$

　　　　$p_{a2}=\sigma_{z2}K_{a2}-2c_2\sqrt{K_{a2}}=106\times0.333=35.3(\text{kPa})$

按计算结果绘出 p_a 分布图如图 5-14 所示。

(3)计算 E_a 值及其作用点位置：

p_a 分布图面积即为所求 E_a 的值：

$$E_a=E_{a1}+E_{a2}+E_{a3}+E_{a4}$$

$$=2.1\times3+\frac{(31.5-2.1)\times3}{2}+23.3\times2+\frac{(35.3-23.3)\times2}{2}$$

$$=6.3+44.1+46.6+12=109(\text{kN/m})$$

E_a 作用方向水平指向挡土墙，作用点距挡土墙底的高度为

$$z_c = \frac{\sum(E_{ai}z_i)}{\sum E_{ai}} = \frac{6.3 \times \left(2 + \frac{3}{2}\right) + 44.1 \times \left(2 + \frac{3}{3}\right) + 46.6 \times \frac{2}{2} + 12 \times \frac{2}{3}}{109} = 1.92(\text{m})$$

例3 某墙后填土为黏土,填土的物理力学性质指标如图5-15所示,填土面上作用着均布荷载 $q = 20\text{kPa}$。试绘制挡土墙上的主动土压力的分布图并计算其合力。

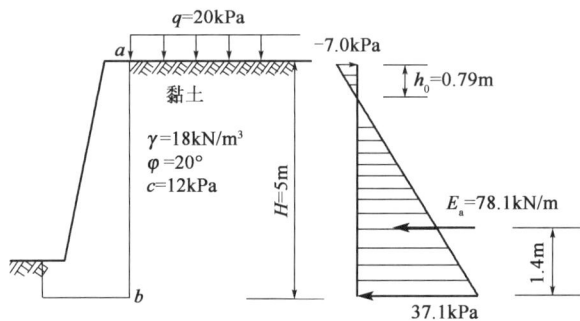

图5-15 挡土墙土压力示意图

解答:

(1)计算各层面的竖向应力:

$$\sigma_{za} = q = 20(\text{kPa})$$

$$\sigma_{zb} = q + \gamma h = 20 + 18 \times 5 = 110(\text{kPa})$$

(2)计算各层面的土压力强度:

由 $\varphi = 20°$,利用 $\sqrt{K_a} = \tan\left(45° - \frac{\varphi}{2}\right)$ 计算得

$$\sqrt{K_a} = 0.70, K_a = 0.49$$

$$p_{aa} = \sigma_{za}K_a - 2c\sqrt{K_a} = 20 \times 0.49 - 2 \times 12 \times 0.7 = -7.0(\text{kPa})$$

$$p_{ab} = \sigma_{zb}K_a - 2c\sqrt{K_a} = 110 \times 0.49 - 2 \times 12 \times 0.7 = 37.1(\text{kPa})$$

墙背上部拉力区高度可根据式(5-8),令 $p_a = 0$ 解得

$$z_0 = \frac{2c}{\gamma\sqrt{K_a}} - \frac{q}{\gamma} = \frac{2 \times 12}{18 \times 0.7} - \frac{20}{18} = 0.79(\text{m})$$

按计算结果绘出 p_a 分布图如图5-15所示。

(3)计算 E_a 值及其作用点位置:

p_a 分布图面积即为所求 E_a 的值:

$$E_a = \frac{1}{2} \times 37.1 \times (5 - 0.79) = 78.1(\text{kN/m})$$

E_a 的作用点距墙脚的高度为

$$z_c = \frac{H - h_0}{3} = \frac{5 - 0.79}{3} = 1.40(\text{m})$$

例4 某挡土墙填土面上作用着均布荷载 $q = 30\text{kPa}$,填土的物理力学性质指标如图5-16所示。试绘制作用在挡土墙上的被动土压力的分布图并计算其合力。

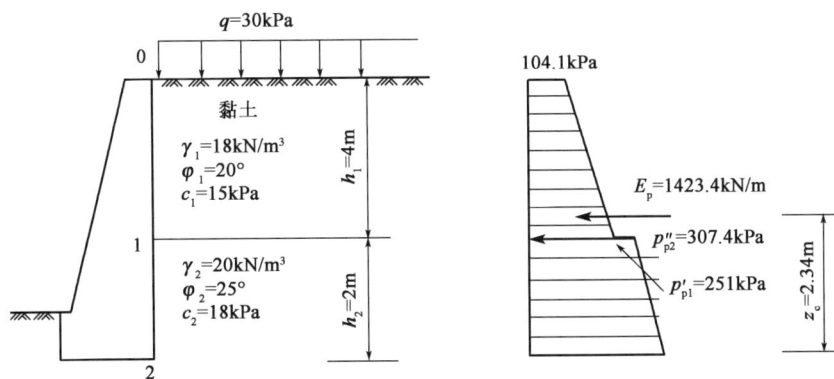

图 5-16 挡土墙土压力示意图

解答：

(1) 计算各层面的竖向应力：

$$\sigma_{z0} = q = 30 (\text{kPa})$$

$$\sigma_{z1} = q + \gamma_1 h_1 = 30 + 18 \times 4 = 102 (\text{kPa})$$

$$\sigma_{z2} = \sigma_{z1} + \gamma_2 h_2 = 102 + 20 \times 2 = 142 (\text{kPa})$$

(2) 计算各层面的土压力强度：

根据 $\varphi_1 = 20°$, $\varphi_2 = 25°$, 利用 $K_p = \tan^2 \left(45° + \dfrac{\varphi}{2} \right)$ 计算得

$$\sqrt{K_p} = 1.484, \ K_p = 2.040; \quad \sqrt{K_p} = 1.570, \ K_p = 2.464$$

上层 $\quad p_{p0} = \sigma_{z0} K_{p1} + 2c_1 \sqrt{K_{p1}} = 30 \times 2.040 + 2 \times 15 \times 1.428 = 104.0 (\text{kPa})$

$\quad\quad\quad p_{p1} = \sigma_{z1} K_{p1} + 2c_1 \sqrt{K_{p1}} = 102 \times 2.040 + 2 \times 15 \times 1.428 = 250.9 (\text{kPa})$

下层 $\quad p_{p1} = \sigma_{z1} K_{p2} + 2c_2 \sqrt{K_{p2}} = 102 \times 2.464 + 2 \times 18 \times 1.570 = 307.8 (\text{kPa})$

$\quad\quad\quad p_{p2} = \sigma_{z2} K_{p2} + 2c_2 \sqrt{K_{p2}} = 142 \times 2.464 + 2 \times 18 \times 1.570 = 406.4 (\text{kPa})$

按计算结果绘出 p_p 分布图（图 5-16）。

(3) 计算 E_p 值及其作用点位置：

p_p 分布图面积即为所求 E_p 值：

$$E_p = E_{p1} + E_{p2} + E_{p3} + E_{p4}$$

$$= 104.1 \times 4 + \frac{1}{2} \times (251 - 104.1) \times 4 + 307.8 \times 2 + \frac{1}{2} \times (406.4 - 307.8) \times 2$$

$$= 416.4 + 293.8 + 615.6 + 98.6 = 1424.4 (\text{kPa})$$

E_p 作用方向水平指向挡土墙，作用点距挡土墙底的高度为

$$z_c = \frac{\sum (E_{pi}z_i)}{\sum E_{pi}} = \frac{416.4 \times \left(2 + \frac{4}{2}\right) + 293.8 \times \left(2 + \frac{4}{3}\right) + 615.6 \times \frac{2}{2} + 98.6 \times \frac{2}{3}}{1424.4}$$

$$= \frac{1}{1424.4} \times (1665.6 + 979.3 + 615.6 + 65.7) = 2.34(\text{m})$$

学习评价 ◂◂◂

1. 在教师指导下阅读下面的文字,分组汇报对路堤填料要求的理解。

浸水路堤、桥涵台背和挡土墙墙背宜采用渗水性良好的填料。在渗水材料缺乏的地区,采用细粒土填筑时,可采用无机结合料进行稳定处治。

——摘选自《公路路基设计规范》(JTG D30—2015)3.3.3

2. 每名学生总结朗肯土压力理论计算主动土压力与被动土压力的区别。

3. 完成学习评价手册中的任务。

任务三　应用库仑土压力理论计算土压力

任务描述

某公路某路段属于挖路段,用挡土墙支撑开挖后不能自行稳定的砂土山坡,同时可减少挖方数量。该段挡土墙是墙背倾斜重力式挡土墙,作为一名工程技术人员,在挡土墙稳定性验算时,请你计算作用在墙背上的土压力。

学习引导

本任务沿着以下脉络进行学习:

领会库仑土压力理论的基本假定 → 学习应用库仑土压力理论计算主动土压力、被动土压力的方法 → 分析不同条件下土压力的分布规律 → 计算作用在桥台与挡土墙上的土压力

相关知识 ◂◂◂

一、库仑土压力理论的基本原理

库仑(Coulomb)于1776年提出了一种土压力理论,称为库仑土压力理论。该理论计算方法简便,计算结果较符合实际,且适用于各种填土面和不同的墙背条件,因此至今仍被广泛应用。

库仑土压力理论研究的条件是墙后填土为松散、匀质的砂性土,墙背粗糙(与土之间有摩擦力),墙背与墙后填土面均可以倾斜。其计算假定如下:

（1）墙体产生的位移使墙后填土达到极限平衡状态，并形成一个滑动的刚性土楔体 ABC，如图 5-17a）所示。

（2）滑裂面为通过墙角的两个平面：一个是墙背 AB 面，另一个是通过墙角的 AC 面，如图 5-17b）所示。

有了上述条件和假定，根据刚性土楔体的静力平衡条件，按平面问题可解出挡土墙上的土压力。因此库仑土压力理论也称为滑楔土压力理论。

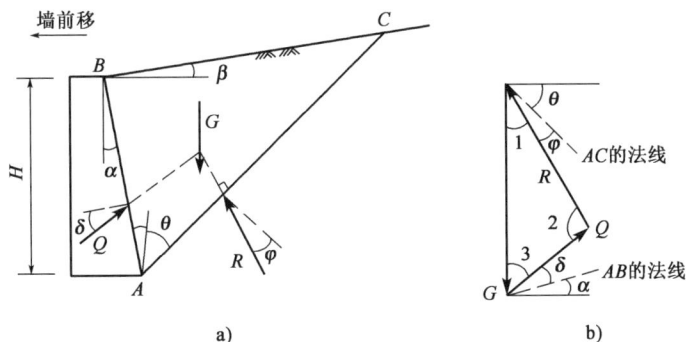

图 5-17　库仑主动土压力计算示意图

二、库仑土压力理论的计算公式

1. 主动土压力

如图 5-17a）所示，由库仑土压力计算假定可知，当墙背向前移动一定值时，墙后填土达到主动极限平衡状态，土体中产生两个滑裂面 AB 和 AC，形成滑动的刚性土楔体 ABC。此时，作用于该土楔体的力有：为阻止土楔体下滑在 AB、AC 面上均产生摩阻力，土楔体自重 G，墙背 AB 面上的反力 Q 和 AC 面的反力 R。G 通过 $\triangle ABC$ 的形心，方向垂直向下；Q 与 AB 面的法线所成的角为 δ（δ 是墙背与土体间的摩擦角），Q 与水平面的夹角为 $\alpha + \delta$；R 与 AC 面的法线所成的角为 φ（φ 为土的内摩擦角），AC 面与竖直面所成的角为 θ，所以 R 与竖直面夹角为 $90° - \theta - \varphi$。根据力的平衡原理可知：G、Q、R 3 个力应交于一点，且应组成闭合的力三角形，如图 5-17b）所示。在力三角形中，$\angle 1 = 90° - \theta - \varphi$，$\angle 2 = \varphi + \theta + \alpha + \delta$，$\angle 3 = 90° - \alpha - \delta$。由正弦定理得

$$\frac{Q}{\sin(90° - \varphi - \theta)} = \frac{G}{\sin(\varphi + \theta + \alpha + \delta)}$$

$$Q = G\frac{\sin(90° - \varphi - \theta)}{\sin(\varphi + \theta + \alpha + \delta)} = G\frac{\cos(\varphi + \theta)}{\sin(\varphi + \theta + \alpha + \delta)} \tag{5-13}$$

设 $\triangle ABC$ 的底为 AC，高为 h，则 $G = \frac{1}{2}ACh\gamma$

将 G 代入式（5-12）得

$$Q = \frac{1}{2}\gamma H^2 \sec^2\alpha\cos(\alpha - \beta)\frac{\sin(\theta + \alpha)\cos(\theta + \varphi)}{\cos(\theta + \beta)\sin(\varphi + \theta + \delta + \alpha)} \tag{5-14}$$

α、β、φ、δ 均为常数，Q 仅随 θ 变化，θ 为滑裂面与竖直面的夹角，称为破裂角。当 $\theta = -\alpha$ 时，$G = 0$，即 $\alpha = 0°$；当 $\theta = 90° - \varphi$ 时，R 与 G 重合，则 $Q = 0$。θ 在 $-\alpha$ 与 $90° - \varphi$ 之间变化时，

Q 将有一个极大值,这个极大值 Q_{max} 即所求的主动土压力 E_a(E_a 与 Q 是作用力与反作用力的关系)。

求极大值 Q_{max},$\dfrac{\mathrm{d}Q}{\mathrm{d}\theta}=0$ 可求得破裂角 θ 的计算式为

$$\tan(\theta+\beta) = -\tan(\omega-\beta) + \sqrt{\left[\tan(\omega-\beta)+\cot(\varphi-\beta)\right]\left[\tan(\omega-\beta)-\tan(\alpha-\beta)\right]}$$

$$(5\text{-}15)$$

式中:ω——$\omega=\alpha+\delta+\varphi$。

将式(5-15)代入式(5-14)得

$$E_a = Q_{max} = \frac{1}{2}\gamma H^2 K_a \tag{5-16}$$

$$K_a = \frac{\cos^2(\varphi-\alpha)}{\cos^2\alpha\cos(\alpha+\delta)\left[1+\sqrt{\dfrac{\sin(\delta+\varphi)\sin(\varphi-\beta)}{\cos(\delta+\alpha)\cos(\alpha-\beta)}}\right]^2} \tag{5-17}$$

式中:γ——墙后填土的重度,kN/m^3;

H——挡土墙高度,m;

K_a——库仑主动土压力系数;

φ——填土的内摩擦角,(°);

δ——墙背与土体之间的夹角,(°),由试验确定或查表5-2得到;

α——墙背与竖直面间的夹角,(°),墙背俯斜时为正值,仰斜时为负值;

β——填土面与水平面间的夹角,(°)。

土与墙背间的摩擦角 δ 表 5-2

挡土墙情况	摩擦角 δ	挡土墙情况	摩擦角 δ
墙背平滑,排水不良	$(0\sim0.33)\varphi$	墙背很粗糙,排水良好	$(0.5\sim0.67)\varphi$
墙背粗糙,排水良好	$(0.33\sim0.5)\varphi$	墙背与填土间不可能滑动	$(0.67\sim1.0)\varphi$

注:φ 为墙背填土的内摩擦角。

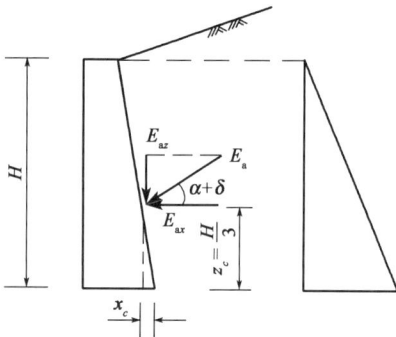

图 5-18 库仑主动土压力

由式(5-16)可以看出,库仑主动土压力 E_a 是挡土墙高度 H 的二次函数,故主动土压力强度 p_a 是沿墙高按直线规律变化的,即

$$p_a = K_a\gamma z \tag{5-18}$$

填土表面处 $\sigma_z=0$,$p_a=0$,随深度 z 的增加,σ_z 呈直线增加,p_a 也呈直线增加,所以,库仑主动土压力强度分布图的形心距墙角的高度为 $H/3$,其作用线方向与墙背法线所成的角为 δ,并指向墙背。(与水平面所成角为 $\alpha+\delta$)E_a 可分解为水平方向和竖直方向两个分量(图5-18):

$$E_{ax} = E_a\cos(\alpha+\delta) \tag{5-19a}$$

$$E_{az} = E_a\sin(\alpha+\delta) \tag{5-19b}$$

2.被动土压力

由库仑土压力计算假定可知,当墙背向后移动一定值时,墙后填土处于被动极限平衡状态,滑裂面为 AB 和 AC,形成滑动的刚性土楔体 ABC。此时,在 AB、AC 面上作用的摩阻力均向下,与主动极限平衡时的方向刚好相反。根据 G、Q、R 三力平衡条件,可推导出被动土压力公式:

$$E_p = \frac{1}{2}\gamma H^2 K_p \tag{5-20}$$

$$K_p = \frac{\cos^2(\varphi+\alpha)}{\cos^2\alpha\cos(\alpha-\delta)\left[1-\sqrt{\dfrac{\sin(\varphi+\delta)\sin(\varphi+\beta)}{\cos(\alpha-\delta)\cos(\alpha-\beta)}}\right]^2} \tag{5-21}$$

式中:K_p——库仑被动土压力系数;

其他符号意义同前。

库仑被动土压力强度沿墙高的分布呈三角形,(图5-19),合力作用点距墙脚的高度也为 $H/3$。

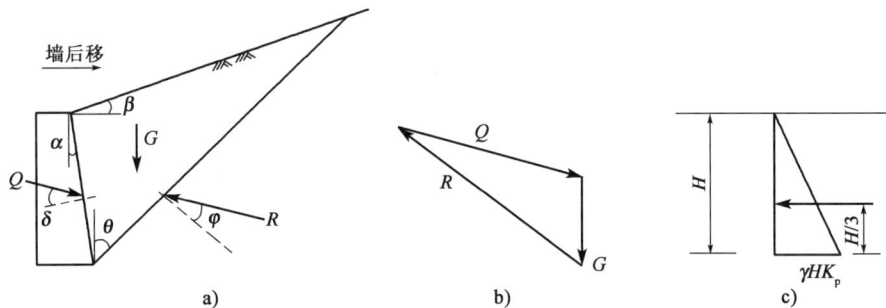

图 5-19　库仑被动土压力

当挡土墙满足朗肯土压力理论假设,即墙背垂直($\alpha=0$)、光滑($\delta=0$),填上面水平($\beta=0$)且无荷载(包括填土与挡土墙顶齐高)时,式(5-20)可简化为

$$E_p = \frac{1}{2}\gamma H^2 \tan^2\left(45°+\frac{\varphi}{2}\right)$$

显然,当挡土墙满足朗肯土压力理论假设时,库仑土压力理论与朗肯土压力理论的被动土压力计算公式也相同,由此可见,朗肯土压力理论实际上是库仑土压力理论的一个特例。

三、库仑土压力公式的应用

如图5-20所示,当填土面上有连续均布荷载 q 作用时,先求出深度 z 处的竖向应力和荷载强度,其计算公式如下:

$$\sigma_z = q + \gamma z \tag{5-22}$$

$$p_a = K_a \sigma_z \tag{5-23}$$

再绘出 p_a 分布图,最后求出分布图面积,即得库仑土压力合力 E_a。但有时为方便计算,经常用厚度为 h、重度为与填土 γ 相同的等代土层来代替 q,即 $q=\gamma h$。于是等待土层的厚度 $h=q/\gamma$,同时假设有墙背为 AB',可绘出三角形的土压力强度分布图。但 BB' 段墙背是虚设的,高度 h

范围内的侧压力 BB' 不应计算,因此作用于墙背 AB 上的土压力应为实际墙高 H 范围内的梯形面积,即

$$E_a = \frac{H}{2}\left[K_a\gamma h + K_a\gamma(H+h)\right]$$

$$E_a = \frac{1}{2}K_a\gamma H\left(H+2h\right) \tag{5-24}$$

E_a 的作用点为梯形面积的形心,作用方向线与水平面所成的角为 $\alpha+\delta$,指向挡土墙。

四、车辆荷载引起的土压力计算

在设计桥台或挡土墙时,应考虑车辆荷载引起的土压力。《公路桥涵设计通用规范(JTG D60—2015)》对车辆荷载作出了具体规定。其计算原理是按照库仑土压力理论,将填土破坏棱体范围内的车辆荷载(滑动土楔体范围内的车辆总重力)换算成厚度为 h、重度与填土 γ 相同的等代土层(或均布荷载),再按库仑主动土压力公式计算,如图 5-21 所示。其计算公式为

$$h = \frac{\sum G}{\gamma B\, l_0} \tag{5-25}$$

式中:γ——填土的重度,kN/m^3;

$\quad$ B——桥台的计算宽度或挡土墙的计算长度,m;

$\quad$ l_0——滑动土楔体长度,m;

$\quad$ $\sum G$——布置在 $B \times l_0$ 面积内的车轮总重力,kN。

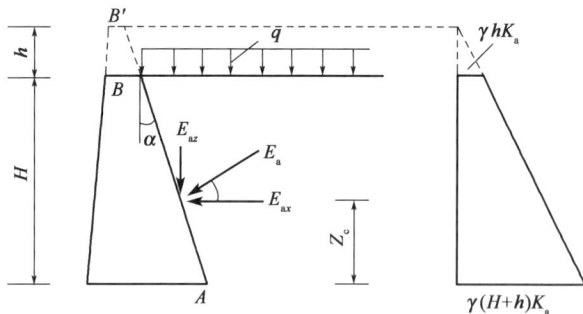

图 5-20 填土面上有连续均布荷载时土压力示意图

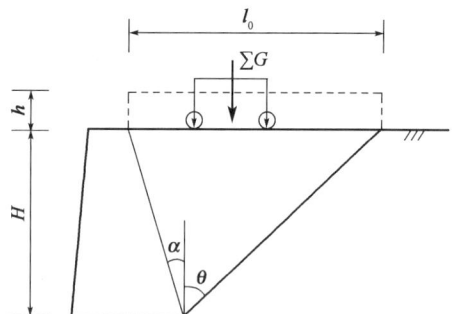

图 5-21 车辆荷载引起的土压力

《公路桥涵设计通用规范》(JTG D60—2015)对桥台计算宽度或挡土墙的计算长度及荷载做了如下规定:

(1)确定桥台的计算宽度或挡土墙的计算长度 B。

桥台的计算宽度 B 即为桥台横桥向的宽度;挡土墙的计算长度 B 不应超过挡土墙的分段长度[图 5-22a)],实际为汽车荷载的扩散长度[图 5-22b)],可按下式计算:

$$B = b + H\tan 30° \tag{5-26}$$

式中:b——汽车前后轴轴距加车轮着地长度,m,图 5-24 所示车辆 $b = 12.8 + 0.2 = 13(\text{m})$,

　　　　0.2m 为轮胎着地长度;

　　　H——挡土墙高度,m,对于墙顶以上有填土的挡土墙,为墙顶填土厚度的两倍加墙高。

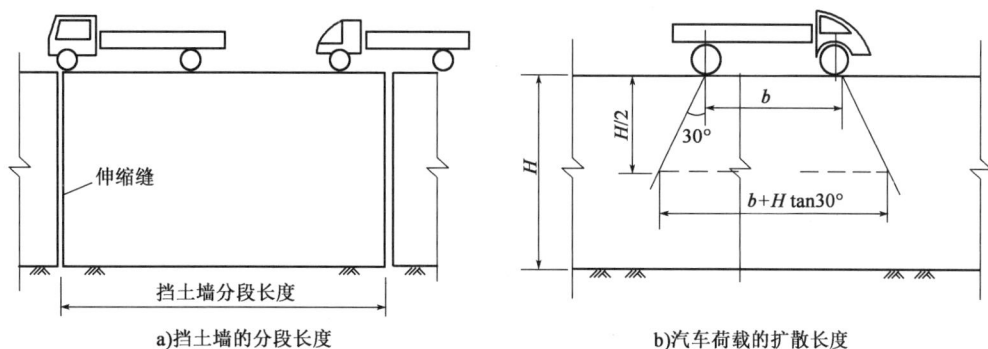

a)挡土墙的分段长度　　　　　　　　b)汽车荷载的扩散长度

图 5-22　挡土墙计算长度 B 的确定

(2)确定滑动楔体长度 l_0。如图 5-23 所示,滑动土楔体长度 l_0 的计算公式为

$$l_0 = H(\tan\theta + \tan\alpha) \tag{5-27}$$

式中:α——墙背倾斜角,(°),俯斜墙背的 α 为正值[图 5-23a)],仰斜墙背 α 为负值[图 5-23b)],

　　　　而竖直墙背的 $\alpha = 0$;

　　　θ——滑动面与竖直面间的夹角,(°),当填土面水平时,即 $\beta = 0$,将此代入式(5-15)得

$$\tan\theta = -\tan(\varphi + \alpha + \delta) + \sqrt{[\cot\varphi + \tan(\varphi + \alpha + \delta)][\tan(\varphi + \alpha + \delta) - \tan\alpha]}$$

$$\tag{5-28}$$

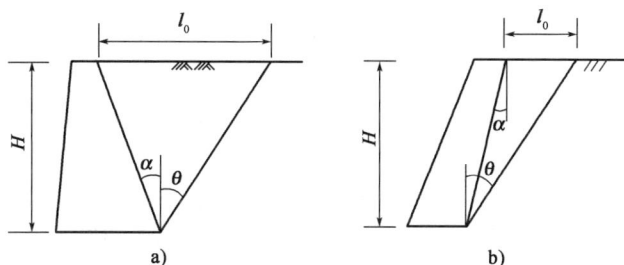

a)　　　　　　　　　　b)

图 5-23　滑动土楔体 l_0

(3)确定布置在 $B \times l_0$ 面积内的车轮总重力 $\sum G$:

①桥台和挡土墙土压力计算应采用车辆荷载。

②公路—Ⅰ级和公路—Ⅱ级采用相同的车辆标准值,如图 5-24 所示。

③车辆荷载横向布置如图 5-25 所示,外轮中线距路面边缘为 0.5m。

④多车道加载时,车轮总重力根据表 5-3 和表 5-4 折减。

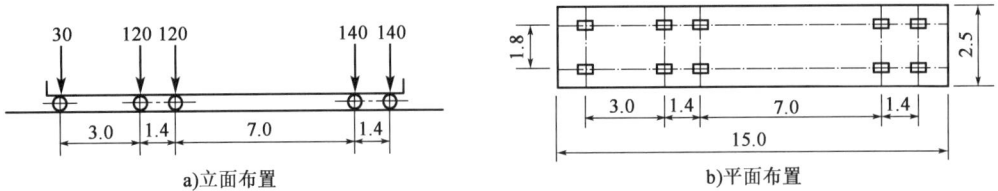

a)立面布置   b)平面布置

图 5-24　车辆荷载布置图(重力单位:kN;尺寸单位:m)

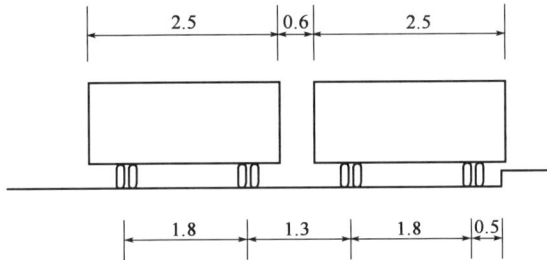

图 5-25　车辆荷载横向布置图(尺寸单位:m)

桥涵设计车道数　　　　　　　　　　　　　　　　表 5-3

桥面宽度 B(m)		桥涵设计车道数
车辆单向行驶时	车辆双向行驶时	
$B < 7.0$		1
$7.0 \leqslant B < 10.5$	$6.0 \leqslant B < 14.0$	2
$10.5 \leqslant B < 14.0$		3
$14.0 \leqslant B < 17.5$	$14.0 < B < 21.0$	4
$17.5 \leqslant B < 21.0$		5
$21.0 \leqslant B < 24.5$	$21.0 \leqslant B < 28.0$	6
$24.5 \leqslant B < 28.0$		7
$28.0 \leqslant B < 31.5$	$28.0 \leqslant B < 35.0$	8

横向车道布载系数　　　　　　　　　　　　　　　表 5-4

横向布置设计车道数(条)	1	2	3	4	5	6	7	8
横向车道布载系数	1.20	1	0.78	0.67	0.60	0.55	0.52	0.50

⑤在 $B \times l_0$ 面积内按不利情况布置轮重。

技术提示:应用库仑土压力理论时,由于目前对黏性土 c、φ 值的确定还存在一些问题,尤其是土的流变性质及其对墙的影响尚不清楚,在设计黏性土挡土墙时,通常根据经验将内摩擦角 φ 与黏聚力 c 适当提高为等效内摩擦角 φ',以此来反映黏聚力 c 对土压力的影响。《公路路基设计手册(第三版)》建议:φ 值适当提高 $5° \sim 10°$,或直接取 $\varphi' = 30° \sim 35°$(地下水位以下为 $25° \sim 30°$)。

任务实例 ‹‹‹

例 1　某挡土墙如图 5-26 所示,已知:填土为细砂,$\gamma = 19\text{kN/m}^3$,$\varphi = 30°$,$\delta = \varphi/2 = 15°$。试按库仑土压力理论求作用在墙背上的主动土压力。

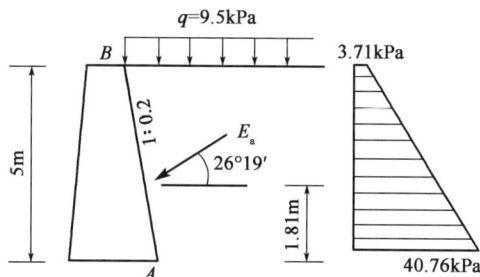

图 5-26　挡土墙土压力示意图

解答：

解法 1

(1)计算出深度 z 处的竖向应力和荷载强度：

$$\sigma_{zB} = q = 9.5 (\text{kPa})$$

$$\sigma_{zA} = q + \gamma H = 9.5 + 19 \times 5 = 104.5 (\text{kPa})$$

由式(5-17)计算得 $K_a = 0.390$，则

$$p_{aB} = K_a \sigma_{zB} = 0.390 \times 9.5 = 3.71 (\text{kPa})$$

$$p_{aA} = K_a \sigma_{zA} = 0.390 \times 104.5 = 40.76 (\text{kPa})$$

(2)绘出 p_a 分布图，如图 5-26 所示。计算分布图面积，即库仑土压力合力 E_a：

$$E_a = E_{a1} + E_{a2} = 3.71 \times 5 + \frac{1}{2} \times (40.76 - 3.71) \times 5 = 18.6 + 92.6 = 111.2 (\text{kN/m})$$

(3)计算 E_a 作用点为梯形面积的形心：

$$z_c = \frac{\sum (E_{ai} z_i)}{\sum E_{ai}} = \frac{18.6 \times \frac{5}{2} + 92.6 \times \frac{5}{3}}{111.2} = 1.81 (\text{m})$$

E_a 作用线与水平面的夹角：

$$\alpha + \delta = 11°19' + 15° = 26°19'$$

解法 2

(1)用厚度为 h、重度为与填土 γ 相同的等代土层来代替 q，则

$$h = \frac{q}{\gamma} = \frac{9.5}{19} = 0.5 (\text{m})$$

由式(5-17)计算得 $K_a = 0.390$，代入式(5-24)得库仑土压力值：

$$E_a = \frac{1}{2} K_a \gamma H (H + 2h) = \frac{1}{2} \times 0.390 \times 19 \times 5 \times (5 + 2 \times 0.5) = 111.2 (\text{kN/m})$$

(2)E_a 作用点为梯形面积的形心：

$$z_c = \frac{H}{3} \cdot \frac{H + 3h}{H + 2h} = \frac{5}{3} \times \frac{5 + 3 \times 0.5}{5 + 2 \times 0.5} = 1.81 (\text{m})$$

E_a 作用线与水平面的夹角：

$$\alpha + \delta = 11°19' + 15° = 26°19'$$

例2　某高速公路梁桥桥台如图 5-27 所示，已知：桥台宽度为 8.5m，土的重度 $\gamma = 18\text{kN/m}^3$，$\varphi = 35°$，$c = 0$，填土与墙背间的摩擦角 $\delta = 2/3\varphi$，桥台高 $H = 8\text{m}$。试求作用于台背(AB)上的主动土压力。

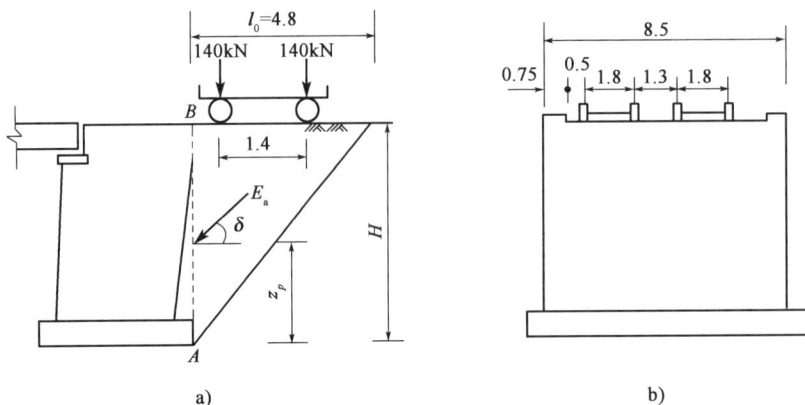

图 5-27 桥台示意图(长度单位:m)

解答:

(1)确定桥台的计算宽度 B:

桥台应取横向宽度,即 $B = 8.5\text{m}$。

(2)确定滑动土楔体长度 l_0:

AB 作为台背,$\alpha = 0$;台后填土面水平,即 $\beta = 0$;$\delta = \dfrac{2\varphi}{3} = 23.33°$,则

$$\begin{aligned}
\tan\theta &= -\tan(\varphi + \delta) + \sqrt{\cot\varphi + \sqrt{[\cot\varphi + \tan(\varphi + \delta)] + \tan(\varphi + \delta)}} \\
&= -\tan(35° + 23.33°) + \sqrt{[\cot 35° + \tan(35° + 23.33°)]\tan(35° + 23.33°)} \\
&= -1.62 + 2.22 = 0.60
\end{aligned}$$

$$l_0 = H\tan\theta = 8 \times 0.6 = 4.8(\text{m})$$

(3)确定布置在 $B \times l_0$ 面积内的车辆荷载 $\sum G$,求等代土层厚度 h:

对于桥台 $B \times l_0$ 面积内可能布置的车辆荷载,由图 5-27a)可知,l_0 范围内可布置一辆重车;由图 5-27b)可知,B 范围内可布置两列汽车。所以 $B \times l_0$ 范围内可布置的车轮总重为

$$\sum G = 2 \times (140 + 140) = 560(\text{kN})$$

$$h = \frac{\sum G}{rBl_0} = \frac{560}{18 \times 8.5 \times 4.8} = 0.763(\text{m})$$

(4)计算主动土压力:

将 $\varphi = 35°$,$\delta = \dfrac{2}{3}\varphi$,$\alpha = 0$ 代入式(5-16)计算得 $K_a = 0.245$。再将其代入式(5-24)得

$$E_a = \frac{1}{2}\gamma H(H + 2h)K_a = \frac{1}{2} \times 18 \times 8 \times (8 + 2 \times 0.763) \times 0.245 = 168.0(\text{kN/m})$$

E_a 与水平面夹角:

$$\alpha + \delta = 23.33°$$

E_a 点离台脚的高度:

$$z_c = \frac{H}{3} \cdot \frac{H + 3h}{H + 2h} = \frac{8}{3} \times \frac{8 + 3 \times 0.763}{8 + 2 \times 0.763} = 2.88(\text{m})$$

所以作用于整个桥台上的主动土压力为 $B \times E_a = 8.5 \times 168 = 1428(\text{kN})$。

例3 一级公路某段挡土墙如图5-28所示,其分段长度为15m,墙高 $H = 6m$,填土重度 $\gamma = 18kN/m^3$, $\varphi = 35°$, $c = 0$, $\alpha = 14°$,墙背与土之间的摩擦角 $\delta = 2/3\varphi$。试求挡土墙上承受的主动上压力。

解答:

(1)确定挡土墙的计算长度 B:

$B = 13 + H\tan30° = 13 + 6 \times \tan30° = 16.46(m)$

由于 B 值大于挡土墙分段长度(15m),根据规定应取 $B = 15m$。

(2)确定滑动土楔体长度 l_0:

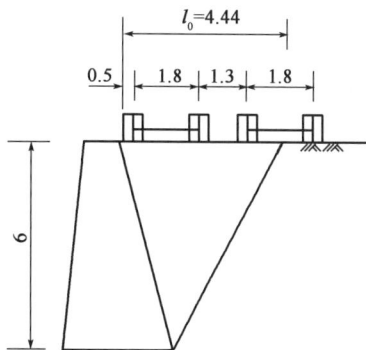

图 5-28 挡土墙示意图(长度单位:m)

由已知 $\varphi = 35°$, $\alpha = 14°$, $\delta = \dfrac{2}{3}\varphi = 23.33°$,求得

$$\varphi + \alpha + \delta = 35° + 14° + 23.33° = 72.33°$$

$$\tan\theta = -\tan(\varphi + \alpha + \delta) + \sqrt{[\cot35° + \tan(\varphi + \alpha + \delta)][\tan(\varphi + \alpha + \delta) - \tan\alpha]}$$
$$= -\tan72.33° + \sqrt{(\cot35° + \tan72.33°)(\tan72.33° - \tan14°)}$$
$$= 0.49$$

$$l_0 = H(\tan\alpha + \tan\theta) = 6 \times (\tan14° + 0.49) = 4.44(m)$$

(3)确定布置在 $B \times l_0$ 面积内的车辆荷载 $\sum G$,求等代土层厚度 h:

纵向:由于 B 取分段长度,故纵向布置一辆重车荷载;

横向:根据 $l_0 = 4.44m$,如图5-28所示,能布置一辆半车。

$$\sum G = 550 \times 1.5 = 825(kN)$$

$$h = \frac{\sum G}{\gamma B l_0} = \frac{825}{18 \times 15 \times 4.44} = 0.69(m)$$

(4)计算主动土压力

将 $\varphi = 35°$, $\delta = \dfrac{2}{3}\varphi$, $\alpha = 14°$ 代入式(5-16)计算得 $K_a = 0.361$。

再代入式(5-24)得

$$E_a = \frac{1}{2}\gamma H(H + 2h)K_a = \frac{1}{2} \times 18 \times 6 \times (6 + 2 \times 0.69) \times 0.361 = 143.87(kN/m)$$

E_a 与水平面夹角为

$$\alpha + \delta = 14° + 23.33° = 37.33°$$

E_a 作用点离墙脚的高度为

$$z_c = \frac{H}{3} \cdot \frac{H + 3h}{H + 2h} = \frac{6}{3} \times \frac{6 + 3 \times 0.69}{6 + 2 \times 0.69} = 2.19(m)$$

📚 学习评价 ◀◀◀

1. 分组讲解计算土压力时,桥台计算宽度和挡土墙的长度的计算规定。

2. 每名学生总结朗肯土压力理论与库仑土压力理论在应用上的区别。

3.完成学习评价手册中的任务。

任务四　分析土坡稳定性

任务描述

某公路工程某路段路堑边坡,坡顶高程为 123.46m,公路设计高程为 115.24m,地下水位高程为 111.36m。土质为砂土,抗剪强度指标:内摩擦角38°,黏聚力 $c=0$。该边坡自然放坡,过缓坡可增加土坡稳定性,但会使土方量增加;而陡坡虽然可减少土方量,但有可能会发生坍滑。请通过计算分析,设计合理坡度。

学习引导

本任务沿着以下脉络进行学习:

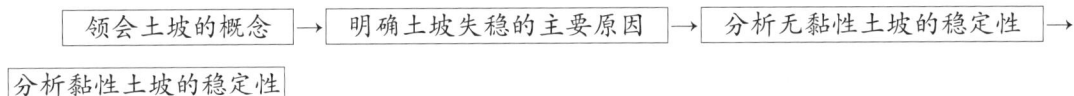

领会土坡的概念 → 明确土坡失稳的主要原因 → 分析无黏性土坡的稳定性 →

分析黏性土坡的稳定性

相关知识 <<<

土坡就是具有倾斜坡面的土体,它的简单外形和各部位名称如图 5-29 所示。土坡可分为天然土坡与人工土坡。天然土坡包括天然河道的岸坡、山麓堆积的被积层等,人工土坡包括人工填筑的土坝、防洪堤、路堤,人工开挖的引河、基坑等。

土坡表面倾斜,使得土坡在其自身重力及周围其他外力作用下,有从高处向低处滑动的趋势。如果土体内部某个面上的滑动力超过土体抵抗滑动的能力,就会发生滑坡。

一、土坡失稳的主要原因

道路、桥梁等土建工程中经常会遇到路堑、路堤或基坑开挖时边坡的稳定问题。如图 5-30 所示,土坡在自身重力作用下,有可能发生边坡失稳破坏,即土体 ABCDEA 沿着土中滑动面 AED 向下滑动而产生破坏。土坡滑动失稳的原因一般有以下两种:

(1)土的抗剪强度由于受到外界各种因素的影响而降低,使土坡失稳破坏。例如,雨水的侵入使土湿化,使得土坡强度降低;温度的变化使土产生冻结与融化,使得土坡变松强度降低;土坡附近的外力作用引起土的液化或触变,使得土的强度降低。

(2)土坡内原来的静力平衡状态由于受到外力的作用而被破坏,使土坡失稳。例如,路堑或基坑的开挖使土自身的重力发生变化,改变了土体原来的应力平衡状态;土坡面上有外荷载作用,或土坡内水的渗流力、地震力的作用,破坏了土体原有的应力平衡状态。

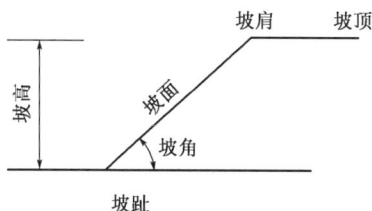

图 5-29　土坡外形和名称

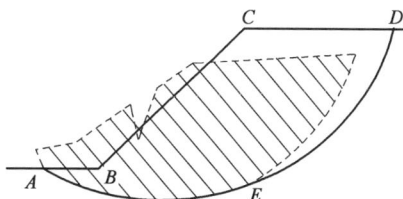

图 5-30　土坡滑动破坏

工程实践中,分析土坡稳定性的目的是分析所设计的土坡断面是否安全与合理。过缓坡可增强土坡稳定性,但会使土方量增加;而陡坡虽然可减少土方量,但有可能发生坍滑,使土坡丧失稳定性。土坡的稳定安全度是用稳定安全系数 K 表示的,它是指土的抗剪强度 τ_f,与土坡中可能滑动面上产生的剪应力 τ 间的比值,即 $K = \tau_f / \tau$。

技术提示:土坡稳定性分析是一个比较复杂的问题,尚有一些不定因素有待研究,如滑动面形式的确定、抗剪强度指标如何按实际情况合理取用、土的非均匀性和土坡内有水渗流时的影响等。

二、无黏性土坡的稳定分析

如图 5-31 所示,已知土坡高度为 H,坡角为 β,土的重度为 γ,土的抗剪强度 $\tau_f = \sigma \tan \varphi$。若假定滑动面是通过坡脚 A 的平面 AC,AC 的倾角为 α,则可计算滑动土体 ABC 沿 AC 面上滑动的抗稳定安全系数 K 值。

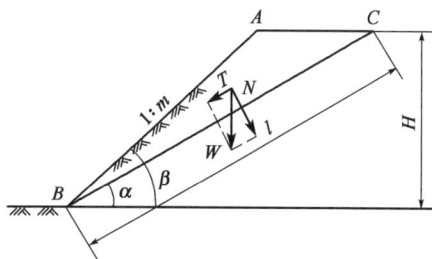

图 5-31　无黏性土的土坡稳定计算

沿土坡长度方向截取单位长度土坡,作为平面应变问题分析。已知滑动土体 ABC 的重力为

$$W = \gamma \cdot (\Delta ABC) \times 1 \tag{5-29}$$

W 在滑动面 AC 上的法向分力及正应力为

$$N = W\cos\alpha \tag{5-30}$$

$$\sigma = \frac{N}{AC} = \frac{W\cos\alpha}{AC} \tag{5-31}$$

W 在滑动面上的切向分力及剪应力为

$$T = W\sin\alpha \tag{5-32}$$

$$\tau = \frac{T}{AC} = \frac{W\sin\alpha}{AC} \tag{5-33}$$

显然,切向分力 T 将使土颗粒向下滑动,是滑动力。而阻止 M 下滑的抗力则是由垂直于土坡而上的法向分力 N 引起的最大静摩擦力 T,即土坡滑动的稳定安全系数 K 为

$$K = \frac{\tau_f}{\tau} = \frac{\sigma \tan\varphi}{\tau} = \frac{\dfrac{W\cos\alpha}{AC}\tan\varphi}{\dfrac{W\sin\alpha}{AC}} = \frac{\tan\varphi}{\tan\alpha} \tag{5-34}$$

由式(5-34)可见,当坡角与土的内摩擦角相等,即 $\alpha = \varphi$ 时,土坡处于极限平衡状态。土坡稳定的极限坡角等于土的内摩擦角,称为自然休止角。无黏性土坡的稳定性只与坡角 β 有

关,而与坡高 H 无关。当 $\alpha = \beta$ 时,土坡滑动稳定安全系数 K 最小,即土坡面上的一层是最易滑动的。因此,砂性土的土坡滑动稳定安全系数为

$$K = \frac{\tan\varphi}{\tan\beta} \tag{5-35}$$

只要 $\beta < \varphi$（$K > 1$），土坡就是稳定的。为了保证土坡有足够的安全储备,一般要求 $K > 1.30$。

三、黏性土坡的稳定分析

黏性土的抗剪强度是由内摩擦力和黏聚力决定的。由于黏聚力的存在,黏性土坡不会像无黏性土土坡那样最易滑面为土坡表面,其危险滑动面必定深入土体内部。根据土体极限平衡理论,可以推出均质黏性土坡的滑动面为对数螺线曲线,近似圆弧面。因此,在分析黏性土坡的稳定性时,常假定滑动面为圆弧滑动面。其形式一般有下述三种:①圆弧滑动面通过坡脚 B 点[图 5-32a)],称为坡脚圆;②圆弧滑动面通过坡面上 E 点[图 5-32b)],称为坡面圆;③滑动面发生在坡脚以外的 A 点[图 5-32c)],称为中点圆。

图 5-32 均质黏性土土坡的三种圆弧滑动面

圆弧滑动面首先由彼德森(Petterson)于 1916 年提出,此后费伦纽斯(Fellenius)和泰勒(Tayl)又做了研究和改进。可以将他们提出的分析方法分成两种:①称为土坡圆弧滑动体的整体稳定分析法,主要适用于均质简单土坡(所谓简单土坡是指土坡上、下两个土面是水平的,坡面 BC 是一平面);②称为土坡稳定的条分法分析法,适用于外形复杂的土坡、非均质土坡和浸于水中的土坡等。

1. 圆弧滑动体的整体稳定分析法

如图 5-33 所示,若可能的圆弧滑动面为 AD,其圆心为 O,半径为 R,分析时在土坡长度方向截取单位长土坡,按平面问题分析。滑动土体 $ABCD$ 的重力为 W,它是促使土坡滑动的力;沿着滑动面 AD 上分布的土的抗剪强度 τ_f 是抵抗土坡滑动的力。将滑动力 W 及抗滑力 τ_f 分别对滑动面圆心 O 取矩,得滑动力 M_s 及稳定力矩 M_r:

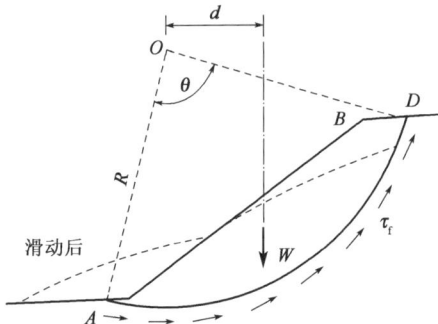

图 5-33 土坡的整体稳定性分析

$$M_s = Wd \tag{5-36a}$$

$$M_r = \tau_f \widehat{L} R \tag{5-36b}$$

式中：W——滑动体 $ABCDA$ 的重力，N；

　d——W 对 O 点的力臂，m；

　τ_f——土的抗剪强度，按库仑定律 $\tau_f = \sigma\tan\varphi + c$；

　$\hat{L}$——滑动圆弧 AD 的长度，m；

　R——滑动圆弧面的半径，m。

土坡的稳定安全系数 K 也可以用稳定力矩 M_r 与滑动力矩 M_s 的比值表示，即

$$K = \frac{M_r}{M_s} = \frac{\tau_f \hat{L} R}{Wa} \qquad (5\text{-}37)$$

式(5-37)中土的抗剪强度 τ_f 沿滑动面 $\hat{AD}$ 的分布是不均匀的，因此，按式(5-37)计算土坡的稳定安全系数有一定误差。

2. 摩擦圆法

摩擦圆法由泰勒提出，他认为图 5-34 所示滑动面 $\hat{AD}$ 上的抵抗力包括土的摩阻力及黏聚力两部分，它们的合力分别为 F 及 C。假定滑动面上的摩阻力先充分作用，然后由土的黏聚力补充。下面分别讨论作用在滑动土体 $ABCDA$ 上的三个力：

第一个力是滑动土体的重力 W，它等于滑动土体 $ABCD$ 的面积与土的重度 γ 的乘积，其作用点位置在滑动土体面积 $ABCD$ 的形心。因此，W 的大小和作用线都是已知的。

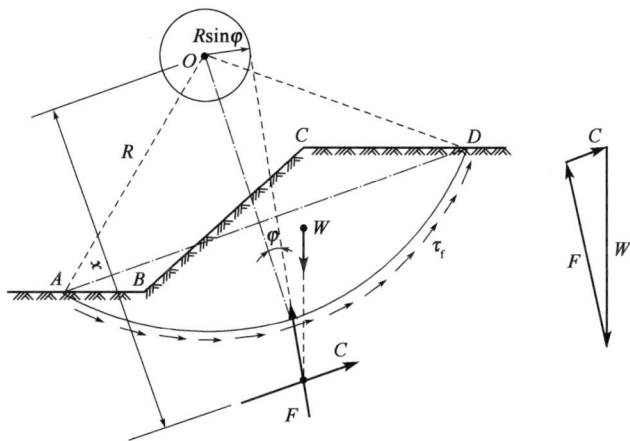

图 5-34　摩擦圆法

第二个力是作用在滑动面 $\hat{AD}$ 上黏聚力的合力 C。为了维持土坡稳定性，沿滑动面 $\hat{AD}$ 分布的需要作用的黏聚力为 c_1，可以求得黏聚力的合力 C 及其对圆心 O 的力矩臂 x 分别为

$$C = c_1 \overline{AD} \qquad (5\text{-}38)$$

$\hat{AD}$ 及 $\overline{AD}$ 分别为 AD 的弧长及弦长。所以 C 的作用线是已知的，但其大小未知（因为 c_1 是未知值）。

第三个力是作用在滑动面 $\hat{AD}$ 上的法向分力及摩擦力的合力，用 F 表示。泰勒假定 F 的作用线与圆弧 AD 的法线所成角为 φ，也即 F 与圆心 O 点处半径为 $R\sin\varphi$ 的圆（称为摩擦圆）相

切,同时 F 一定通过 W 与 C 的交点。因此,F 的作用线是已知的,其大小未知。

根据滑动土体 $ABCDA$ 上三个作用力 W、F、C 的静力平衡条件,从图 5-34 所示的受力三角形中求得 C 值,再由式(5-38)可求得维持土坡平衡时滑动面上所需要发挥作用的黏聚力 c_1 值。这时土坡的稳定安全系数为

$$K = \frac{c}{c_1} \tag{5-39}$$

式中:c——土的实际黏聚力,kPa。

上述计算中的滑动面 $\overset{\frown}{AD}$ 是任意假定的,只有对应最小稳定安全系数 K_{min} 的滑动面才是最危险的滑动面。为求最危险的滑动面需要试算许多个可能的滑动面,这样一来,计算工作量很大。

为了方便计算,在对均质简单土坡做了大量计算分析工作的基础上,费伦纽斯提出了确定最危险滑动面圆心的经验法,泰勒提出了计算土坡稳定安全系数的图表法。

(1)费伦纽斯确定最危险滑动面圆心的经验法

第一种情况:土的内摩擦角 $\varphi = 0$。

费伦纽斯认为,土坡的最危险圆弧滑动面通过坡脚,其圆心为 D 点,如图 5-35 所示。BD 线与坡面的夹角为 β_1,CD 线与水平面的夹角为 β_2。β_1 和 β_2 角与土坡坡角 β 有关,可由表 5-5 查得。

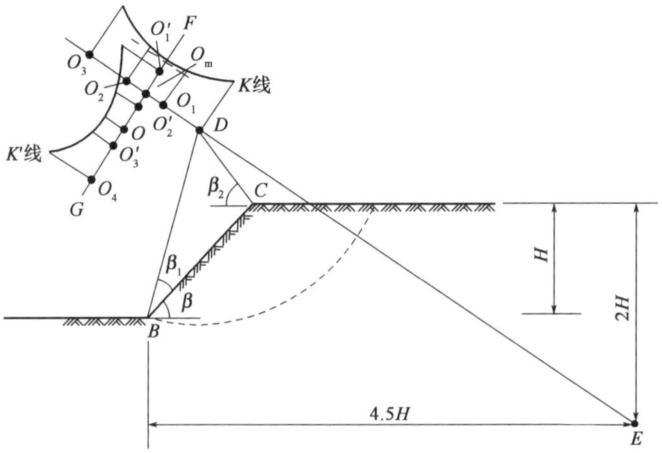

图 5-35　确定最危险滑动面圆心位置

β_1 及 β_2 数值　　　表 5-5

土坡坡度(竖直:水平)	坡角 β	β_1	β_2
1:0.58	60°	29°	40°
1:1.00	45°	28°	37°
1:1.50	33°41′	26°	35°
1:2.00	26°34′	25°	35°
1:3.00	18°26′	25°	35°
1:4.00	14°02′	25°	37°
1:5.00	19°	25°	37°

第二种情况:土的内摩擦角 $\varphi > 0$。

费伦纽斯认为,最危险滑动面仍通过坡脚,其圆心在 ED 的延长线上,如图 5-35 所示。E

点的位置距坡脚 B 点的水平距离为 $4.5H$,竖直距离为 H。φ 值越大,圆心越向外移。计算时从 D 点向外延伸取几个试算圆心 O_1、$O_2\cdots$,分别求得其相应的滑动稳定安全系数 K_1、K_2、$\cdots$,绘出 K 值曲线可得到最小安全系数值 $K_{\min}$,其相应的圆心 O_m 即为在危险滑动面的圆心。

实际上土坡的最危险滑动面圆心位置有时并不一定在 ED 的延长线上,也可能在其左右附近,因此圆心 O_m 可能并不是最危险滑动面的圆心。这时可以过 O_m 点作 DE 线的垂线 FG,在 FG 上取几个试算滑动面的圆心 O_1、O_2、$\cdots$,求得其相应的滑动稳定安全系数 K_1、K_2、$\cdots$,绘出 K 值曲线,对应于 $K_{\min}$ 值的圆心 O 就是最危险滑动面的圆心。

(2)泰勒计算土坡稳定安全系数的图表法

泰勒认为,圆弧滑动面的三种形式同土的内摩擦角 φ 值、坡角 β 以及硬层的埋置深度等因素有关。泰勒经过大量计算分析后提出:

①当 $\varphi>3°$ 时,滑动面为坡脚圆,其最危险滑动面圆心位置可根据内摩擦角 φ 及坡 β 角值,从图 5-36 中的曲线查得 θ 及 α 值作图求得。

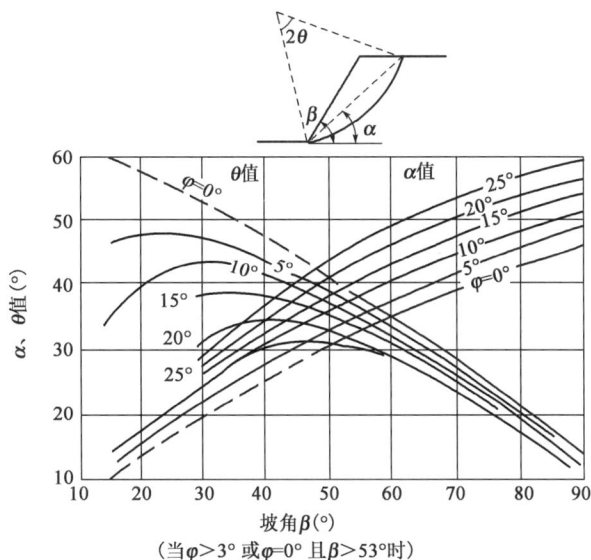

图 5-36　按泰勒方法确定最危险滑动面圆心位置

②当 $\beta=0°$,且 $\beta<53°$ 时,滑动面可能是中点圆,也可能是坡脚圆或坡面圆,具体形式取决于硬层的埋藏深度。假设土坡高度为 H,硬层的埋藏深度为 n_dH。若滑动面为中点圆,则圆心位置在坡面中点 M 的铅直线上,且与硬层相切[图 5-37a)],滑动面与土面的交点为 A,A 点距坡脚 B 的距离为 n_xH,n_x 值可根据 n_d 及 β 值由图 5-37b)查得。若硬层埋藏较浅,则滑动面可能是坡脚圆或坡面圆,其圆心位置需通过试算确定。

泰勒提出在土坡稳定性分析中共有 5 个计算参数,即土的重度、土坡高度、坡角以及土的抗剪强度指标,若知道其中 4 个参数就可以求出第 5 个参数值。为了简化计算,泰勒把 3 个参数组成一个新的参数,称为稳定因数,即

$$N_s=\frac{\gamma H}{c} \tag{5-40}$$

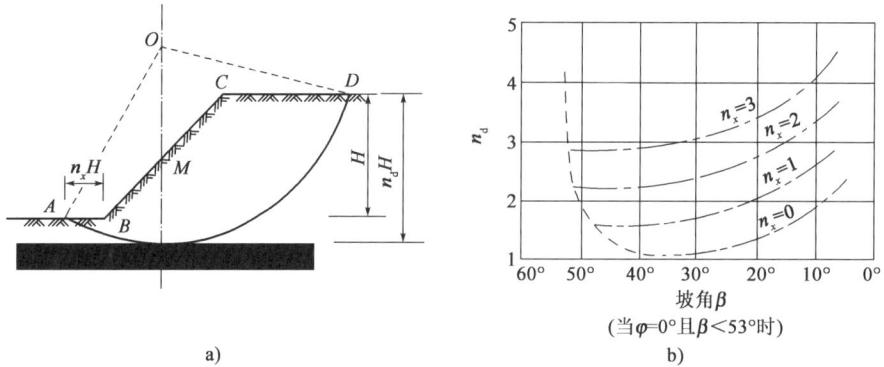

图 5-37 按泰勒方法确定最危险滑动面圆心位置

通过大量计算可以得到 N_s 与 φ 及 β 间的关系曲线,如图 5-38 所示。图 5-38a)给出了 $\varphi = 0°$ 时,稳定因数 N_s 与 β 的关系曲线;图 5-38b)给出了 $\varphi > 0°$ 时,N_s 与 β 的关系曲线。从图中可以看到,当 $\beta < 53°$ 时滑动面形式与硬层埋藏深度 n_d 值有关。

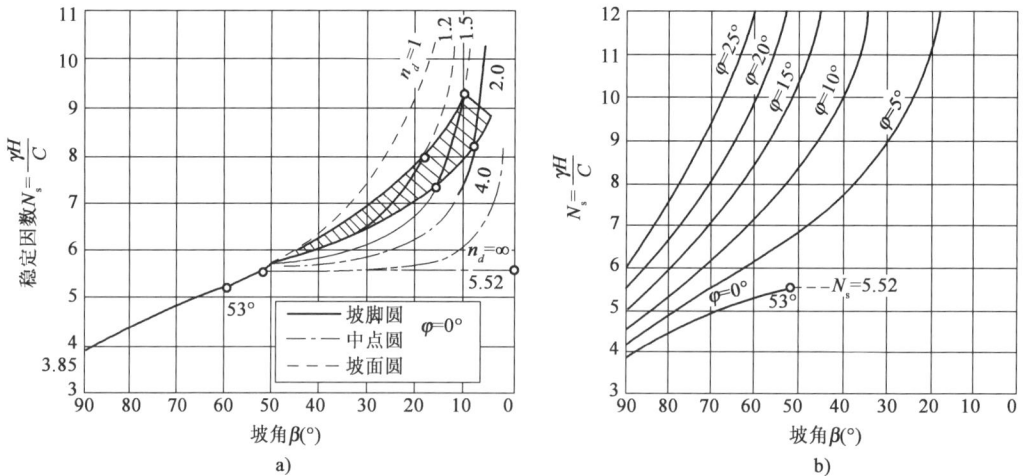

图 5-38 泰勒的稳定因数 N_s 与 β 的关系

泰勒分析简单土坡的稳定性时,假定滑动面上土的摩阻力先充分发挥作用,然后由土的黏聚力补充。因此,只要求出满足土坡稳定时滑动面上所需要的黏聚力 c_1,再与土的实际黏聚力 c 进行比较,即可求出土坡的稳定安全系数。

3. 条分法分析土坡稳定

前述圆弧滑动体的整体稳定分析法适用于均质简单土坡,它对于外形复杂的土坡、非均质土坡和浸于水中的土坡等均不适用。费伦纽斯提出的条分法可以解决这类问题,此法至今仍应用较广。所谓条分法,就是将滑动土体竖直分成若干个土条,把土条看成刚体,分别求出作用于各个土条的力对圆心的滑动力矩和抗滑力矩,然后按式(5-37)求土坡的稳定安全系数。

(1)基本原理

如图 5-39 所示的土坡,取单位长度土坡按平面问题计算。假设可能滑动面是一圆弧 AD,圆心为 O,半径为 R。将滑动土体 $ABCDA$ 分成许多竖向土条,土条宽度一般可取 $b = 0.1R$,则

任意一土条 i 上的作用力包括：

①土条的重力 W_1，其大小、作用点位置及方向均已知。

②滑动面 ef 上的法向反力 N_i 及切向反力 T_i，假定 N_i、T_i 作用于滑动面 ef 的中点，它们的大小均未知。

③土条两侧的法向力 E_i、E_{i+1} 及竖向剪切力 X_i、X_{i+1}，其中 E_i 和 X_i 可由前一个土条的平衡条件求得，而 E_{i+1} 和 X_{i+1} 的大小未知，E_{i+1} 的作用点位置也未知。

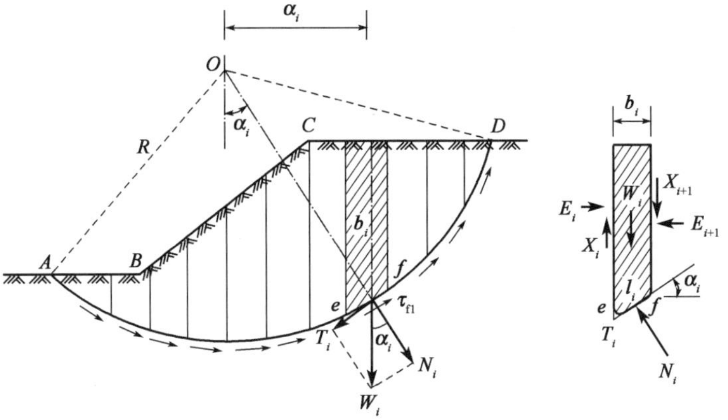

图 5-39　用土条法计算土坡稳定性

从上面的分析可以知道：土条 i 的作用力中有 5 个未知数，但只能建立 3 个平衡条件方程，因此无法直接求解。为了求得 N_i、T_i 值，必须对土条两侧作用力的大小和位置作出适当假定。费伦纽斯条分法不考虑土条两侧的作用力，即假设 E_i 和 X_i 的合力等于 E_{i+1} 和 X_{i+1} 的合力，同时它们的作用线重合，因此土条两侧的作用力相互抵消。这时土条 i 仅有作用力 W_i、N_i 以及 T_i，根据平衡条件可得

$$N_i = W_i\cos\alpha_i$$
$$T_i = W_i\sin\alpha_i$$

滑动面 ef 上土的抗剪强度为

$$\tau_{\mathrm{fi}} = \sigma_i\tan\varphi_i + c_i = \frac{1}{l_i}(N_i\tan\varphi_i + c_il_i) = \frac{1}{l_i}(W_i\cos\alpha_i\tan\varphi_i + c_il_i)$$

式中：α_i——土条 i 滑动面的法线（半径）与竖直线的夹角，(°)；

　　　l_i——土条 i 滑动面的弧长，m；

　　　c_i——滑动面上土的黏聚力，kPa；

　　　φ_i——滑动面上土的内摩擦角，(°)。

土条 i 上的作用力对圆心 O 产生的滑动力矩 M_{s} 及稳定力矩 M_{r} 分别为

$$M_{\mathrm{s}} = T_iR = W_iR\sin\alpha_i$$
$$M_{\mathrm{r}} = \tau_{\mathrm{fi}}l_iR = (W_i\cos\alpha_i\tan\varphi_i + c_il_i)R$$

整个土坡相对于滑动面的稳定安全系数为

$$K = \frac{M_{\mathrm{r}}}{M_{\mathrm{s}}} = \frac{R\sum\limits_{i=1}^{i=n}(W_i\cos\alpha_i\tan\varphi_i + c_il_i)}{R\sum\limits_{i=1}^{i=n}W_i\sin\alpha_i} \tag{5-41}$$

对于均质土坡,$\varphi_i = \varphi$、$c_i = c$,则有

$$K = \frac{\tan\sum\limits_{i=1}^{i=n} W_i\cos\alpha_i + c\hat{L}}{\sum\limits_{i=1}^{i=n} W_i\sin\alpha_i}$$ (5-42)

式中:$\hat{L}$——滑动面 AD 的弧长,m;

n——土条分条数。

(2)最危险滑动面圆心位置的确定

上面是对于某一个假定滑动面求得的稳定安全系数,因此需要试算许多个可能的滑动面,对应于最小安全系数的滑动面圆心位置的方法,同样可利用前述费伦纽斯经验法或泰勒的图表法。

任务实例 <<<

例1 如图 5-40 所示,有一个均质黏性土简单土坡,已知:土坡的高 $H = 8\text{m}$,坡角 $\beta = 45°$,土的性质为:$\gamma = 19.4\text{kN/m}^3$,$\varphi = 10°$,$c = 25\text{kPa}$,$c = 25\text{kPa}$。试用泰勒的稳定因数曲线计算土坡的稳定安全系数。

解答:

当 $\varphi = 10°$,$\beta = 45°$时,由图 5-38b)查得 $N_s = 9.2$。由公式(5-40)求得此时滑动面上所需要的黏聚力 c_1 为

$$c_1 = \frac{\gamma H}{N_s} = \frac{19.4 \times 8}{9.2} = 16.9(\text{kPa})$$

土坡稳定安全系数为

$$K = \frac{c}{c_1} = \frac{25}{16.9} = 1.48$$

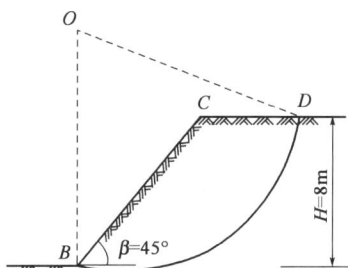

图 5-40 边坡断面示意图

例2 某土坡如图 5-41 所示,已知:土坡高度 $H = 6\text{m}$,坡角 $\beta = 55°$,重度 $\gamma = 18.6\text{kN/m}^3$,内摩擦角 $\varphi = 12°$,黏聚力 $c = 16.7\text{kPa}$。试用费伦纽斯的条分法计算土坡的稳定安全系数。

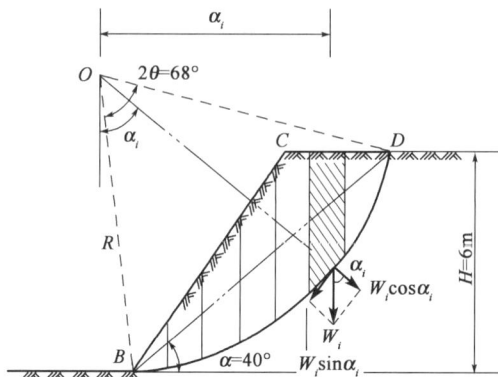

图 5-41 土坡断面示意图

解答:

(1)按比例绘出土坡的剖面图:采用泰勒的图表法确定最危险滑动面圆心位置。

由已知 $\varphi = 12°$,$\beta = 55°$,确定土坡的滑动面是坡脚圆,其最危险滑动面圆心的位置可从图 5-36 中的曲线得到($\alpha = 40°$,$\theta = 34°$),以此作图求得圆心 O,如图 5-41 所示。

(2)将滑动土体 $BCDB$ 划分成若干竖直土条:滑动圆弧 BD 的水平投影长度为 $H\cot\alpha = 6 \times \cot 40° = 7.15(\text{m})$。把滑动土体划分为 7 个土条,从坡脚开始编号,第 1~6 个土条的宽度均取为 1m,余下的第 7 个土条的宽度为 1.15m。

(3)计算各土条滑动面中点与圆心的连线同竖直线间的夹角值:

$$\sin\alpha_i = \frac{\alpha_i}{R}$$

$$R = \frac{d}{2\sin\theta} = \frac{H}{2\sin\alpha\sin\theta} = \frac{6}{2 \times \sin 40° \sin 34°} = 8.35(\text{m})$$

式中:α_i——土条的滑动面中点与圆心 D 的水平距离,m;

  R——圆弧滑动面 BD 的半径,m;

  d——BD 弦的长度,m,$d = H/\sin\alpha$;

  θ、α——求圆心 O 位置时的参数,其意义如图 5-41 所示。

将求得的各土条 α_i 值列于表 5-6 中。

土坡稳定计算结果   表 5-6

土条编号	土条宽度 b_i(m)	土条中心高 h_i	土条重力 W_i(kN)	α_i (°)	$W_i\sin\alpha_i$ (kN)	$W_i\cos\alpha_i$ (kN)	$\hat{L}$
1	1.0	0.60	11.16	9.5	1.84	11.00	
2	1.0	1.80	33.48	16.5	9.51	32.10	
3	1.0	2.85	53.01	23.8	21.39	48.50	
4	1.0	3.75	69.75	31.6	36.55	59.41	
5	1.0	4.10	76.26	40.1	49.12	58.33	
6	1.0	3.05	56.73	49.8	43.33	36.62	
7	1.5	1.50	27.90	63.0	24.86	12.67	
			合计		186.16	258.63	9.91

(4)从图中量取各土条的中心高度 h_i,计算各土条的重力 $W_i = \gamma b_i h_i$、$W_i\sin\alpha_i$ 和 $W_i = \cot\alpha_i$ 值,将其结果列于表 5-6 中。

(5)计算滑动面圆弧长度 $\hat{L}$:

$$\hat{L} = \frac{\pi}{180}2\theta R = \frac{2\pi \times 34 \times 8.35}{180} = 9.91(\text{m})$$

(6)用式(5-43)计算土坡的稳定安全系数 K:

$$K = \frac{\tan\varphi \sum\limits_{i=1}^{7} W_i \cos\alpha_i c \hat{L}}{\sum\limits_{i=1}^{7} W \sin\alpha_{ii}} = \frac{258.63\tan12° + 16.7 \times 9.91}{186.6} = 1.18$$

📚 **学习评价** ◀◀◀

1. 在教师指导下阅读下面的文字,分组汇报对路堑边坡设计要求的理解。

土质路堑边坡形式及坡率应根据工程地质与水文地质条件、边坡高度、排水防护措施、施工方法等,并结合自然稳定边坡、人工边坡的调查及力学分析综合确定。边坡高度不大于20m时,边坡坡率不宜陡于表5-7规定值。

——摘选自《公路路基设计规范》(JTG D30—2015)3.4.1。

土质路堑边坡坡率 表5-7

土的类别		边坡坡率
黏土、粉质黏土、塑性指数大于3的粉土		1:1
中密以上的中砂、粗砂、砾砂		1:1.5
卵石土、碎石土、圆砾土、角砾土	胶结和密实	1:0.75
	中密	1:1

2. 每名学生总结条分法进行土坡稳定分析的基本步骤。

3. 完成学习评价手册中的任务。

天然地基上的浅基础

✍ 学习目标

【知识目标】

1. 了解基础埋置深度的影响因素;

2. 了解浅基础的类型及特点,掌握浅基础设计的基本步骤与原则;

3. 掌握浅基础的施工方法,理解浅基础施工注意事项。

【能力目标】

1. 能够依据基础资料完成刚性扩大基础的尺寸拟定与验算;

2. 能够确定基础的埋置深度;

3. 能够根据施工条件判断浅基础施工方案的合理性。

【素质目标】

通过基础设计与施工的学习,培养仔细阅读规范、理解规范条文、遵守行业规范标准的习惯。

任务一　设计天然地基上的浅基础

任务描述

某桥梁基础施工现场,你作为设计方代表到施工现场做现场服务,主要解决施工过程中的设计技术问题。你需要厘清设计思路,明晰设计要点,解答施工单位的各种问题,监督施工队伍按图施工,完成设计变更确认等工作。

学习引导

本任务沿着以下脉络进行学习:

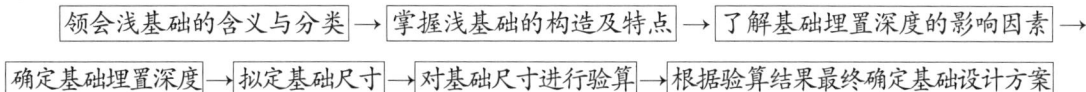

领会浅基础的含义与分类 → 掌握浅基础的构造及特点 → 了解基础埋置深度的影响因素 →

确定基础埋置深度 → 拟定基础尺寸 → 对基础尺寸进行验算 → 根据验算结果最终确定基础设计方案

相关知识 ‹‹‹

浅基础是埋置深度小于基础宽度且设计时不考虑基础侧边土体各种抗力作用的基础。浅基础一般埋置深度不超过5m,施工一般采用明挖法。浅基础由于埋深浅,结构形式简单,施工方法简便,造价也较低,是建筑物最常用的基础类型。

一、浅基础常用类型及适用条件

1.按照受力特点分类

浅基础按其受力特点可分为刚性基础和柔性基础,如图6-1所示。

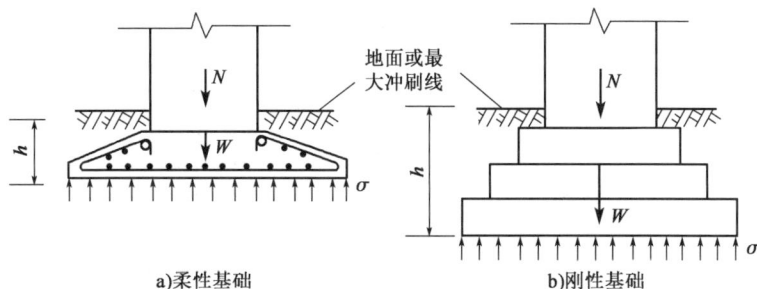

图6-1　基础按照受力特点分类

(1)刚性基础

刚性基础是指由砖、毛石、混凝土或毛石混凝土、灰土和三合土材料组成的不配置钢筋的墙下条形基础或柱下独立基础,适用于涵洞、小桥、多层民用建筑和轻型厂房。刚性基础按材料可分为砖基础、毛石基础、混凝土和毛石混凝土基础、灰土基础、三合土基础。习惯上把无钢筋基础称为刚性基础。为了使刚性基础内产生的拉应力和剪应力较小,需要限制基础沿柱、墙边悬挑出的宽度,以使基础的厚度相对增加。这种基础几乎不会发生挠曲变形,因此,基底沉降后仍然保持平面。

刚性基础的优点是稳定性好,施工简便,能承受较大的荷载;其主要缺点是自重大,并且当持力层为软弱土时,由于扩大基础面积有一定限制,需要对地基进行处理或加固后才能采用,否则会因所受的荷载超过地基强度而影响建筑物的正常使用。对于荷载大或上部结构对沉降差较敏感的建筑物,当持力层的土质较差又较厚时,刚性基础是不适宜的。

(2)柔性基础

当建筑物荷载较大而地基承载能力较小时,基础底面必须加宽。如果基础仍采用混凝土材料,势必加大基础的厚度,这样很不经济。如果在混凝土基础的底部配以钢筋,利用钢筋来承受拉应力,可以使基础底部能够承受较大的弯矩,这时基础宽高比不受圬工材料强度限制,因此把钢筋混凝土基础称为柔性基础或非刚性基础。柔性基础的特点是整体性好、抗弯能力强,在桥涵工程中应用也较多。

2. 按结构形式分类

浅基础按其结构形式可分为单独基础、刚性扩大基础、条形基础、筏板基础和箱形基础。

(1)单独基础

单独基础,也称独立式基础或柱式基础。单独基础是柱基础最常用、最经济的一种类型,它适用于柱距为 4~12m,荷载不大且均匀,场地均匀,对不均匀沉降有一定适应能力的结构的柱。它所用材料根据柱的材料和荷载大小而定,常采用砖石、混凝土和钢筋混凝土等。单独基础常采用方形或矩形,其按形式划分台阶形基础阶梯形[图 6-2a)]、锥形基础[图 6-2b)]等。当柱采用预制钢筋混凝土构件时,基础做成杯口形,然后将柱子插入,并嵌固在杯口内,故称杯形基础[图 6-2c)]。

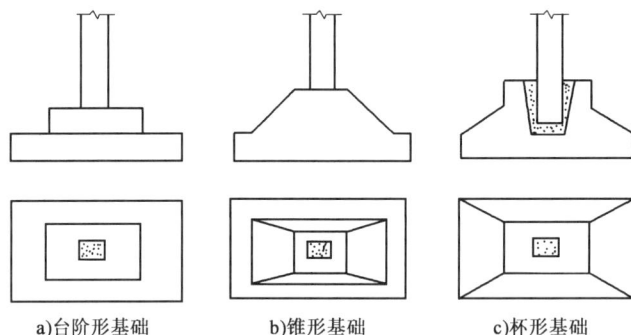

a)台阶形基础   b)锥形基础   c)杯形基础

图 6-2   单独基础

当地基承载力较大,上部结构传给基础的荷载较小,或当浅层土质较差在不深处有较好土层时,为了节约基础材料和减少开挖土方量可采用墙下单独基础。墙下单独基础的经济跨径为 3~5m,砖墙砌在单独基础上边的钢筋混凝土梁上(图 6-3)。

(2)刚性扩大基础

将基础平面尺寸扩大以满足地基强度要求,这种刚性基础又称为刚性扩大基础(图 6-4),其平面形状常为矩形,其每边扩大的尺寸最小为 0.20m。作为刚性基础,其每边扩大的最大尺寸应受到材料刚性角的限制。当基础较厚时,可将纵横两个剖面都做成台阶形,以减少基础自重,节省材料。它是桥涵及其他建筑物常用的基础形式。

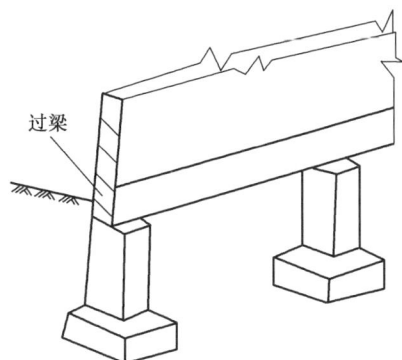

图 6-3 墙下单独基础

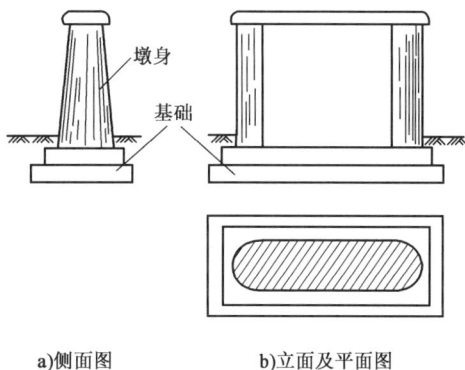

图 6-4 刚性扩大基础示意图

（3）条形基础

条形基础分为墙下条形基础(图6-5)和柱下条形基础(图6-6)。墙下条形基础是挡土墙下或涵洞下常用的基础形式,其横剖面可以是矩形或将一侧筑成台阶形。例如,挡土墙很长,为了避免在沿墙长方向因沉降不匀而开裂,可根据土质和地形予以分段,设置沉降缝。有时为了增强桥柱下基础的承载能力,将同一排若干个柱子的基础联合起来,即柱下条形基础。其构造与倒置的 T 形截面梁相似,在沿柱子的排列方向的剖面可以是等截面的,也可以在柱位处加腋。在桥涵基础中,根据受力情况设计成刚性基础或柔性基础。

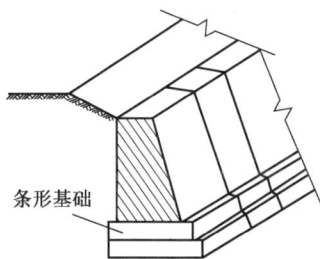

图 6-5 墙下条形基础

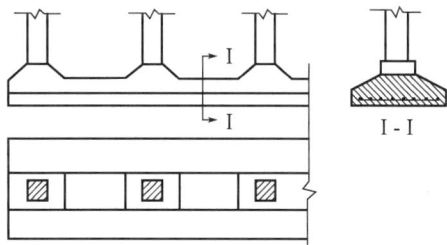

图 6-6 柱下条形基础

如果地基土很软,基础在宽度方向需进一步扩大面积,同时要求基础具有空间的刚度来调整不均匀沉降,可在柱下纵、横两个方向均设置条形基础,成为十字形基础。这是房屋建筑常用的基础形式,也称为交叉条形基础。

（4）筏板基础和箱形基础

筏板基础和箱形基础都是房屋建筑常用的基础形式(图6-7、图6-8)。当立柱或承重墙传来的荷载较大,地基土质软弱不均匀,采用单独基础或条形基础均不能满足地基承载力或沉降的要求时,可采用筏板式钢筋混凝土基础(简称筏板基础),这样既扩大了基底面积又增强了基础的整体性,并避免建筑物局部发生不均匀沉降。

筏板基础在构造上类似于倒置的钢筋混凝土楼盖,它可以分为平板式[图6-7a)]和梁板式[图6-7b)]。平板式常用于柱荷载较小而且柱子排列较均匀,间距也较小的情况。

为增大基础刚度,可将基础做成由钢筋混凝土顶板、底板及纵横隔墙组成的箱形基础(图6-8)。箱形基础的刚度远大于筏板基础,而且其顶板和底板之间的空间常可用作地下室。箱形基础适用于地基较软,土层厚,建筑物对不均匀沉降较敏感或荷载较大而基础建筑面积不太大的高层建筑。

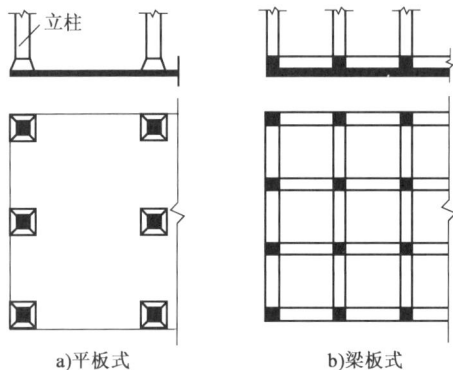

图 6-7 筏板基础

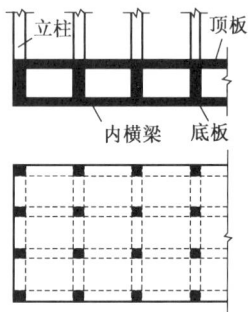

图 6-8 箱形基础

二、浅基础的设计(以刚性扩大基础为例)

刚性扩大基础的设计与计算的主要内容包括基础埋置深度的确定、刚性扩大基础尺寸的拟定、地基承载力验算、基础底面合力偏心距验算、稳定性验算、基础沉降验算。

1. 基础埋置深度的确定

在确定基础埋置深度时,必须考虑把基础设置在变形较小,但强度比较大的持力层上,既保证地基强度满足要求,又不致产生过大的沉降或沉降差。此外,还要使基础有足够的埋置深度,以保证基础的稳定性,确保基础的安全。在确定基础埋置深度时,必须综合考虑以下各种因素的作用。

(1)地基的地质条件

覆盖土层较薄(包括风化岩层)的岩石地基,一般应清除覆盖土和风化层后,将基础直接修建在新鲜岩面上;如果岩石的风化层很厚,难以全部清除,基础放在风化层中的埋置深度应根据其风化程度、冲刷深度及相应的地基承载力来确定。如果岩层表面倾斜,不得将基础的一部分置于岩层上,而将另一部分置于土层上,以防基础因不均匀沉降而发生倾斜甚至断裂。在陡峭山坡上修建桥台时,还应注意岩体的稳定性。

当基础埋置在非岩石地基上时,如果受压层范围内为均质土,基础埋置深度除满足冲刷、冻胀等要求外,可根据荷载大小,由地基土的承载能力和沉降特性来确定(同时考虑基础需要的最小埋深)。当地质条件较复杂时,如地层为多层土组成或对大中型桥梁及其他建筑物基础持力层的选定应通过较详细的计算或方案比较后确定。

(2)河流的冲刷深度

在有水流的河床上修建基础时,应考虑洪水对基础下地基土的冲刷作用。洪水水流越急,流量越大,洪水的冲刷作用越大,整个河床面被洪水冲刷后要下降,这叫作一般冲刷,被冲下去的深度叫作一般冲刷深度。同时桥墩的阻水作用使洪水在桥墩四周冲出一个深坑,这叫作局部冲刷。

因此,在有冲刷的河流中,为了防止桥梁墩、台基础四周和基础底面下土层被水流冲走掏空以致倒塌,基础必须埋置在设计洪水的最大冲刷线以下不小于1m处。特别是在山区和丘陵地区的河流,更应考虑季节性洪水的冲刷作用。

二级公路上的特大桥及三、四级公路上的大桥,在河床比降大、易于冲刷的情况下,可提高一级洪水频率验算基础冲刷深度。

(3)当地的冻结深度

在寒冷地区,应该考虑季节性的冰冻和融化对地基土产生的冻胀影响。对于冻胀性土,如土温在较长时间内保持在冻结温度以下,水分能从未冻结土层不断向冻结区迁移,引起地基的冻胀和隆起,这些都可能使基础遭受损坏。为了保证建筑物不受地基土季节性冻胀的影响,除地基为非冻胀性土,基础底面应埋置在天然最大冻结线以下一定深度。

(4)上部结构形式

上部结构的形式不同,对基础产生的位移要求也不同。对中、小跨径简支梁桥来说,这个因素对确定基础的埋置深度影响不大。但对超静定结构,即使基础发生较小的不均匀沉降也会使内力产生一定变化。例如拱桥桥台,为了减少可能产生的水平位移和沉降差值,有时需将基础设置在埋藏较深的坚实土层上。

(5)当地的地形条件

当墩台、挡土墙等结构位于较陡的土坡上时,在确定基础埋深时,还应考虑土坡连同结构物基础一起滑动的稳定性。由于在确定地基承载力特征值时,一般是按以地面为水平的情况确定的,因而当地基为倾斜土坡时,应结合实际情况,予以适当折减并采取相应措施。若基础位于较陡的岩体上,可将基础做成台阶形,但要注意岩体的稳定性。

(6)保证持力层稳定所需的最小埋置深度

地表土在温度和湿度的影响下,会产生一定的风化,其性质是不稳定的。加上人类和动物的活动以及植物的生长也会破坏地表土层的结构,影响其强度和稳定,所以一般地表土不宜作为持力层。为了保证地基和基础的稳定性,基础的埋置深度(除岩石地基外)应在天然地面或无冲刷河底以下不小于1m。

除此以外,在确定基础埋置深度时,还应考虑相邻建筑物的影响,如新建筑物基础比原有建筑物基础深,则施工挖土有可能影响原有基础的稳定。另外,施工技术条件(包括施工设备、排水条件、支撑要求等)及经济分析等对基础埋深也有一定影响,这些因素也应考虑。

2. 刚性扩大基础尺寸的拟定

在设计时,主要根据基础埋置深度确定基础平面尺寸和基础分层厚度。所拟定的基础尺寸,应在可能的最不利效应组合的条件下,保证基础本身有足够的结构强度,能使地基与基础的承载力和稳定性均满足规定要求,并且是经济合理的。

(1)基础厚度

基础厚度应根据墩、台身结构形式,荷载大小,选用的基础材料等因素来确定。基础底面高程应按基础埋深的要求确定。水中基础顶面一般不高于最低水位;在季节性流水的河流或陆地上的桥梁墩、台基础,则不宜高出地面,以防碰损。这样,基础厚度可按上述要求所确定的基础底面和顶面高程求得。一般情况下,大、中桥墩、台混凝土基础厚度为$1.0 \sim 2.0$m。

(2)基础平面尺寸

基础平面形式一般应根据墩、台身底面的形状确定。基础平面形状常用矩形。基础底面长宽尺寸与高度(图6-9)有如下关系:

$$\begin{cases} \text{长度(横桥向)} \quad a = l + 2H\tan\alpha \\ \text{宽度(顺桥向)} \quad b = d + 2H\tan\alpha \end{cases}$$ (6-1)

式中:l——墩、台身底截面长度,m;

d——墩、台身底截面宽度,m;

H——基础高度,m;

α——墩、台身底截面边缘至基础边缘线与垂线间的夹角,(°)。

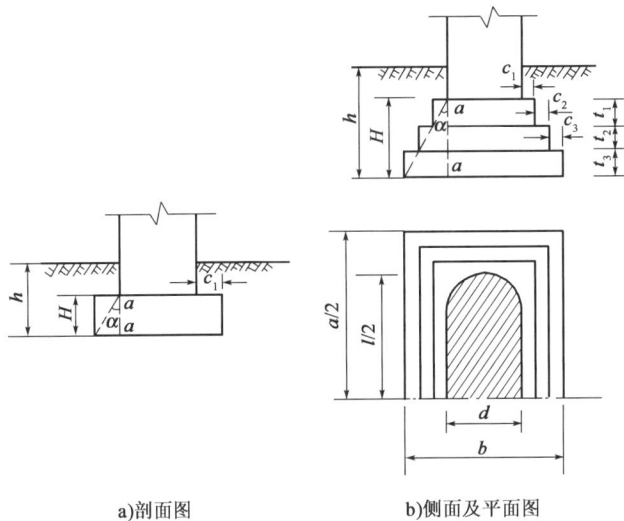

a)剖面图   b)侧面及平面图

图6-9 刚性扩大基础示意图

(3)基础剖面尺寸

刚性扩大基础的剖面形式一般做成矩形或台阶形,如图6-9所示。墩、台身底边缘至基顶边缘距离 c 称为襟边,其作用一方面是扩大基础底面面积,增加基础承载力,同时便于调整基础施工时在平面尺寸上可能发生的误差,另一方面满足支撑立墩、台身模板的需要。其值应视基础底面面积的要求、基础厚度及施工方法而定。桥梁墩、台基础襟边最小值为20cm。

基础较厚(超过1m)时,可将基础的剖面浇砌成台阶形,基础悬出总长度(包括襟边与台阶宽度之和)应使悬出部分在基础底面反力作用下,在 a-a 截面[图6-9b)]所产生的弯曲拉力和剪应力不超过基础圬工的强度限值。所以满足上述要求时,就可以得到墩、台身边缘处的垂线与基底边缘的连线间的最大夹角 $\alpha_{\max}$(称为扩散角,也称刚性角)。在设计时,应使每个台阶宽度 c_i 与厚度 t_i 保持在一定比例内,使其夹角 $\alpha_i \leq \alpha_{\max}$,这时可认为基础属于刚性基础,不必对基础进行弯曲拉应力和剪应力的强度验算,在基础中也可不设置受力钢筋。

扩散角 $\alpha_{\max}$ 的数值与基础所用的圬工材料强度有关。《公路圬工桥涵设计规范(附条文说明)》(JTG D61—2005)规定:实体墩台基础的扩散角,对于片石、块石和料石砌体,当用强度等级为 M5 的砂浆砌筑时,不应大于30°;当用强度等级为 M5 以上的砂浆砌筑时,不应大于35°;对于混凝土不应大于40°。

基础每层台阶高度 t_i，通常为 0.50 ~ 1.00m，一般情况下各层台阶宜采用相同高度。

技术提示：若基础尺寸过大，会增加基础的自重，使土体因强度不够发生破坏；若基础尺寸过小（底面积小），会使土中应力增加从而引起土体变形，使建筑物发生沉降、倾斜以及水平位移。

3.地基承载力验算

（1）持力层强度验算

持力层是指直接与基础底面相接触的土层，持力层承载力验算的目的是保证荷载在基础底面产生的地基应力不超过持力层的地基承载力特征值，以保证持力层地基强度不发生破坏。具体要求是

$$p_{max} \leqslant \gamma_R f_a \tag{6-2}$$

式中：γ_R——地基承载力抗力系数；

    f_a——修正后的地基承载力特征值，kPa；

    p_{max}——基础底面最大压应力，kPa，其确定方法见模块二基础底面压应力相关内容。当基底单向偏心受压时（图 6-10），计算公式见式（6-3）。

$$p_{max} = \frac{N}{A} + \frac{M}{W} \tag{6-3}$$

式中：p_{max}——基底最大压应力，kPa；

    N——作用于基底的竖向力，kN；

    M——墩台的水平力和竖向力对基础底面重心轴的弯矩，kN·m；

    W——基础底面偏心方向的面积抵抗矩，m³。

对于公路桥梁，通常基础横向长度比顺桥向宽度大得多，同时上部结构在横桥向的布置常是对称的，所以一般由顺桥向控制基底应力计算。但对于通航河流或河流中有漂流物的情况，应计算船舶撞击力或漂流物撞击力在横桥向产生的基础底面应力，并与顺桥向基础底面应力比较，取其大者控制设计。

在曲线上的桥梁，除顺桥向引起的力矩 M_x 外，尚有离心力（横桥向水平力）在横桥向产生的力矩 M_y。若桥面上活载考虑横向分布的偏心作用，则偏心竖向力对基础底面两个方向中心轴均有偏心距（图 6-11），并产生偏心距，则 $M_x = Ne_x$，$M_y = Ne_y$。因此，对于曲线桥应按下式计算基础底面应力：

$$p_{max} = \frac{N}{A} + \frac{M_x}{W_x} + \frac{M_y}{W_y} \tag{6-4}$$

$$p_{min} = \frac{N}{A} - \frac{M_x}{W_x} - \frac{M_y}{W_y} \tag{6-5}$$

式中：M_x、M_y——作用于墩台的水平力和竖向力对基础底面分别对 x 轴、y 轴的弯矩，kN·m；

    W_x、W_y——基础底面偏心方向边缘对 x 轴、y 轴的面积抵抗矩，m³。

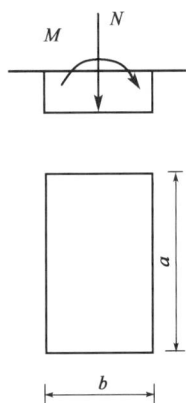

图 6-10　基础底面压应力

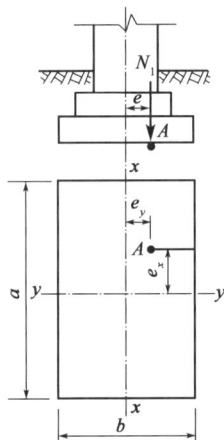

图 6-11　偏心竖直力作用在任意点

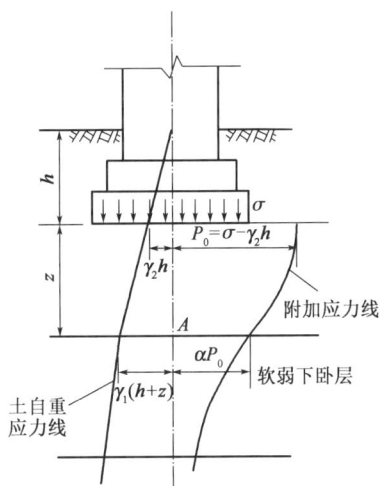

图 6-12　软弱下卧层承载力验算

式(6-3)和式(6-4)中的 N 值及 $M(M_x、M_y)$ 值,采用作用的频遇组合和偶然组合。作用组合表达式中的频遇值系数和准永久值系数均应取 1.0,分别进行基础底面应力计算,取其大者控制设计。

(2)软弱下卧层承载力验算

如图 6-12 所示,当受压层范围内地基由多层土(主要指地基承载力有差异)组成,且持力层以下有软弱下卧层(指承载力特征值小于持力层承载力特征值的土层)时,还应验算软弱下卧层的承载力。验算时,先计算软弱下卧层顶面 A(在基础底面形心轴下)的应力(包括自重应力及附加应力),即

$$p_z = \gamma_1(h+z) + \alpha(p - \gamma_2 h) \qquad (6-6)$$

式中:γ_1——深度$(h+z)$范围内各土层的换算重度,kN/m^3;

γ_2——深度 h 范围内各土层的换算重度,kN/m^3;

h——基础底面处的埋置深度,m(当基础受水流冲刷时,由一般冲刷线算起;当不受水流冲刷时,由天然地面算起;如位于挖方内,由开挖后地面算起);

z——从基础底面处到软弱地基或软土层地基顶面的距离,m;

α——基底中心下土中附加应力系数,可查表 2-2,应用角点法换算得到;

p——基底压应力,kPa[当 $z/b>1$ 时,p 采用基础底面平均压应力,b 为矩形基底的宽度;当 $z/b\leqslant 1$ 时,p 为基础底面压应力图形距最大压应力点 $b/4 \sim b/3$ 处的压应力(当梯形图形前、后端压应力差值较大时,可采用上述 $b/4$ 点处的压应力值;反之,则采用上述 $b/3$ 处压应力值)]。

验算要求:

$$p_z \leqslant \gamma_R f_a \qquad (6-7)$$

式中:γ_R——地基承载力抗力系数;

f_a——软弱地基或软土层地基顶面土的承载力特征值,kPa,可以根据规范的方法算得。

本项验算中,计算应力的最不利效应组合同持力层强度验算。

当软弱下卧层为压缩性强且较厚的软黏土时,或当上部结构对基础沉降有一定要求时,除承载力应满足上述要求外,还应验算软弱下卧层的基础沉降量。

4. 基础底面合力偏心距验算

控制基础底面合力偏心距的目的是使基础底面应力分布尽可能均匀,以免基础底面两侧应力相差过大,使基础产生较大的不均匀沉降,使墩、台发生倾斜,影响正常使用。若使合力通过基础底面中心,虽然可得均匀的应力,但这样做非但不经济,而且是不可能的,所以在设计时,必须控制偏心距 e_0 值。《公路桥涵地基与基础设计规范》(JTG 3363—2019)规定的控制值 e_0 见表6-1。

《公路桥涵地基与基础设计规范》(JTG 3363—2019)规定的控制值 e_0　　　　表6-1

作用情况	地基条件	合力偏心距	备注
仅承受永久作用标准值组合	非岩石地基	桥墩 $[e_0] \leqslant 0.1\rho$ 桥台 $[e_0] \leqslant 0.75\rho$	对拱桥、刚构桥墩、台,其合力作用点应尽量保持在基础底面重心附近
承受作用标准值组合或偶然作用标准值组合	非岩石地基	$[e_0] \leqslant \rho$	拱桥单向推力墩不受限制,但应符合抗倾覆稳定系数(表6-2)
	较破碎~极破碎岩石地基	$[e_0] \leqslant 1.2\rho$	
	完整、较完整岩石地基	$[e_0] \leqslant 1.5\rho$	

抗倾覆和抗滑动稳定系数限值　　　　表6-2

作用组合		验算项目	稳定系数
使用阶段	仅计永久作用(不计混凝土收缩及徐变、浮力)和汽车、人群作用的标准值组合	抗倾覆	1.5
		抗滑动	1.3
	各种作用的标准值效应组合	抗倾覆	1.3
		抗滑动	1.2
施工阶段作用的标准值组合		抗倾覆	1.2
		抗滑动	1.2

基础底面中心的单向合力偏心距:

$$e_0 = \frac{M}{N}$$

基础底面承受双向偏心受压的 ρ 可按下式计算:

$$\frac{e_0}{\rho} = 1 - \frac{p_{\min}}{\dfrac{N}{A}} \tag{6-8}$$

式中:符号意义同前,但要注意 N 和 $p_{\min}$ 应在同一种效应组合下求得。

在验算基底偏心距时,应采用计算基础底面应力相同的最不利效应组合。

5. 稳定性验算

稳定性验算主要是对基础稳定性进行验算。此外,对某些土质条件下的桥台、挡土墙还要验算地基的稳定性,以防桥台、挡土墙下地基滑动。

（1）基础稳定性验算

基础稳定性验算包括基础倾覆稳定性验算和基础滑动稳定性验算。

①基础倾覆稳定性验算。基础倾覆或倾斜除了地基的强度和变形原因外，往往发生在承受较大的单向水平推力而其合力作用点离基础底面的距离较高的结构物上。例如，挡土墙或高桥台受侧向土压力作用，大跨径拱桥在施工中墩、台受到不平衡的推力，以及多孔拱桥中一孔被毁等，此时单向恒载推力作用可能引起墩、台连同基础的倾覆和倾斜。

理论和实践证明，基础倾覆稳定性与合力偏心距有关。合力偏心距越大，基础抗倾覆的安全储备越小，如图6-13所示。因此，在设计时，可以用限制所有外力的合力 R 在验算截面的作用点对基础底面重心轴的偏心距 e_0 来保证基础的倾覆稳定性。对于矩形地面基础，在截面重心至合力作用点的延长线上，自截面重心至验算倾覆轴的距离为 $s(\text{m})$，外力合力偏心距 e_0，则两者的比值 k_0 可反映基础倾覆稳定性的安全度，即

$$k_0 = \frac{s}{e_0} \tag{6-9a}$$

$$e_0 = \frac{\sum P_i e_i + \sum H_i h_i}{\sum P_i} \tag{6-9b}$$

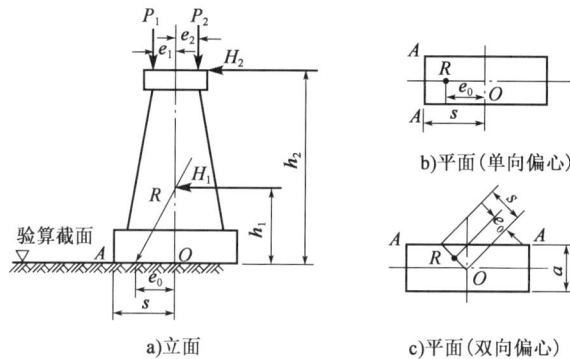

图 6-13 墩、台基础的稳定验算示意图

O-截面重心；R-合力作用点；A-A-验算倾覆轴

式中：k_0——桥涵墩、台基础抗倾覆稳定性系数；

s——在截面重心至合力作用点的延长线上，自截面重心至验算倾覆轴的距离，m；

e_0——所有外力的合力 R 在验算截面的作用点对基底重心轴的偏心距，m；

P_i——不考虑其分项系数和组合系数的作用标准值组合或偶然作用标准值组合引起的竖向力，kN；

e_i——竖向力 P_i 对验算截面重心的力臂，m；

H_i——不考虑其分项系数和组合系数的作用标准值组合或偶然作用标准值组合引起的水平力，kN；

h_i——水平力对验算截面的力臂，m。

注意：验算时，弯矩应视其绕验算截面重心轴的不同方向取正负号；对矩形凹缺的多边形基础，其倾覆轴应取基底截面的外包线。

按式(6-9)求得的抗倾覆稳定系数 k_0 值必须大于规范规定的稳定性系数限值(表6-2)。

②基础滑动稳定性验算。基础在水平推力作用下沿基础底面滑动的可能性即基础抗滑动安全度的大小,可用基础底面与土之间的摩擦阻力和水平推力的比值 k_c 来表示,即

$$k_c = \frac{\mu \sum P_i + H_{ip}}{\sum H_{ia}}$$ (6-10)

式中:k_c——桥涵墩、台基础的抗滑动稳定性系数;

$\sum P_i$——竖向力总和,kN;

μ——基础底面与地基土之间的摩擦系数,通过试验确定,当缺少实际资料时,可参照表6-3;

H_{ip}——抗滑稳定水平力总和,kN;

H_{ia}——滑动水平力总和,kN。

地基摩擦系数 表6-3

地基土分类	μ	地基土分类	μ
黏土(流塑～坚硬)、粉土	0.25	软岩(极软岩～较软岩)	0.4～0.6
砂土(粉砂～砂砾)	0.3～0.4	硬岩(较硬岩、坚硬岩)	0.6～0.7
碎石土(松散～密实)	0.4～0.5		

验算桥台基础的滑动稳定性时,如台前填土保证不受冲刷,可同时考虑计入与台后土压力方向相反的台前土压力,其数值可按主动或静止土压力进行计算。

按式(6-10)求得的抗滑动稳定系数 k_c 值必须大于规范规定的稳定性系数限值(表6-2)。

修建在非岩石地基上的拱桥桥台基础,在拱的水平推力和力矩作用下,基础可能向路堤方向滑移或转动,此水平位移或转动还与台后土抗力的大小有关。

知识链接:由式(6-10)可见,竖向力 P 值越小,水平力 H 越大,则 k_c 值越小越不利。所以本项验算应取 P 小、H 大的效应组合作为最不利组合。

(2)地基稳定性验算

位于软土地基上较高的桥台和挡土墙需验算沿滑裂曲面滑动的稳定性,基础底面下地基如在不深处有软弱夹层,在背后土推力作用下,基础也有可能沿软弱夹层土 II 的层面滑动,如图6-14a)所示;在较陡的土质斜坡上的桥台、挡土墙也有滑动的可能,如图6-14b)所示。这种地基稳定性验算可采用土坡稳定分析方法,即圆弧滑动面法。在验算时一般假定滑动面通过填土一侧基础剖面角点 A,但在计算滑动力矩时,应计入桥台上作用的外荷载(包括上部结构自重和活载等)以及桥台和基础自重的影响,然后求出稳定系数满足规定的要求值。

以上对地基与基础的验算,均应满足设计规定的要求。若达不到要求时,必须采取设计措施。例如,梁桥桥台后土压力引起的倾覆力矩比较大,基础的抗倾覆稳定性不能满足要求时,可将台身做成不对称的形式(图6-15所示的后倾形式),这样可以增加台身自重所产生的抗倾覆力矩,达到提高抗倾覆的安全度。如果采用这种外形,则在砌筑台身时,应及时在台后填土并夯实,以防台身向后倾覆和转动;也可在台后一定长度范围内填碎石、干砌片石或填石灰土,以增大填料的内摩擦角,减小土压力,达到减小倾覆力矩,提高抗倾覆安全度的目的。

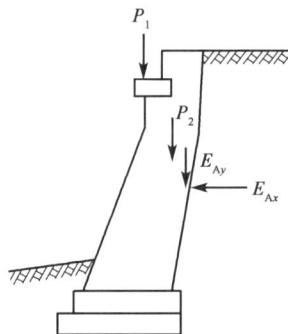

图 6-14 地基稳定性验算图

图 6-15 基础抗倾覆措施

6.基础沉降验算

基础的沉降验算包括沉降量验算、相邻基础沉降差验算、基础由于地基不均匀沉降而发生的倾斜验算等。

基础的沉降主要由竖向荷载作用下土层的压缩变形引起。沉降量过大将影响结构物的正常使用和安全,应加以限制。在确定一般土质的地基承载力特征值时,已考虑这一变形的因素,所以修建在一般土质条件下的中、小型桥梁的基础,只要满足了地基的强度要求,也就满足了地基(基础)的沉降要求。但对于下列情况,则必须验算基础的沉降,使其不大于规定的特征值:

(1)修建在地质情况复杂、地层分布不均或强度较小的软黏土地基及湿陷性黄土上的基础。

(2)修建在非岩石地基上的拱桥、连续梁桥等超静定结构的基础。

(3)当相邻基础下地基土强度有显著不同或相邻跨度相差悬殊而必须考虑其沉降差时。

(4)对于跨线桥、跨线渡槽,要保证桥(槽)下净空高度时。

在计算基础沉降时,基础底面的作用效应应采用正常使用极限状态下准永久组合效应,考虑的永久作用不包括混凝土收缩及徐变作用、基础变位作用,可变作用仅指汽车荷载和人群荷载。算得的沉降量(cm)不得超过下列规定:

(1)相邻墩、台间不均匀沉降差值(不包括施工中的沉降),不应使桥面形成大于 2‰的附加纵坡(折角)。

(2)超静定结构桥梁墩、台间不均匀沉降差值,还应满足结构的受力要求。

任务实例

1.设计资料

(1)上部结构:20m 预应力钢筋混凝土空心板,桥面净宽为 8m + 2 ×0.5m。

(2)下部结构:混凝土重力式桥墩。

(3)设计荷载:公路—Ⅱ级荷载,人群荷载为 3.5kN/m。

(4)地质资料:

①地质柱状(图 6-16)。

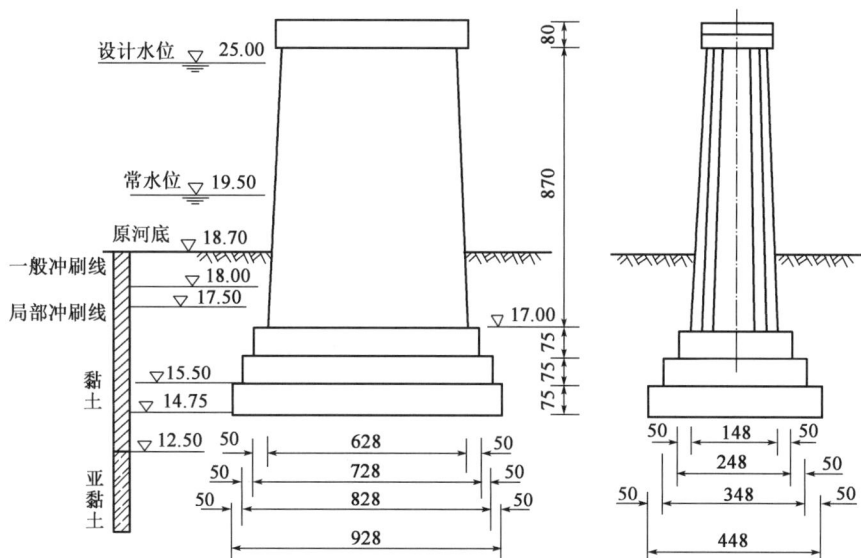

图6-16 设计算例(尺寸单位:cm;高程单位:m)

②地基土的物理性质指标(表6-4)。

地基土的物理性质指标 表6-4

层次	土名	$\gamma(kN/m^3)$	G_s	$w(\%)$	$w_L(\%)$	$w_P(\%)$	e	I_L
1	黏土	19.8	2.73	23.0	33.9	12.1	0.664	0.5500
2	亚黏土	18.5	2.72	29.6	34.7	19.8	0.867	0.658

(5)水文资料:设计水位高程25.0m,常水位高程19.5m,一般冲刷线高程18.0m,局部冲刷线高程17.5m。

(6)其他:桥梁处于公路直线段上,无冰冻,风压力$50\times0.01kPa$,拟在枯水季节施工。

2.设计任务

设计桥梁的中墩基础。

3.确定基础埋深

从地质条件看,表层黏土厚6m,其液限指数$I_L=\dfrac{w-w_P}{w_L-w_P}=0.5$,$e=0.664$,查表4-2得承载力特征值$f_{a0}=306kPa$,对公路—Ⅱ级荷载而言,可作为持力层。考虑黏土$I_L=0.5<1.0$,可视为不透水。常水位仅0.8m,可采用土围堰明挖法修筑扩大浅基础。因此,初步拟定基础底面设在局部冲刷线以下2.75m处,高程为$17.5-2.75=14.75(m)$。

4.基础尺寸的拟定

选用C25片石混凝土基础。根据荷载和地基承载力情况,初步拟定基础设三层台阶,每层厚75cm,台阶宽50cm,由此算出台阶扩展角$\alpha=\arctan\dfrac{50}{75}=34°<40°$,符合设计要求。于是,基础顶面尺寸为

$$l_2 = 628 + 2 \times 50 = 728(\text{cm}) = 7.28(\text{m})$$

$$b_1 = 148 + 2 \times 50 = 248(\text{cm}) = 2.48(\text{m})$$

基础底面尺寸为

$$l_1 = 628 + 6 \times 50 = 928(\text{cm}) = 9.28(\text{m})$$

$$b_2 = 148 + 6 \times 50 = 448(\text{cm}) = 4.48(\text{m})$$

5. 计算各种效应组合下作用于基础底面形心处的 N、H 和 M 值

基础底面形心处的 N、H 和 M 值见表6-5。

基础底面形心处的 N、H 和 M 值　　　　表6-5

序号	效应组合情况	作用于基础底面形心处的力或力矩		
		$N(\text{kN})$	$H(\text{kN})$	$M(\text{kN})$
1	采用作用的频遇组合和偶然组合,作用组合表达式中的频遇值系数和准永久值系数均取1.0,汽车荷载应计入冲击系数,用于验算地基承载力及基础底面偏心距。 恒载	6883	0	0
	组合 I : A:恒载 + 双孔车辆 + 双孔人群	9333	0	3
	B:恒载 + 单孔车辆 + 单孔人群	8108	0	204
	组合 II A:恒载 + 双孔车辆 + 双孔人群 + 双孔制动力 + 常水位时风力	9333	203	1909
	B:恒载 + 单孔车辆 + 单孔人群 + 单孔制动力 + 常水位时风力	8108	203	2111
2	承载力极限状态下作用效应中的基本组合,分项系数均为1.0,用于验算基础稳定性。 组合 I 恒载 + 单孔车辆 + 单孔人群 + 设计水位时浮力	6946	0	204
	组合 II A:恒载 + 单孔车辆 + 单孔人群 + 设计水位时风力 + 设计水位时浮力	6946	183	2041
	B:恒载 + 单孔车辆 + 单孔人群 + 单孔制动力 + 常水位时风力 + 常水位时浮力	7541	203	2111

注:组合 I 为永久作用(不计混凝土收缩、徐变和浮力)和汽车、人群的标准效应组合,组合 II 为各种作用(不包括偶然作用)的标准效应组合。

6. 合力偏心距验算

由合力偏心距 $e_0 = M/N$,对照表6-5中所列的效应组合情况,较易看出最不利的效应组合应为表中序号I中的组合IIB,其 $M = 2111\text{kN}$,为最大,而 $N = 8108\text{kN}$,比组合IIA 中的 N 大得多。

基础底面面积:　　　　　$A = 4.48 \times 9.28 = 41.57(\text{m}^2)$

截面抵抗距:　　　　　$W = \dfrac{1}{6} \times 9.28 \times 4.48^2 = 31.04(\text{m}^3)$

$$\rho = \frac{W}{A} = \frac{31.04}{41.57} = 0.747(\text{m})$$

$$e_0 = \frac{M}{N} = \frac{2111}{8108} = 0.26(\text{m})(\text{符合要求})$$

7. 地基强度验算

(1) 持力层强度

按地质材料,采用规范法,先求得持力层的承载力特征值:

$$f_a = f_{a0} + k_1\gamma_1(b-2) + k_2\gamma_2(h-3) + 10h_w$$

持力层为黏土,查得 $f_{a0} = 306\text{kPa}$,由 $I_L = 0.5$ 查表 4-9,得 $k_1 = 0, k_2 = 1.5$,故无宽度修正。由于 $h = 18 - 14.75 = 3.25(\text{m})$(从一般冲刷线算起),持力层为塑态黏土,可视为不透水,故应考虑地面水影响,$h_w = 19.5 - 18.0 = 1.5(\text{m})$,于是

$$f_a = 306 + 19.8 \times 1.5 \times 0.25 + 10 \times 1.5 = 328.4(\text{kPa})$$

对于组合 Ⅱ,承载力特征值抗力系数 $\gamma_R = 1.25$。

按表 6-5 序号 Ⅰ 的组合 ⅡB 计算,$e_0 = \dfrac{M}{N} = \dfrac{2111}{8108} = 0.26(\text{m})$,$\rho = \dfrac{W}{A} = \dfrac{31.04}{41.57} = 0.747(\text{m})$,$e_0 < \rho$,故基础底面应力为 $p_{\max}^{\min} = \dfrac{N}{A} \pm \dfrac{M}{W} = \dfrac{8108}{41.57} \pm \dfrac{2111}{31.04} = \dfrac{263}{127}(\text{kPa})$

各种效应组合下的基础底面应力列表计算于 6-6 中。

基底应力计算表

表 6-6

效应组合情况		$N(\text{kN})$	$M(\text{kN} \cdot \text{m})$	$\dfrac{N}{A}(\text{kPa})$	$\dfrac{M}{W}(\text{kPa})$	$P_{\max}(\text{kPa})$	$P_{\min}(\text{kPa})$
组合 Ⅰ	A	9333	3	225	0	225	224
	B	8108	204	195	7	202	188
组合 Ⅱ	A	9333	1909	225	62	287	163
	B	8108	2111	195	68	263	127

表列结果中 $p_{\max}$ 均小于 $f_a = 328.4\text{kPa}$,肯定符合 $p \leqslant \gamma_R f_a$ 的要求,故持力层强度足够。

(2) 软弱下卧层强度

若下卧层为亚黏土,根据 $I_L = \dfrac{29.6 - 19.8}{34.7 - 19.8} = 0.658$,$e = 0.867$,查表 4-2,得 $f_{a0} = 194\text{kPa}$,小于持力层 $f_{a0} = 273\text{kPa}$,故为软弱下卧层。

由 $I_L > 0.5$ 查表 4-9,得 $k_1 = 0, k_2 = 1.5$。持力层不透水,可计入水深修正,故软弱下卧层的承载力特征值为

$$f_a = f_{a0} + k_1\gamma_1(b-2) + k_2\gamma_2(h+z-3) + 10h_w$$
$$= 194 + 0 + 1.5 \times 20.0 \times (3.25 + 2.25 - 3) + 10 \times 1.5 = 284(\text{kPa})$$

上式中,由于持力层不透水,γ_2 采用黏土层的饱和重度值,则

$$\gamma_2 = \gamma_f = \frac{G_s + e\rho_w}{1+e}g = \frac{2.73 + 0.664}{1.664} \times 9.81 = 20.0(\text{kN/m}^3)$$

下卧层顶面应力为

$$p_z = \gamma_1(h+z) + \alpha(p - \gamma_2 h)$$

其中,h 应从河底算起,故 $h = 18.7 - 14.75 = 3.95(\text{m})$,$(h+z)$ 和 h 范围内均为黏土,计算

时用其天然重度,故 $\gamma_1 = \gamma_2 = 19.8\text{kN/m}^3$。因 $\dfrac{z}{b} = \dfrac{2.25}{4.48} = 0.5 < 1$,取 $p = \dfrac{p_{\min} + p_{\max}}{2}$。

组合 I A,$p = \dfrac{p_{\min} + p_{\max}}{2} = 225.5\text{kPa}$,由 $\dfrac{l}{b} = \dfrac{9.28}{4.48} = 2.07$,查表 2-2,利用角点法换算,内插得 $\alpha = 0.801$,故

$$p_z = 19.8 \times (3.95 + 2.25) + 0.801 \times (225.5 - 19.8 \times 3.95) = 240.3(\text{kPa})$$

对组合 I,$p_z < f_a$,符合要求。

组合 II A 时 $p = \dfrac{p_{\min} + p_{\max}}{2} = \dfrac{1}{2} \times (287 + 163) = 225(\text{kPa})$

$$p_{h+z} = 19.8 \times (3.95 + 2.25) + 0.801 \times (225 - 19.8 \times 3.95) = 240.4(\text{kPa})$$

对于组合 II,$p_z < \gamma_R f_a$,符合要求。

8. 基础稳定性

(1) 抗倾覆稳定性

$k_0 = \dfrac{s}{e_0}$,其中 $s = \dfrac{b}{2} = 2.24\text{m}$,$e_0 = M/N$,取最不利的效应组合,$k_0$ 计算见表 6-7,其结果符合要求。

k_0 计算表   表 6-7

效应组合	$N(\text{kN})$	$M(\text{kN} \cdot \text{m})$	e_0	k_0	要求最小稳定系数
组合 I	6946	204	0.029	77.2	1.5
组合 II	7541	2 111	0.28	8	1.3

(2) 抗滑稳定性

由 $k_c = \dfrac{\mu \sum P_i + H_{ip}}{\sum H_{ia}}$,且黏土的 $I_L = 0.5$(属于软塑状态),查表 6-2 得 $\mu = 0.25$,k_c 计算见表 6-8,其结果满足要求。

k_c 计算表   表 6-8

效应组合	$N(\text{kN})$	$M(\text{kN} \cdot \text{m})$	$\mu \sum P_i + H_{ip}$	k_c	要求最小稳定系数
组合 I	6946	204	1737	9.5	1.3
组合 II	7541	2 111	1885	9.3	1.2

9. 地基变形

本桥为静定梁桥,跨径不大,且地基土质良好,可不必计算沉降。

📚 **学习评价** ◀◀◀

1. 分组,利用网络收集一例浅基础图片,并对其特点进行简单描述。

2. 每名学生总结天然地基上的浅基础设计步骤。

3. 完成学习评价手册中的任务。

任务二　天然地基上的浅基础施工

任务描述

某小桥 1 号墩基础是天然地基上的浅基础,作为施工现场技术负责人,你需要深化基础施工方案,安排施工流程,解决工程施工中出现的技术问题。

学习引导

本任务沿着以下脉络进行学习:

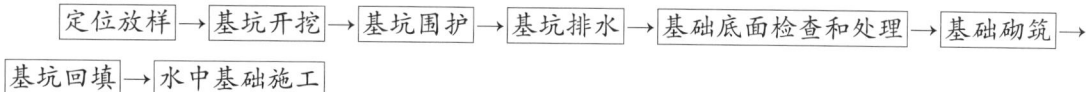

定位放样 → 基坑开挖 → 基坑围护 → 基坑排水 → 基础底面检查和处理 → 基础砌筑 →
基坑回填 → 水中基础施工

相关知识 <<<

天然地基上的浅基础施工,一般采用明挖法,即直接从地面向下开挖基坑至基础底面设计高程,然后在基坑中修筑基础。

开挖工作应尽量在枯水或少雨季节进行,且不宜间断。基坑挖至基底设计高程应立即对基础底面土质及坑底情况进行检验,验收合格后应尽快修筑基础,不得将基坑暴露过久。基坑可用机械或人工开挖,接近基础底面设计高程应留

扩大基础施工

30cm 由人工开挖,以免破坏基础底面土的结构。基坑开挖过程中要注意排水,基坑尺寸要比基础底面尺寸每边大 0.5~1.0m,以方便设置排水沟及立模板和砌筑工作。基坑开挖时根据土质及开挖深度对坑壁予以围护或不围护,围护的方式有多种多样。水中开挖基坑还需先修筑防水围堰。明挖法的特点是工作面大,施工简单。

一、陆地上的浅基础施工工序

陆地上的浅基础施工工序:基础定位放样—基坑开挖与坑壁围护结构设置—基坑排水—基础底面检验与处理—基础砌筑、养护和基坑的回填。

1.基础定位放样

基础定位放样就是根据设计的墩、台基础的位置和尺寸,将其在施工现场的地面上标定下来,包括基础和基坑平面位置及基础各部分高程的定位。放样的顺序:①定出桥梁中线和墩台基础底面形心点的定位桩;②根据桥涵的设计交角标出基础的轴线;③详细确定各基础和基坑的尺寸和边线,如图 6-17、图 6-18 所示。因为定位桩随着基坑的开挖,必将被挖去,所以必须在基坑位置以外,不受施工的影响地方,钉立定位桩的护桩,以备在施工中随时检查基坑和基础的位置是否正确;而基坑外围,通常可用龙门板固定或在地面上用石灰线标出。为便于掌握开挖高程,如附近没有水准点,在施工现场必须专门设置临时水准点。

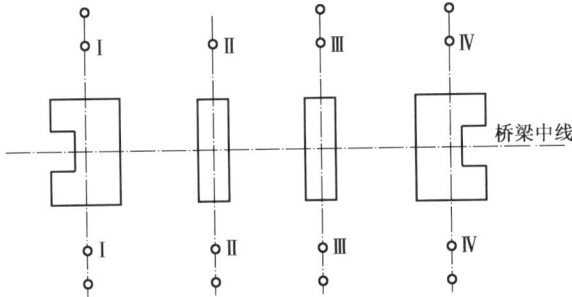

图 6-17 基础定位放样

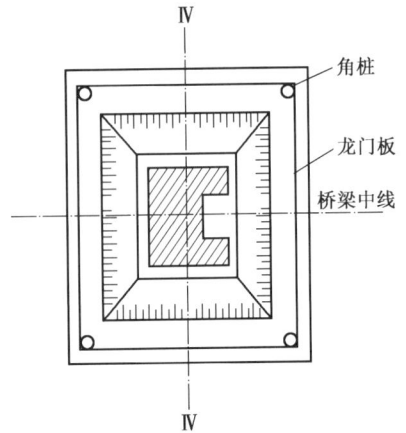

图 6-18 基坑放样

2. 基坑开挖与坑壁围护结构设置

基坑地面的形状必须与基础底面形状相适应,对于 U 形基础那样具有凹形底面的基础,为了施工方便,常将基坑底面形状简化为矩形。基坑大小应满足基础施工的要求,对于渗水的土质基坑,一般按基础底面的平面尺寸,每边增宽 0.5~1.0m,以便在基础底面外设置排水沟、集水坑和基础模板。但对无水且土质密实的基坑,如不设基础模板,可按基础底面的平面尺寸开挖。基坑采用什么断面,是否设置坑壁围护结构,应视土的类别和形状、基坑暴露时间、开挖基坑期间的气候、地下水位、土的透水性及建筑场地大小等因素而定。

(1) 不设围护的基坑

基坑较浅,地下水位较低或渗水量较少,不影响坑壁稳定时,可将坑壁挖成竖直或斜坡形。竖直坑壁只适宜在岩石地基或基坑较浅又无地下水的硬黏土中采用。在一般土质条件下开挖基坑应采用放坡开挖的方法,施工比较简单。在基坑深度不超过 5m,地基土质湿度正常,开挖暴露时间不超过 15 天的情况下,可参照表 6-9 选定基坑、坑壁坡度,表中 $1:n$ 表示斜坡坡度比。

基坑坑壁坡度

表 6-9

坑壁土质	基坑坑壁坡度 $1:n$		
	基坑顶缘无荷载	基坑顶缘有静载	基坑顶缘有动载
砂类土	1:1.00	1:1.25	1:1.5
碎卵石类土	1:0.75	1:10	1:1.25
亚砂土	1:0.67	1:0.75	1:10
亚黏土、黏土	1:0.33	1:0.50	1:0.75
极软岩	1:0.25	1:0.33	1:0.67
软质岩	1:0.00	1:0.10	1:0.25
硬质岩	1:0.00	1:0.00	1:0.00

注:1. 挖基经过不同土层时,边坡可分层设定,并酌设平台。

2. 在山坡上开挖基坑,如土质不良,应注意防止坍塌。

为了保证基坑坑壁边坡的稳定,当基坑深度大于 5m 时,可将坑壁坡度适当放缓或增设宽为 0.5~1.0m 的平台,如图 6-19 所示。必要时,坑顶周围应挖排水沟,以防地面水流入坑内冲刷坑壁。当基坑顶有动荷载时,顶缘与动荷载之间至少应留 1m 的护道。

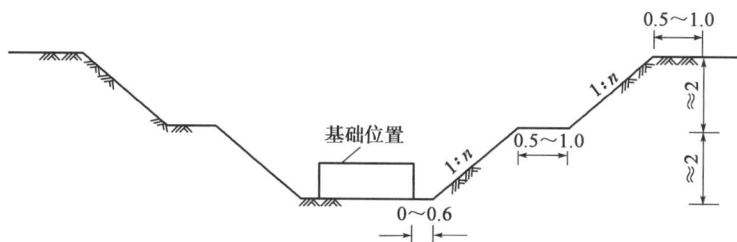

图 6-19　基坑坑壁边坡(尺寸单位:m)

对于无地下水的黏性土地基,当基坑高度不大于下式算出的数值时,允许采用竖直坑壁。

$$h = \frac{2c}{K\gamma\tan\left(45° - \dfrac{\varphi}{2}\right)} - \frac{q}{\gamma} \tag{6-11}$$

式中:K——安全系数,一般取值 1.25;

　　γ——坑壁土的重度,kN/m^3;

　　q——坑顶护坡道上的均布荷载,kPa;

　　c——坑壁土的黏聚力,kPa;

　　φ——坑壁土的内摩擦角,(°)。

基坑土方采用人工开挖或机械开挖,也可两种方法互相配合。挖土机械有吊车抓泥斗、挖掘机等,可视具体条件选用。基坑开挖最好避免在雨季进行。

(2)有围护基坑

当基坑边坡不易稳定,并有地下水影响,或建筑场地受到限制,或基坑斜坡过于平缓,致使土方量很大,从而不符合经济要求时,宜采用加设围护结构的竖直坑壁基坑。

基坑围护结构作为加固坑壁的临时性措施,有以下四种。

①挡板支撑。挡板支撑结构适用于开挖面积不大、深度较浅的基坑。挡板支撑的特点是先开挖后设置支撑结构。挡板支撑形式包括竖直挡板支撑、水平挡板支撑、竖直挡板和水平挡板混合支撑等。竖直挡板支撑是指挡板直立放置,挡板外用横枋加横撑木支撑,如图 6-20a)所示;水平挡板支撑是指水平挡板横向放置,挡板用竖枋加横撑木支撑,如图 6-20b)所示;竖直挡板和水平挡板混合支撑是上层支护采用水平挡板连续支撑到一定深度后改用竖直挡板支撑,如图 6-21 所示。

挡板支撑方式有连续式和间断式两种。连续式挡板支撑一般可以一次开挖到基础底面后再安装支撑,对于差、易坍塌的土,可以分段下挖,随挖随撑。采用间断式挡板支撑时应以保证土不从挡板间落出为前提。

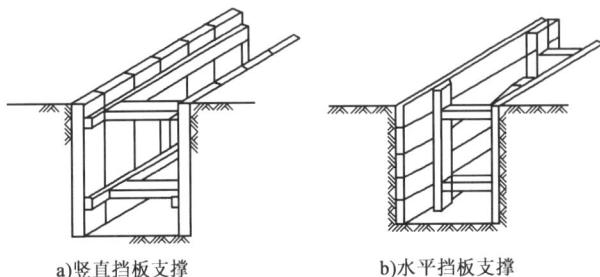

a)竖直挡板支撑　　　　b)水平挡板支撑

图 6-20　挡板支撑

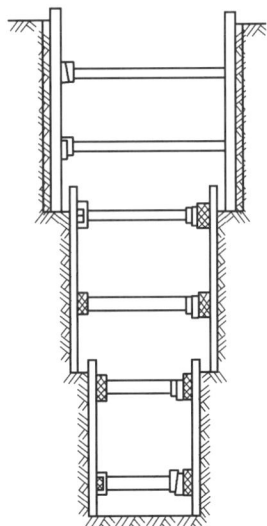

图 6-21　竖直挡板和水平挡板混合支撑

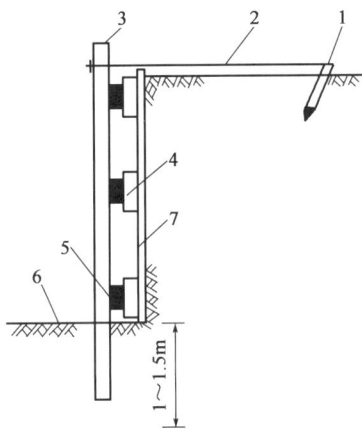

图 6-22　钢板结合支撑

1-锚桩;2-拉杆;3-型钢;4-横木;5-木楔;6-基坑底;7-挡板

②钢板结合支撑。当基坑深度在 3m 以上,或宽度较大,难以安装支撑时,可沿基坑周围每隔 1~1.5m 打入一根型钢(工字钢或钢轨)至底面以下 1~1.5m 并用钢拉杆将型钢上端锚固于锚桩上,随着基坑下挖设置水平挡板,在型钢与挡板之间用木楔塞紧,如图 6-22 所示。

③板桩支撑。当基坑平面尺寸较大且深度较深,尤其是当基坑底面在地下水位以下超过 1m,且涌水量较大不宜用挡板支撑时,可在基坑四周先沉入木板桩(现已经较少使用)、钢板桩或钢筋混凝土板桩,然后开挖基坑。板桩支撑既能挡土,又能隔水。图 6-23 所示为木板桩,板桩间有企口搭连(榫舌与榫槽搭接),能防渗水;图 6-24所示为槽形钢板桩断面,桩间用锁口搭接,能有效隔水。

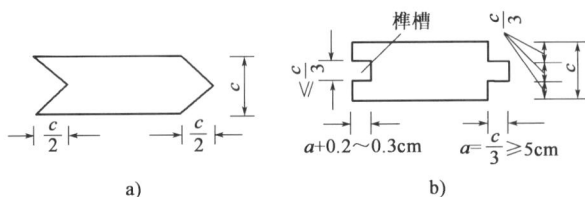

a)　　　　　　　　b)

图 6-23　木板桩

　　与挡板支撑不同,板桩支撑的工作特点是先打板桩入土,桩尖深入到基坑以下一定深度,然后才开挖基坑。这样在挖土过程中就能保证坑壁无坍塌之患。如果基坑较深,待基坑挖至一定深度后,还可以在板桩上部加设横向支撑,以增强板桩的稳定性。若基坑不太深,顶部可不设支撑。

图 6-24　槽型钢板桩断面

　　钢板桩的施工如图 6-25 所示。其施工工序是先沿基坑边外侧打入导桩,再在导桩上螺栓装入两条水平导框,用来固定桩位置。板桩插在导框之间,按一定顺序、方向,逐根将钢板桩沉入土中。导桩的入土深度视基坑深度而定,桩端至少沉入基坑底面以下 2m,钢板桩应用同种类型,并进行锁口试验和检查。

图 6-25　钢板桩施工示意图

　　④混凝土护壁。混凝土护壁用于深度较大的各种土质圆形基坑,在基坑口先设置预制或就地浇制的混凝土护筒,护筒顶端应高出地面 10~20cm,护筒长 1~2m,厚度视基坑直径大小和土质情况而定,一般为 10~40cm;护筒以下坑壁,采取喷射或现浇混凝土,一般是随挖随护,直至坑底。

　　a.喷射混凝土护壁,采用喷射器将掺有速凝剂的混凝土浆向坑壁喷射,喷射的混凝土早期能与坑壁形成具有一定强度的支护层。喷射混凝土的厚度主要取决于地质条件、渗水量、基坑直径及开挖深度等因素,可参考表 6-10 选定。当基坑较大、较深时,应取较大值,一般为 5~8cm。开挖基坑与喷射混凝土均分节进行,每节高 0.5~1.5m。

混凝土护壁厚度表(cm)　　　　　　　　　　　表6-10

土质条件	渗水情况		
	无水基坑	有少量渗水基坑	有大量渗水基坑
砂土、流砂、淤泥	10 ~ 15	16	15 ~ 20,加较多木桩及草袋
亚砂土	5 ~ 8	8 ~ 10	
亚黏土	3 ~ 5	5 ~ 8	
卵碎石	3 ~ 5	5 ~ 8	
砂类碎石	3 ~ 5	5 ~ 8	8 ~ 10

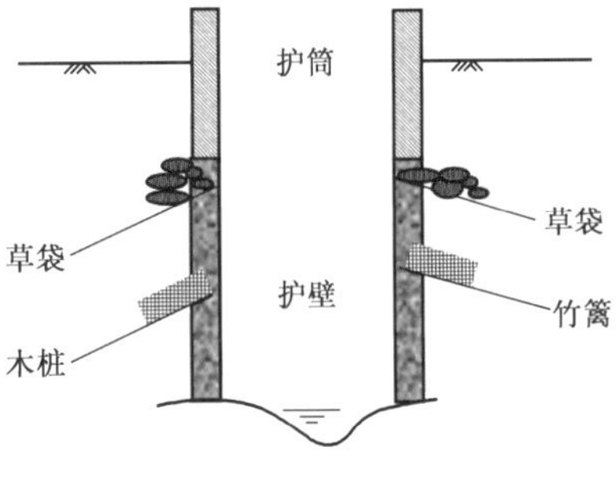

图6-26　喷射混凝土护壁

现浇混凝土护壁
基坑开挖施工

对极易坍塌的流砂、淤泥层,仅喷射混凝土往往不足以稳定坑壁,可采用图6-26所示的方法,先在坑壁上打入木桩或在打好的排水桩上编制竹篱,在有大量流砂之处塞以草袋,再喷射厚15~20cm的混凝土,即可防止坍塌。

对于无水或少水的坑壁,每节高度范围内,喷射混凝土应由下部向上部成环进行,这样对少量渗水的土层,一经喷护即能完全止水;对涌水的坑壁,喷射混凝土则应自上而下成环进行,以保证新喷的混凝土不致被水冲坏。

在施工过程中应经常注意检查护壁,如有变形开裂或空壳脱皮等现象,应立即加厚或凿除重喷,以确保坑内施工安全。

b.现浇混凝土护壁,用此法其逐节开挖的深度一般不超过2m,视坑壁土质稳定情况而定。其施工程序是:逐节向下开挖、立模、浇筑混凝土。模板上部留有浇筑窗口,混凝土先通过窗口向内往下浇筑,当混凝土至浇筑窗口下缘后,再用压灌混凝土的办法灌满窗口以上的部分,混凝土中应掺入早强剂,浇筑厚度为10cm左右。

3.基坑排水

在开挖基坑的过程中,如遇地下水,一般要不断地将渗入基坑的水排出,边排水,边向下开挖。基坑排水的目的在于保证开挖基坑作业在无水或少水的情况下顺利进行,同时有利于基础的砌筑与养护。目前常用的基坑排水方法有集水明排和井点排水两种。

(1)集水明排

在开挖基坑时沿坑底周围开挖排水沟,并每隔一定距离设置集水井,使基坑内挖土时渗出的水经排水沟流向集水井,然后用水泵将水排出坑外。这种方法的缺点是:地下水沿边坡面或坡脚或坑底渗出,使坑底软化或泥泞;当基坑开挖深度较大时,如果土的颗粒较小,地下水动水压力的作用可能引起流砂、管涌、坑底隆起和边坡失稳。因此,集水明排这种地下水控制方法虽然设备简单、施工方便,但在深基坑工程中单独使用有一定的条件。

(2)井点排水

井点排水适用于陆地上土质为透水性较大的粉砂、细砂和亚砂土地基,它能有效地防止表面排水时可能发生的流砂现象。如图6-27所示,在基坑周边外围打入多根井管,井管上部用横管相连,并与水泵的进水管相接。基坑开挖前不断地抽水,能使地下水位下降,开挖基坑时,只要井点继续不断抽水,就可使基坑始终处于无水状态。因此,这种方法又称为人工降低下水位法。

图 6-27   井点排水

井点排水时,应注意下列事项:

①降低成层土中地下水位时,应尽可能将滤管管底设在透水性较好的土层中。

②在水位降低的范围内应设置水位观测口,其数量视工程情况而定。

③对整个井点系统应加强检查和维护,保证不间断地抽水。

④应考虑到水位降低区域内的建筑物可能产生的附加沉降,并做好沉降观测,必要时应采取防护措施。

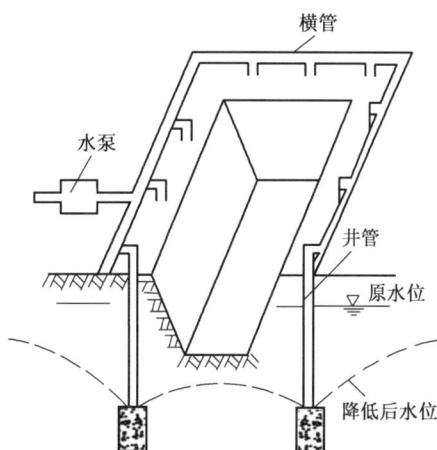

集水坑排水无围护
基坑开挖(换填)施工

4. 基础底面检验与处理

(1)基础底面检验

基坑挖好后,必须按规定检查基坑是否符合设计要求。检查内容如下:

①基坑底面的平面位置、尺寸和高程是否与原设计相符。

②直观检查地基土质与设计资料是否相符。如不相符,应取样做土质分析试验,同时由施工单位及时会同设计监理等有关单位共同研究办法,并加以实施。

③地质特别复杂且土质不良,或结构对地基有特殊要求时,应按设计的特殊要求做荷载试验,或者做土工试验,以便与载荷试验校对。

④检查完毕,应办理检验的签证手续,作为竣工验收资料的一部分,存入工程档案,以备查阅。

(2)基础底面处理

基础底面检验合格后,还应按不同地质情况,做如下处理:

①岩层:清除风化层、松碎石、淤泥、苔藓等。若岩层倾斜,应将岩层凿平或凿成台阶,使其承重面与重力线垂直,以免滑动。宜从岩面下凿 25cm,使基础嵌入岩层。

②砂类土或碎石类土:整平承重面,砌筑基础时,先铺一层约 2cm 的水泥砂浆。当坑底渗水不能彻底排干时,应将水引致基础外排水沟;在水稳定性较好的土质中,可在基础底面上铺一层 25～30cm 厚的片石或碎石,然后在其上浇筑基础,以免影响基础圬工的质量。

③黏性土:修整基坑底面时准许铲平(不得用回填土夯实的办法处理),修整好后,在最短时间内砌筑基础,不得暴露和浸水过久。

④软硬不均匀地层:挖出土质软的部分,使基础全部支承在硬土上。

⑤软弱地基:可视具体情况采取人工加固措施。

5. 基础浇筑、养护和基坑回填

基础浇筑一般都在排水条件下进行,只有当渗水量很大、排水很困难时,才采用水下灌注

混凝土的方法。排水砌筑时,应防止水浸坏工。此外,还应注意以下几点:

(1)石砌基础在砌筑中应使石块大面朝下,外圈石块及所有砌体均必须坐浆饱满,石块要求丁顺相间,以加强石块之间的连接,每层应保持基本水平。

(2)坏工在终凝后才允许浸水,不浸水部分仍需养护。

基础浇砌完成后,应检查质量和各部分尺寸是否符合设计要求。如无问题,即可选土质较好的土回填基坑,回填土要分层夯实,层厚约为30cm。

二、水中浅基础施工

水中扩大基础
土石围堰施工

对于处于河流中的桥梁墩台基础,在开挖基坑前,首先必须在基坑外围设置一道封闭的临时挡水结构物,这种挡水结构物称为围堰。围堰修筑好后,才可排水开挖基坑,或在静水条件下进行水下开挖基坑作业,并继续其他工序,这些施工内容与陆地上的基础施工基本相同。下面介绍各种围堰的构造、适用条件和施工要点。

围堰的一般规定如下:

(1)堰顶高度以高出施工期间可能出现的最高水位(包括浪高)为宜(50～70cm)。

(2)设置围堰后,河流断面减小会引起水流速度增大,应考虑由此而导致的水流对围堰、河床的冲刷及影响通航、导流等因素。

(3)堰内面积应满足坑壁放坡和基础施工的要求。

(4)围堰断面应满足自身强度和稳定性的要求。

围堰要防水严密,尽量减少渗漏,以减轻排水工作。围堰宜安排在枯水时期施工。如有洪水或流水冲击,则应有可靠的防护措施。

围堰有土围堰、土袋围堰、钢板桩围堰、竹(铅丝)笼围堰及套箱围堰等,应按水文地质、通航情况及具体施工条件等选用。

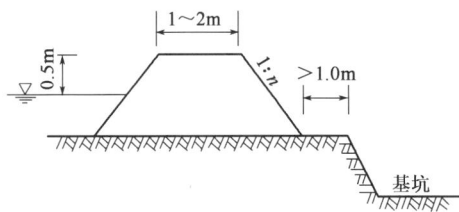

图6-28　土围堰

1. 土围堰

水深不超过1.5m,流速在0.5m/s以内,河床土质渗水性较小时可采用土围堰,如图6-28所示。堰顶宽一般为1～2m,堰外边坡坡度视填土在水中的自然坡度而定,一般为1:2～1:3;堰内边坡坡度一般为1:1.5～1:1,坡脚距基坑边缘距离根据河床土质及基坑深度而定,但不得小于1m。用砂土填筑的围堰坡度均应比黏土围堰的内外坡度平缓一些。为了减少渗水,当用砂土填筑时,需在外坡侧面用黏土覆盖或设黏土填心墙,但筑堰的土最好用黏土或亚黏土。筑堰前应先将堰底河床的树根、石块、杂草等清除,然后从上游开始填筑堰体至下游合龙。注意:不要直接向水中倾卸填土,而应顺已出水面的填土坡面往下倒,填土出水面后应进行夯实。为防止水流对围堰外侧的冲刷,可在外坡面用草皮、柴排、片石或内填砂土的草袋加以防护。

2. 土袋围堰

用草袋、麻袋、玻璃纤维袋等装土码叠而成的围堰统称土袋围堰。当水深不超过3m,流速在 1.5m/s 以内,河床土质渗水性较小时,可采用土袋围堰。堰顶宽一般为 1~2m,有黏土心墙时为 2~2.5m;堰外边坡坡度视水深及流速而定,一般为 1:1~1:0.5,堰内坡度一般为 1:0.5~1:0.2,内坡脚距基坑边缘距离不小于 1m。土袋中宜装不渗水的黏性土,装土量宜为袋容量的 1/2~2/3。装土过多,堆码不平稳,袋间空隙多,

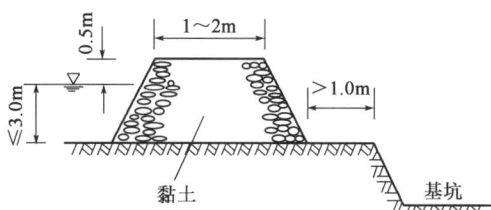

图 6-29 土袋围堰

易渗漏,袋口应缝合。图 6-29 为采用黏土心墙的土袋围堰,此时也可用砂土装袋。堰底处理同土围堰,在水中堆码土袋,可用带钩的杆子钩送就位。土袋上下层和内外层均应相互错缝,力求堆码密实整齐;必要时可派潜水工配合堆码,整理坡脚,不得乱抛。

土围堰和土袋围堰均利用自重维持其稳定性,故又称重力式围堰;主要是防地面水,堰身断面大,堵水严重。如果河底土质为粉砂、细砂,在排水挖基坑时,可能会发生流砂现象,就不宜用这类围堰,而要考虑选用板桩围堰。其中木板围堰因耗用木材多,加工复杂,防水效果不好因而不提倡采用。

3. 钢板桩围堰

钢板桩围堰一般适用于砂类土、碎软石类土、半干硬性黏土和风化岩等地层,它具有材料强度高、防水性能好、穿透土层能力强、堵水面积最小、可多次重复使用的优点。因此,当水深超过 5m 或土质较硬时,可选用钢板桩围堰。图 6-30 所示为常用的两种钢板桩形式。一字形钢板桩的抗挠性较差,多用于圆形围堰;槽形钢板桩的抗挠性较好,多用于深水处的矩形围堰。也可用型钢拼成各种形状的组合钢板桩,围堰的转角处,要用特制的钢板桩。

当围堰较深时,由于承受土、水压力较大,围堰内根据计算,安设由多层木、钢木或型钢组成的支撑,常称围囹,如图 6-31 所示。

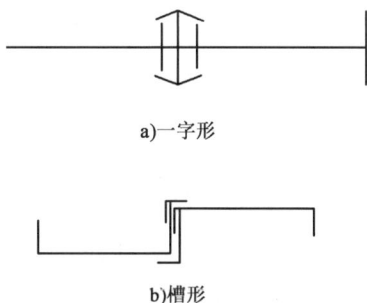

图 6-30 组合钢板桩

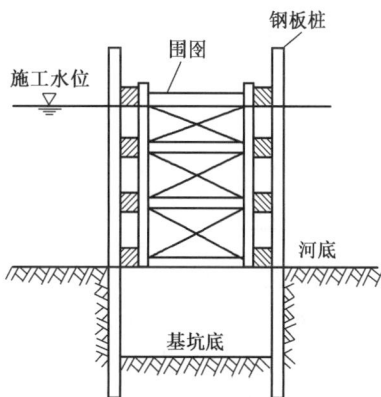

图 6-31 钢板桩围堰

钢板桩成品长度有多种规格,最长 20cm,并可根据需要接长,但相邻的接缝要错开 2m 以上。钢板桩顶端要有圆孔,便于起吊。

施工前要求详细检查每块钢板桩是否平直,特别是锁扣部分。插打钢板桩前应在锁扣处涂上防水填充料。一般插打顺序是由上游插向下游(较易合龙)。插打钢板桩,一般先将全部钢板

逐根或逐组插打到稳定深度,然后依次打到设计高程;在能保证钢板桩垂直沉入的前提下,每根或每组钢板桩也可一次打到设计深度。沉桩方法有锤击、振动和射水等,但在黏性土中不宜使用射水下沉方法。在开始沉入几根或几组钢板桩时,要注意检查其平面位置是否正确、桩身是否垂直,如发现倾斜应立即纠正或拔起重插。

钢板桩打到设计高程时,桩顶的平面位置偏差,在水上打桩时不得大于 20cm,在陆地打桩时不大于 10cm。

4. 竹(铅丝)笼围堰

竹(铅丝)笼围堰适用于河床为岩石不能打桩,或水流速度较大、水深在 1.5 ~ 4.0m 时的情况。由于堰身体积较大,要注意增加水流对覆盖层的冲刷作用。竹笼围堰由于用竹量大,只宜在盛产竹子的地区使用。

竹(铅丝)笼围堰是在笼子内填筑土、石,依靠本身重力抵抗水流冲击的围堰,适用的水深较土袋围堰深。按水深、流速、坑基大小及放渗要求,竹(铅丝)笼围堰可做成单层或双层。竹(铅丝)笼双层围堰如图 6-32 所示。一般先用竹(铅丝)编织成有底的圆笼,然后按围堰的位置将笼子放入水中。

投入卵石或片石,直到竹笼稳定在河床上。竹笼必须加固,应用钢筋、螺栓、铁丝等连接加固,以防填土石时被胀坏。铅丝笼也要用钢筋加固。相邻笼子之间要紧靠密排,分内外两个圈,两圈笼子之间填以黏土,以防渗水。内外圈之间设对拉钢丝,外围的水平方向,用钢筋或竹材通过铁丝捆扎,使内外两圈形成一个整体。围堰宽度一般为水深的 1.0 ~ 1.5 倍,笼子直径视水深及流速而定,为了防止堰底和河床被水冲刷,可在堰底外围抛堆土袋。

5. 套箱围堰

套箱是一种无底的围套,内设木、钢支撑组成的支架。套箱有木板套箱和钢套箱两种。木板套箱在支架外面钉装两层企口板,用油灰捻缝以防漏水;钢套箱则设焊接或铆合而成的钢板外壁。这种围堰适用于埋置不深的水中基础。

木套箱采用浮运就位,然后加重下沉;钢套箱则要用船运起吊就位下沉。下沉套箱前,应清除河床覆盖层并平整岩层。套箱沉至河底后,宜在箱脚外侧填以黏土或用土袋抛填护脚(图 6-33)。

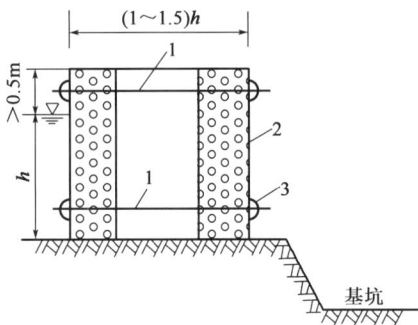

图 6-32　竹(铅丝)笼双层围堰
1-对拉钢丝;2-填石;3-横木

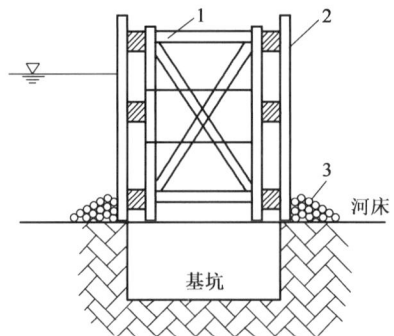

图 6-33　套箱围堰
1-套箱支架;2-外壁;3-护角

任务实例 <<<

例 某桥墩采用天然地基上刚性扩大浅基础,在分部、分项工程施工技术交底资料中需要绘制一份基础施工流程图。

解答: 根据本工程设计图纸、施工组织设计文件与施工现场情况,结合工程特点绘制基础施工流程图(图6-34)。

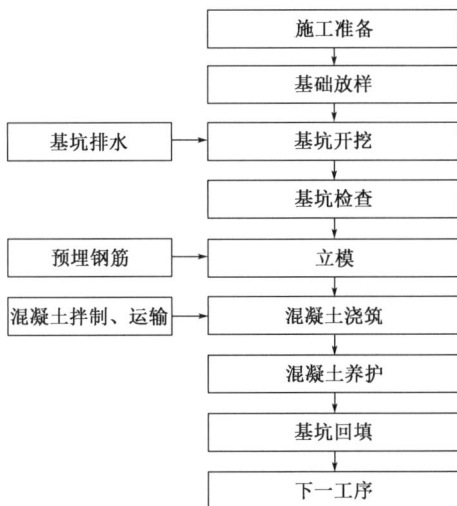

```
                  ┌──────────────┐
                  │   施工准备    │
                  └──────┬───────┘
                  ┌──────┴───────┐
                  │   基础放样    │
                  └──────┬───────┘
  ┌──────────┐    ┌──────┴───────┐
  │  基坑排水  │──→│   基坑开挖    │
  └──────────┘    └──────┬───────┘
                  ┌──────┴───────┐
                  │   基坑检查    │
                  └──────┬───────┘
  ┌──────────┐    ┌──────┴───────┐
  │  预埋钢筋  │──→│    立模       │
  └──────────┘    └──────┬───────┘
  ┌──────────────┐┌──────┴───────┐
  │ 混凝土拌制、运输 │──→│  混凝土浇筑  │
  └──────────────┘└──────┬───────┘
                  ┌──────┴───────┐
                  │  混凝土养护   │
                  └──────┬───────┘
                  ┌──────┴───────┐
                  │   基坑回填    │
                  └──────┬───────┘
                  ┌──────┴───────┐
                  │   下一工序    │
                  └──────────────┘
```

图6-34 基础施工流程图

学习评价 <<<

1. 分组,利用网络搜集水中基础施工围堰图片,并对围堰进行简单说明。
2. 每名学生汇报浅基础施工时基坑检查要做哪些工作。
3. 完成学习评价手册中的任务。

模块七

桩基础

📝 学习目标

【知识目标】

1. 理解桩基础的组成及特点、桩基础的类型及使用条件,了解桩身及承台的构造;

2. 掌握桩基础施工的一般工艺及注意事项;

3. 理解单桩承载力特征值的含义。

【能力目标】

1. 能够识读桩基础设计图;

2. 能够根据规范法确定单桩轴向受压承载力特征值;

3. 能够分析桩基础施工方案的正确性。

【素质目标】

通过学习桩的受力特点,培养全面地、发展地看待问题和分析问题的习惯,培养坚持绿色施工的理念,提高环保意识。

任务一　认识桩基础的类型与构造

任务描述

桩基础的类型要根据桥梁的设计标准(包括荷载等级、设计洪水位、抗震要求)选取,同时要与桥梁上部与下部构造相匹配。在某中桥的初步设计阶段,作为工程师,请你根据资料,因地制宜,结合地质条件和当地经验选用适合的桩基础类型。

学习引导

本工作任务沿着以下脉络进行学习:

领会桩基础的组成 → 理解桩基础的特点 → 掌握桩基础的适用条件 → 认识桩基础的类型 → 掌握桩基础的构造

相关知识 <<<

一、桩基础

1. 桩基础的组成

桩基础是常用的桥梁基础类型,是埋于地基土中的若干根桩及将所有桩连成一个整体的承台(盖梁)两部分所组成的一种基础形式,如图 7-1a)所示。桩身可以全部或部分埋入地基土中。当桩身外露在地面上较高时,在桩之间还应加横系梁,以加强各桩之间的横向联系。

若干根桩在平面上可排列为一排或几排,所有桩的顶部由承台连成一个整体,可在承台上修筑桥墩、桥台及上部结构。桩可以先预制好,再将其运至现场沉入土中;也可以就地钻孔(或人工挖孔),然后在孔中浇筑水泥混凝土或先置入钢筋骨架后再浇灌混凝土制成桩。

2. 桩基础的作用原理

桩基础的作用是将承台以上结构物传来的外力通过承台,由桩传到较深的地基持力层中。承台将外力传递给各桩并箍住桩顶使各桩共同承受外力。各桩所承受的荷载由桩通过桩侧土的摩阻力及桩端土的抵抗力将荷载传递到地基土中,如图 7-1b)所示。

3. 桩基础的特点

桩基础应设计正确,施工得当。它具有如下特点:

(1)承载力高,稳定性好,沉降量小而均匀。当地基浅层土质不良时,桩基础能穿越浅层土发挥地基深层土承载力的作用,以满足桥梁上部结构物荷载的要求。

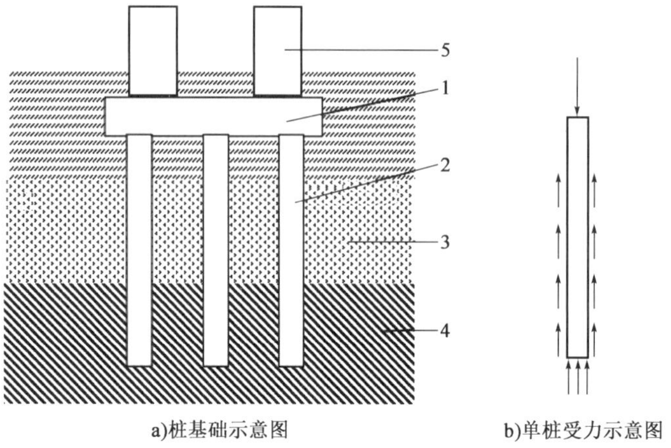

a)桩基础示意图　　　　b)单桩受力示意图

图 7-1　桩基础
1-承台;2-基桩;3-松软土层;4-持力层;5-墩柱

(2)在深水河道中施工,桩基础要比其他基础形式简便。桩基础可以借桩群穿过水流将荷载传到地基中,避免(减少)水下工程,简化施工设备和技术要求,加快施工速度并改善劳动条件。

(3)与其他深基础形式相比,桩基础耗用材料少。

(4)桩基础具有较好的适应性。目前,桩基础的类型多种多样,成桩机具种类繁多,施工工艺完善,施工经验成熟,施工方法灵活,所以,可以采用不同类型的桩基础和施工方法以适应不同的水文地质条件、荷载性质和上部结构。

4. 桩基础的适用条件

桩基础是一种深基础,主要适用于下列条件:

(1)荷载较大,地基上部土层软弱,适宜的持力层位置较深,采用浅基础或人工地基在技术上、经济上不合理。

(2)河床冲刷较大,河道不稳定或冲刷深度不易确定,如采用浅基础施工困难或不能保证基础安全。

(3)当地基计算沉降过大或结构物对不均匀沉降敏感时,采用桩基础穿过松软(强压缩性)土层,将荷载传到较坚实(弱压缩性)的土层,减少结构物沉降并使沉降较均匀。

(4)当施工水位或地下水位较高时,采用桩基础可以减少施工困难。

(5)在地震区可液化地基中,采用桩基础穿越可液化土层,可消除或减轻地震对结构物的危害,增强结构物的抗震能力。

以上情况也可以采用其他形式的深基础,但桩基础由于具有耗用材料少、自重轻、施工简便等优点,往往是被优先考虑的深基础方案。总之,当采用浅基础无法满足结构物对地基强度、变形和稳定性方面的要求时,常常采用桩基础。

当上层软弱土层很厚,桩底不能达到坚实土层时,需要用较多、较长的桩来传递荷载,这时的桩基础稳定性较差,沉降量也较大;当覆盖层很薄时,桩体周围约束力不足,桩的稳定性也有问题。此时,桩基础不一定是最佳的基础形式。

技术提示:在考虑采用桩基础时,必须根据上部结构特征与使用要求,认真分析研究建桥地点的工程地质与水文地质资料,考虑不同桩基础类型特点和施工环境条件,经过多方面的技术经济比较分析,选择确定合理可行的方案。

二、桩和桩基础的类型

1.桩的类型

1)按成桩方法和成桩挤土效应分类

大量工程实践表明,成桩挤土效应对桩的承载力、成桩质量控制和环境等有很大影响,因此,按成桩方法和成桩过程的挤土效应分类,桩可分为非挤土桩、部分挤土桩和挤土桩(排土桩)三大类。

(1)非挤土桩

非挤土桩也称为置换桩,是指施工时,用钢筋混凝土或钢材将与桩基础体积相同的土置换出来,因此桩身下沉对周围土体很少扰动。非挤土桩的缺点是有应力松弛现象。非挤土桩包括钻(挖)孔灌注桩、抓斗抓掘成孔桩等。

(2)部分挤土桩

部分挤土桩是指在成桩过程中,周围土体仅受到轻微挤压扰动,土体原状结构及工程性质没有大的变化。部分挤土桩包括冲孔灌注桩、挤扩孔灌注桩、预钻孔沉桩、打入式敞口桩和敞口预应力混凝土管桩等。

(3)挤土桩(排土桩)

挤土桩(排土桩)是指在成桩过程中,桩周围的土被挤密或挤开,桩周围的土受到严重的扰动,土的原始结构遭到破坏,土的工程性质发生很大变化。挤土桩(排土桩)主要包括各种沉桩,如锤击、静压、振动沉入的预制桩,以及闭口预应力混凝土管桩等。

在饱和软土中设置挤土桩,如设计和施工不当,就会产生明显的挤土效应,导致未初凝的灌注桩桩身缩小乃至断裂、桩上涌和移位、地面隆起等,从而降低桩的承载力;有时还会损坏邻近建筑物;桩基础施工后,还可能因饱和软土中孔隙水压力消散,土层产生再固结沉降,使桩产生负摩阻力,降低桩基础承载力,增大桩基础沉降。挤土桩只有设计正确和施工得当,才能收到良好的技术经济效益。

在非饱和松散土中采用挤土桩,其承载力明显高于非挤土桩。因此,正确地选择成桩方法和工艺,是桩基础设计中的重要环节。

2)按承载性状分类

按桩的承载性状分类,桩可分为摩擦型桩和端承型桩。

(1)摩擦型桩

摩擦型桩又分为摩擦桩和端承摩擦桩。

摩擦桩指在极限承载力状态下桩顶荷载由桩侧阻力承受的桩,如图7-2a)所示。在极限承载力状态下,桩顶荷载主要由桩侧阻力承受,桩端阻力很小,这种桩称为端承摩擦桩,如图7-2b)所示。

(2)端承型桩

端承型桩又分为端承桩和摩擦端承桩。

端承桩指在极限承载力状态下,桩顶荷载由桩端阻力承受的桩。例如,通过软弱土层桩端嵌入基岩的桩,桩的承载力由桩的端部承受,桩侧摩擦阻力很小,不予考虑,如图7-2c)所示。摩擦端承桩指在极限承载力状态下,桩顶荷载主要由桩端阻力承受,桩侧摩擦力很小。例如,图7-2d)所示的预制桩,桩周土为流塑状态黏性土,桩端土为密实状态粗砂,桩侧摩擦力约占单桩承载力的20%。

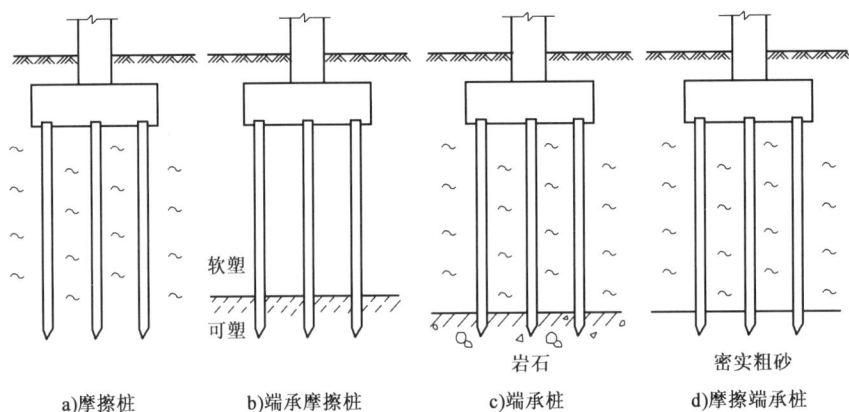

图 7-2 摩擦型桩与端承型桩

通常,端承桩承载力较大,基础沉降小,较安全可靠。但若岩层埋置很深,沉桩困难,则可采用其他几种类型的桩。

摩擦型桩的沉降一般大于端承型桩的沉降,为防止桩基础产生不均匀沉降,在同一桩基础中,不宜同时采用摩擦型桩和端承型桩。在同一桩基础中,采用不同直径、不同材料和桩端深度相差过大的桩,不仅设计复杂,施工中也易产生差错,故不宜采用。

3)按承载类别分类

按承载类别分类,桩可分为竖向抗压桩、竖向抗拔桩、水平受荷桩和复合受荷桩。

(1)竖向抗压桩

竖向抗压桩主要承受上部结构传来的竖向荷载,绝大部分桥梁桩基础都为竖向抗压桩。

(2)竖向抗拔桩

竖向抗拔桩主要承受竖向拉拔荷载,如地下抗浮结构及板桩墙后的锚桩等。

(3)水平受荷桩

水平受荷桩,如基坑支护、港口码头等工程中的各种支护桩主要承受水压力、土压力等水平荷载,其垂直荷载很小。

(4)复合受荷桩

复合受荷桩,如高耸建筑(构造)物的桩基础,既要承受很大的垂直荷载,又要承受很大的水平荷载(风荷载和地震力)。

4)按桩轴方向分类

按桩轴方向分类,桩可分为竖直桩和斜桩,如图7-3所示。其中,斜桩又分为(单向斜桩和多向斜桩)。斜桩的特点是能承受较大的水平荷载,但需要有相应的施工设备和工艺。因此,在桩基础中是否需设斜桩和确定怎样的斜度,应根据荷载的具体情况和施工的设备条件而定。

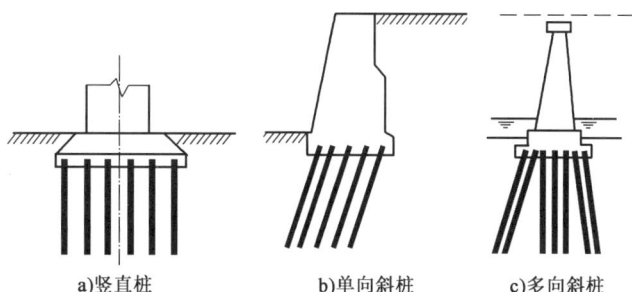

图 7-3　竖直桩和斜桩

a)竖直桩　　　　b)单向斜桩　　　　c)多向斜桩

一般来说,当作用于承台板底面处的水平外力和外力力矩不大,或桩的自由长度不长,或桩身截面较大时,可考虑采用竖直桩基础,反之宜采用带有斜桩的桩基础。

对于拱桥墩台等推力体系结构物的桩基础,一般应设置斜桩,以承受上部结构传来的较大水平推力,减小桩身弯矩、剪力和整个基础的侧向位移。

5)按施工方法分类

桩的施工方法种类较多,但基本方法为沉入法和成孔灌注法。按施工方法分类,桩可分为沉桩(预制桩)、灌注桩两种基本类型,以及管柱和钻孔埋置桩等类型。

(1)沉桩(预制桩)

沉桩的施工方法为将各种预制桩以不同的沉入方式(设备)沉入地基达到所需要的深度。预制桩是按设计要求预先制作好的桩。长桩可在桩端设置钢板、法兰盘等接桩结构,分节制作,施工时再接长。预制桩的桩体质量大,可大量工厂化生产,以加快施工进度。

预制桩按材料的不同分为钢筋混凝土桩、预应力混凝土桩、钢桩、木桩和组合材料桩等。其中,组合材料桩由两种以上的材料组成,如钢管混凝土桩或上部为钢管下部为混凝土的桩。预制桩按截面形状的不同分为方形(实心)桩和圆形(实心或空心管)桩两种。

预制桩适用于一般土地基,但较难沉入坚实地层。沉桩有明显的排挤土体作用,应考虑对邻近结构(包括邻近基桩)的影响。在运输、吊装和沉桩过程中应注意避免损坏桩身。

沉桩可以采用斜桩来抵抗较大的水平力,在某些情况下要比采用竖直的钻孔桩有利。当桩数量较多,现场又有打桩设备和搬移桩架等有利条件时,可以考虑采用沉桩。在有严重流砂的河床内,若采用钻孔桩施工比较困难,也可以采用沉桩。碎、卵石类土地基可采用射水沉桩方法施工。

按不同的沉桩方式,沉桩又可分为下列几种类型:

①打入桩(锤击桩)。打入桩(锤击桩)是通过锤击或以高压射水辅助的方式将预制桩沉入地基。这种施工方法适用于桩径较小,地基土质为可塑状黏性土、砂性土、粉土、细砂以及松散的不含大卵石或漂石的碎卵石类土的情况。打入桩伴有较大的振动和噪声,在城市建筑密集地区施工,必须考虑对环境的影响。

②振动下沉桩。振动法沉桩是将大功率的振动打桩机安装在桩顶,利用振动减小土对桩的阻力,同时利用向下的振动力使桩沉入土中。

振动下沉桩适用于可塑状的黏性土和砂土,用于土的抗剪强度在受振动时有较大降低的砂土等地基和自重不大的钢桩,其效果更为明显。沉桩困难时可采用射水辅助振动沉桩。

③静力压桩。静力压桩是利用静压力将桩压入土中,施工中虽然仍然存在挤土效应,但没有振动和噪声。静力压桩适用于较均质的可塑状黏性土地基,对于砂土及其他较坚硬土层,由于压桩阻力大而不宜采用。

静力压桩机有机械式静力压桩机和液压式静力压桩机之分;根据压桩的部位又分为在桩顶顶压的顶压式静力压桩机以及在桩身抱压的抱压式静力压桩机。目前使用的多为液压式静力压桩机,压力可达 6000kN 甚至更大,图 7-4 所示是一种抱压式液压静力压桩机。

(2)灌注桩

灌注桩是指在现场地基中按一定方法成孔,然后下放钢筋骨架、浇筑混凝土而成的桩。灌注桩成桩过程示意图如图 7-5 所示。

图 7-4 抱压式液压静力压桩机

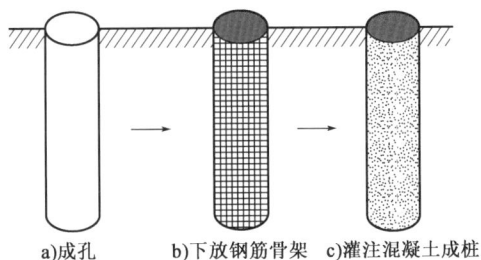

a)成孔   b)下放钢筋骨架   c)灌注混凝土成桩

图 7-5 灌注桩成桩过程示意图

就地灌注桩基本概念
和施工流程介绍

灌注桩有多种不同的成孔设备和施工方法,因而适用于各种类型的地基土,并可做成较大直径以提高桩的承载力。

灌注桩在施工时可避免或减轻预制桩沉桩时对周围土体的挤压及产生的振动和噪声,但在成孔成桩过程中应采取相应的措施和方法,以保证孔壁的稳定和提高桩体的质量。

根据成孔方法的不同,灌注桩可分为泥浆护壁钻(冲)孔灌注桩、干作业成孔灌注桩和沉管灌注桩等。

①泥浆护壁钻(冲)孔灌注桩。泥浆护壁钻(冲)孔灌注桩是指用钻(冲)孔机具钻(冲)进土中,边破碎土体边排出土渣而成孔,然后在孔内放入钢筋骨架,灌注混凝土所形成的桩。桩的直径一般为 0.8～1.5m。

在成孔过程中,为防止孔壁坍塌,顺利成孔,需采用泥浆护壁和灌注水下混凝土等相应的施工工艺和方法。

泥浆护壁钻(冲)孔灌注桩的施工设备简单,操作方便。泥浆护壁钻(冲)孔灌注桩适用于各种黏性土、砂性土以及碎、卵石类土和岩层。对于易坍孔土质及可能发生流砂或有承压水的地基,泥浆护壁钻(冲)孔灌注桩施工难度较大,施工前应做试桩以取得经验。

②干作业成孔灌注桩。干作业成孔灌注桩不需要泥浆护壁,而是直接利用机械或人工在无水状态下成孔,然后下放钢筋笼,浇筑混凝土成桩。干作业成孔灌注桩适用于地下水位以上的黏性土、粉土、中等密实以上的砂土及风化岩层等,而不适于有地下水的土层和淤泥质土。

按成孔机具设备和工艺方法的不同,常用的干作业成孔灌注桩有干作业钻孔灌注桩、挖孔灌注桩及扩底灌注桩等。

a.干作业钻孔灌注桩。干作业钻孔灌注桩利用钻孔机具成孔,钻孔机具可以采用螺旋钻、回转斗成孔机、全套管成孔机等。

螺旋钻钻孔是干作业钻孔的常用方法,如图7-6所示。螺旋钻钻孔通过动力旋转钻杆,使钻头的螺旋叶片旋转削土,使土沿螺旋叶片提升并排出孔外。螺旋钻钻孔直径一般不超过1.0m,钻孔深度一般在30m以内。

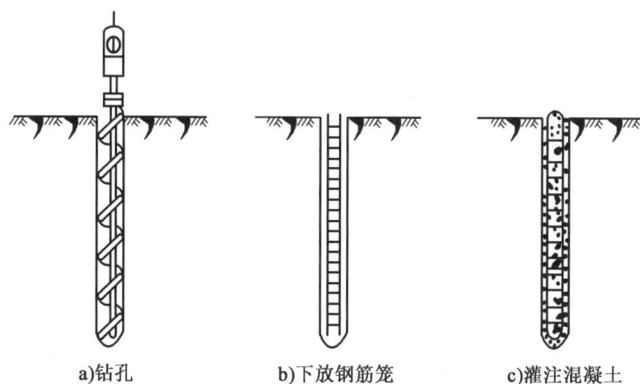

a)钻孔　　b)下放钢筋笼　　c)灌注混凝土

图7-6　螺旋钻钻孔过程示意图

干挖螺旋成孔灌注桩

回转斗成孔机的回转斗是一个直径与桩径相同的圆斗,斗底装有切土刀,斗内可容纳一定量的土。工作时,回转斗成孔机旋转切削土体,并将土装入斗内,然后提升回转斗卸土,再将回转斗放下进行下一次作业。回转斗成孔直径最大已达3m,但成孔深度受伸缩钻杆的限制,一般只能达到50m。

为防止坍孔,也可采用全套管成孔机作业。施工时边下沉钢套管,边利用回转斗或抓土斗在钢套管内取土,成孔后灌注混凝土,同时逐步将钢套管拔出。这种方法适用的土质范围广,桩径较大,一般在0.6~2.5m,孔深最大可达50m,但成孔速度较慢。

b.挖孔灌注桩。挖孔灌注桩是依靠人工(用部分机械配合)或机械在地基中挖出桩孔,然后浇筑钢筋混凝土或混凝土形成桩。其特点是不受设备限制,施工方法简单,桩径较大(一般大于1.4m),但挖孔深度不宜太深。为增大桩底支承力,可用开挖或爆破等办法扩大桩底。这种挖孔方法能直接检验孔壁和孔底土质,所以能够保证桩的质量。挖孔灌注桩一般适用于无水或渗水量小的地层,对可能发生流砂或含较厚的软黏土层地基,施工较为困难,需要加强孔壁支撑,以确保孔壁稳定和施工安全。

人工挖孔灌注桩施工工艺及流程

人工挖孔灌注桩施工工艺及流程(有人)

c.扩底灌注桩。扩底灌注桩是用普通成孔机械成孔后,为了提高灌注桩的承载能力,再使用扩孔钻头在孔底部分进行扩孔,使孔底形成喇叭形状,增加桩底部的承载面积,如图7-7所示。

扩孔也可采用爆扩的方法进行,即先就地成孔,然后用炸药爆炸扩大孔底,浇筑混凝土成桩。扩底灌注桩的施工程序如图7-8所示。

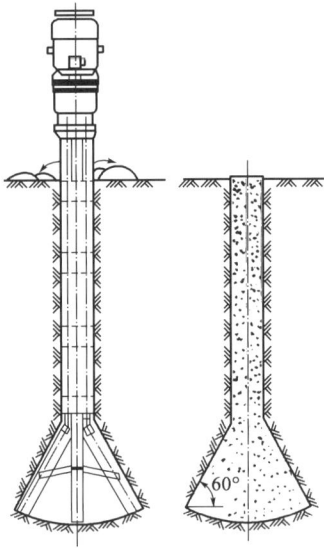

图7-7　扩底灌注桩

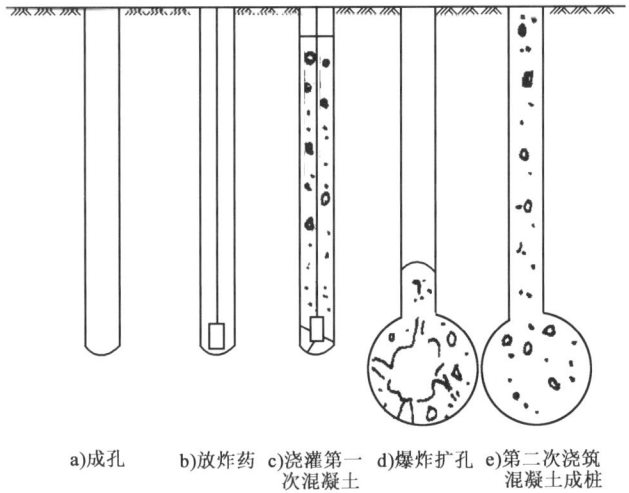

a)成孔　b)放炸药　c)浇灌第一　d)爆炸扩孔　e)第二次浇筑
　　　　　　　　　次混凝土　　　　　　　　混凝土成桩

图7-8　扩底灌注桩的施工程序

扩底灌注桩适用于持力层较浅、在黏土中成型并支承在坚硬密实土层上的情况。

③沉管灌注桩。沉管灌注桩是指采用锤击或振动的方法把带有钢筋混凝土的桩尖或带有活瓣式桩尖(沉管时桩尖闭合,拔管时活瓣张开)的钢套管沉入土层中成孔,然后在钢套管内放置钢筋笼,并边灌注混凝土边拔钢套管所形成的灌注桩。沉管灌注桩适用于黏性土、砂性土地基。

振动沉管灌注桩　锤击沉管灌注桩　管柱基础构造　管柱基础　大直径钻埋预应力
施工工艺　　　　施工工艺　　　　　　　　　　　施工工艺　　空心桩施工

沉管灌注桩是在钢管内无水的环境中沉放钢筋笼和浇灌混凝土的,使得桩身混凝土的质量得到充分的保障。由于采用了钢套管,沉管灌注桩可以避免钻孔灌注桩施工中可能产生的流砂、坍孔的危害和由泥浆护壁所带来的排渣等弊病。但沉管灌注桩的直径较小,常用的尺寸在0.6m以下,桩长常在20m以内。

（3）管柱

管柱是将预制的大直径(直径1～5m)钢筋混凝土或预应力混凝土或钢管柱(实质上是一种巨型分节装配的管桩,每节长度根据施工条件决定,一般采用4m、8m和10m,接头用法兰盘和螺栓连接)用大型的振动桩锤沿导向结构振动下沉到基岩(一般以高压射水和吸泥机配合帮助下沉),然后在管内钻岩成孔,下放钢筋笼骨架,灌注混凝土,将管柱嵌固于岩层,如图7-9所示。

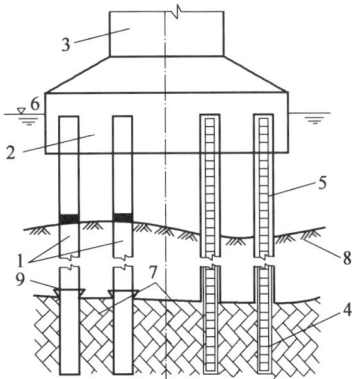

图7-9　管柱基础

1-管柱;2-承台;3-墩身;4-嵌固于岩层;5-钢筋骨架;6-低水位;7-岩层;8-覆盖层;9-钢管靴

管柱适用于大跨径桥梁的深水基础,或岩面起伏不平的河床上的基础。管柱基础可以在深水及各种覆盖层条件下进行,没有水下作业,不受季节限制,但施工需要有振动沉桩锤、凿岩机、起重设备等大型机具,动力要求也高,所以在一般公路桥梁中较少采用。

(4)钻孔埋置桩

钻孔埋置桩是一种先钻孔然后插入预制桩所成的桩,适用于穿过硬层或深置于硬层内的桩基础。钻孔直径宜稍大于预制桩直径,且预制空心桩的最下面一节桩桩底应设底板,中心应设压浆管。当预制桩放好后,通过压浆管实施后压浆,以改善桩端阻力和桩侧摩阻力的受力状态,提高单桩承载力。

2. 桩基础的类型

根据桩基承台底面位置的不同,桩基础可分为低承台桩基础和高承台桩基础。

低承台桩基础的承台底面位于地面(或局部冲刷线)以下,基桩全部埋入土中,如图7-10a)所示。低承台桩基础受力性能好,能承受较大的水平外力。

高承台桩基础的承台底面位于地面(局部冲刷线)以上,基桩部分入土,部分外露在地面以上,如图7-10b)所示。

高承台桩基础由于承台位置较高或设在施工水位以上,可减少墩台坞工数量,避免或减少水下作业,施工较为方便。但高承台桩基础在水

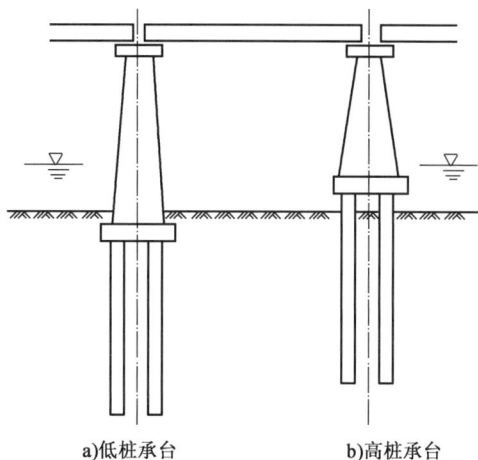

a)低桩承台   b)高桩承台

图7-10 高桩承台桩基础和低桩承台桩基础

平力作用下,由于承台及基桩露出地面的一段自由长度,周围无土体来共同承受水平外力,基桩的受力情况较为不利,桩身内力和位移都将大于在同样水平外力作用下的低承台桩基础。在稳定性方面,低承台桩基础也比高承台桩基础好。

一般对旱桥和季节性河流或冲刷深度较小的河床上的桥梁,大多采用低承台桩基础;对常年有水且水位较高,施工时不宜排水或冲刷较深的河床上的桥梁,则多采用高承台桩基础。近年来,由于大直径钻孔灌注桩的采用,桩的刚度、强度都较大,因而高承台桩基础在桥梁基础工程中已得到广泛采用。

三、桩与桩基础的构造

不同材料、不同类型的桩基础具有不同的构造特点和性能,为了保证桩的质量和充分发挥桩基础的作用,在桩基础设计计算时首先应满足其构造的基本要求。下文将介绍目前国内桥梁中常用桩的构造特点与要求。

1. 各种基桩的构造

(1)就地灌注钢筋混凝土桩

钻孔灌注桩设计直径不宜小于0.8m,一般情况下,钻孔灌注桩的设计直径宜采用0.8~3.2m;挖孔灌注桩直径或最小边宽度不宜小于1.2m。

钻孔灌注桩混凝土强度等级不应低于 C25。钻孔灌注桩应按桩身内力大小分段配筋,当内力计算表明不需配筋时,应在桩顶 3.0~5.0m 内设构造钢筋,如图 7-11 所示。

桩内主筋直径不应小于 16mm,每根桩的主筋数量不应少于 8 根,其净距不应小于 80mm 且不应大于 350mm。

如果配筋较多,可采用束筋。组成束筋的单根钢筋直径不应大于 36mm,组成束筋的单根钢筋根数,当其直径不大于 28mm 时不应多于 3 根,当其直径大于 28mm 时应为 2 根。束筋成束后等代直径为 $d_e = \sqrt{n}\, d$ (式中:n 为单束钢筋根数,d 为单根钢筋直径)。

受压主筋最小配筋率不小于 0.5%,当混凝土强度等级为 C50 及以上时不应小于 0.6%。同时,一侧钢筋的配筋百分率不应小于 0.2%。

为防止骨架移动发生露筋现象,主筋保护层净距不应小于 60mm。钢筋的保护层厚度应满足现行《公路钢筋混凝土及预应力混凝土桥涵设计规范》(JTG 3362)的规定。

闭合式箍筋或螺旋筋直径不应小于主筋直径的 1/4,且不应小于 8mm,其中距不应大于主筋直径的 15 倍且不应大于 300mm。为增加吊装时的骨架刚度,一般沿钢筋笼骨架每隔

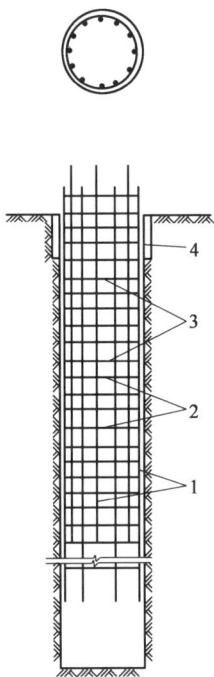

图 7-11 就地灌注钢筋混凝土桩
1-主筋;2-箍筋;3-加劲箍;4-护筒

2.0~2.5m 设置一道直径 16~32mm 的加劲箍(图 7-11)。

钢筋笼四周应设置突出的定位钢筋、定位混凝土块,或采用其他定位措施。钢筋笼底部的主筋宜稍向内弯曲,作为导向。

(2)钢筋混凝土预制桩

钢筋混凝土预制桩有实心的圆桩和方桩(少数为矩形桩),空心的管桩,以及管柱(用于管柱基础)。

①钢筋混凝土实心桩。桩的截面常采用方形,因为其生产、制作、运输和堆放均较为方便。普通实心方形桩的截面边长一般为 0.3~0.5m。就地预制桩的长度取决于沉桩设备,一般在 25~30m 范围内,工厂预制桩的分节长度一般不超过 12m,沉桩时在现场连接到所需长度。

现场接桩时,桩的接头的可靠性是很重要的,必须保证接头有足够的强度。钢筋混凝土桩一般采用焊接钢板接头,如图 7-12 所示。当预制桩采用静压桩方式沉桩时,有时可采用硫磺胶泥接头,将上一节桩伸出的锚筋插入下一节桩的锚孔,并

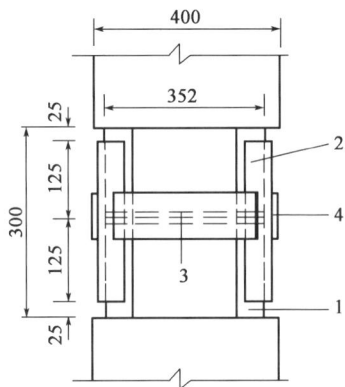

图 7-12 钢筋混凝土桩焊接钢板接头(单位尺寸:mm)
1-预埋角钢;2-现焊角钢;3-顶板;4-现焊连接钢板

灌入熔化的硫磺胶泥,冷却后即牢固黏结。这种接桩方式的特点是接头结构简单,较经济,但其现场拌制质量受人为因素影响大,长期效果也待检验。对受力较大较重要的桥梁桩基础宜用钢板接头。

桩身混凝土强度等级不低于 C25。桩身应按起吊、运输、沉桩和使用各阶段的内力要求通长配筋,如图 7-13 和图 7-14 所示。

桩内需预埋直径为 20~25mm 的钢筋吊耳(图 7-13),吊点位置通过计算确定。

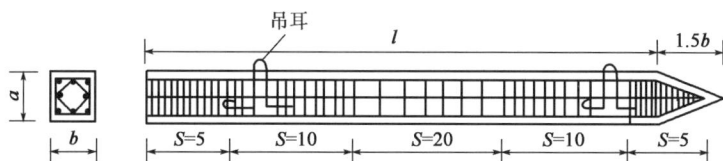

图 7-13 钢筋混凝土方桩(尺寸单位:m)

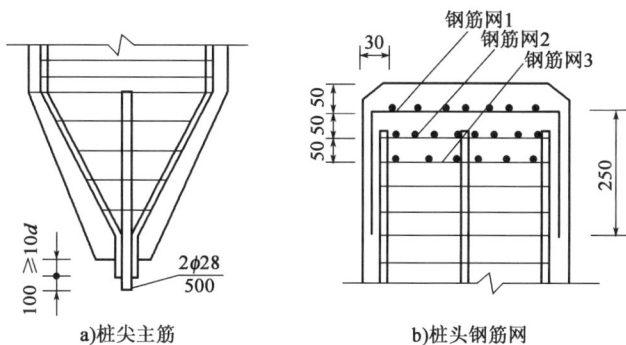

a)桩尖主筋   b)桩头钢筋网

图 7-14 桩尖主筋和桩头钢筋网的布置(尺寸单位:mm)

桩的两端和接桩区箍筋或螺旋筋的间距必须加密,其值可取 40~50mm。由于桩尖穿过土层时直接受到正面阻力,应在桩尖处把所有的主筋弯在一起并焊在一根芯棒上[图 7-14a)]。桩头直接受到锤击,故在桩顶需设钢筋网加固,以增加桩头强度[图 7-14b)]。

②钢筋混凝土管桩和管柱。

a.管桩。

管桩由预制工厂以离心旋转机生产,有普通钢筋混凝土管桩和预应力混凝土管桩两种,目前大直径管桩多采用预应力混凝土管桩。

钢筋混凝土管桩直径一般采用 0.4~0.8m,管壁最小厚度不宜小于 80mm。国内生产的定型产品直径分别为 400mm、550mm、600mm、800mm、1000mm,管壁厚度分别为 80mm、100mm、110mm、130mm。

钢筋混凝土管桩每节长度为 4~15m,两端装有连接法兰盘,以供现场用螺栓连接(也有采用焊接接头)。最下面一节管桩底端一般设置桩尖。桩尖内部可预留圆孔,以便安装射水管辅助沉桩。

混凝土强度等级为 C25~C40,管桩填芯混凝土的强度等级不应低于 C15。配筋可参照钢筋混凝土实心桩进行,如图 7-15 所示。

图 7-15 钢筋混凝土管桩

桩端嵌入非饱和状态强风化岩的预应力混凝土敞口管桩,应采取有效的预防渗水软化桩端持力层的措施。

b. 管柱。

管柱实质上是一种大直径、薄壁钢筋混凝土或预应力混凝土圆管节,在工厂分节制成,沉桩时逐节用螺栓接长。管柱的组成部分是法兰盘、主钢筋、螺旋箍筋、管壁(混凝土的强度等级不低于 C25,厚为 100~140mm),最下端的管柱具有钢刃脚,用薄钢板制成。我国常用的管柱直径为 1.50~5.80m,当入土深度较大时,一般采用预应力混凝土管柱。

钢筋混凝土预制管柱的分节长度应根据施工条件决定,并应尽量减少接头数量。接头强度不应低于桩身强度,接头法兰盘不应突出于桩身之外,在沉桩时和使用过程中接头不应松动和开裂。

③钢桩。随着经济和施工技术的发展,钢桩越来越多地被应用于各类工程。

钢桩的形式很多,主要的有钢管形和 H 型钢桩。常用的是钢管桩,其材质应符合现行国家有关规范、标准规定。

钢管桩的端部构造形式可分为敞口式、半闭口式和闭口式三类,如图 7-16 所示。

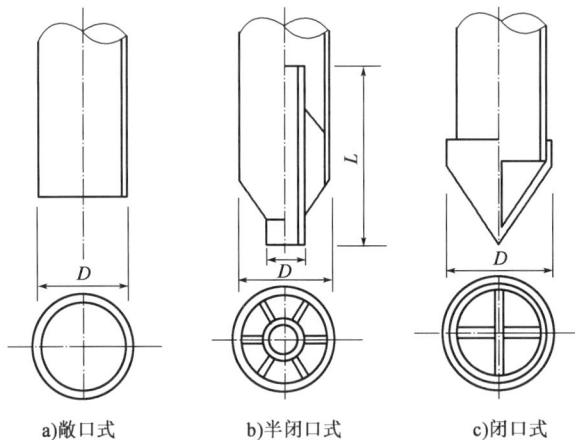

a)敞口式　　　b)半闭口式　　　c)闭口式

图 7-16 钢管桩的端部构造形式

钢管桩出厂时,两端应有防护圈,以防管口受损。钢管桩的分段长度按施工条件确定,不宜超过 12~15m,常用直径为 400~1000mm。

H 型钢桩的桩端形式有带端板和不带端板两类。H 型钢桩刚度不大,支点不合理、堆放层数过多,均会造成桩体弯曲,影响施工。

分节钢桩应采用焊接连接,焊条或焊丝的型号应与构件钢材的强度相适应,采用等强度连接。若要提高钢桩承受桩锤冲击力和穿透或进入坚硬地层的能力,可在桩顶和桩底端管壁设置加强箍。

钢桩或钢管混凝土组合桩应根据环境条件采取防腐处理措施。

2. 桩的布置和间距

(1)桩的排列布置

桩的排列应根据受力大小和施工条件等确定。一般群桩的布置宜采用对称排列;若承台面积不大,桩数较多,则可采用梅花形排列或环形排列,如图7-17所示。

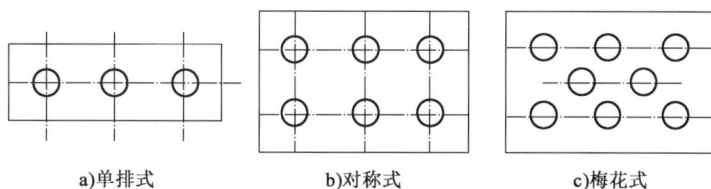

a)单排式 b)对称式 c)梅花式

图7-17　桩的平面布置

(2)桩的间距

①摩擦桩。摩擦桩的群桩中距,从受力角度考虑最好是使各桩端平面处压力分布范围不重叠,以充分发挥其承载能力。根据这一要求,试验测定,中距定为$6d$(d为直径或边长,下同)。但桩距如采用$6d$就需要很大面积的承台,故一般采用的群桩中距均小于$6d$。为了使桩端平面处相邻桩作用于土的压力重叠不致太多,以致土体挤密而使桩打不下去,根据经验规定如下:

锤击、静压沉桩,在桩端平面处的中距不小$3d$;振动下沉桩,因土的挤压更为显著,所以规定在桩端平面处中距不小于$4d$;桩在承台底面处的中距均不应小于$1.5d$。

钻孔桩不存在沉桩过程中相互影响或打不下去的现象,为减小承台面积,其中距可以适当减小。但中距过小会使桩间土体与桩侧间的摩擦支承作用减小,故规定钻孔桩的中距不小于$2.5d$。挖孔桩可参照钻孔桩采用。

②端承桩。端承桩因桩尖处不发生压力重叠现象,只要施工允许,其中距可比摩擦桩适当减小。

支承或嵌固在基岩中的钻(挖)孔桩的中距,不应小于$2d$。钻(挖)孔扩底灌注桩的中距不应小于1.5倍的扩底直径或扩底直径加$1.0m$,取较大者。

边桩(角桩)外侧至承台边缘的距离,应保证桩顶主筋弯成喇叭形后还有足够的保护层,同时在桩顶弯矩及横向力的作用下承台边缘圬工不致破裂。所以规定,边桩(角桩)外侧与承台边缘的距离,对于直径(或边长)小于或等于$1.0m$的桩,中距不应小于$0.5d$,并不应小于$250mm$;对于直径大于$1.0m$的桩,中距不应小于$0.3d$,并不应小于$500mm$。

3. 承台的构造

(1)承台的平面形状和尺寸

承台的平面形状和尺寸应根据上部结构(墩、台身)底部尺寸和形状以及基桩的平面布置而定,一般采用矩形、圆形和圆端形。排架桩式墩台盖梁的平面形状一般为矩形,平面尺寸应根据支座尺寸及布置情况而定。

（2）承台厚度、配筋和混凝土强度等级

承台厚度、配筋和混凝土强度等级一般应按受力确定。但承台受力情况比较复杂，按现有的设计经验，承台的厚度宜为桩直径的 1.5 倍及以上，且不宜小于 1.5m；混凝土强度等级不应低于 C25，当采用强度标准值 400MPa 及以上钢筋时，混凝土强度等级不应低于 C30。

4.桩与承台及横系梁的连接

（1）桩与承台的连接

桩与承台的连接方式有两种，即桩顶主筋伸入承台连接和桩顶直接埋入承台连接。桩与承台的连接应符合下列要求：

①桩顶主筋伸入承台连接。钻（挖）孔灌注桩现都采取桩顶主筋伸入承台连接的方式，如图 7-18 所示。桩身嵌入承台内的深度可采用 100mm，伸入承台内的桩顶主筋可做成喇叭形（与竖直线夹角大约为 15°）。伸入承台内的主筋长度，光圆钢筋不应小于 30 倍钢筋直径（设弯钩），带肋钢筋不应小于 35 倍钢筋直径（不设弯钩）。若受构造限制，主筋也可不做成喇叭形。

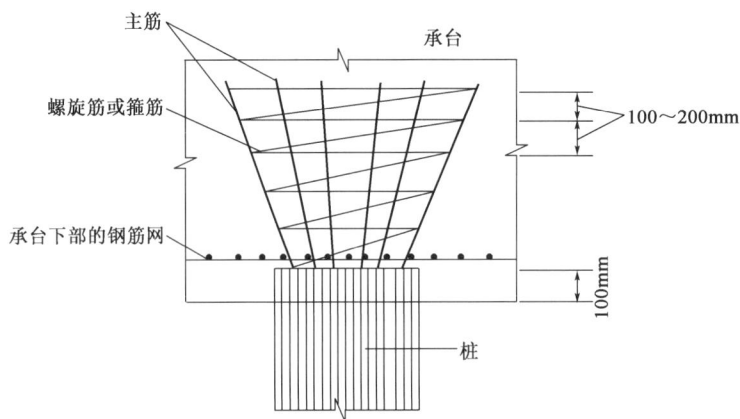

图 7-18　桩顶主筋伸入承台的连接

管桩与承台连接时，伸入承台内的纵向钢筋如采用插筋，插筋数量不应少于 4 根，直径不应小于 16mm，锚入承台长度不宜少于 35 倍钢筋直径，插入管桩顶填芯混凝土长度不宜小于 1.0m。

②桩顶直接埋入承台连接。对于不受轴向拉力的沉桩，可采用不破桩头，将桩顶直接埋入承台连接的方式，如图 7-19 所示。当桩直径（或边长）小于 0.6m 时，埋入长度不应小于 2 倍桩直径（或边长）；当桩直径（或边长）为 0.6～1.2m 时，埋入长度不应小于 1.2m；当桩直径（或边长）大于 1.2m 时，埋入长度不应小于桩直径（或边长）。

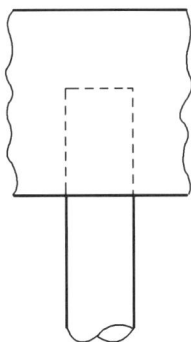

图 7-19　桩顶直接埋入承台连接

（2）承台钢筋网的布置

承台的受力情况比较复杂，为了使承台受力较均匀，并防止承台因桩顶荷载作用发生破裂，应在承台内桩顶平面上设置一层或两层钢筋网。

当桩顶主筋伸入承台时，钢筋网须在桩顶整个承台平面内布设[图 7-20a)]，每米内（按每一方向）设钢筋网 1200 ~ 1500mm²/m，钢筋直径采用 12 ~ 16mm。此种钢筋网须全长通过桩顶且不应截断，并与桩的主筋绑扎在一起，以防止承台受拉区裂缝开展。

当桩顶不破头直接埋入承台时，钢筋网应局部按带状布设[图 7-20b)]。钢筋直径不小于 12mm，钢筋网每边长度不小于桩径的 2.5 倍，网孔为 100mm × 100mm ~ 150mm × 150mm。

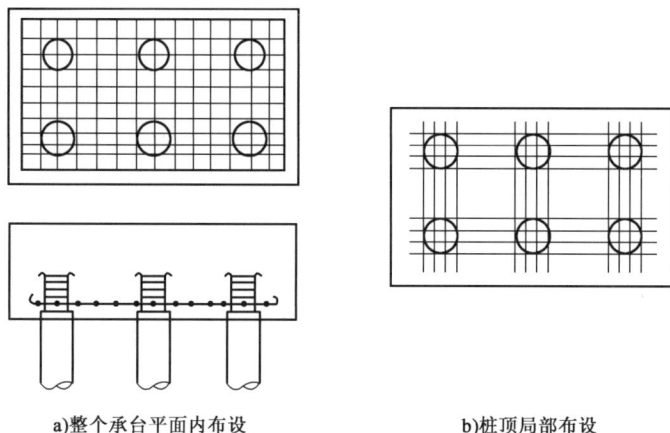

a)整个承台平面内布设   b)桩顶局部布设

图 7-20　承台内桩顶钢筋网的布置

承台的顶面和侧面应设置表层钢筋网，每个面在两个方向的截面面积均不宜小于 400mm²/m，钢筋间距不应大于 400mm。

（3）桩和横系梁的连接

对于大直径灌注桩，当采用一柱一桩时，为了加强横向联系与稳定，可设置横系梁连接。横系梁的主钢筋应伸入桩内，其长度不小于 35 倍主筋直径。

当用横系梁加强桩之间的整体性时，横系梁的高度可取 80% ~ 100% 的桩直径，宽度可取 60% ~ 100% 的桩直径。混凝土的强度等级不应低于 C25；当采用强度标准值 400MPa 及以上钢筋时，混凝土的强度等级不应低于 C30。纵向钢筋不应少于横系梁截面面积的 0.15%；箍筋直径不应小于 8mm，且其间距不应大于 400mm。

📚 **任务实例** ◄◄◄

例　阅读以下一段设计说明，指出其中与规范不符的内容。

某桩基础直径 1.2m，承台厚度 1.5m，承台为 C25 钢筋混凝土，钢筋强度标准值 400MPa，承台底部的桩顶各布置一层钢筋网。桩顶主筋伸入承台连接，钢筋网须全长通过桩顶，并与桩的主筋绑扎在一起，以防止承台受拉区裂缝开展。

解答：承台厚度不符合规范要求，承台混凝土强度与钢筋的强度标准值不匹配。根据本任务中承台构造相关知识或现行相关规范,承台厚度取不宜小于桩直径的 1.5 倍,本说明中为 1.2m 桩直径,承台厚度不宜小于 $1.2 \times 1.5 = 1.8(m)$,当采用强度标准值 400MPa 及以上钢筋时,承台混凝土强度不应低于 C30。

学习评价 <<<

1. 分组,通过网络搜集一种桩基础图片,并进行简单说明。
2. 每名学生总结桩基础按照施工方法进行分类。
3. 完成学习评价手册中的任务。

任务二　确定单桩承载力

任务描述

某高速公路收费站,地质勘测资料显示土层为承载力较弱的淤泥质软土层,而下部为较为密实的黏土层和砂质黏土层。现有 3 根直径 1.2m 的灌注桩单桩承载力测试任务,作为工程技术人员,请你完成静载试验,并出具试验检测报告。灌注桩桩长 40.4 ~ 46.0m,均大于设计桩长 (40m),桩身基本贯穿软黏土层。

学习引导

本工作任务沿着以下脉络进行学习:

　领会单桩承载力特征值的含义 → 　明确单桩轴向受压承载力的确定方法 →

掌握单桩竖向抗压静载试验 → 掌握用规范经验公式确定单桩轴向承载力特征值的方法 →

了解横向承载力的确定方法

相关知识 <<<

在桩基础设计中,一旦确定了桩的类型,接下来就需要确定桩的长度、截面尺寸和数量,这就需要先确定单根桩的承载力并进行验算。

单桩承载力是指单桩在外荷载作用下,桩土共同作用,地基土和桩本身的强度和稳定性均能得到保证,且变形在容许范围内所能承受的最大荷载。

一、单桩承载力

根据桩所受荷载方向的不同,相应的单桩承载力有轴向和横轴向之分。一般桩主要受轴向承载力作用,所以本任务主要阐述单桩轴向受压承载力特征值的确定,而对单桩轴向抗拔与横轴向容许承载力只做简单介绍。

1. 单桩轴向承载力

单桩轴向承载力取决于土对桩的阻力和桩身材料强度,在确定并验算单桩轴向承载力时,须从这两个方面分别加以考虑。设计时一般是先按土体对桩的阻力进行验算,然后进行桩身强度设计,按桩身材料强度进行验算。

(1)桩的轴向荷载传递机理

在轴向荷载作用下,桩身将发生弹性压缩,同时桩顶部分荷载通过桩身传递到桩底,致使桩底土层发生压缩变形,这两者之和构成桩顶轴向位移。桩与桩周土体紧密接触,当桩相对于土体产生向下位移时,土体对桩产生向上作用的桩侧摩阻力,同时,桩底土对桩底产生桩端阻力(图 7-21)。桩顶荷载在沿桩身向下传递的过程中,必须不断地克服这种摩阻力,桩通过桩侧摩阻力和桩端摩阻力将荷载传递给土体。或者说,土体对桩的支承力是由桩侧摩阻力和桩端摩阻力两部分组成的。桩的极限承载力等于桩侧极限摩阻力和桩端极限摩阻力之和。桩的极限承载力考虑一定的安全储备后即可作为桩的承载力特征值。

(2)桩侧极限摩阻力和桩端极限摩阻力

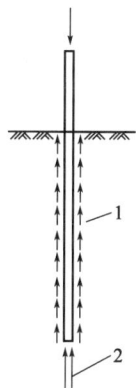

图 7-21 桩的轴向荷载传递
1-桩侧摩阻力;2-桩端阻力

桩侧摩阻力和桩端摩阻力的作用程度与桩土间的变形形态有关,并且各自达到极限值时所需要的位移量是不同的。

桩侧摩阻力是桩土相对位移的函数,只要桩土间有不太大的位移就能充分发挥作用。桩侧摩阻力达到极限值时所需的桩土相对位移值与土的类别有关,根据试验资料,一般黏性土为 $4 \sim 6mm$,砂土为 $6 \sim 10mm$。

桩端摩阻力的作用不仅滞后于桩侧摩阻力,而且达到极限值时所需的桩底位移值比桩侧摩阻力达到极限值所需的桩土相对位移值大得多。试验表明,桩端直径在黏性土中约为桩底直径的 25%,在砂性土中为桩底直径的 8% ~ 10%。

技术提示:在工作状态下,单桩桩端摩阻力的安全储备一般大于桩侧摩阻力的安全储备。此外,桩长对荷载的传递也有着较大的影响。当桩长较大(如 $l/d > 25$)时,因桩身压缩变形大,桩端反力尚未发挥,桩顶位移已超过实际所要求的范围,此时传递到桩端的荷载极为微小。因此,很长的桩实际上总是摩擦桩,用扩大桩端直径来提高承载力是徒劳的。

2. 单桩横向承载力

单桩横向承载力是指桩在与桩轴线垂直方向受力时的承载力。桩在单桩横向承载力(包括弯矩)作用下的工作情况较轴向受力时要复杂一些。在分析和确定单桩横向承载力时,仍然要保证桩身材料和地基的强度与稳定性,保证桩顶水平位移满足使用要求,将位移大小限制在容许范围以内。

桩在单桩横向承载力(包括弯矩)作用下,桩身必产生横向位移或挠曲,并与桩侧土体共同变形,相互影响。其工作通常有下列两种情况:

第一种情况,当桩直径较大,入土深度较小或周围土层较松软,即桩的刚度远大于土层

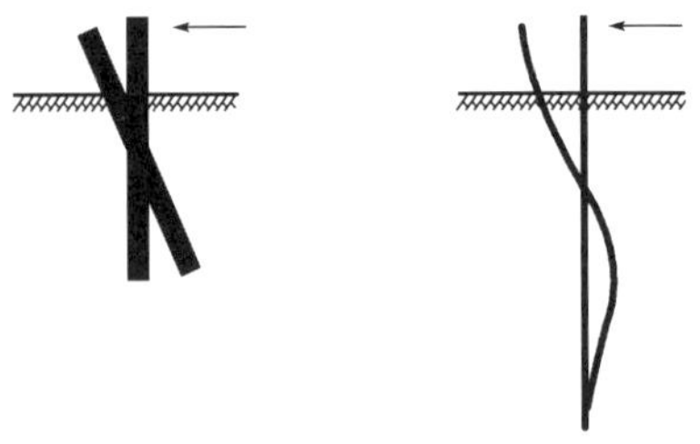

a)刚性桩　　　　b)弹性桩

图7-22　桩在横向承载力作用下变形示意图

刚度,桩的相对刚度较大时,受单桩横向承载力作用,桩身挠曲变形不明显,如同刚体一样围绕桩轴某一点而转动,如图7-22a)所示。如果不断增大横向荷载,则桩侧土可能由于强度不够而失稳,使桩丧失承载力或破坏。因此,基桩的横向容许承载力可能由桩侧土体的强度决定。

第二种情况,当桩直径较小,入土深度较大或周围土层较坚实,即桩的相对刚度较小时,由于桩侧有足够大的抗力,桩身发生挠曲变形,其侧向位移随着入土深度增大而逐渐减小,以致达到一定深度后几乎不受荷载影响,形成一端嵌固的地基梁,桩的变形呈图7-22b)所示的波状曲线。如果不断增大横向荷载,可使桩身在较大弯矩处发生断裂或使桩发生过大的侧向位移超过桩或结构物的容许变形值。因此,基桩的横向容许承载力将由桩身材料的抗弯强度或侧向变形条件决定。

以上是桩顶在自由的情况下,桩顶在承台中嵌固的条件,这对提高桩在横向承载力作用下的抗弯及变形性状是有利的。

二、单桩承载力的确定

1.单桩轴向承载力的确定

单桩轴向承载力的确定方法有多种,考虑到地基土具有多变性、复杂性和地域性等特点,往往需选用几种方法进行综合考虑和分析,从而合理地确定单桩轴向承载力。

单桩抗拔承载力与单桩的尺寸、地质条件、桩身强度等因素有关。单桩抗拔承载力的确定通常基于地质勘察数据和设计要求,通过特定的计算方法或经验公式进行。单桩竖向抗拔静载试验是检测单桩竖向抗拔承载力直观、可靠的方法,详见《公路工程基桩检测技术规程》(JTG/T 3512—2020)。

单桩轴向承载力的确定方法一般有单桩轴向抗压静载试验法、规范经验公式法、静力触探法、锤击贯入法(简称锤贯法)、波动方程法以及理论公式法等。

(1)单桩轴向抗压静载试验法

单桩轴向抗压静载试验法是指在桩顶逐级施加轴向荷载,直至桩达到破坏状态为止,并在试验过程中测量每级荷载下不同时间的桩顶沉降,根据沉降与荷载及时间的关系,分析确定单桩轴向承载力。

试验时可以将基础中已经筑好的基桩作为试桩,也可以在现场现做试桩。考虑到试验场地的差异性及试验的离散性,试桩数目不应少于3根。试桩的施工方法以及试桩的材料和尺寸、入土深度均应与设计桩相同。

①试验装置。锚桩法试验装置是常用的一种加荷装置,主要设备由锚桩梁、横梁和油压千斤顶组成,如图7-23所示。

锚桩可根据需要布设4~6根。锚桩的入土深度等于或大于试桩的入土深度。锚桩与试桩的间距应大于试桩桩直径的3倍,以减小对试桩的影响。桩顶沉降常用百分表或位移计量测。观测装置的固定点(如基准桩)应与试锚桩保持适当距离以避免受到试锚桩位移的干扰。

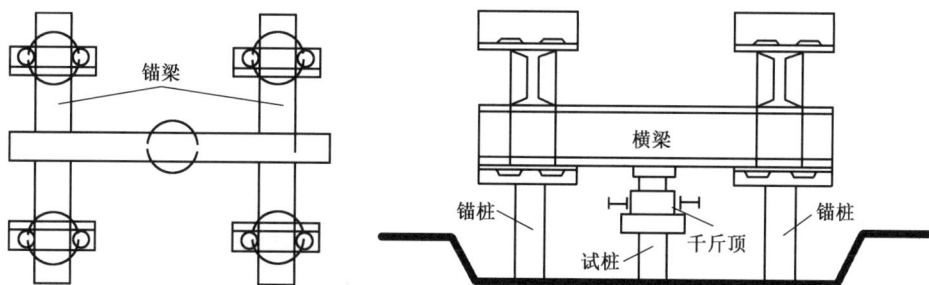

图 7-23　锚桩法试验装置

②测试方法。试桩加载可按预估极限承载力的 $1/15 \sim 1/10$ 分级施加。每级加荷后,按照规定的时间间隔测读沉降。当在连续 2h 内,每小时的沉降量小于 0.1mm 时,则认为已趋稳定,可加下一级荷载。

当出现下列情况之一时,可终止加载:

a. 被检测桩在某级荷载作用下的沉降量大于前一级荷载沉降量的 5 倍,且桩顶总沉降量大于 40mm。

b. 被检桩在某级荷载作用下的沉降量大于前一级的 2 倍且经 24h 尚未稳定,同时桩顶总沉降量大于 40mm。

c. p-S 曲线呈缓变形时,可加载至桩顶总沉降量 80mm;当桩长超过 40m 或被检桩为钢桩时,宜考虑桩身压缩变形,可加载至桩顶总沉降量超过 80mm。

d. 工程验收时,荷载已达到承载力容许值的 2.0 倍或设计要求的最大加载量且沉降达到稳定。

e. 桩身出现明显破坏现象。

f. 当工程桩做锚桩时,锚桩上拔量已达到允许值。

③单桩轴向受压承载力特征值的确定。

a. 当 p-S 曲线上有比例界限时,取该比例界限所对应的荷载值。

b. 满足上述终止加载前三条终止加载条件之一时,其对应的前一级荷载定为极限荷载;当该值小于对应比例界限的荷载值的 2 倍时,取极限荷载值的一半。满足上述第四条终止加载条件的取本级荷载值。

c. 不能按上述两条要求确定时,可取 $s/d = 0.01 \sim 0.015$ 所对应的荷载值,但其值应不大于最大加载量的 1/2。

同一土层参加统计的试验点不应少于 3 个。当试验实测值的极差不超过平均值的 30% 时,取此平均值作为该土层的地基承载力特征值 f_{a0}。

采用单桩轴向抗压静载试验法确定单桩轴向承载力特征值比较符合实际情况,是较可靠的,但需花费较多的人力、物力和较长的试验时间。《公路桥涵地基与基础设计规范》(JTG 3363—2019)规定,对于具有下列情况的大桥、特大桥,应通过单桩轴向抗压静载试验法确定单桩承载力:

a. 桩的入土深度远超常用桩。

b. 地质情况复杂,难以确定桩的承载力。

c. 新型桩基础或采用新工艺施工的桩基础。

d. 有其他特殊要求的桥梁桩基础。

另外,利用单桩轴向抗压静载试验法配合其他测试设备,还能较直接地了解桩的荷载传递特征,提供有关资料,因此静载试验法也是桩基础研究分析常用的试验方法。

(2)规范经验公式法

规范根据大量的静载试验及其他原位测试资料,经过理论分析和统计整理,给出了不同类型桩的单桩轴向受压承载力经验公式,应用较简便。下面介绍《公路桥涵地基与基础设计规范》(JTG 3363—2019)中给出的经验公式。

①支承在土层中的钻(挖)孔灌注桩,单桩轴向受压承载力特征值:

$$R_a = \frac{1}{2}u\sum_{i=1}^{n}q_{ik}l_i + A_pq_r \tag{7-1}$$

$$q_r = m_0\lambda\left[f_{a0} + k_2\gamma_2(h-3)\right] \tag{7-2}$$

式中:R_a——单桩轴向受压承载力特征值,kN,桩身自重与置换土重(当自重计入浮力时,置换土重也计入浮力)的差值计入作用效应;

u——桩身周长,m;

A_p——桩端截面面积 m^2,对于扩底桩,取扩底截面面积;

n——土的层数;

l_i——承台底面或局部冲刷线以下各土层的厚度,m,扩孔部分不计;

q_{ik}——与 l_i 对应的各土层与桩侧的摩阻力标准值,kPa,宜采用单桩摩阻力试验确定,当无试验条件时按表7-1 选用;

q_r——桩端处土的承载力特征值,kPa[当持力层为砂土、碎石土时,若计算值超过下列值,宜按下列值采用:粉砂1000 kPa,细砂1150kPa,中砂、粗砂、砾砂1450ka,碎石土2750kPa];

f_{a0}——桩端土的承载力特征值,kPa;

h——桩端的埋置深度,m(对于有冲刷的桩基,埋深由一般冲刷线起算;对无冲刷的桩基,埋深由天然地面线或实际开挖后的地面线起算;h 的计算值不大于 40m,若大于40m 按40m 计算);

k_2——承载力特征值的深度修正系数,根据桩端处持力层土类按表4-9 选用;

γ_2——桩端以上各土层的加权平均重度,kN/m(若持力层在水位以下且不透水,不论桩端以上土层的透水性如何,均取饱和重度;当持力层透水时,水中部分土层取浮重度);

λ——修正系数,按表7-2 选用;

m_0——清底系数,按表7-3 选用。

钻孔桩桩侧土的摩阻力标准值 q_{ik}   表 7-1

土类		q_{ik}（kPa）
中密炉渣、粉煤灰		40 ~ 60
黏性土	流塑 $I_L > 1$	20 ~ 30
	软塑 $0.75 < I_L ≤ 1$	30 ~ 50
	可塑、硬塑 $0 < I_L ≤ 0.75$	50 ~ 80
	坚硬 $I_L ≤ 0$	80 ~ 120
粉土	中密	30 ~ 55
	密实	55 ~ 80
粉砂、细砂	中密	35 ~ 55
	密实	55 ~ 70
中砂	中密	45 ~ 60
	密实	60 ~ 80
粗砂、砾砂	中密	60 ~ 90
	密实	90 ~ 140
圆砾、角砾	中密	120 ~ 150
	密实	150 ~ 180
碎石、卵石	中密	160 ~ 220
	密实	220 ~ 400
漂石、块石	—	400 ~ 600

注：挖孔桩的摩阻力标准值可参照本表使用。

修正系数 λ 值   表 7-2

桩端土情况	l/d		
	4 ~ 20	20 ~ 25	> 25
透水性土	0.70	0.70 ~ 0.85	0.85
不透水性土	0.65	0.65 ~ 0.72	0.72

清底系数 m_0 值   表 7-3

t/d	0.3 ~ 0.1
m_0	0.7 ~ 1.0

注：1. t、d 为桩端沉渣厚度和桩的直径。

2. 当 $d ≤ 1.5$m 时，$t ≤ 300$mm；当 $d > 1.5$m 时，$t ≤ 500$mm，且 $0.1 < t/d < 0.3$。

②支承在土层中的沉桩单桩轴向受压承载力特征值：

$$R_a = \frac{1}{2}\left(u\sum_{i=1}^{n}\alpha_i l_i q_{ik} + \alpha_r \lambda_p A_p q_{rk} \right) \tag{7-3}$$

式中：R_a——单桩轴向受压承载力特征值，kN，桩身自重与置换土重（当自重计入浮力时，置换土重也计入浮力）的差值计入作用效应；

　　　u——桩身周长，m；

n——土的层数;

l_i——承台底面或局部冲刷线以下各土层的厚度,m;

q_{ik}——与 l_i 对应的各土层与桩侧摩阻力标准值,kPa,宜采用单桩摩阻力试验确定或通过静力触探试验测定,当无试验条件时按表7-4选用;

q_{rk}——桩端处土的承载力标准值,kPa,宜采用单桩试验确定或通过静力触探试验测定,当无试验条件时按表7-5选用;

α_i、α_r——分别为振动沉桩对各土层桩侧摩阻力和桩端承载力的影响系数,按表7-6选用,对于锤击、静压沉桩其值均取为1.0;

λ_p——桩端土塞效应系数;对闭口桩取 1.0,对开口桩,当 $1.2\text{m} < d \leqslant 1.5\text{m}$ 时取 $0.3 \sim 0.4$,当 $d > 1.5\text{m}$ 时取 $0.2 \sim 0.3$。

沉桩桩侧土的摩阻力标准值 q_{ik}　　　　表 7-4

土类	状态	摩阻力标准值 q_{ik}(kPa)
黏性土	$1.5 \geqslant I_L \geqslant 1$	$15 \sim 30$
	$1 > I_L \geqslant 0.75$	$30 \sim 45$
	$0.75 > I_L \geqslant 0.5$	$45 \sim 60$
	$0.5 > I_L \geqslant 0.25$	$60 \sim 75$
	$0.25 > I_L \geqslant 0$	$75 \sim 85$
	$0 > I_L$	$85 \sim 95$
粉土	稍密	$20 \sim 35$
	中密	$35 \sim 65$
	密实	$65 \sim 80$
粉砂、细砂	稍密	$20 \sim 35$
	中密	$35 \sim 65$
	密实	$65 \sim 80$
中砂	中密	$55 \sim 75$
	密实	$75 \sim 90$
粗砂	中密	$70 \sim 90$
	密实	$90 \sim 105$

注:1. 表中土的液性指数 I_L 为按 76g 平衡锥测定的数值。

2. 对钢桩宜取小值。

沉桩桩端处土的承载力标准值 q_{rk}　　　　表 7-5

土类	状态	桩端承载力标准值 q_{rk}(kPa)
黏性土	$I_L \geqslant 1.00$	1000
	$1.00 > I_L \geqslant 0.65$	1600
	$0.65 > I_L \geqslant 0.35$	2200
	$0.35 > I_L$	3000

续上表

桩尖进入持力层的相对深度				
土类	状态	$1>h_c/d$	$4>h_c/d \geqslant 1$	$h_c/d \geqslant 4$
粉土	中密	1700	2000	2300
	密实	2500	3000	3500
粉砂	中密	2500	3000	3500
	密实	5000	6000	7000
细砂	中密	3000	3500	4000
	密实	5500	6500	7500
中砂、粗砂	中密	3500	4000	4500
	密实	6000	7000	8000
圆砾石	中密	4000	4500	5000
	密实	7000	8000	9000

注:表中 h_c 为沉桩桩端进入持力层的深度(不包括桩靴),d 为桩的直径或边长。

系数 α_i、α_r 值 表 7-6

桩径或边长 d(m)	系数 α_i、α_r 值			
	黏土	粉质黏土	粉土	砂土
$0.8 \geqslant d$	0.6	0.7	0.9	1.1
$2.0 \geqslant d > 0.8$	0.6	0.7	0.9	1.0
$d > 2.0$	0.5	0.6	0.7	0.9

当采用静力触探试验测定桩侧摩阻力和桩端土承载力时,沉桩承载力特征值计算中的 q_{ik} 和 q_{rk} 取

$$q_{ik} = \beta_i \, \overline{q_i}$$

$$q_{rk} = \beta_r \, \overline{q_r}$$

式中:$\overline{q_i}$——桩侧第 i 层土由静力触探试验测得的局部侧摩阻力的平均值,kPa,当 $\overline{q_i}$ 小于 5kPa 时取 5kPa;

$\overline{q_r}$——桩端(不包括桩靴)高程以上和以下各 $4d$(d 为桩的直径或边长)范围内静力触探端阻的平均值,kPa(若桩端高程以上 $4d$ 范围内端阻的平均值大于桩端高程以下 $4d$ 的端阻平均值,则取桩端以下 $4d$ 范围内端阻的平均值);

β_i、β_r——分别为侧摩阻力和端阻力的综合修正系数。

β_i、β_r 的值按下面判别标准选用相应的计算当土层的 $\overline{q_r}$ 大于 2000kPa,且 $\overline{q_i}/\overline{q_r}$ 小于或等于 0.014 时,则

$$\beta_i = 5.067(\overline{q_i})^{-0.45}$$

$$\beta_r = 3.975(\overline{q_r})^{-0.25}$$

不满足上述 $\overline{q_r}$ 和 $\dfrac{\overline{q_i}}{\overline{q_r}}$ 条件时,则

$$\beta_i = 10.045 \left(\overline{q_i} \right)^{-0.55}$$

$$\beta_r = 12.064 \left(\overline{q_r} \right)^{-0.35}$$

上述综合修正系数计算公式不适合城市杂填土条件下的短桩,综合修正系数用于黄土或其他特殊地区时,应做试桩校核。

③支承在基岩上或嵌入基岩的钻(挖)孔桩、沉桩的单桩轴向受压承载力特征值 R_a 可按下式计算:

$$R_a = c_1 A_p f_{rk} + u \sum_{i=1}^{m} c_{2i} h_i f_{rki} + \frac{1}{2} \zeta_s u \sum_{i=1}^{n} l_i q_{ik} \tag{7-4}$$

式中: c_1——根据岩石强度、岩石破碎程度等因素而确定的端阻力发挥系数,按表 7-7 选用;

A_p——桩端截面面积,$\mathrm{m^2}$,对于扩底桩,取扩底截面面积;

f_{rk}——桩端岩石饱和单轴抗压强度标准值,kPa,黏土质岩取天然湿度单轴抗压强度标准值,当 f_{rk} 小于 2MPa 时按时按支承在土层中的桩计算;

c_{2i}——根据岩石强度、岩石破碎程度等因素而定的第 i 层岩层的侧阻发挥系数,按表 7-7 采用;

h_i——桩嵌入各岩层部分的厚度,m,不包括强风化层、全风化层及局部冲刷线以上基岩;

u——各土层或各岩层部分的桩身周长,m;

m——岩层的层数,不包括强风化层和全风化层;

ζ_s——覆盖层土的侧阻力发挥系数,根据桩端 f_{rk} 确定,见表 7-8;

l_i——承台底面或局部冲刷线以下各土层的厚度,m;

q_{ik}——桩侧第 i 层土的侧阻力标准值,kPa,宜采用单桩摩阻力试验值,当无试验条件时,对于钻(挖)孔桩按表 7-1 选用,对于沉桩按表 7-4 选用,扩孔部分不计摩阻力;

n——土层的层数,强风化和全风化岩层按土层考虑。

系数 c_1、c_2 值   表 7-7

岩石层情况	c_1	c_2
完整、较完整	0.6	0.05
较破碎	0.5	0.04
破碎、极破碎	0.4	0.03

注:1. 当入岩深度小于或等于 0.5m 时,c_1 乘以 0.75 的折减系数,$c_2 = 0$。

2. 对于钻孔桩,系数 c_1、c_2 值应降低 20% 采用;桩端沉淀厚度 t 应满足下列要求:当 $d \leqslant 1.5\mathrm{m}$ 时,$t \leqslant 50\mathrm{mm}$;当 $d > 1.5\mathrm{m}$ 时,$t \leqslant 100\mathrm{mm}$。

3. 对于中风化层作为持力层的情况,c_1、c_2 应分别乘以 0.75 的折减系数。

覆盖层土的侧阻力发挥系数   表 7-8

$f_{rk}(\mathrm{MPa})$	2	15	30	60
覆盖层土的侧阻力发挥系数 ζ_s	1.0	0.8	0.5	0.2

注:ζ_s 值可内插计算。$f_{rk} > 60\mathrm{MPa}$ 时,按 $f_{rk} = 60\mathrm{MPa}$ 取值。

④单桩轴向受压承载力特征值的抗力系数:按照《公路桥涵地基与基础设计规范》(JTG 3363—2019)规定,按上述方法计算的单桩轴向受压承载力特征值应根据桩的受荷阶段及受荷情况乘以表 7-9 规定的抗力系数。

单桩轴向受压承载力的抗力系数   表 7-9

受荷阶段	作用效应组合		抗力系数
使用阶段	短期效应组合	永久作用与可变作用组合	1.25
		结构自重、预加力、土重、土侧压力和汽车、人群组合	1.00
	作用效应偶然组合(不含地震作用)		1.25
施工阶段	施工荷载效应组合		1.25

⑤摩擦型桩的受拉承载力特征值:当桩的轴向力由结构自重、预加力、土重、土侧压力、汽车荷载和人群荷载的频遇组合引起时,桩不得受拉。当桩的轴向力由上述荷载与其他可变作用、偶然作用的频遇组合或偶然组合引起时,桩可受拉,其单桩轴向受拉承载力特征值按下式计算:

$$R_t = 0.3u\sum_{i=1}^{n}\alpha_i l_i q_{ik} \tag{7-5}$$

式中:R_t——单桩轴向受拉承载力特征值,kN;

　　　u——桩身周长,m(对于等直径桩,$u = \pi d$;对于扩底桩,自桩端起算的长度 $\sum l_i \leqslant 5d$ 时,取 $u = \pi D$;其余长度均取 $u = \pi d$,其中 D 为桩的扩底直径,d 为桩身直径);

　　　α_i——振动沉桩对各土层桩侧摩阻力的影响系数,按表 7-6 采用,对于锤击、静压沉桩和钻孔桩,$\alpha_i = 1$。

计算作用于承台底面由外荷载引起的轴向力时,应扣除桩身自重。

(3)其他方法简介

①静力触探法。静力触探法是借助触探仪的探头贯入土中时的贯入阻力与受压单桩在土中的工作状况有相类似的特点,将探头压入土中测得探头的贯入阻力,取得资料与试桩结果进行比较,通过大量资料的积累和分析研究,建立经验公式确定轴向受压单桩轴向承载力特征值。

至今国内外已提出了许多这类计算单桩轴向承载力的公式,但由于研究地区的局限和所采用的触探仪的类型不同,这些经验公式都具有一定的局限性和经验性,可参照《公路桥涵地基与基础设计规范》(JTG 3363—2019)的规定采用。

②锤击贯入法。预制桩在锤击沉桩过程中,桩的入土难易程度可以反映土对桩阻力的大小。施工中一般将锤击一次桩的下沉深度称为贯入度。当桩刚插入土中时,往往不加锤击,只靠桩的自重就可下沉数米。开始锤击时,桩的贯入度较大;随着桩入土深度的增加,桩的贯入度将逐渐减少;当桩周土达到极限状态而破坏后,则贯入度将有较大增大。如果打桩方法、桩身和入土深度都相同,则在硬土中所得的贯入度要比在软土中所得的贯入度小。这说明贯入度越小,土对桩的阻力就越大,桩的承载力就越大。由此可见,桩的贯入度与桩的承载力之间存在一定的关系,一般把这种关系的表达式称为动力公式或打桩公式。锤击贯入法就是根据这一原理,通过不同落距的锤击试验来建立单桩轴向承载力公式的。

③波动方程法。波动方程法是将打桩锤击看成杆件的撞击波传递问题来研究,运用波动方程法分析打桩时的整个力学过程,编成计算机程序计算,可预测打桩应力及单桩承载力。波

动方程法是确定单桩轴向受压承载力较为先进的动测方法,但在分析计算中还有不少桩土参数仍靠经验决定,尚待进一步做好理论分析和取得更多的实际经验。

④理论公式法。理论公式法是根据土的极限平衡理论和土的强度,计算桩底极限阻力和桩侧极限摩阻力,即利用土的强度指标计算桩的极限承载力,然后将其除以安全系数从而确定单桩轴向承载力特征值。

2.单桩横向承载力的确定

单桩横向承载力的确定有横向静载试验和分析计算法两种途径。

(1)横向静载试验

桩的横向静载试验是确定桩的横向承载力较可靠的方法。试验是在现场条件下进行的,所确定的单桩水平承载力和地基土的水平抗力系数最符合实际情况。如果预先已在桩身埋有量测元件,则可测出桩身应力变化,并由此求得桩身弯矩分布。

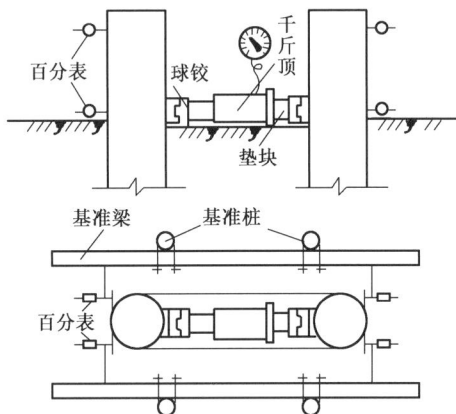

图7-24 桩的横向静载试验装置

桩的横向静载试验装置如图7-24所示。试验采用千斤顶施加横向荷载,其施力点位置宜选在实际受力点位置。在千斤顶与试桩接触处宜安装一球形铰座,以保证千斤顶作用力能水平通过桩身轴线。桩的水平位移宜采用大量程百分表测量。固定百分表的基准桩宜打在试桩侧面靠位移的反方向,与试桩的净距离不小于1倍试桩直径。试验的基本原理同垂直静载试验,只是力的作用方向不同。通过试验求得极限承载力,用极限承载力除以安全系数(一般取2)即得桩的横向容许承载力。具体试验方法参考《公路工程基桩检测技术规程》(JTG/T 3512—2020)中的规定。

(2)分析计算法

分析计算法是根据某些理论(如弹性地基梁理论),计算桩在横向荷载作用下,桩身内力与变位及桩对土的作用力,验算桩身材料和桩侧土的强度与稳定性以及桩顶或墩台顶位移等,从而可评定桩的横向承载力。

任务实例 <<<

例1 某桥墩基础采用钻孔灌注桩,设计直径1.0m,桩长20m,桩穿过土层情况如图7-25所示。试按土的阻力求单桩轴向受压承载力特征值。

解答:单桩轴向受压承载力特征值:$R_a = \dfrac{1}{2}u\sum\limits_{i=1}^{n}q_{ik}l_i + A_p m_0 \lambda[f_{a0} + k_2\gamma_2(h-3)]$

桩身周长 $U = \pi \times 1.0 = 3.14(\mathrm{m})$

桩端截面面积 $A_p = \dfrac{1}{4}\pi \times (1.0)^2 = 0.79(\mathrm{m}^2)$

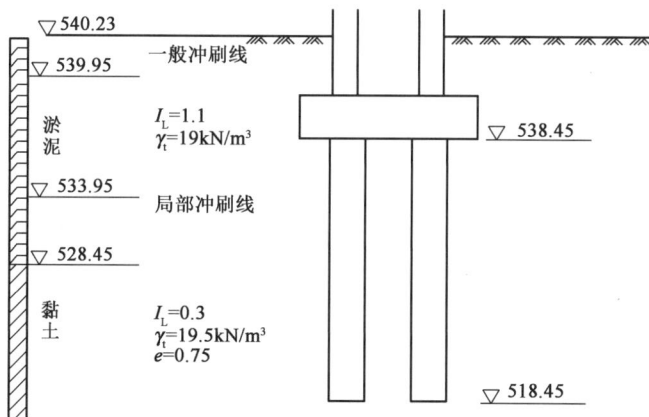

图 7-25　桩基础工程地质概况图(尺寸单位:m)

各土层与桩侧的摩阻力可由表 7-1 查得:

淤泥土 $I_L = 1.1 > 1$,取 $q_{1k} = 25$kPa;黏土 $I_L = 0.3$,取 $q_{2k} = 68$kPa

局部冲刷线以下各土层厚度为

$$l_1 = 533.95 - 528.45 = 5.5(\text{m}), l_2 = 528.45 - 518.45 = 10(\text{m})$$

根据表 7-3 可取清孔系数 $m_0 = 0.8$

由 $l/d = (533.95 - 518.45)/1.0 = 15.5$,且桩底土不透水,查表 7-2 得修正系数 $\lambda = 0.65$

桩底为黏土,$I_L = 0.3$,$e = 0.75$,查表 4-2 可得 $f_{a0} = 305$kPa,查表 4-9 可得 $k_2 = 2.5$

桩端埋深由一般冲刷线算起,$h = 539.95 - 518.45 = 21.5(\text{m})$

单桩轴向受压容许承载力为

$$R_a = \frac{1}{2} \times 3.14 \times (5.5 \times 25 + 10 \times 68) +$$

$$0.79 \times 0.8 \times 0.65 \times \left[305 + 2.5 \times \frac{11.5 \times 19 + 10 \times 19.5}{11.5 + 10} \times (21.5 - 3) \right]$$

$$= 1774.18(\text{kN})$$

例 2　如图 7-26 所示,某桥墩基础采用钻孔灌注桩,设计直径为 1.0m,桩身重度为 25 kN/m³。河底土质为密实细砂土,土的饱和重度为 $\gamma_{sat} = 21.6$kN/m³。按使用阶段频遇作用组合(仅计结构重力、预加力、土的重力、土侧 压力和汽车荷载、人群荷载)计算得到单桩桩顶所受轴向压力为 $P = 2120.66$kN,求桩长。

解答:由于地基土层单一,可按单桩轴向受压承载力特征值与单桩轴向受力相等的关系反算桩长。

假设桩端埋入局部冲刷线以下深度为 l,一般冲刷线以下深度为 h ,$h = l + 5$

单桩轴向受压容许承载力为

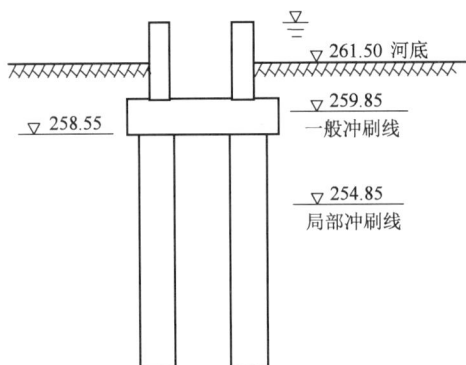

图 7-26　桩基础工程地质概况图(尺寸单位:m)

$$R_a = \frac{1}{2} u \sum_{i=1}^{n} q_{ik} l_i + A_p m_0 \lambda \left[f_{a0} + k_2 \gamma_2 (h - 3) \right]$$

桩身周长 $U = \pi \times 1.0 = 3.14 (\text{m})$

桩端截面面积 $A_p = \frac{1}{4} \pi \times 1.0^2 = 0.79 (\text{m}^2)$

土层与桩侧的摩阻力按表 7-1 取 $q_{1k} = 63 \text{kPa}$

根据表 7-3 可取清孔系数 $m_0 = 0.8$

桩底为密实细砂土,查表 4-2 可得 $f_{a0} = 300 \text{kPa}$,查表 4-9 可得 $k_2 = 4.0$

因为持力层(细砂)透水,所以桩侧土的重度 γ_2 应取浮重度,即 $\gamma_2 = 21.6 - 10 = 11.6 (\text{kN/m}^3)$

先假定 $l/d = 4 \sim 20$,即 $l = 4 \sim 20 \text{m}$,又因桩底土透水,所以由表 7-2 可得修正系数 $\lambda = 0.7$

单桩轴向受压承载力特征值

$$R_a = \frac{1}{2} \times 3.14 \times 63 \times l + 0.79 \times 0.8 \times 0.7 \times \left[300 + 4 \times 11.6 \times (l + 5 - 3) \right]$$

$$= 119.44 l + 173.77$$

单桩轴向受力计算:

桩顶轴向受力 $P = 2120.66 \text{kN}$

桩身自重与置换土重(当自重计入浮力时,置换土重也计入浮力)的差值计入作用效应。水的重度 $\gamma_w = 10 \text{kN/m}^3$,已知桩身重度为 25kN/m^3,土的饱和重度 21.6kN/m^3,则,单桩轴向受力为

$$N = 2120.66 + (258.55 - 254.85 + l) \times \frac{\pi \times 1.0^2}{4} \times \left[(25 - 10) - (21.6 - 10) \right]$$

$$= 2.67 l + 2134.89$$

令　$N = R_a$

解得 $l = 16.8 \text{m}$,可取 $l = 17.0 \text{m}$,符合假定条件。

则桩底高程为 237.85m,桩身长度为 258.55 − 237.85 = 20.7(m)。

学习评价 ◀◀◀

1. 分组,讲解式(7-1)中各字母符号的含义。

2. 每名学生总结单桩轴向抗压静载试验的方法。

3. 完成学习评价手册中的任务。

任务三　桩基础施工

任务描述

某公路大桥为东西走向,总体长度460m,宽度32m,双幅布置,单幅设计宽度16m,桥梁基础为桩基础,由岩性勘察报告可知,桥梁地基土自上而下分别为杂填土、粉质黏土、粗砂及粉砂质泥岩(中风化)。作为施工负责人,请你根据岩性勘察报告和桥梁结构荷载,制定钻孔灌注桩施工工艺流程与要点,以保障钻孔灌注桩工艺的科学性和经济性。

学习引导

本工作任务沿着以下脉络进行学习:

桩基础施工准备 → 施工放样 → 钻孔灌注桩施工 → 沉管灌注桩施工 → 沉桩基础施工 → 学习水中基础施工

相关知识 <<<

桩基础施工前应根据已定出的墩台纵横中心轴线直接定出桩基础轴线和各基桩桩位。目前,已普遍应用全站仪设置固定标志或控制桩,以便施工时随时校核。

钻孔灌注桩施工应根据土质、桩直径大小、入土深度和机具设备等条件,选用适当的钻具和钻孔方法进行钻(冲)孔,以保证顺利达到预计孔深,然后清孔、吊放钢筋笼架、灌注水下混凝土。

沉管灌注桩适用于黏性土、粉土、淤泥质土、砂土及填土,在厚度较大、灵敏度较高的淤泥和流塑状态的黏性土等软弱土层中采用时,应制定质量保证措施,并经工艺试验成功后方可实施。

沉桩是指将预制桩(如木桩、混凝土桩、钢桩等)沉入地层达到设计高程,其下沉方法分为锤击(打入)法、振动法、静力压桩法及射水法等。

下面分别介绍钻孔灌注桩、沉管灌注桩、沉桩、水中桩基础的施工。

一、钻孔灌注桩的施工

1. 准备工作

(1)准备场地

施工前应将场地平整好,以便安装钻架进行钻孔。

①当墩台位于无水岸滩时,安装钻架处应整平夯实,清除杂物,挖换软土。

②当场地有浅水时,宜采用土或草袋围堰筑岛。

③当场地为深水或陡坡时,可用木桩或钢筋混凝土桩搭设支架,安装施工平台支承钻机(架)。在深水中,当水流较平稳时,也可将施工平台架设在浮船上,就位锚固稳定后在水上钻孔。水中支架的结构强度、刚度,船只的浮力、稳定都应事前进行验算。

(2)埋置护筒

护筒一般为圆筒形结构物,用木材、薄钢板或钢筋混凝土制成,如图7-27所示。护筒要求坚固、耐用、不易变形、不漏水、装卸方便,能重复使用。护筒内径应比钻头直径稍大,旋转钻需增大0.1~0.2m,冲击钻或冲抓钻增大0.2~0.3m。

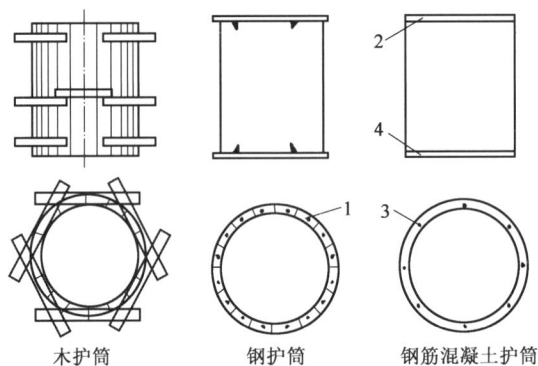

图7-27　护筒
1-连接螺栓孔;2-连接钢板;3-纵向钢筋;4-连接钢板或刃脚

护筒具有如下作用:

①固定桩位,并做钻孔导向。

②保护孔口,防止孔口土层坍塌。

③隔离孔内外表层水,并保持钻孔内水位高出施工水位以稳固孔壁。因此,埋置护筒要求稳固、准确。

护筒埋设可采用下埋式(适于陆地)[图7-28a)]、上埋式(适用于陆地或浅水筑岛)[图7-28b)、图7-28c)]和下沉埋设(适用于深水)[图7-28d)]。

埋置护筒时的注意事项如下:

①护筒内径宜比桩直径大200~400mm。护筒连接处要求筒内无突出物,耐拉、耐压、不漏水。

②护筒中心竖直线应与桩中心线重合,平面允许误差为50mm,竖直线倾斜不大于1%。

③护筒高度宜高出地面0.3m或高出水面1.0~2.0m。当钻孔内有承压水时,应高于稳定后的承压水位2.0m以上。若承压水位不稳定或稳定后承压水位高出地下水位很多,应先做试桩,鉴定采用钻孔灌注桩基的可行性。当处于潮水影响地区时,应高出最高施工水位1.5~2.0m,同时应采取稳定护筒内水头的措施。

④护筒埋置深度应根据设计要求或桩位的水文地质情况确定。一般情况埋置深度宜为2~4m,特殊情况应加深以保证钻孔和灌注混凝土的顺利进行。对于有冲刷影响的河床,应沉入局部冲刷线以下不小于1.0m。

⑤陆地、筑岛处护筒底部和四周所填黏性土必须分层夯实。水域护筒设置时,应严格注意平面位置、竖向倾斜、倾斜角(指斜桩)和两节护筒的连接质量。

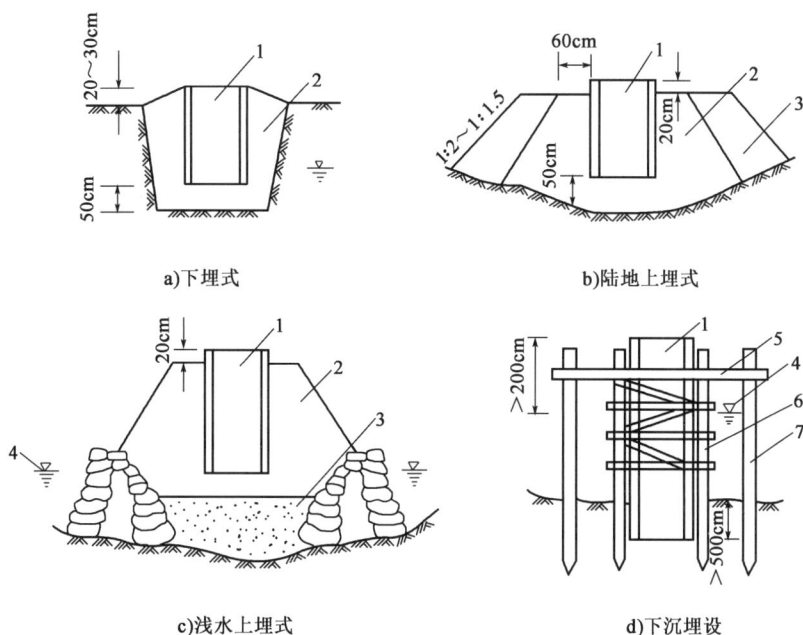

图 7-28　护筒的埋置

1-护筒;2-夯实黏土;3-砂土;4-施工水位;5-工作平台;6-导向架;7-脚手架

（3）制备泥浆

泥浆在钻孔中的作用如下:

①泥浆比重大、浮力大,在孔内可产生较大的悬浮液压力,可防止坍孔,起到护壁作用。

②具有悬浮钻渣作用,利于钻渣的排出。

③泥浆向孔外土层渗漏,在钻进过程中,由于钻头的活动,孔壁表面形成一层胶泥,具有护壁作用,同时将孔内外水流切断,能稳定孔内水位。

因此,在钻孔过程中,孔内应保持一定稠度的泥浆。一般比重以 1.1～1.3 为宜,在冲击钻进大卵石层时可用比重 1.4 以上,黏度为 10～25Pa·s,含砂率小于6%。

钻孔泥浆由水、黏土(膨润土)和添加剂组成,施工前应准备数量充足和性能合格的黏土和膨润土。调制泥浆时,先将土加水浸透,然后用搅拌机或人工拌制,按不同地层情况严格控制泥浆浓度,正确选用正、反循环转法钻孔。为了回收泥浆原料和减少环境污染,应设置泥浆循环净化系统。调制泥浆的黏土塑性指数不宜小于 15。

在较好的黏土层中钻孔,也可先灌入清水,钻孔时在孔内自造泥浆。

（4）制作钢筋笼

在钻孔之前或者钻孔的同时要制作好钢筋笼,以便成孔、清孔后尽快下放钢筋笼,灌注混凝土,以防止坍孔事故的发生。

钢筋笼质量的好坏直接影响着整个桩的强度,所以钢筋笼应严格按图纸尺寸要求制作。在制作过程中应注意以下几点:

①在任一焊接接头中心至钢筋直径的 35 倍且不小于 500mm 的长度区段内,同一根钢筋不得有 2 个接头;在该区段内的受拉区有接头的受力钢筋截面面积不宜超过受力钢筋总截面

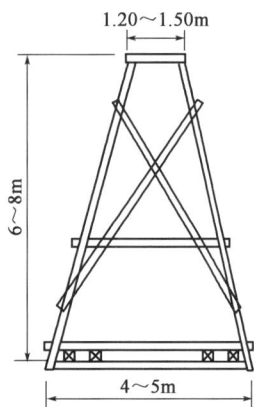

图 7-29 四角钻架

的 50%,在受压区和装配式构件间的连接钢筋不受此限制。

②螺旋筋布置在主筋外侧。

③定位筋应均匀对称地焊接在主筋外侧。

下放钢筋笼前,应对其进行质量检查,保证钢筋根数、位置、净距、保护层厚度等满足要求。

(5)安装钻机或钻架

钻架是钻孔、吊放钢筋笼、灌注混凝土的支架。我国生产的定型旋转钻机和冲击钻机都附有定型钻架,其他常用的还有木制和钢制的四脚钻架(图 7-29)、三脚钻架或人字扒杆。

在钻孔过程中,成孔中心必须对准桩位中心,钻架(机)必须保持平稳,不发生位移、倾斜和沉陷。钻架(机)安装就位时,应详细测量;底座应用枕木垫实塞紧,顶端应用缆风绳固定平稳,并在钻孔过程中经常检查。

2. 钻孔

(1)钻孔方法

①旋转钻进成孔。利用钻具的旋转切削土体钻进,并在钻进的同时采用循环泥浆的方法护壁排渣,继续钻进成孔。我国现用旋转钻机按泥浆循环的程序不同可分为正循环旋转钻机与反循环旋转钻机两种。

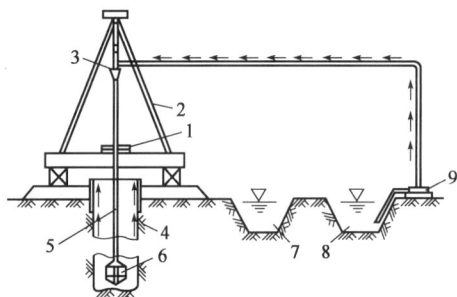

图 7-30 正循环旋转钻孔

1-钻机;2-钻架;3-泥浆笼头;4-护筒;5-钻杆;6-钻头;
7-沉淀池;8-泥浆池;9-泥浆泵

a. 正循环旋转钻机:在钻进的同时,泥浆泵将泥浆压进泥浆笼头,通过钻杆中心从钻头喷入钻孔,泥浆挟带钻渣沿钻孔上升,从护筒顶部排浆孔排出至沉淀池,钻渣在此沉淀而泥浆仍进入泥浆池循环使用,如图 7-30 所示。

b. 反循环旋转钻机:与上述正循环程序相反,用泥浆泵将泥浆送至钻孔,然后从钻头的钻杆下口吸进,通过钻杆中心排到沉淀池,泥浆沉淀后再循环使用。

实现反循环有以下三种方法:

第一种是泵吸反循环[图 7-31a)]:利用沙石泵的抽吸力迫使钻杆内部水流上升,使孔底带有钻渣的泥浆不断补充到钻杆中,再由泵的出水管排至集渣坑。钻杆内的泥浆流速大,对物体产生的浮力也大,只要小于管径的钻渣都能及时排出,因此钻孔效率高。

| 正循环钻孔灌注桩施工 | 正循环回转钻孔灌注桩施工工艺及流程 | 反循环旋转钻孔灌注桩 | 反循环钻孔灌注桩施工 |

第二种是压气反循环[图 7-31b)]:将压缩空气通过供气管路送至钻杆下端的空气混合室,使其与钻杆内的泥浆混合,在钻杆内形成比管外较轻的混合体,同时在钻杆外侧压力的作

用下,产生一种足够排出较大粒径钻渣的提升力,将钻渣排出。这种作业有利于深掘削,当掘削深度小于5m时不起扬水作用,还会发生反流现象。

第三种是射流反循环[图7-31c)]:以水泵为动力,将500~700kPa的高压水通过喷射嘴射入钻杆,从钻杆上方喷射出去,利用流速形成负压,迫使带有钻渣的钻液上升排出孔外。此方法只能用于10m之内的钻削作业,但是,作为空气升液式作业不足的补充作业,尤为有效。

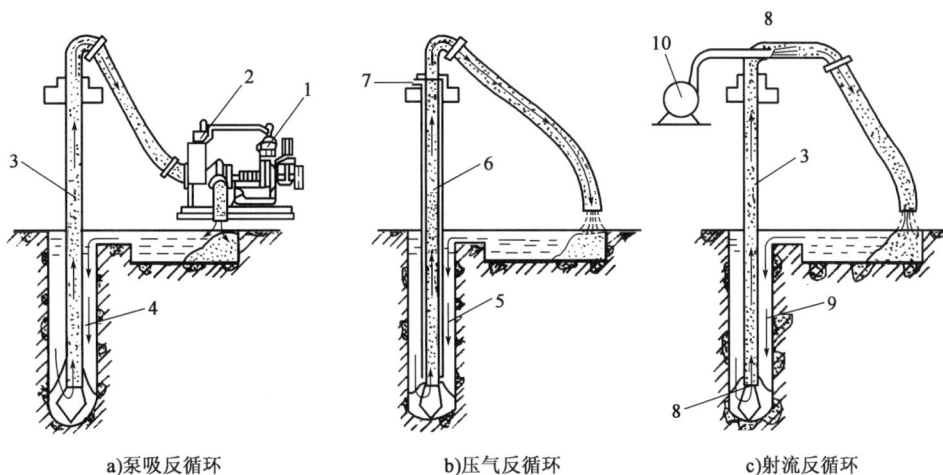

图7-31　反循环的工作原理

1-真空泵;2-泥浆泵;3-钻渣;4、5、9-清水;6-气泡;7-高压空气进气口;8-高压水进口;10-水泵

反循环钻机的钻进及排渣效率较高,但在接长钻杆时装卸较麻烦。如果钻渣粒径超过钻杆内径(一般为120mm)易堵塞管路,不宜采用。

我国定型生产的旋转钻机在转盘、钻架、动力设备等中均配套定型,钻头的构造根据土质情况可采用多种形式,正循环旋转钻机有鱼尾锥钻头[图7-32a)]、圆柱形钻头[图7-32b)]、刺猬钻头[图7-32c)]等,常用的反循环钻头为三翼空心钻[图7-33)]。

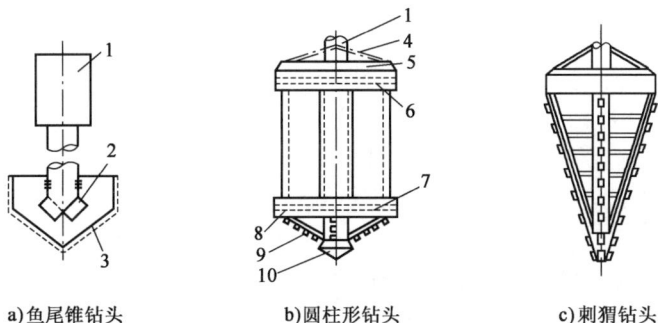

图7-32　正循环旋转机钻头

图7-33　反循环旋转钻头

1-钻杆;2、11-出浆口;3-刀刃;4-斜撑;5-斜挡板;6-上腰围;7-下腰围;8-耐磨合金钢;9-刮板;10-超前钻

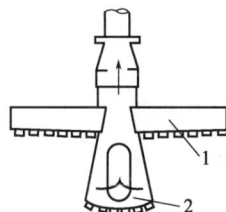

1-三翼刀板;2-钻尖

②人工或机动推钻与螺旋钻成孔法。用人工或机动旋转钻具钻进,钻头一般采用大锅锥(图7-34)。钻孔时,旋转锥削土入锅,然后提锥出渣,再放入孔内继续钻进。这种钻孔方法由于钻进

速度较慢、效率低，遇大卵石、漂石土层不易钻进，现很少采用，只是在桩直径较细、孔深较小时可采用。

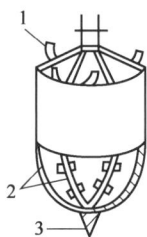

图 7-34　大锅锥
1-扩孔刀;2-切泥刀刃;3-钻尖

螺旋钻成孔法通过动力旋转钻杆，使钻头的螺旋叶片旋转削土，土沿螺旋叶片提升并排出孔外。这种钻孔方法适用于地下水位较低的一般黏土层、砂土及人工填土地基，但不适合有地下水的土层和淤泥质土。

螺旋钻机根据钻杆上螺旋叶片的多少分为长螺旋钻机和短螺旋钻机两种。长螺旋钻机（又称全叶片螺旋钻机）在钻杆的全长上都有螺旋叶片［图 7-35a)］，而短螺旋钻机只在钻杆的下端有一小段螺旋叶片［图 7-35b)］。长螺旋钻头外径较小，已生产的成品规格有 $\phi400mm$、$\phi600mm$ 和 $\phi800mm$ 等，成孔深度一般为 $8\sim12m$。短螺旋钻机成孔直径和深度较大，孔径可超过 $2m$，孔深可达 $100m$。

a)长螺旋钻机　　　　　b)短螺旋钻机

图 7-35　螺旋钻机

在软塑土层，含水率大时，可用疏纹叶片钻杆，以便较快地钻进。在可塑或硬塑黏土中，或在含水率较小的砂土中应采用密纹叶片钻杆，缓慢、均匀地钻进。

潜水钻机成孔灌注桩

操作时要求钻杆垂直，钻孔过程中如发现钻杆摇晃或难钻进，可能是遇到石块等异物，应立即停机检查。钻进速度应根据电流值变化及时调整。注意：在钻进过程中，应随时清理孔口积土，遇到坍孔、缩孔等异常情况，应及时研究解决。

③潜水钻机成孔法。潜水钻机如图 7-36 所示。其钻进成孔方法与正循环法相同，钻孔时钻头旋转刀刃切土，并在钻头端部喷出高速水流冲刷土体，以水力排渣。潜水钻机成孔法的特点是钻头与动力装置（电动机）连成一体，电动机直接驱动钻头旋转切土，能量损耗小且效率高，但设备管路较复杂，旋转电动机及变速装置均须密封安装在钻头与钻杆之间。

旋转钻进成孔的施工方法受到机具和动力的限制，一般适用于较细、软的土层，如各种塑状的黏性土、砂土、夹少量粒径小于 $100mm$ 的砂卵石土层。对于坚硬土层或岩层，目前也有采用牙轮旋转钻头(由动力驱动大齿轮而带动若干个高强度小齿轮钻刃旋转切削岩体)的,已取得良好效果。

(2)冲击成孔

冲击成孔是指利用钻锥(重为10~35kN)不断地提锥、落锥反复冲击孔底土层,把土层中的泥沙、石块挤向四壁或打成碎渣。钻渣悬浮于泥浆中,利用掏渣筒取出。重复上述过程冲击成孔。

冲击成孔主要采用的机具有定型的冲击钻机(包括钻架、动力装置、起重装置等)[图7-37a)]、冲击钻头、转向装置和掏渣筒等。也可用30~50kN带离合器的卷扬机配合钢、木钻架及动力装置组成简易冲击钻机[图7-37b)]。

钻头一般是由整体铸钢做成的实体钻锥,钻刃常为十字形,采用高强度耐磨钢材制成,底刃最好不完全平直以加大单位长度的压重,如图7-38所示(图中 $\beta = 70° \sim 90°$, $\varphi = 160° \sim 170°$)。冲击钻孔时,钻头应有足够的重量、适当的冲程和冲击频率,以使它有足够的能量将岩块打碎。

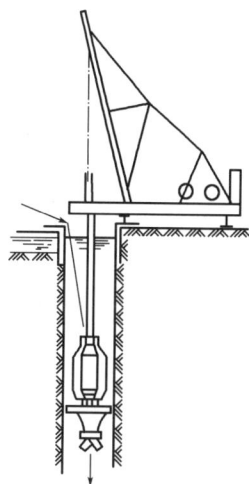

图7-36 潜水钻机

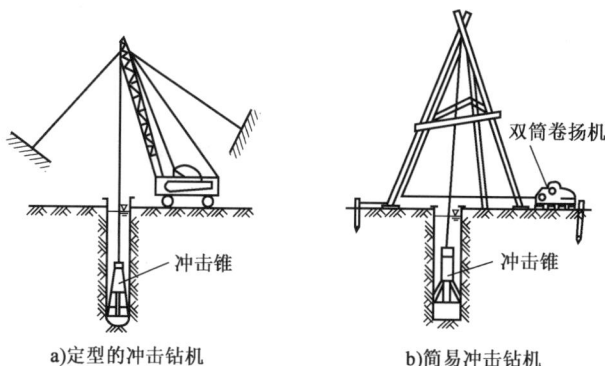

a)定型的冲击钻机　　b)简易冲击钻机

图7-37 冲击成孔

冲击成孔灌注桩

冲锥每冲击一次旋转一个角度,才能得到圆形的钻孔。因此,在锥头和提升钢丝绳连接处应有转向装置,常用的有合金套或转向环,以保证冲锥的转动,也避免了钢丝绳打结扭断。

掏渣筒是用于掏取孔内钻渣的工具,用30mm左右厚的钢板制作,下面碗形阀门应与渣筒密合以防止漏水漏浆,如图7-39所示。

立面　　　　平面

图7-38 冲击钻锥

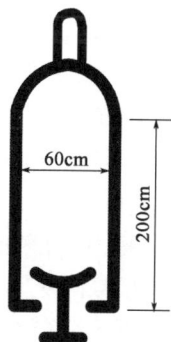

图7-39 掏渣筒

冲击钻孔适用于含有漂卵石、大块石的土层及岩层,也能用于其他土层,成孔深度一般不宜超过 50m。

(3)冲抓成孔

冲抓成孔是指用兼有冲击和抓土作用的冲抓锥,通过钻架,由带离合器的卷扬机操纵,靠冲锥自重(10~20kN)冲下使抓土瓣锥尖张开插入土层,然后由卷扬机提升锥头收拢抓土瓣将土抓出,弃土后继续冲抓钻进而成孔,如图 7-40 所示。

钻锥常采用四瓣或六瓣冲抓锥,其构造如图 7-41 所示。当收紧外套钢丝绳松内套钢丝绳时,内套在自重作用下相对外套下坠,使锥瓣张开插入土中。

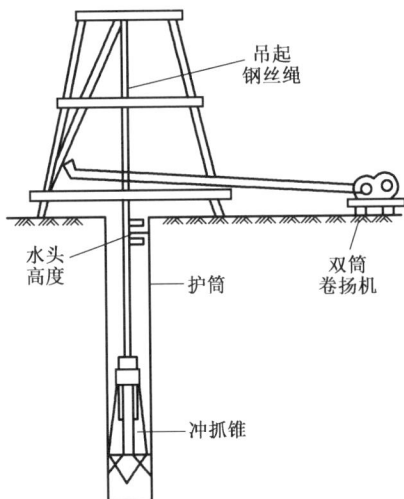

冲抓成孔灌注桩

图 7-40 冲抓成孔

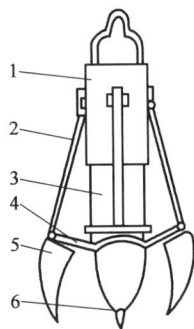

图 7-41 钻锥
1-外套;2-连杆;3-内套;4-支撑杆;5-叶瓣;6-锥头

冲抓成孔适用于黏性土、砂性土及夹有碎卵石的砂砾土层,成孔深度宜小于 30m。

(4)旋挖钻成孔

旋挖钻机是通过伸缩钻杆传递扭矩,带动回转钻斗、短螺旋钻头等作业装置进行干、湿钻进,逐次取土(岩屑),并反复循环成孔。旋挖钻机的核心组成包括主机、钻杆和钻头三部分。主机通常为履带式设计,以保证灵活性;钻杆为伸缩式设计,便于钻具的拆卸与接长;钻头类型多样以便适应不同地层的需求。旋挖钻成孔适用于多种岩土层,包括填土、黏性土、粉土、砂土、碎石土以及软岩和风化岩等。

旋挖钻孔灌注桩施工工艺

(5)钻孔注意事项

在钻孔过程中应防止坍孔、孔形扭歪或孔偏斜,甚至把钻头埋住或钻头掉进孔内等事故。钻孔注意事项包括如下:

①在钻孔过程中,始终要保持钻孔护筒内水位高出筒外 1~1.5m 的水位差和护壁泥浆的要求(泥浆比重为 1.1~1.3,黏度为 10~25Pa·s,含砂率≤6% 等),以起到护壁固壁作用,防止坍孔。若发现漏水(漏浆)现象,应找出原因及时处理。

②在钻孔过程中,应根据土质等情况控制钻进速度,调整泥浆稠度,以防止坍孔、钻孔偏

斜、卡钻和旋转钻机负荷超载等情况发生。

③钻孔宜一气呵成，不宜中途停钻，以避免坍孔。若坍孔严重应回填重钻。

④钻孔过程中应加强对桩位、成孔情况的检查。

终孔时应对桩位、孔径、形状、深度、倾斜度及孔底土质等情况进行检验，合格后立即清孔，吊放钢筋笼，灌注混凝土。

(6)钻孔常见事故及预防、处理措施

常见的钻孔事故有坍孔、钻孔偏斜、扩孔与缩孔、钻孔漏浆、掉钻落物、糊钻与埋钻、形成梅花孔、卡钻等。其处理方法如下：

①遇到坍孔时，应认真分析原因，查明位置，然后进行处理。当坍孔不严重时，可回填至坍孔位置以上，并采取改善泥浆性能，加高水头、埋深护筒等措施，继续钻进。当坍孔严重时，应立即将钻孔全部用砂或小砾石夹黏土回填，暂停一段时间后，等查明坍孔原因，采取相应措施重钻。坍孔部位不深时，可采用深埋护筒法，将护筒周围土夯填实，重新钻孔。

②遇孔身偏斜、弯曲时，一般可在偏斜处吊住钻锥反复扫孔，使钻孔正直。当偏斜严重时，应回填黏性土到偏斜处，待沉积密实后重新钻进。

③遇扩孔、缩孔时，应采取防止坍孔和钻锥摆动过大的措施。缩孔是由钻锥磨损过甚、焊补不及时或地层中有遇水膨胀的软土、黏土泥岩造成的。对前者应及时补焊钻锥，对后者应用失水率小的优质泥浆护壁。对已发生的缩孔，宜在该处用钻锤上下反复扫孔以扩大孔径。

④遇钻孔漏浆时，如护筒内水头不能保持，宜采取将护筒周围回填土筑实、增大护筒埋置深度、适当减小水头高度或加稠泥浆、倒入黏土慢速转动等措施；使用冲击法钻孔时，还可填入片石、碎卵石土，反复冲击以增强护壁。

⑤掉钻落物时，宜迅速用打捞叉、钩、绳套等工具打捞；若落物已被泥沙埋住，应按前述各条，先清除泥沙，使打捞工具接触落体后再行打捞。

⑥糊钻与埋钻常出现于正、反循环(含潜水钻机)回转钻进和冲击钻进中，遇此情况应对泥浆稠度、钻渣进出口、钻杆内径大小、排渣设备进行检查计算，并控制适当的进尺。若已严重糊钻，应停钻，提出钻锥，清除钻渣。冲击钻锥糊钻时，应减小冲程，降低泥浆稠度，并在黏土层上回填部分砂、砾石。遇到坍方或其他原因造成埋钻时，应使用空气吸泥机吸出埋钻的泥沙，提出钻锥。

⑦由于钻锥的转向装置失灵、泥浆过稠、钻锥旋转阻力过大或冲程过小，钻锥来不及旋转，易形成梅花孔(十字形槽孔，多见于冲击钻孔)，可采用片石或卵石与黏土的混合物回填钻孔，重新冲击钻进。

⑧卡钻常发生在冲击钻孔时。卡钻后不宜强提，只宜轻提，轻提不动时，可用小冲击钻锥冲击或用冲、吸的方法将钻锥周围的钻渣松动后再提出。

3.清孔

清孔的目的：①抽、换孔内泥浆，清除钻渣，尽量减小孔底沉淀层厚度，防止桩底存留过厚的沉淀层降低桩的承载力；②为灌注水下混凝土创造良好条件，使测深正确，灌注顺利，保证灌注的混凝土质量。

清孔应紧接在终孔检查后进行，避免间隔时间过长引起泥浆沉淀过厚及孔壁坍塌。

(1)清孔的方法

清孔的方法有抽浆法、掏渣法、换浆法、喷射法等，应根据设计要求、钻孔方法、机具设备和土质条件决定。下面分别介绍。

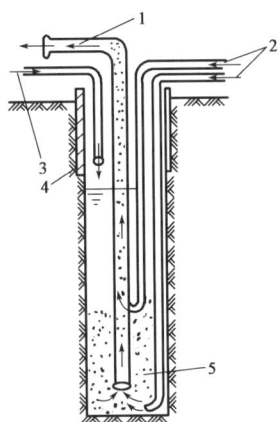

图7-42 抽浆法清孔工作原理示意图
1-泥浆钻渣喷出;2-通入压缩空气;
3-注入清水;4-护筒;5-孔底沉积物

①抽浆法清孔。抽浆法清孔是指使用空气吸泥机吸出含钻渣的泥浆而达到清孔目的。抽浆法清孔工作原理示意图如图7-42所示。由风管将压缩空气输进排泥管,使泥浆形成密度较小的泥浆空气混合物,在水柱压力下沿排泥管向外排出泥浆和孔底沉渣,同时用水泵向孔内注水,保持水位不变直至喷出清水或沉渣厚度达到设计要求为止。

抽浆法清孔较为彻底,适用于孔壁不易坍塌的各种钻孔方法的灌注桩。

②掏渣法清孔。掏渣法清孔是指用掏渣筒、大锅锥或冲抓锥掏清孔内粗粒钻渣。掏渣前可先投入水泥1~2袋,再以钻锥冲击数次,使孔内泥浆、钻渣和水泥形成混合物,然后用掏渣工具掏渣。当要求清孔质量较高时,可将高压水管插入孔底射水,使泥浆相对密度逐渐降低。

该法仅适用于机动推钻、冲抓、冲击成孔的各类土层摩擦桩的初步清孔。

③换浆法清孔。换浆法清孔适用于正、反循环旋转钻孔的各类土层的摩擦桩。当钻孔完成后,可将钻头提离孔底10~20cm空转,继续循环,以相对密度较低(1.1~1.2)的泥浆压入,把孔内的悬浮钻渣和相对密度较高的泥浆换出,直至达到清孔要求。

换浆法清孔的优点是不易坍孔,不需增加机具。换浆法清孔的缺点是清孔时间较长,且清孔不彻底。

④喷射法清孔。喷射清孔只宜配合其他清孔方法使用:在灌注混凝土前对孔底进行高压射水或射风数分钟,剩余少量沉淀物漂浮后,立即灌注水下混凝土。

若孔壁易坍孔,必须在泥浆中灌注混凝土,可采用砂浆置换钻渣清孔法。

综上,利用以上方法清孔时,应注意保持孔内水头高度,以防止坍孔。另外,不得用加深孔底深度的方法代替清孔。

(2)清孔的质量要求

①清孔后孔底沉淀厚度应符合规定要求:对于端承桩,应不大于设计规定值。对于摩擦桩,应符合设计要求。当无设计要求时,对直径≤1.5m的桩,沉淀厚度≤300mm;对直径>1.5m或桩长>40m或土质较差的桩,沉淀厚度≤500mm。

孔底沉淀厚度的测量,可在清孔后将取样盒(开口铁盒)吊到孔底,待灌注混凝土前取出,直接量测沉淀在盒内的沉渣厚度即沉淀厚度。

②清孔后泥浆指标要求为:相对密度1.03~1.10,黏度17~20Pa·s,含砂率<2%,胶体率>98%。

4.吊放钢筋骨架

钻孔桩的钢筋应按设计要求预先焊成钢筋笼骨架,整体或分段就位,吊入钻孔。吊放钢筋笼骨架前,应检查孔底深度是否符合要求,孔壁有无妨碍骨架吊放的情况和是否正确就位。钢筋笼骨架吊装可利用钻架或另立扒杆进行。吊放时应避免钢筋笼骨架碰撞孔壁,并保证骨架外混凝土保护层厚度,应随时校正骨架位置。钢筋骨架达到设计高程后,应将其牢固定位于孔口。钢筋骨架安置完毕后,须再次进行孔底检查,有时须进行两次清孔,达到要求后即可灌注水下混凝土。

5. 灌注水下混凝土

(1)灌注方法及有关设备

目前我国多采用直升导管法灌注水下混凝土。

直升导管法灌注水下混凝土的施工过程如图 7-43 所示。将导管居中插到离孔底 0.30 ~ 0.40m 处(不能插到孔底沉积的泥渣中),导管上口接漏斗,在接口处设隔水栓,以隔绝混凝土与导管的内水。在漏斗中储备足够量的混凝土后,放开隔水栓使漏斗中存备的混凝土连同隔水栓向孔底猛落,将导管内的水挤出,使混凝土从导管下落至孔底堆积,并将导管埋在混凝土内,此后向导管连续灌注混凝土。导管下口埋入孔内混凝土内 1 ~ 1.5m 深以保证钻孔内的水不能重新流入导管。随着混凝土不断地由漏斗、导管灌入钻孔,钻孔内初期灌注的混凝土及其上面的水或泥浆不断被顶托升高,相应地不断提升导管和拆除导管,直至钻孔灌注混凝土完毕。

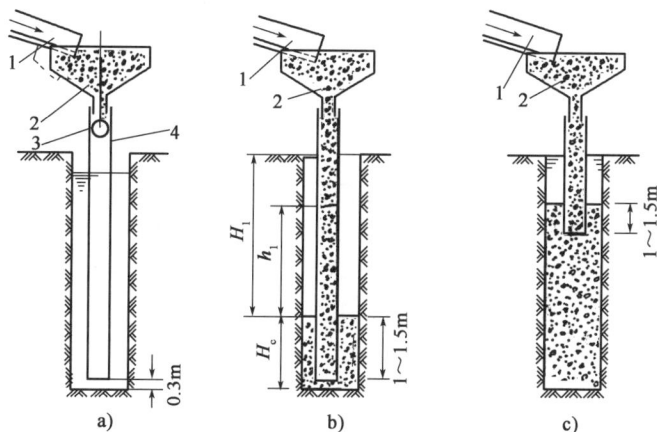

图 7-43 直升导管法灌注水下混凝土的施工过程
1-连通混凝土储料槽的设备;2-漏斗;3-隔水栓;4-导管

导管法灌注水下混凝土施工工艺

导管选用的是内径 0.20 ~ 0.40m 的钢管,壁厚 3 ~ 4m,每节长度 1 ~ 2m。最下面一节导管应较长,一般为 3 ~ 4m。导管两端用法兰盘及螺栓连接,并垫橡皮圈以保证接头不漏水,如图 7-44 所示。导管内壁应光滑,内径大小一致,连接牢固,在压力下不漏水。

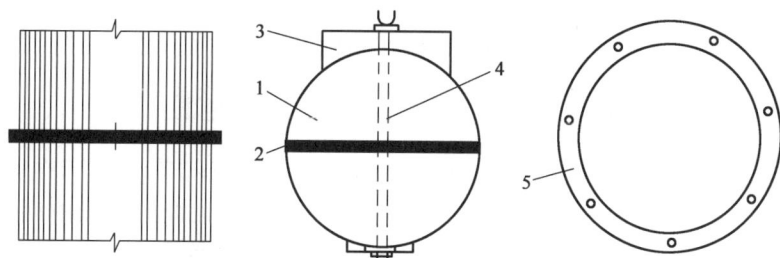

图 7-44 导管接头及木球
1-木球;2-橡皮垫;3-导向架;4-螺栓;5-法兰盘

隔水栓常用直径较导管内径小 20~30mm 的木球或混凝土球、砂袋等,以粗铁丝悬挂在导管上口或接近导管内水面处,要求隔水球能在导管内自如滑动不致卡管。目前也有采用在漏斗与导管接头处设置活门或铁抽板来代替隔水栓的,它利用混凝土下落排出导管内的水,施工较简单但需有丰富的操作经验。

首批灌注的混凝土量要保证将导管内的水全部压出,并能将导管初次埋深 1~1.5m。按照这个要求,应计算漏斗应有的最小容量,从而确定漏斗的尺寸大小及储料槽的大小。

漏斗顶端至少应高出桩顶(桩顶在水面以下时应比水面高)3m,以保证在灌注最后部分混凝土时,管内混凝土能满足顶托管外混凝土及其上面的水或泥浆重力的需要。

(2)对混凝土材料的要求

为保证水下混凝土的质量,混凝土材料应满足以下要求:

①进行混凝土配合比设计时,应将混凝土强度提高 20%。

②混凝土应有必要的流动性,坍落度宜在 180~220mm 范围内。

③每立方米混凝土水泥用量不少于 360kg,水灰比宜为 0.5~0.6,并适当提高含砂率(宜为 40%~50%),使混凝土有较好的和易性。

④为防卡管,石料尽可能用卵石,适宜直径为 5~30mm,最大粒径不超过 40mm。

(3)灌注水下混凝土的注意事项

灌注水下混凝土是钻孔灌注桩施工最后一道关键性的工序,其施工质量将会严重影响成桩质量,其施工中应注意以下几点:

①混凝土拌和必须均匀,尽可能缩短运输距离,减少颠簸,防止混凝土离析发生卡管事故。

②灌注混凝土必须连续作业,一气呵成,避免任何原因的中断灌注。因此,混凝土的搅拌和运输设备应满足连续作业的要求,孔内混凝土上升到接近钢筋笼架底时,应防止钢筋笼架被混凝土顶起。

③在灌注过程中,应随时测量和记录孔内混凝土灌注高程和导管入孔长度,提管时控制和保证导管埋入混凝土内 3~5m 深。防止导管提升过猛,管底提离混凝土面或埋入过浅,会使导管内进水造成断桩夹泥。另外,也要防止导管埋入过深,造成导管内混凝土压不出或导管被混凝土埋住凝结,不能提升,导致中止浇灌而成断桩。

④灌注的桩顶高程应比设计值预加一定的高度,此范围的浮浆和混凝土应凿除,以确保桩顶混凝土的质量。预加高度一般为 0.5m,深桩应酌量增加。待桩身混凝土达到设计强度,按规定检验后方可灌注系梁、盖梁或承台。

二、沉管灌注桩的施工

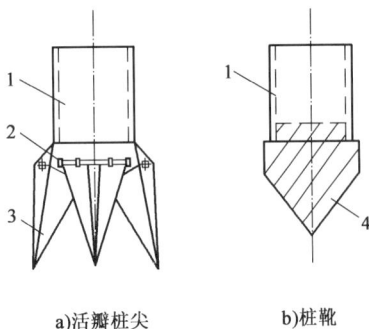

图 7-45 活瓣桩尖及桩靴
1-桩管;2-锁轴;3-活瓣;4-桩靴

a)活瓣桩尖   b)桩靴

沉管灌注桩是指利用锤击打桩法或振动沉桩法,将带有活瓣式桩尖或带有钢筋混凝土桩靴的钢套管沉入土中成孔(图 7-45),然后边拔管边灌注混凝土而成灌注桩。若配有钢筋,则在浇筑混凝土前先吊放钢筋骨架。利用锤击沉桩设备沉管、拔管,称为锤击沉管灌注桩;利用激振器的振动沉管、拔管,称为振动沉管灌注桩。此外,还可采用振动-冲击双作用的方法沉管。

沉管灌注桩无论是采用锤击打桩设备沉管,还是采用振动打桩设备沉管,其施工过程均如图 7-46 所示。

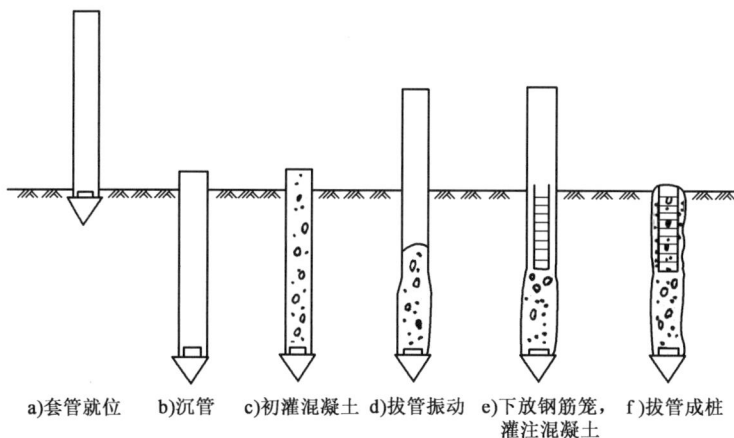

a)套管就位　b)沉管　c)初灌混凝土　d)拔管振动　e)下放钢筋笼,　f)拔管成桩
灌注混凝土

图 7-46　沉管灌注桩施工过程

沉管灌注桩的施工注意事项点:

(1)就位。套管开始沉入土中,应保持位置正确,如有偏斜或倾斜应及时纠正。

(2)灌注混凝土。沉管至设计高程后,应立即灌注混凝土,尽量减少间隔时间。灌注混凝土之前,必须检查桩管内有无吞桩尖或进泥、进水。

(3)拔管。拔管时应先振后拔,满灌慢拔,边振边拔。在开始拔管时应确认桩靴活瓣已张开或钢筋混凝土已脱离,灌入混凝土已从套管中流出,方可继续拔管。拔管速度要均匀,宜控制在 1.5m/min 以内,在软土中不宜大于 0.8m/min。边振边拔以防管内混凝土被吸住上拉而缩颈,每拔起 0.5m,宜停拔,再振动片刻,如此反复进行,直至将套管全部拔出。

(4)间隔跳打。在软土中沉桩时,排土挤压作用会使周围土体侧移或隆起,有可能挤断邻近已完成但混凝土强度还不够的灌注桩,因此桩距不宜小于 3 倍桩直径,并宜采用间隔跳打的施工方法,避免对邻桩挤压过大。如果采用间隔跳打的施工方法,中间空出的桩须待邻桩混凝土达到设计强度的 50% 以后方可施打。

(5)复打。由于沉管的挤压作用,在软黏土中或软、硬土层交界处所产生的孔隙水压力较大或侧压力大小不一而易产生混凝土桩缩颈。为了减少这种现象可采取扩大桩径的"复打"措施。另外,为了提高桩的质量和承载力,也常采用复打灌注桩的方法。

复打的施工顺序如下:在第一次灌注桩施工完毕,拔出套管后,清除管外壁的污泥和桩孔周围地面的浮土,立即在原桩位再埋预制桩靴或合好活瓣桩尖,第二次复打套管,使未凝固的混凝土向四周挤压扩大桩直径,然后第二次灌注混凝土;拔管方法与初打时相同。

复打施工注意事项:前后两次沉管的轴线应复合;复打施工必须在第一次灌注的混凝土初凝之前进行,复打法第一次灌注混凝土前不能放置钢筋笼,如配有钢筋笼,应在第二次灌注混凝土前放置。复打也可采用内夯管进行夯扩的施工方法。

对于混凝土充盈系数小于 1.0 的桩,宜全长复打,对可能有断桩和缩颈桩的情况,应采用局部复打。全长复打桩的入土深度宜接近原桩长,局部复打应超过断桩或缩颈区 1m 以上。

复打后的灌注桩,其横截面增大,承载力提高,但其造价也相应增加,对邻近桩的挤压也大。

三、沉桩的施工

1. 桩的下沉方法

沉桩的下沉方法分为锤击沉桩法、振动沉桩法、射水沉桩法及静力压桩法等。

(1)锤击沉桩法

锤击沉桩法是指利用桩锤的冲击能量将桩打入土中,因此桩直径不能过大(在一般土质中桩径不大于0.6m),桩的入土深度也不宜过深(在一般土质中不超过40m),否则对打桩设备要求较高,打桩效率很低。

锤击沉桩法一般适用于松散、中密砂土,黏性土。

锤击沉桩法所用的基桩主要为预制的钢筋混凝土桩或预应力混凝土桩,常用的设备是桩锤和桩架,以及射水装置、桩帽和送桩等辅助设备。

①桩锤。常用的桩锤有坠锤、单动汽锤、双动汽锤、柴油锤及液压锤等几种。

a.坠锤是最简单的桩锤(图7-47),它是由铸铁或其他材料制成的锥形或柱形重块,重2~20kN。施工时,用绳索或钢丝绳通过吊钩由人力或卷扬机沿桩架导杆提升1~2m,然后使坠锤自由落下,锤击桩顶。此法设备较简单,但打桩效率低,每分钟仅能打数次,适用于小型工程中打木桩或小直径的钢筋混凝土预制桩。

b.单动汽锤是利用蒸气或压缩空气将桩锤在桩架内顶起下落锤击基桩,如图7-48所示。单动汽锤重10~100kN,每分钟冲击20~40次,冲程1.5m左右。单动汽锤适用于打钢桩和钢筋混凝土实心桩。

锤击沉桩施工
工艺及流程

图7-47　坠锤

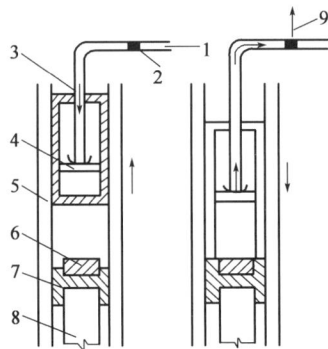

图7-48　单动汽锤
1-输入高压气体;2-气阀;3-外壳;4-活塞;
5-导向杆;6-垫木;7-桩帽;8-桩;9-排气

c.双动汽锤是利用蒸气或压缩空气的作用,将桩锤(冲击部分)在双动汽锤的外壳(气缸,固定在桩头上)内上下运动,锤击桩顶,如图7-49所示。双动汽锤重3~10kN,每分钟冲击100~300次,冲程数百毫米,打桩效率高。双动汽锤一次冲击动能较小,适用于打较轻的钢筋混凝土桩或钢板桩。它除了打桩还可以拔桩。

d.柴油锤(图7-50)实际上是一个柴油气缸,工作原理同柴油机,它利用柴油在气缸内压缩发热点燃而爆炸将气缸顶起,下落时锤击桩顶。

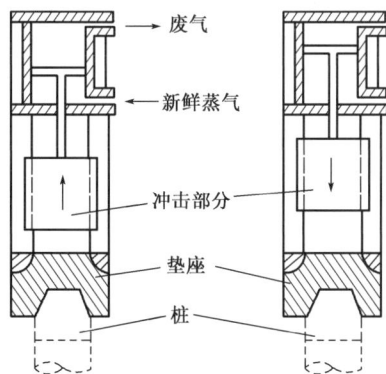

图 7-49 双动汽锤

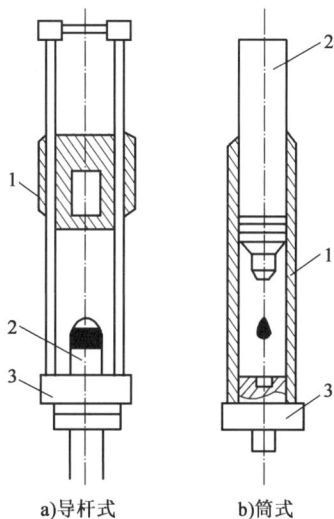

a)导杆式　　b)筒式

图 7-50 柴油锤
1-气缸;2-活塞;3-锤座

柴油锤分为导杆式柴油锤和筒式柴油锤两种。导杆式柴油锤的冲击部分是气缸,适用于木桩、钢板桩。筒式柴油锤的冲击部分是活塞,适用于钢筋混凝土管桩、钢管桩。柴油锤不适宜在过硬或过软的土中沉桩。

打入桩施工时,应选择适当的桩锤重量。若桩锤过轻则桩难以打下,不仅效率低,还可能将桩头打坏,所以一般应采用重锤轻打;若桩锤过重,则各机具、动力设备都需加大,不经济。

e.液压锤是指利用液压能将锤体提升到一定高度,锤体依靠自重或自重加液压能下降,进行锤击。其优点是打击能量大,噪声小,环境污染少,操作方便,目前已广泛应用。

②桩架。桩架的作用是装吊桩锤、插桩、打桩、控制桩锤的上下方向,由导杆、起吊设备如(如滑轮、绞车、动力设备等)、撑架(支撑导杆)及底盘(承托以上设备)等组成。桩架必须有足够的强度、刚度和稳定性,保证在打桩过程中的动力作用下自身不会发生移动和变位。桩架的高度应保证桩吊立就位时的需要及锤击的必要冲程。

常用的桩架有木桩架和钢桩架两种。木桩架只适用于坠锤或小型的单动汽锤,现已很少采用。目前多采用钢桩架,由型钢制成。

桩架移动时可在底盘托板下面垫上滚筒,或用轮子和钢轨等,利用动力装置牵引移动。图7-51所示为钢制万能桩架,底盘带有转台和车轮(下面铺设钢轨),撑架可以调整导向杆的斜度,因此它能沿轨道移动,能在水平面做360°旋转,也能打斜桩,施工很方便,但桩架本身笨重,拆装运输较困难。

对于水中的墩台桩基础,应先打好水中支架桩(小型的钢筋混凝土桩或木桩),上面搭设打桩工作平台。当水中墩台较多或河水较深时,也可采用船上打桩架施工。

③射水装置。在锤击沉桩法施工过程中,若下沉遇到困难,可用射水方法助沉,即利用高压水流通过射水管冲刷桩尖或桩侧的土,减小桩的下沉阻力,从而提高桩的下沉效率。图7-52所示为设置于空心管桩中的射水装置,高压水流由高压水泵提供。

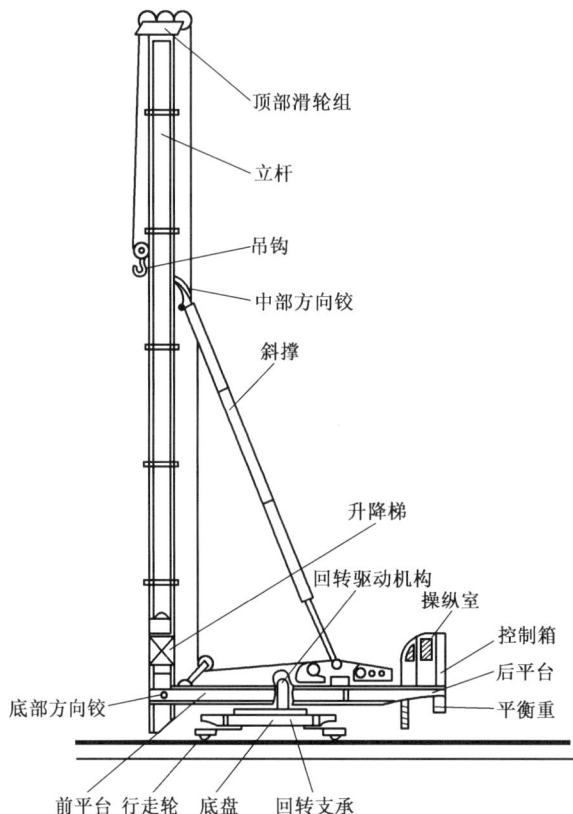

图 7-51　钢制万能桩架

④桩帽与送桩。桩帽的作用是直接承受锤击,保护桩顶,并保证锤击力作用于桩的断面中心。因此,要求桩帽构造坚固,桩帽尺寸与锤底、桩顶及导向杆相吻合,顶面与底面均平整且与中轴线垂直。此外,还应设吊耳,以便吊起。桩帽上部为由硬木制成的垫木,下部套在桩顶上,桩帽与桩顶间宜填麻袋或草垫等缓冲物。

送桩构造可用硬木、钢或钢筋混凝土制成,如图 7-53 所示。当桩顶位于水下或地面以下,或打桩机位置较高时,可用一定长度的送桩套连在桩顶上,使桩顶沉到设计高程。送桩长度应按实际需要确定,为施工方便,应多备几根不同长度的送桩。

⑤锤击沉桩的施工。

a.打桩顺序。打桩顺序合理与否,将会直接影响打桩速度、打桩质量及周围环境。当桩距小于 4 倍桩的边长或桩直径时,打桩顺序尤为重要。打桩顺序影响挤土方向:打桩向哪个方向推进,则向哪个方向挤土。为了避免或减轻打桩时土体挤压,使后打入的桩打入困难或先打入的桩被推挤移动,根据桩群的密集程度、土质情况和周围环境,可选用下列打桩顺序:由一侧向单一方向进行[图 7-54a)],由中间向两个方向对称进行[图 7-54b)],由中间向四周进行[图 7-54c)]。

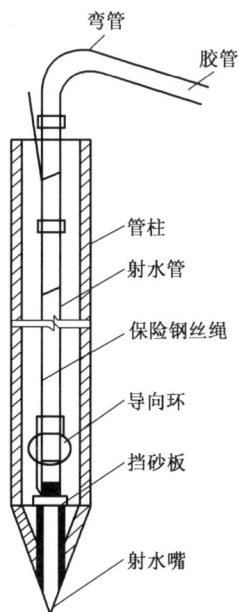

图 7-52　空心管桩中的射水装置

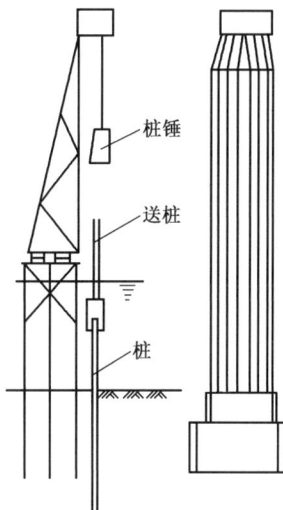

图 7-53　送桩构造

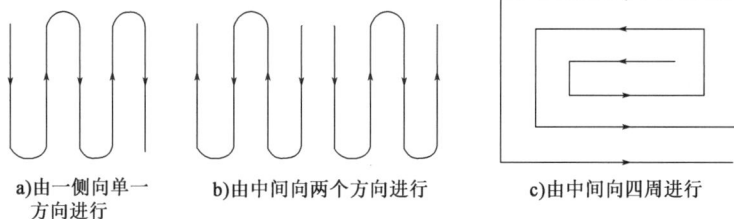

a)由一侧向单一
方向进行

b)由中间向两个方向进行

c)由中间向四周进行

图 7-54　打桩顺序

当采用由一侧向单一方向进行的打桩顺序时,打桩推进方向宜逐排改变,以免土朝一个方向挤压导致土挤压不均匀;对于同一排桩,必要时还可采用间隔跳打的方式。对于密集桩群,应采用由中间向两个方向进行或由中间向四周进行的打桩顺序。

当一侧毗邻建筑物或有其他须保护的地下、地面构筑物、管线等时,应由毗邻建筑物等处向另一方向施打。

此外,根据桩及基础的设计高程,打桩宜先深后浅;根据桩的规格,打桩宜先大后小,先长后短。这样可避免后施工的桩对先施工的桩产生挤压发生桩位偏斜。

b. 打桩。打桩机就位后,将桩锤和桩帽吊起,然后吊桩并送至导杆内,垂直对准桩位缓缓送下插入土中。桩插入时的垂直度偏差不得超过 0.5%。桩插入土后即可固定桩帽和桩锤,使桩、桩帽、桩锤在同一铅垂线上,确保桩能垂直下沉。

打桩开始时,锤的落距应较小,待桩入土至一定深度且稳定后,再按要求的落距锤击。用落锤或单动汽锤打桩时,最大落距不宜大于 1m;用柴油锤时,应使锤跳动正常。

在打桩过程中,遇贯入度剧变,桩身突然发生倾斜、移位或有严重回弹,桩顶或桩身出现严重裂缝或破碎等异常情况时,应暂停打桩,及时查明原因,采取相应措施。

如果桩顶高程低于自然土面,需用送桩管将桩送入土中,桩与送桩管的纵轴线应在同一直线上,拔出送桩管后,桩孔应及时回填或加盖。

c. 接桩。混凝土预制桩的接桩方法有焊接、法兰盘连接及硫磺胶泥锚接三种(图7-55),前两种可用于各类土层,硫磺胶泥锚接适用于软土层。目前焊接接桩应用最多。

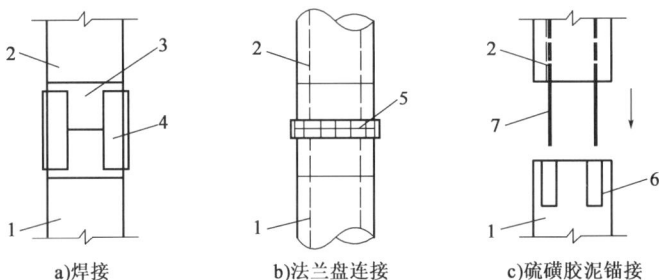

a)焊接   b)法兰盘连接   c)硫磺胶泥锚接

图 7-55   混凝土预制桩的接桩

1-下节桩;2-上节桩;3-桩帽;4-连接角钢;5-连接法兰;6-预留锚筋孔;7-预埋锚接钢筋

d. 桩停止锤击的控制原则。桩端(指桩的全断面)位于一般土层时(摩擦型桩),以控制桩端设计高程为主,贯入度可做参考;桩端达到坚硬、硬塑的黏性土、中密以上粉土、砂土、碎石类土、风化岩时(端承型桩),以贯入度控制为主,桩端高程可做参考。

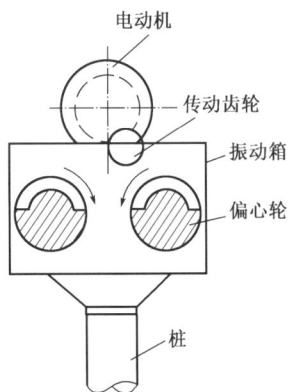

图 7-56   振动打桩机

贯入度已达到而桩端高程未达到时,应继续锤击3阵,按每阵10击的贯入度不大于设计规定的数值加以确认,必要时施工控制贯入度应通过试验与有关单位会商确定。当遇贯入度剧变,桩身突然发生倾斜、移位或有严重回弹,桩顶或桩身出现严重裂缝、破碎等情况时,应暂停打桩,并分析原因,采取相应措施。

测量最后贯入度应在下列正常条件下进行:桩顶没有破坏,锤击没有偏心,锤的落距符合规定,桩帽和弹性垫层正常,汽锤的蒸气压力符合规定。

如果沉桩尚未达设计高程,而贯入度突然变小,可能是土层中夹有硬土层,或遇到孤石等障碍物。此时,切勿盲目施打,应会同设计勘察部门共同研究解决。若由于土的固结作用,打桩过程中断,会使桩难以打入,应保证施打的连续进行。

打桩过程中,应做好沉桩记录,以便工程验收。

(2)振动沉桩法

振动沉桩施工工艺及流程

振动沉桩法是用振动打桩机(振动桩锤)(图7-56)将桩打入土中的施工方法。其原理是由振动打桩机使桩产生上下方向的振动,在减小桩与周围土层间摩擦力的同时使桩尖地基松动,从而使桩贯入或拔出。

振动沉桩法一般适用于砂土、硬塑及软塑的黏性土和中密及较软的碎石土,在砂性土中最为有效,而在较硬地基中则难以沉入。

振动沉桩法的特点是噪声较小,施工速度快,不会损坏桩头,不用导向架也能打进,移位操作方便,但需要的电源功率大。

若桩的断面较大和桩身较长,桩锤重量也应加大。随着地基的硬度加大,桩锤的重量也应增大。振动力加大则桩的贯入速度加快。

振动沉桩法的施工要点及注意事项:

①振动时间的控制。每次振动时间应根据土质情况及振动机能力大小,通过实地试验决定,一般不宜超过 $10 \sim 15 min$。振动时间过短,对土的结构尚未彻底破坏;振动时间过长,振动机的部分零件容易磨损。在有射水装置的情况下,振动持续时间可以缩短。一般当振动下沉速度由慢变快时,可以继续振动;由快变慢,如下沉速度小于 $5 cm/min$ 或桩头冒水,即应停振。当振幅甚大(一般不应超过 16mm)而桩不下沉时,则表示端土层坚实或桩的接头已振松,应停振继续射水,或另行处理。

②振动沉桩停振控制标准。振动沉桩应以通过试桩验证的桩尖高程控制为主,以最终贯入度或可靠的振动承载力公式计算的承载力作为校核。如果桩尖已达高程而最终贯入度或计算承载力相差较大,应查明原因,报有关部门研究后另行确定。

③当桩基土层中含有大量卵石或碎石或破裂岩层,如采用高压射水振动沉桩尚难下沉,可将锥形桩尖改为开口桩靴,并在桩内用吸泥机配合吸泥,非常有效。

④振动沉桩机、机座、桩帽应连接牢固,沉桩机和桩中心轴应尽量保持在同一直线上。

⑤开始沉桩时宜用自重下沉或射水下沉,在桩身有足够稳定性后,再采用振动下沉。

(3)射水沉桩法

射水沉桩法是利用小孔喷嘴以 $300 \sim 500 kPa$ 的压力喷射水,使桩尖和桩周围土松动的同时,桩受自重作用而下沉的方法。射水沉桩法极少单独使用,它常与锤击沉桩法和振动沉桩法联合使用。

当射水沉桩到距设计高程尚差 $1 \sim 1.5 m$ 时,应停止射水,用锤击沉桩法或振动沉桩法恢复其承载力。射水沉桩法的特点是对较小尺寸的桩不会损坏,施工时噪声和振动极小。

射水沉桩

射水沉桩法对黏性土、砂性土都适用,在细砂土层中特别有效。

射水沉桩法的施工要点及注意事项:

①射水沉桩前,应对射水设备(如水泵、输水管道、射水管水量、水压等)及其与桩身的连接进行设计、组装和检验,符合要求后,方可进行射水施工。

②水泵应尽量靠近桩位,减少水头损失,确保有足够水压和水量。采用桩外射水时,射水管应对称等距离地装在桩周围,并使其能沿着桩身上下移动,以便能在任何高度处冲刷土壁。为检查射水管嘴位置与桩长的关系和射水管的入土深度,应在射水管上自上而下标记尺寸。

③沉桩过程中,不能任意停水。如停水导致射水管或管桩被堵塞,可将射水管提起几十厘米,再强力冲刷疏通水管。

④细砂质土用射水沉桩时,应注意避免桩下沉过快,造成射水嘴堵塞或扭坏。

⑤射水管的进入管应设置安全阀,以防射水管被堵塞时,使水泵设备损坏。

⑥管桩下沉到位后,如设计需要以混凝土填芯,应用吸泥等方法清除泥渣,然后用水下混凝土填芯。在受到管外水压影响时,管桩内的水头必须保持高出管外水面 $1.5 m$ 以上。

（4）静力压桩法

静力压桩法是指利用静压力将桩压入土中,施工中虽然仍然存在挤土效应,但没有振动和噪声。图 7-57 是一种液压式静力压桩机。

静力式压桩机应根据土质情况配足额定重量。施工过程中,桩帽、桩身和送桩的中心线应重合,压同一根(节)桩应缩短停顿时间,以便于桩的压入。长桩的静力压入一般也是分节进行的,逐段接长。当第一节桩压入土中,其上端距地面 1m 左右时将第二节桩接上,继续压入。对每一根桩的压入,各工序应连续。其接桩处理与锤击沉桩法类似。

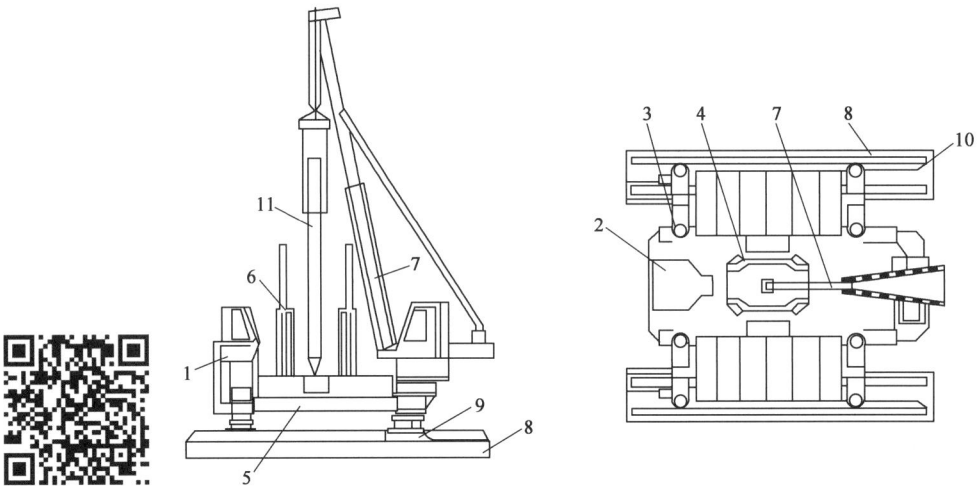

静力压桩施工
工艺及流程

图 7-57 液压式静力压桩机

1-操纵室;2-电气控制台;3-液压系统;4-导向架;5-配重;6-夹持装置;7-吊桩把杆;8-支腿平台;9-横向行走与回转装置;10-纵向行走装置;11-桩

如果压桩时桩身发生较大移位、倾斜,桩身突然下沉或倾斜,桩顶混凝土破坏或压桩阻力剧变,则应暂停压桩,及时研究处理。

静力压桩法的施工特点:

①施工时产生的噪声和振动较小。

②桩头不易损坏。

③桩在贯入时相当于给桩做静载试验,故可准确知道桩的承载力。

④静力压桩法不仅可用于竖直桩,而且可用于斜桩和水平桩,但机械的拼装移动等均需要较多时间。

2．沉桩的施工工序

沉桩的施工工序:桩的预制—吊运—桩架定位—起吊—就位—沉入—接桩—送桩(桩顶位于地面以下时)。

（1）桩的预制

桩可在预制厂预制,当预制厂距离较远而运桩不经济时,宜在现场选择合适的场地进行预制,但应注意以下几点:①场地布置要紧凑,尽量靠近打桩地点,防止被洪水所淹;②地基要平整密实,并应铺设混凝土地坪或专设桩台;③制桩材料的进场路线与成桩运往打桩地点的路线不应互相干扰。

预制桩的混凝土必须连续一次浇注完成,宜用机械搅拌和振捣,以保证桩的质量。桩上应标明编号、制作日期,并填写制桩记录。核验沉桩的尺寸和质量,并在每根桩的一侧用油漆画上长度标记(便于随时检查沉桩入土深度)。

此外,应备好沉桩地区的地质和水文资料、沉桩工艺施工方案以及试桩资料等。

(2)桩的吊运

桩的混凝土强度大于设计强度的70%方可吊运,达到设计强度时方可使用。桩在起吊和搬运时,必须平稳,并且不得损坏。

钢筋混凝土预制桩由预制场地吊运到桩架内,在起吊、运输、堆放时,都应该按照设计计算的吊点位置起吊(一般吊点应在桩内预埋直径20~25mm的钢筋吊环,或以油漆在桩身标明),否则桩身受力情况与计算不符,可能引起桩身混凝土开裂。

(3)桩的就位

桩位定线时,应将所有的纵横向位置固定牢固,如桩的轴线位于水中,应在岸上设置控制桩。打钢筋混凝土桩时,应采用与桩的断面尺寸相适应的桩帽,桩就位后如发现桩顶不平应以麻袋等垫平。桩锤压住桩顶后,检查锤与桩的中心线是否一致,桩位、桩帽有无移动,桩的垂直度或倾斜度是否符合规定。

四、水中桩基础的施工

在水中修筑桩基础显然比在陆地上施工要复杂困难得多,尤其是在深水急流的大河中修筑桩基础。为了适应水中施工的环境,必须增添与浮运、沉桩等有关的设备,采用水中施工的特殊方法。

常用的浮运、沉桩设备是将桩架安设在驳船或浮箱组合的浮体上,或使用专用的打桩船,有时配合使用定位船、吊船等,在组合的船组中备有混凝土工厂、水泵、空气压缩机、动力设备、龙门吊或履带吊车及塔架等施工机具设备。所用设备可根据采用的施工方法和施工条件选择确定。

水中桩基础施工方法有多种,现按浅水和深水施工简要介绍如下。

1. 浅水中桩基础施工

位于浅水或临近河岸的桩基础,其施工方法类似于浅水中浅基础常采用的围堰修筑法,即先筑围堰,后进行桩基础施工的方法。围堰所用材料和形式,以及各种围堰的修筑要求,与浅基础施工基本相同。

围堰筑好后,便可抽水、挖基坑,或水中吸泥、挖坑后再抽水,然后进行桩基础施工。临近河岸的场地足够大时,桩基础施工如同在陆地施工一样。

水中桥梁基础
(钻孔桩)土
石围堰施工

河中桩基础施工,一般可借围堰支撑或用万能杆件拼制或打临时桩搭设脚手架,将桩架或龙门架与导向架设置在堰顶和脚手架平台上进行基桩施工。

在浅水中建桥,常在桥位旁设置施工临时便桥。在这种情况下,可利用便桥和相应搭设的脚手架,把桩架或龙门架与导向架安装在便桥和脚手架上,利用便桥进行围堰和基桩施工,这样在整个桩基础施工中可不必动用浮运打桩设备,这也是解决料具、人员运输问题的好办法。

2. 深水中桩基础施工

在宽大的深水江河中进行桩基础施工时,常采用笼架围堰、吊箱、套箱、沉井结合等施工方法,现简介如下。

（1）笼架围堰法

在深水中的低承台桩基础或承台墩身有相当长度需在水下施工时,常采用围笼(围图)修筑钢板桩围堰进行桩基础施工。

钢板桩围堰桩基础施工的方法与步骤如下:

①在导向船上拼制围笼,拖运至墩位,将围笼下沉、接高,沉至设计高程,用锚船(定位船)或抛锚定位。

②在围笼内插打定位桩(可以是基础的基桩,也可以是临时桩或护筒),并将围笼固定在定位桩上,然后退出导向船。

水中桥梁基础
(钻孔桩)钢板
桩围堰施工

③在围笼上搭设工作平台,安装钻机或打桩设备。

④沿围笼插打钢板桩,组成防水覆堰。

⑤完成全部基桩的施工(钻孔灌注桩或打入桩)。

⑥用吸泥机吸泥,开挖基坑。

⑦基坑经检验后,灌注水下混凝土封底。

⑧待封底混凝土达到规定强度后,抽水,修筑承台和墩身直至出水面。

⑨拆除围笼,拔除钢板桩。

在施工中也有先完成全部基桩施工后,再进行钢板桩围堰的施工方式。无论是先筑围堰还是先打基桩,都应根据现场水文条件、地质条件、施工条件、航运情况和所选择的基桩类型等确定。

（2）吊箱法

在深水中修筑高承台桩基时,由于承台位置较高不需要座落到河底,一般采用吊箱方法修筑桩基础,或在已完成的基桩上安装套箱修筑高桩承台。

吊箱是悬吊在水中的箱形围堰,在基桩施工中用作导向定位,基桩完成后封底抽水,灌注混凝土承台。

吊箱一般由围笼、底盘、侧面围堰板等部分组成。吊箱围笼平面尺寸与承台相应,分层拼装,最下面一节将埋入封底混凝土,以上部分可拆除周转使用。顶部设有起吊的横梁和工作平台,并留有导向孔。底盘用槽钢做纵、横梁,梁上铺以木板做封底混凝土的底板,并留导向孔(大于桩径50mm)以控制桩位。侧面围堰板由钢板形成,整块吊装。

（3）套箱法

套箱法是针对先用打桩船(或其他方法)完成全部基桩施工后,修建高承台桩基础的水中承台的一种方法。

水中桥梁基础(钻孔桩)
钢套箱围堰施工

沉井＋管柱(钻孔桩)
组合基础

沉井＋管柱(钻孔桩)
组合施工

套箱可预制成与承台尺寸相应的钢套箱或钢筋混凝土套箱,箱底板按基桩平面位置留有桩孔。基桩施工完成后,吊放套箱围堰,将基桩顶端套入套箱围堰(基桩顶端伸入套箱的长度按基桩与承台的构造要求确定),并将套箱固定在定位桩(可直接用基础的基桩)上,然后浇注水下混凝土封底,达到规定强度后即可抽水,继而施工承台和墩身结构。

套箱法施工注意事项:水中直接打桩及浮运箱形围堰吊装的正确定位,在大河中有时还需搭设临时观测平台,在浇灌水下混凝土前应将底桩缝隙填塞好。

(4)沉井结合法

沉井结合法是指在深水中施工桩基础,当水底河床基岩裸露或卵石、漂石土层钢板围堰无法插打时,或在水深流急的河道上为使钻孔灌注桩在静水中施工时,还可以采用浮运钢筋混凝土沉井或薄壁沉井作为桩基施工时的挡水挡土结构(相当于围堰)和工作平台。沉井既可作为桩基础的施工设施,又可作为桩基础的一部分即承台。薄壁沉井多用于钻孔灌注桩的施工,除能保持在静水状态施工外,还可将几个桩孔一起圈在沉井内,代替单个安设的护筒并可周转重复使用。

任务实例 ‹‹‹

例 某桥墩基础为陆地反循环钻孔灌注桩。在分部、分项工程施工技术交底资料中需要绘制一份基础施工流程图。

解答:根据本工程设计图纸、施工组织设计文件与施工现场情况,结合工程特点绘制流程图(图 7-58)。

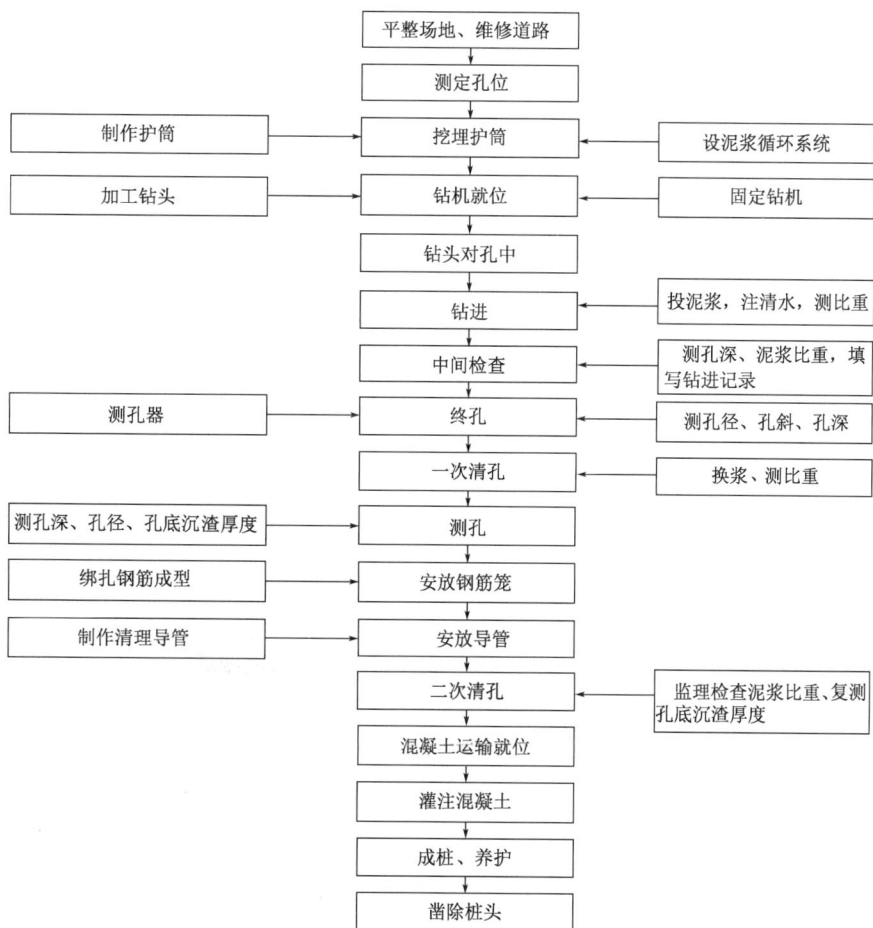

图 7-58 桩基础施工流程图

学习评价 <<<

1.分组,通过网络搜集钻孔灌注桩的施工过程图片,并进行简单讲解。

2.每名学生总结沉桩的施工工序。

3.完成学习评价手册中的任务。

沉井

✎ 学习目标

【知识目标】

1. 了解沉井基础的形式和适用范围；

2. 掌握常用沉井的类型及构造形式；

3. 掌握陆地沉井与水中沉井的施工步骤，了解沉井施工中遇到的问题与相应的处理措施。

【能力目标】

1. 能够识读沉井设计图；

2. 能够分析沉井施工中遇到的简单问题，提出处理方案；

3. 能够分析沉井基础施工方案的合理性。

【素质目标】

通过学习沉井的特点与施工，培养积极探索、求真务实的学习态度，培养遵守行业国家标准和规范的习惯，增强遵纪守法意识。

任务一　认识沉井的类型与构造

任务描述

某水道主航道桥,跨越深水薄覆盖层地区和深水厚覆盖层地区。基础方案研究中,工程技术人员应结合水文、气象、地质、通航等边界条件,从结构受力、经济性、可实施性、水流适应性及通航要求等方面对比深基础(如沉井、桩基础等)的适用性,探寻适用于不同地质条件的深水桥梁合理基础类型。

学习引导

本工作任务沿着以下脉络进行学习:

领会沉井的组成 → 理解沉井的特点 → 掌握沉井的适用条件 → 认识沉井的类型 → 掌握沉井的构造

相关知识 ◁◁◁

一、沉井的概念、特点及适用条件

1. 沉井的概念

沉井是一个无底无盖的井筒状结构。沉井下沉示意图如图8-1所示。施工时,先将沉井预制好就位,然后在井孔内不断除土,使井体即可借自重克服外壁与土的摩擦阻力而不断下沉至设计高程,故称为沉井。经过混凝土封底并填塞井孔以后,沉井便成为桥梁墩台或其他结构物的基础。沉井基础(图8-2)是深基础的一种形式。在桥梁工程中使用的沉井平面尺寸较小,而下沉深度较大。沉井下沉到设计高程后,井内空腔一般用片石圬工和混凝土等材料填塞。

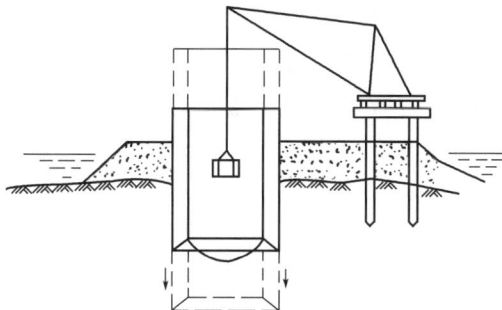

图8-1　沉井下沉示意图　　　　图8-2　沉井基础

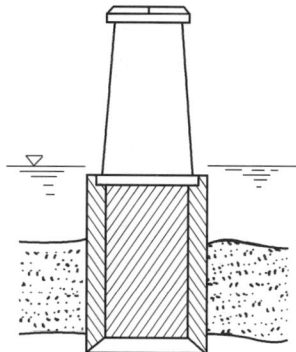

2. 沉井的特点

沉井基础作为实体基础的一种,具有如下优缺点。

沉井基础的优点:

(1)埋置深度可以很大,整体性强,稳定性好,有较大的承载面积,能承受较大的垂直荷载和水平荷载。

(2)下沉过程中,沉井作为坑壁围护结构,起挡土、挡水作用。

(3)施工中不需要很复杂的机械设备,施工技术也较简单。因此,沉井在桥梁工程中得到较为广泛的应用。

沉井基础的缺点:

(1)施工期往往比较长。

(2)对饱和细砂、粉砂和亚砂土,井内抽水易发生严重的流砂现象,致使沉井倾斜或挖土下沉无法继续进行。

(3)若土层中夹有孤石、树干等障碍物,将使沉井下沉受阻且很难克服。

3. 沉井基础的适用条件

遵循经济合理、施工上可能的原则,沉井基础一般适用于下列情况:

(1)上部荷载较大,而表层地基土的承载力不足,扩大基础开挖工作量大,支撑困难,但在一定埋置深度下有较好的持力层,采用沉井基础与其他基础相比较,经济上较为合理时。

(2)在山区河流中,虽然土质较好,但是冲刷大,或河中有较大卵石不便桩基础施工。

(3)岩层表面较平坦且覆盖层薄,但河水较深,采用扩大基础施工围堰有困难。

二、沉井的类型

1. 按使用材料分类

制作沉井的材料,可按下沉的深度、所受荷载的大小,结合就地取材的原则选定。沉井按使用材料的不同可以分为如下四类。

(1)混凝土沉井

混凝土沉井的特点是抗压强度高,抗拉能力低,因此这种沉井宜做成圆形,并适用于下沉深度不大(4~7m)的软土层,其井壁竖向接缝应设置接缝钢筋。

(2)钢筋混凝土沉井

钢筋混凝土沉井的特点是抗拉及抗压能力较好,下沉深度可以很大(达数十米甚至以上)。当其下沉深度不很大时,井壁上部用混凝土,下部(刃脚)用钢筋混凝土的沉井,在桥梁工程中得到较广泛的应用。当沉井平面尺寸较大时,可做成薄壁结构,沉井外壁采用泥浆润滑套,壁后压气等施工辅助措施就地下沉或浮运下沉。此外,钢筋混凝土沉井的井壁隔墙可分段(块)预制,工地拼接,做成装配式。

(3)竹筋混凝土沉井

沉井在下沉过程中受力较大因而需配置钢筋,一旦完工,它就不会承受太大的拉力了,因此,在南方产竹地区,可以采用耐久性差但抗拉力强的竹筋代替部分钢筋,在沉井分节接头处及刃脚内仍用钢筋。例如,我国南昌赣江大桥等曾采用竹筋混凝土沉井。

（4）钢沉井

钢沉井用钢材制造沉井,其强度高,质量较轻,易于拼装,宜做浮运沉井,但用钢量大,国内较少采用。

2. 按平面形状分类

沉井的平面形状应与桥墩、桥台底部的形状相适应。公路桥梁中所采用的沉井,其平面形状多为圆端形和矩形,也有采用圆形的。根据沉井井孔的布置方式,沉井又可分为单孔沉井、双孔沉井和多孔沉井,如图 8-3 所示。

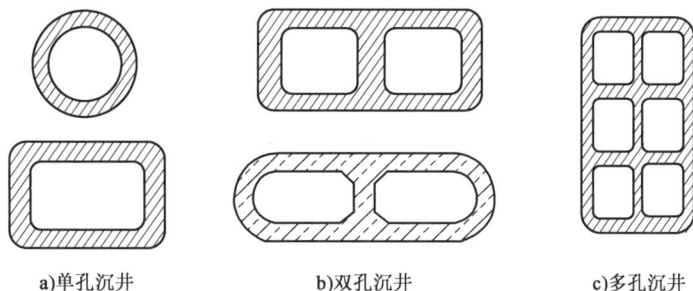

a)单孔沉井　　　　b)双孔沉井　　　　c)多孔沉井

图 8-3　沉井按井孔布置方式分类

（1）圆端形沉井

圆端形沉井能更好地与桥墩平面形状相适应,因此,采用得较多。除模板制作较复杂一些外,圆端形沉井的特点介于圆形沉井和矩形沉井之间,较接近矩形沉井。

（2）矩形沉井

矩形沉井对墩台底面形状的适应性较好,模板制作、安装都较简单。但采用不排水下沉时,边角部位的土不易挖除,容易使沉井因挖土不均匀而下沉倾斜。与圆形沉井比较,矩形沉井井壁受力条件较差,存在较大的剪力与弯矩,故井壁跨度受到限制。矩形沉井有较大的阻水特性,在下沉过程中易使河床受到较大的局部冲刷。此外,矩形沉井在下沉中侧壁摩擦阻力也较大。

（3）圆形沉井

当墩身是圆形或河流流向不定以及桥位与河流主流方向斜交较为严重时,采用圆形沉井可减缓阻水、冲刷现象。圆形沉井中挖土较容易,没有影响机械抓土的死角部位,易使沉井较均匀地下沉。此外,在侧压力作用下,圆形沉井井壁受力情况好,主要是受压;在截面面积和入土深度相同的条件下,与其他形状沉井比较,圆形沉井周长最小,故下沉摩擦阻力较小。但墩台底面形状多为圆端形或矩形,故圆形沉井的适应性较差。

沉井的平面尺寸应根据墩台底面尺寸、地基土的承载力及施工要求确定。沉井棱角处,宜做成圆角或钝角,顶面襟边宽度应根据沉井施工容许偏差而定,不应小于沉井全高的 1/50,且不应小于 0.2m,浮式沉井另加 0.2m。沉井顶部需设置围堰时,其襟边宽度应满足安装墩台身模板的需要。对于平面尺寸较大的沉井,可在沉井中设隔墙,使沉井由单孔沉井变成双孔沉井或多孔沉井,井孔的最小尺寸应视取土机具而定,一般不宜小于 2.5m。

3. 按沉井的立面形状分类

沉井按立面形状可分为竖直式沉井、倾斜式沉井及台阶式沉井等（图 8-4）。采用何种形式应视沉井通过土层性质和下沉深度而定。

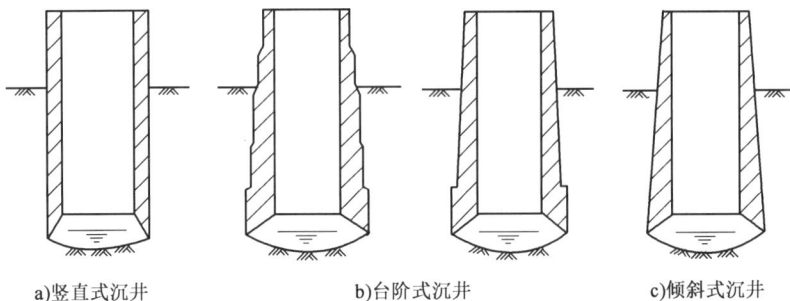

a)竖直式沉井　　　　　b)台阶式沉井　　　　　c)倾斜式沉井

图 8-4　沉井按立面形状分类

（1）竖直式沉井

竖直式沉井在下沉过程中对沉井周围的土体的扰动较小,可以减少沉井周围的土方的坍塌。当沉井周围有构筑物时,这一点很重要。另外,竖直式沉井不易倾斜,井壁接长较简单,模板可重复使用。故当土质较松软,沉井下沉深度不大时,可以采用这类沉井。

（2）倾斜式和台阶式沉井

倾斜式和台阶式沉井的井壁可以减少土与井壁的摩擦阻力,其缺点是施工较复杂,消耗模板多,同时沉井下沉过程中容易发生倾斜。故在土质较密实,沉井下沉深度大,要求在不增加沉井本身质量的情况下沉至设计高程,可采用这类沉井。

倾斜式沉井井壁的坡度一般为 1:50 ~ 1:20,台阶式沉井的井壁的台阶宽度为 100 ~ 200mm。

4.按沉井的施工方法分类

沉井按施工方法分为一般沉井和浮运沉井两种。

（1）一般沉井

一般沉井指就地制造下沉的沉井。它是在基础设计的位置建造,然后挖土靠沉井自重下沉。如果基础在水中,需先在水中筑岛,再在岛上筑井下沉。

（2）浮运沉井

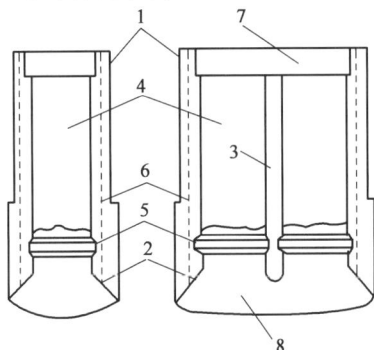

图 8-5　沉井构造示意图

1-井壁;2-刃脚;3-隔墙;4-井孔;5-凹槽;
6-射水管;7-盖板;8-封底

在深水地区筑岛有困难或不经济,或有碍通航,当河流流速不大时,可采用岸边浇筑浮运就位下沉的方法,这类沉井称为浮运沉井或浮式沉井。

三、沉井的构造组成

一般沉井主要由井壁、刃脚、隔墙、井孔、凹槽、射水管、封底和盖板等组成(图 8-5)。

1.井壁

井壁是沉井的主体部分,在下沉过程中起挡土、挡水作用,并且利用本身重量克服井壁与土之间的摩擦阻力使沉井下沉。当施工完成后,井壁就成为基础的一部分,将上部荷载传递到地基。因此,井壁必须有足够的结构强度。

一般要根据施工时的受力条件,在井壁内配以竖向和水平向的受力钢筋。如果受力不大,经计算也允许用部分竹筋代替钢筋。水平钢筋不宜在井壁转角处有接头。浇筑沉井的混凝土强度等级不应低于C20。

为了满足重量要求,井壁应有足够厚度,一般为0.8～1.5m,以便绑扎钢筋和浇筑混凝土,但钢筋混凝土薄壁浮运沉井及钢模薄壁浮运沉井的壁厚不受此限制。

对于钢筋混凝土薄壁浮运沉井,应采取措施降低沉井下沉时的摩阻力,井壁厚度应认真计算确定。

2. 刃脚

沉井井壁下端形如刀刃状的部分称为刃脚。刃脚构造示意图如图8-6所示。刃脚的作用是在沉井自重作用下易于切土下沉,同时起支承沉井作用。它是应力最集中的地方,必须有足够的强度,不宜采用混凝土结构。

根据地质情况可采用尖刃脚或带踏面刃脚。刃脚底面(踏面)宽度一般为0.1～0.2m,对软土地基可适当放宽要求。如果下沉深度大,且土质较硬,刃脚底面应以型钢(角钢或槽钢)加强,以防刃脚被损坏。刃脚内侧斜面与水平面的夹角应大于45°。刃脚高度视井壁厚度和便于抽除垫木而

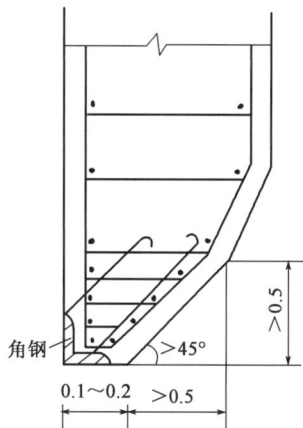

图8-6   刃脚构造示意图(尺寸单位:m)

定,一般在1.0m以上。刃脚在沉井下沉过程中受力较集中,采用强度等级C25以上混凝土制成。

3. 隔墙

当沉井的长宽尺寸较大时,应在沉井内设置隔墙,以加强沉井的刚度,使井壁的挠曲应力减小。隔墙不承受土压力,厚度一般小于井壁。

在软土或淤泥质土中下沉时,沉井内隔墙底面比刃脚底面至少应高出0.5m,避免沉井突然下沉或下沉速度过快。但在硬土或砂土层中下沉时,为防止隔墙底面受土的阻碍,隔墙底面高出刃脚踏面1.0～1.5m。也可在刃脚与隔墙连接处设置埂肋,以加强刃脚与隔墙的联结。若为人工挖土,在隔墙下端还应设置过人孔,便于工作人员在井孔间往来。

4. 井孔

井孔是挖土排土的工作场所和通道。井孔尺寸应满足施工要求,最小尺寸应视取土机具而定,宽度(直径)一般不宜小于2.5m。井孔布置应对称于沉井中心轴,便于对称挖土使沉井均匀下沉。

5. 凹槽

凹槽设置在井孔下端近刃脚处,其作用是使封底混凝土与井壁有较好的接合,使封底混凝土底面的反力更好地传给井壁(如井孔全部填实的实心沉井也可不设凹槽)。凹槽深度为0.15～0.25m,高约1.0m。

6. 射水管

当沉井下沉深度大,穿过的土质又较好,估计下沉会产生困难时,可在井壁中预埋射水管组。射水管应均匀布置,以利于控制水压和水量,从而调整下沉方向。一般水压不小于600kPa。

7. 封底和盖板

沉井沉至设计高程进行清基后,浇筑封底混凝土。混凝土达到设计强度后,可从井孔中抽干水并填满混凝土或其他圬工材料。若井孔中不填料或仅填以砂砾,则须在沉井顶面筑钢筋混凝土盖板。

封底混凝土底面承受地基土和水的反力,这就要求封底混凝土有一定的厚度(可由应力验算决定),其厚度根据经验可以取不小于井孔最小边长的1.5倍。封底混凝土顶面应高出刃脚根部不小于0.5m,并浇灌到凹槽上端。封底混凝土强度等级对于岩石地基不低于C20,对于非岩石地基用C25。盖板厚度一般为1.5~2.0m。井孔中充填的混凝土,其强度等级不应低于C15。

任务实例 ◄◄◄

例　阅读以下一段设计说明,指出其中内容与《公路桥涵地基与基础设计规范》(JTG 3363—2019)规定不符之处。

某沉井基础,设计刃脚底置于砂质粉土夹粉质黏土中,刃脚底面宽度为0.2m,刃脚斜面与水平面交角45°。沉井内隔墙底面比刃脚底面高出0.4m。

解答:不符之处是沉井内隔墙底面比刃脚底面高出0.4m。

《公路桥涵地基与基础设计规范》(JTG 3363—2019)规定,沉井刃脚底面宽度可为0.1~0.2m,对软土地基可适当放宽要求。刃脚斜面与水平面交角不宜小于45°,沉井内隔墙底面比刃脚底面至少应高出0.5m。

学习评价 ◄◄◄

1. 分组,通过网络搜集一种沉井的图片,并进行简单说明。
2. 每名学生总结沉井基础的适用条件。
3. 完成学习评价手册中的任务。

任务二　沉井施工

任务描述

某沉井在开挖刃脚阶段,在东、南、西、北4个方向安装监测点,监测到沉井发生轻微下沉,这是土体扰动导致的,沉井姿态正常。正式下沉开始后下沉速度较慢,到达粉砂夹砂质粉土层,发生倾斜,作为施工现场技术员,请你制订沉井纠偏方案。

学习引导

本任务沿着以下脉络进行学习:

> 按照工序依次学习陆地上沉井施工 → 学习水中沉井基础施工 →
> 学习沉井下沉过程中遇到的问题及处理方法 → 了解泥浆润滑套与壁后压气施工法

沉井的施工方法与墩台基础所在地点的地质和水文条件有关。在水中修筑沉井时,应对河流汛期、通航、河床冲刷进行调查研究,并制订施工计划。尽量利用枯水季节进行施工,如施工须经过汛期,应采取相应的措施,以确保安全。

沉井施工一般可分为陆地沉井施工和水中沉井施工两种情况。

一、陆地沉井施工

若桥梁墩台位于陆地,沉井可就地制造并下沉。其施工工序:定位放样、整平场地—浇筑底节沉井—拆模及抽垫—挖土下沉—接筑沉井—筑井顶围堰—地基检验与处理—封底、填充井孔及浇筑顶盖。沉井施工工序示意图如图8-7所示。

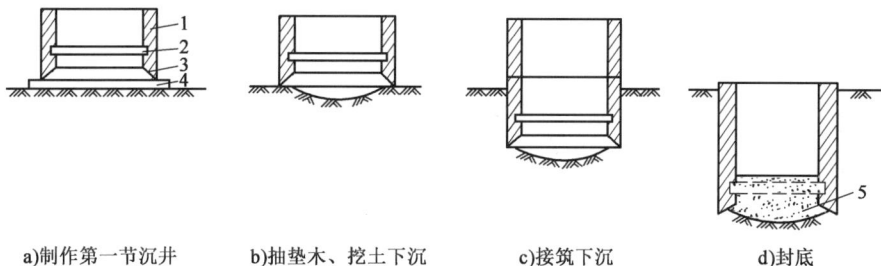

a)制作第一节沉井　　b)抽垫木、挖土下沉　　c)接筑下沉　　d)封底

图8-7　沉井施工工序示意图

1-井壁;2-凹槽;3-刃脚;4-承垫木;5-素混凝土封底

1. 定位放样、整平场地

陆地沉井施工时,应首先根据设计图纸进行定位放样,即在地面上定出沉井纵横两个方向的中心轴线、基坑的轮廓线以及水准标点等,作为施工的依据。

如果天然地面土质较好,只需将地面杂物清除,整平地面,就可在其上制造沉井。如为了减小沉井的下沉深度,也可在基础位置处挖一基坑,在坑底制造沉井。基坑的平面尺寸应比沉井平面尺寸大一些,以确保垫木在必要时能向外抽出,同时应考虑支模、搭设脚手架和排水等各项工作的需要。基坑底应高出地下水面0.5~1.0m。如土质松软,应整平夯实或换土夯实。一般情况下,应在整平场地上铺上厚度不小于0.5m的砂或砂砾层,目的是便于整平、支模及抽出垫木。

2. 浇筑底节沉井

因为沉井自重较大,刃脚踏面尺寸较小,应力集中,场地土往往承受不了这样大的压力,所以应在刃脚踏面位置处对称铺满一层垫木以加大支承面积,其数量可按沉井重量在垫木下产生的压应力不大于 100kPa 计算。垫木平面布置应均匀对称,每根垫木长度中心应与刃脚踏面中线重合,以便把沉井重量较均匀地传到砂垫层上(图 8-8)。垫木可单根或几根编组铺设,但组与组之间最少应留出 20cm 的间隙,以便工具能伸入间隙把垫木抽出。为了便于抽出垫木,还需设置一定数量的定位垫木。确定定位垫木位置时,以沉井井壁在抽出垫木时产生的正、负弯矩的大小接近相等为原则。

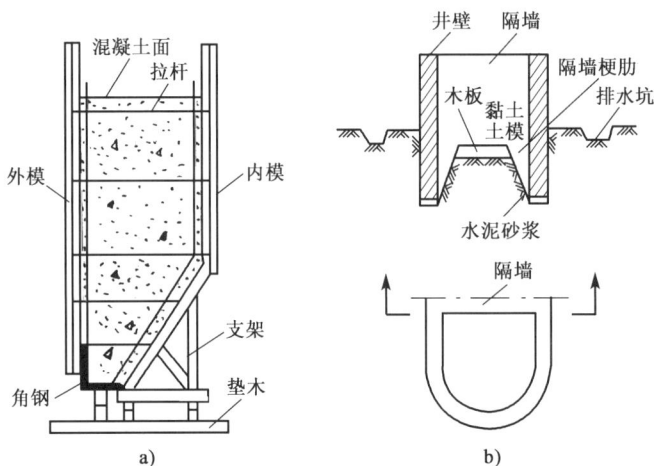

图 8-8 沉井刃脚立模

垫木铺设完后,在刃脚位置放上刃脚角钢,竖立内模,绑扎钢筋,立外模,最后浇灌第一节沉井混凝土。模板应有较大的刚度,以免发生挠曲变形。外模板应平滑以利于下沉。钢模较木模刚度大,周转次数多,也易于安装。在场地土质较好处,也可采用土模。

3. 拆模及抽撤垫木

混凝土达到设计强度的 25% 时可拆除内外侧模,达到设计强度的 75% 时可拆除隔墙底面和刃脚斜面模板。混凝土强度达到设计强度后才能抽撤垫木。

抽撤垫木应按一定的顺序进行,以免引起沉井开裂、移动或倾斜。抽撤垫木的顺序为:

先撤除内隔墙下的垫木。再撤除沉井短边下的垫木。最后撤除长边下的垫木。拆长边下的垫木时,以定位垫木(最后抽撤的垫木)为中心,对称地由远到近拆除,最后拆除定位垫木。

注意:在抽垫木过程中,每抽除一根垫木应立即用砂回填进去并捣实,使沉井的重量转移到砂垫层上。

4. 挖土下沉

沉井挖土下沉施工可分为排水下沉和不排水下沉。

当沉井穿过的土层较稳定,不会因排水而产生大量流砂时,可采用排水下沉。排水下沉常用人工挖土,适用于土层渗水量不大且排水时不会产生涌土或流砂的情况。人工挖土可使沉井均匀下沉和清除井下障碍物,但应采取措施,切实保证施工安全。排水下沉时,有时也用机械除土。

不排水下沉一般采用机械挖土,挖土机械可以是抓土斗或吸泥机。抓土斗适用于砂卵石等松散地层,吸泥机适用于砂、砂夹卵石及粉砂土等。在黏土层、胶结层或岩石层中,可用高压射水,冲碎土层后再用吸泥机吸出碎块。吸泥机有空气吸泥机、水力吸泥机和水力吸石筒等,其中空气吸泥机的适应性最强,能吸砂、粉砂土和砂夹卵石。吸泥机吸泥时,沉井内大量的水被吸走,井内水位下降,为避免发生涌土或流砂现象,需经常向井内加水维持井内水位高出井外水位 1～2m。

挖土下沉时必须有规律、分层、对称地开挖,使沉井均匀下沉。通常是先挖井孔中心的土,再挖隔墙下的土,最后挖刃脚下的土。切不可盲目乱挖,以免造成沉井严重倾斜,发生事故。

5. 接筑沉井

当沉井顶面下沉至距地面还剩 1～2m 时,应停止挖土,接筑第二节沉井。

接筑前应使第一节沉井位置正直,接缝处凿毛顶面,然后立模浇筑混凝土。为防止沉井在接筑时突然下沉或倾斜,必要时应回填刃脚下的土。接筑过程中应尽可能均匀加重。待强度达设计要求后再拆模继续挖土下沉。

6. 筑井顶围堰

若沉井顶面低于地面或水面,应在沉井上接筑围堰。围堰的平面尺寸略小于沉井,其下端与井顶上预埋锚杆相连。围堰是临时性的,待墩、台身出水后可拆除。

7. 地基检验与处理

沉井下沉至设计高程后,应检查地基土质是否与设计相符,地基是否平整,同时对地基进行必要的处理,验校承载力。

如果是排水下沉的沉井,由潜水工进行检查或钻取土样鉴定。如果地基为砂土或黏土,可以在其上铺一层砾石或碎石至刃脚底面以上 200mm。如果地基是风化岩石,应将风化岩层凿掉,岩层倾斜时,应凿成阶梯形。若岩层与刃脚间局部有不大的孔洞,由潜水工清除软层并用水泥砂浆封住,待砂浆有一定强度后再抽水清基。

在不排水的情况下,可以由潜水工或用水枪或吸泥机清基。总之,要保证井底地基平整,浮土及软土清除干净,并保证封底混凝土、沉井和地基紧密相连。

8. 封底、填充井孔及浇筑顶盖

地基经检验、处理合格以后,应立即进行封底。如果封底在不排水的情况下进行,可以用导管法灌注水下混凝土,待混凝土达设计要求后,抽干井孔中的水,填筑井内坉工。如果井孔中不填料或仅填砾石,井顶面应浇注钢筋混凝土顶盖,然后砌筑墩身,墩身出土(或出水面)后可以拆除临时性的井顶围堰。

二、水中沉井施工

当基础处于水下时,沉井施工可以采用筑岛法或浮运法,一般根据水深、流速、施工设备及施工技术等条件确定。

1. 筑岛法

当水流流速不大,水深在 3～4m 时,可以用水中筑岛的方法,即先修筑人工砂岛,再在岛上进行沉井的制作和挖土下沉,如图 8-9 所示。筑岛

沉井基础施工

法不需要抽水,对岛体无防渗要求,构造简单,同时可以就地取材,降低工程造价,施工方便。

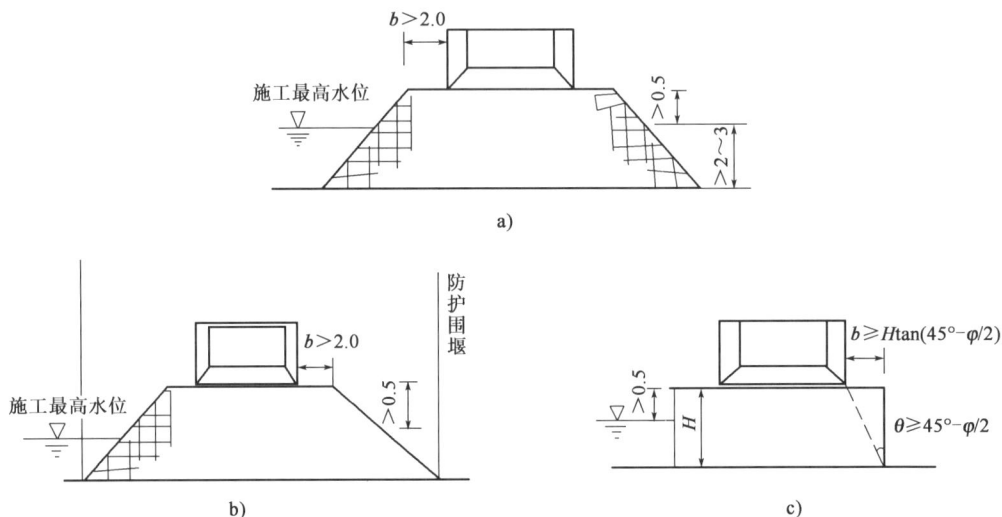

图8-9 水上筑岛下沉沉井(尺寸单位:m)

筑岛前应清理河床上的淤泥和软土。筑岛材料是砾石或中砂或粗砂,不能使用粉、细砂、黏土、淤泥、黄土等;除用作护面材料外,筑岛材料也不宜用大块材料。筑岛的施工期,应尽可能选择在河流的枯水季节,这样不仅可以减少筑岛的填方量,降低工程造价,而且施工较为安全。如果筑岛的施工期限必须经过汛期,可采取分期建造、容许岛面在汛期暂时过水等措施,以降低岛面高程,节约人力和物力,但应确保在汛期后岛体不能被洪水冲塌造成事故。岛面宽度应比沉井周围宽2m以上,岛面高度应高出施工最高水面0.5m以上。

筑岛沉井
施工工艺

筑岛法可分为无围堰筑岛和有围堰筑岛两种方法。

(1)无围堰筑岛一般宜在水深较浅,且流速不大时采用。由于流速、水深及筑岛土质的不同,筑岛材料与容许流速可参考表8-1。如边坡用其他方法加固,容许流速可不受表8-1的限制。

筑岛材料与容许流速 表8-1

筑岛材料	容许流速(m/s)	
	土表面处	平均流速
细砂	0.25	0.3
粗砂	0.65	0.8
中等砾石	1.00	1.2
粗砾石	1.20	1.5

(2)围堰筑岛是指先修筑围堰,然后在围堰内填砂筑岛。这种岛比土岛更能减少阻水面积和填方数量。如筑岛压缩水面较大,可以用钢板桩围堰筑岛。其他施工方法与陆地施工相同。

2. 浮运法

在深水河道中,水深如果超 10m,采用筑岛法就会很不经济,施工也困难,此时可采用浮运法施工:沉井在岸边制成,然后利用在岸边铺成的滑道滑入水中,用绳索引到设计墩位。沉井井壁可做成空体形式,或采用其他措施,如安装临时性不漏水的木底板或钢气筒等(图 8-10),使沉井浮于水上。

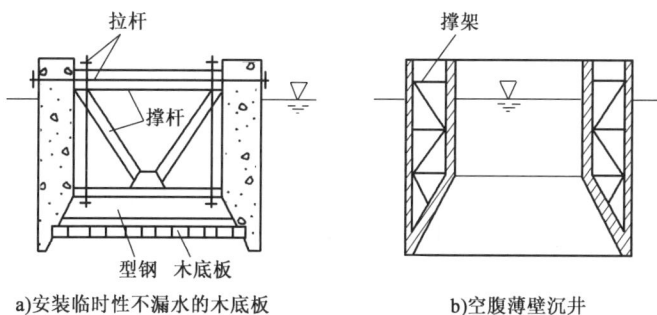

a)安装临时性不漏水的木底板　　　　b)空腹薄壁沉井

图 8-10　浮运沉井结构

浮运沉井施工工艺

沉井也可以在船上制成,用浮船定位和吊放下沉;或利用潮汐,在水位上涨时浮起,再浮运至设计位置。

沉井浮运就位后,用水或混凝土灌入空体,使其徐徐下沉直至河底;或依靠在悬浮状态下接长沉井及填充混凝土使它逐步下沉,这时每个步骤均需保证沉井本身足够的稳定性。沉井切入河床一定深度后,可按前述下沉方法施工。

三、沉井下沉过程中遇到的问题及处理方法

1. 沉井下沉过程中遇到的问题

沉井开始下沉阶段,井体入土不深,下沉阻力较小,且由于沉井大部分还在地面以上,侧向土体的约束作用很小,所以沉井最容易产生偏移和倾斜。该阶段应严格控制挖土的程序和深度,注意要均匀挖土。实际上,沉井不可能始终是理想地竖直均匀下沉的,每沉一次,难免有些倾斜,继续挖土时,可在沉得少的一边多挖一些。所以,在开始阶段,要经常检查沉井的平面位置,随时注意防止较大的倾斜。

在沉井下沉的中间阶段,可能会出现下沉困难的现象,但接筑沉井后,下沉又会变得顺利,且仍易出现偏斜。

在沉井下沉的后阶段,主要问题是下沉困难,偏斜可能性就很小了。沉井下沉发生困难的主要原因是井壁摩擦阻力太大,超过了沉井的重量。

2. 处理方法

（1）纠正倾斜的措施

在下沉过程中应随时观测沉井的位置和方向,当发现与设计位置有过大的偏差时,应及时纠正。

如沉井底部的一部分遇到了障碍物,致使沉井倾斜,这时应立即停止挖土,查清情况,甚至

可在不排水挖土的情况下,派潜水员下去观察,然后根据具体情况,采取不同的措施排除障碍物:

①遇到较小孤石时,可将障碍物四周的土挖掉取出。

②如为较大的孤石或旧建筑物的残破圬工体,可用小量爆破的方法,使其变为碎块取出,但不能把炸药放在孤石表面临空爆破。对刃脚下的孤石应不使炮眼的最小抵抗线朝向刃脚,装药量应控制在0.2kg以内,并在其上压放土袋,以防炸损刃脚和井壁。

③遇到成层的大块卵石,可先清除覆盖的泥沙,然后找寻松动或薄弱处,用挖、铲、撬的办法挖掉。对较大的卵石,在不排水的情况下,也可用直径大于卵石的吸泥机吸出。

④遇到钢件时,可切割排除。

沉井的入土深度逐渐增大,沉井四周的土层对井壁的约束也相应增大,这会给沉井的纠偏工作带来很大困难。因此,当沉井的下沉深度较大时,纠正沉井的偏斜,关键在于破坏土层的被动土压力。可将高压射水管沿沉井高的一侧井壁外面插入土中,破坏土层结构,使土层的被动土压力大为减小,这时再采用上述方法,可使沉井的倾斜逐步得到纠正。

按照《公路桥涵施工技术规范》(JTG/T 3650—2020)的要求,沉井沉至设计高程时,其位置误差应不超过下述规定:

①底面中心和顶面中心在纵横向的偏差不大于沉井高度的1/50,对于浮式沉井,允许偏差值增加25cm。

②沉井最大倾斜度不大于1/50。

③矩形沉井的平面扭角偏差不大于1°。

(2)克服沉井下沉困难的措施

①加重法。在沉井顶面铺设平台,然后在平台上放置重物,如钢轨、铁块或砂袋等,但应防止重物倒塌,所以垒置高度不宜过高。加重法多在平面面积不大的沉井中使用。

②抽水法。对不排水下沉的沉井,可从井孔中抽出一部分水,从而减小浮力,增长向下的压力使沉井下沉。抽水法对渗水性大的砂、卵石层效果不大,对易发生流砂现象的土,也不宜采用此法。

③射水法。在井壁腔内的不同高度处对称地预埋几组高压射水管,在井壁外侧留有喇叭口朝上方的射水嘴,用高压水把井壁附近的土冲松,水沿井壁上升,还起润滑作用,从而减小井壁摩擦阻力,帮助沉井下沉。射水法对砂性土较有效。采用射水法,应加强下沉观测,掌握各孔的出水量,防止射水不均匀而使沉井偏斜。

④炮震法。沉井下沉至一定深度后,如下沉有困难,可采用炮震法强迫沉井下沉。此法是在井孔的底部埋置适量的炸药,引爆后所产生的震动力,一方面减小了刃脚下土的反力和井壁上的摩擦阻力,另一方面增大了沉井向下的冲击力,使沉井下沉。注意:炸药量过多,有可能炸坏沉井;炸药量过小,则震动效果不显著。一般每个爆炸点用药量以0.2kg左右为宜,大而深的沉井可增至0.3kg。不排水下沉时,应将炸药放至水底;水较浅或无水时,应将炸药埋入井底数10cm处,这样既不易炸坏沉井,效果也较好。若沉井有几个井孔,则应在几个井孔内同时起爆。否则有可能使隔墙震裂,甚至会使沉井产生偏斜。有可能采用炮震法的沉井,结构上应适当加强,以免被炸坏。对下沉深度不大的沉井最好不采用此法。

四、泥浆润滑套与壁后压气施工法

对于下沉较深的沉井,为了减少井壁摩擦阻力,常采用泥浆润滑套施工法或壁后压气(气幕)施工法。

1. 泥浆润滑套施工法

泥浆润滑套是把配置好的泥浆灌注在沉井外侧形成的一个具有润滑作用的泥浆层,它可以大大减少沉井在下沉时作用于井壁上的摩擦阻力。这种泥浆在静止时处于凝胶状态,具有一定强度。当沉井下沉时,泥浆受机械扰动变为流动的溶胶,从而减小井壁摩擦阻力,使沉井顺利下沉。这种泥浆的主要成分为黏土、水及适量的化学处理剂。选用的泥浆配合比应使泥浆具有良好的固壁性、触变性和胶体稳定性。一般的重量配合比:黏土 35% ~ 45%、水 55% ~ 65%,碳酸钠(NaCO$_3$)化学处理剂 0.4% ~ 0.6%(按泥浆总重计)。黏土应选择颗粒细、分散性高,并具有一定触变性的微晶高岭土,其塑性指数不小于 15,含砂率小于 6%。

泥浆润滑套的构造主要包括压浆管、射口挡板和地表围圈。

(1)压浆管

压浆管根据井壁的厚度有内管法和外管法两种设置方法。厚壁沉井多用内管法,薄壁沉井宜采用外管法。

①内管法是在底节以上各节沉井的井壁内预制若干个竖直的压浆孔道,孔道可用钢丝胶管或钢管预埋在沉井模板内,待浇筑的混凝土初凝,将胶管或钢管转动上拔而成。在靠近井壁的台阶处设喷浆嘴,喷浆嘴前设泥浆射口防护挡板,如图 8-11 所示。台阶宽度为 10 ~ 20cm,以便在下沉过程中,井壁外侧与土壁之间存在空隙,形成一个泥浆润滑套。

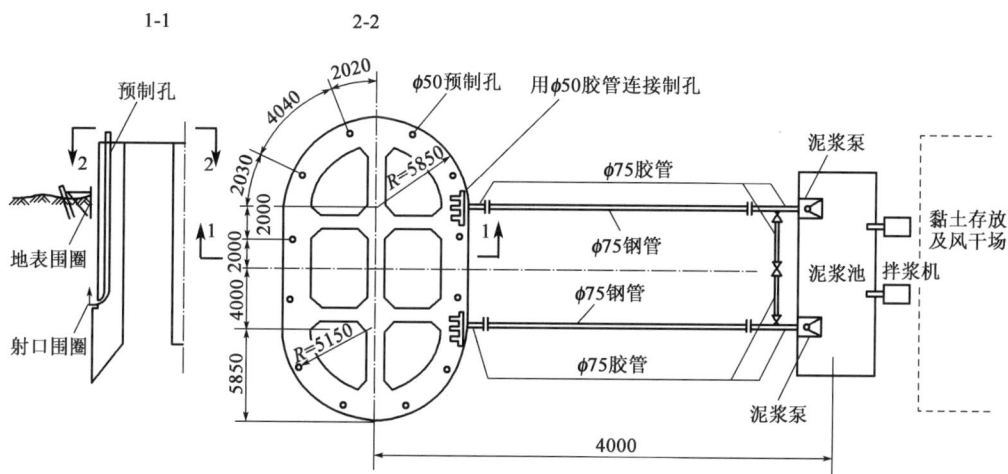

图 8-11 泥浆润滑套示意图(尺寸单位:mm)

②外管法是把压浆管直接置于井壁的内侧或外侧,通过喷浆嘴喷浆,如图 8-12 所示。

(2)射口挡板

射口挡板可用角钢或钢板弯制,置于每个泥浆射出口处,固定在井壁台阶上,它可以防止泥浆管射出的泥浆直冲土壁,起缓冲作用,防止土壁局部坍落堵塞射浆口。

a)井内布置　　　　　　　b)井外布置

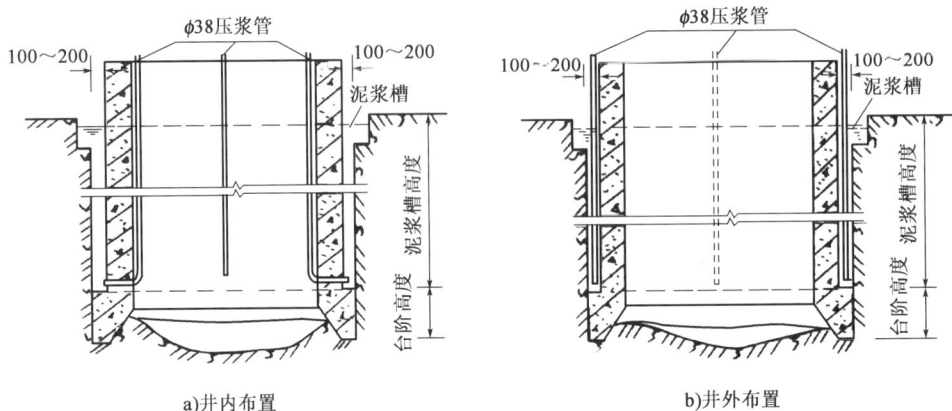

图 8-12　沉井压浆管外管法布置图(尺寸单位:mm)

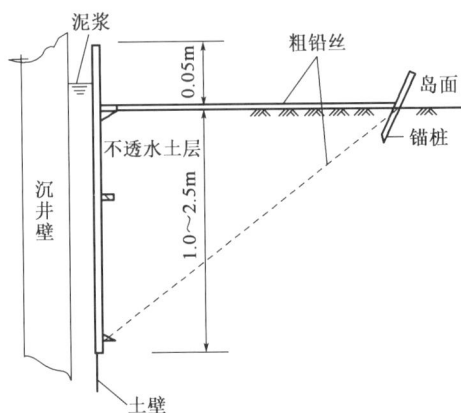

图 8-13　泥浆润滑套地表围圈

水中桥梁基础
(钻孔桩)钢吊
箱围堰施工

（3）地表围圈

地表围圈是埋设在沉井周围保护泥浆的围壁(图 8-13)，它的作用包括:沉井下沉时防止土壁坍落，保持一定的泥浆储存量以保证在沉井下沉过程中有泥浆补充到新造成的空隙内，通过泥浆在围圈内的流动，调整各压浆管出浆的不均衡。

围圈可用钢板与型钢组成，或采用钢筋混凝土围圈。其外侧的回填土要用黏土分层夯实，以防渗水。地表围圈的高度一般为 1.5～2.0m，顶面高出地面或岛面约 0.5m。围圈顶面宜加盖，可用木板或钢板制作。

沉井在下沉时，要不断地补充泥浆，泥浆面不得低于地表围圈的底面。同时，要注意使沉井孔内外水位相近，以防止发生流砂、涌水使泥浆套受到破坏;还要注意井孔中挖土应均匀，避免过多地掏空刃脚下的土，造成大量泥浆流失和沉井突然下沉，造成土壁坍塌、孔内发生流砂和地表坍陷。当气温低于 -3℃时，要做好防冻工作。

当沉井底达到设计高程时，应压进水泥砂浆把触变泥浆挤出去，使井壁与四周的土壁重新获得新的摩阻力。

在卵石、砾石层中采用泥浆润滑套效果一般较差。

2. 壁后压气施工法

空气幕沉井
施工工艺

壁后压气施工法是减少沉井下沉时井壁摩阻力的有效方法。在沉井井壁内预埋若干竖直管道和若干层横向的环形管道，每层环管上钻有很多小孔，压缩空气由管道通过小孔向外喷射，气流沿沉井外壁上升，形成一圈压气层(又称空气幕)，使沉井井壁周围的土液化，从而减小井壁与土之间的摩阻力，使沉井顺利下沉。在水深流急处无法采用泥浆润滑套施工时，可采用这种方法。

施工时压气管分层分布设置，竖管可用塑料管或钢管，水平环管则采用直

径25mm的硬质聚氯乙烯管,沿井壁外缘埋设。每层水平环管可按4个角分为4个区,以便分别压气调整沉井倾斜。压气沉井所需的气压可取静水压力的2.5倍。

与泥浆润滑套施工法相比,壁后压气施工法在停气后即可恢复土对井壁的摩阻力,下沉量易于控制,且所需施工设备简单,可以水下施工,经济效果好。现认为,在一般条件下,壁后压气施工法较泥浆润滑套施工法更为方便,它适用于细、粉砂类土和黏性土,但设计方法和施工措施尚待积累更多的资料。

任务实例 <<<

例 某桥桥台采用沉井基础,在分部、分项工程施工技术交底资料中需要绘制一份沉井施工流程图。

解答:根据本工程设计图纸、施工组织设计文件与施工现场情况,结合工程特点绘制流程图(图8-14)。

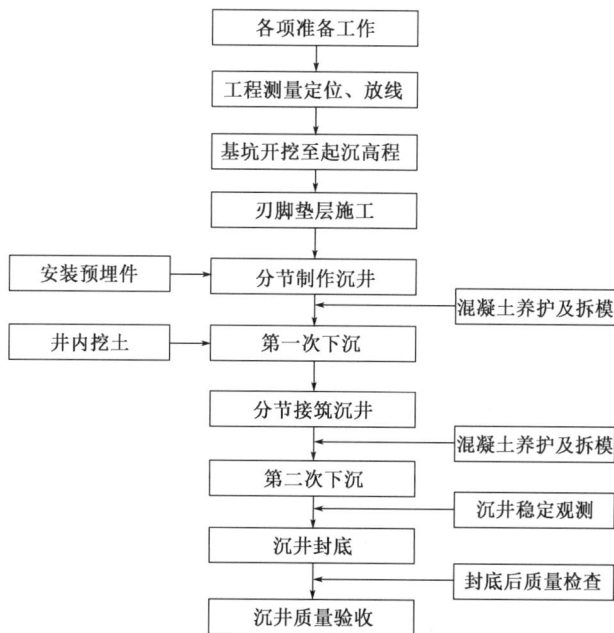

图8-14 沉井施工流程图

学习评价 <<<

1.分组,通过网络搜集一种沉井的施工图片,并进行简单说明。
2.每名学生总结沉井常用的纠正倾斜措施。
3.完成学习评价手册中的任务。

地基处理

☑ 学习目标

【知识目标】

1. 掌握软弱地基的概念和特点；

2. 了解地基处理的目的与基本方法；

3. 了解换土垫层法、挤密压实法的加固原理与相关参数，了解排水固结法、深层搅拌(桩)法的适用条件。

【能力目标】

1. 能够根据换土垫层法的基本原理与使用条件确定砂砾垫层参数；

2. 能够描述换土垫层法、挤密压实法、排水固结法、深层搅拌(桩)法的施工要点；

3. 能够在地基特性分析的基础上，选择合适的地基处理方法。

【素质目标】

通过学习，根据实际条件选择合适的地基加固方法，培养在复杂多变的因素中找到事物现象的本质的能力，掌握科学分析问题的方法。

任务一 认识软弱地基及处理方法

任务描述

某软土地基主要是黏土以及粉土等细微颗粒形成的孔隙率较大的土层,主要包含泥炭土和松散砂等,地下水位较高,土层整体结构不稳定的特点较为突出,作为工程技术员,请你通过详细的地质勘察、试验室测试数据,综合选择最适合的方法和技术,对软土地基进行有效处理。

学习引导

本工作任务沿着以下脉络进行学习:

领会软弱地基的概念、种类、特点 → 理解软弱地基的基本加固原理 → 学习软弱地基的处理方法

相关知识 <<<

在工程建设中,不可避免地会遇到工程地质条件不良的软弱地基。软弱地基是指主要由软土(淤泥、淤泥质土)、冲填土、杂填土或其他强压缩性土构成的地基。普通浅基础下的软弱地基,承载力特征值为 60~80kPa,如果不做任何处理,这样的地基一般不能满足建筑物的要求,所以必须先经过人工加固处理才能建造基础。

地基处理的目的是针对软弱地基上建造建筑物可能产生的问题,采取人工的方法改善地基土的工程性质,以满足上部结构对地基强度、稳定和变形的要求。

软弱地基处理的基本加固原理:

(1)提高地基土的抗剪强度,增大地基承载力,防止剪切破坏或减轻土压力。

(2)改善地基土的压缩特性,减少沉降和不均匀沉降。

(3)改善地基土的渗透性,加速固结沉降过程。

(4)改善地基土的动力特性,防止液化,减轻振动。

(5)消除或减少特殊土的不良工程特性(如黄土的湿陷性、膨胀土的膨胀性等)。

一、软弱地基的种类

1. 软土

软土一般是指在滨海、湖泊、河滩、谷地、沼泽等静水或缓流环境中形成的以细颗粒为主的沉积土。软土是一种呈软塑到流塑状态的饱和(或接近饱和)的黏性土或粉土,常含有机质,天然孔隙比 $e>1$。当 $e>1.5$ 时称为淤泥,当 $1<e\leq1.5$ 时称为淤泥质土。习惯上也把工程性质很差、接近淤泥土的黏性土统称为软土,部分冲填土也被视为软土。

软土在我国沿海地区、内陆平原及山区沟谷都有广泛分布。

工程设计中,按地质特点分类,软土分为滨海沉积土、湖泊沉积土、河滩沉积土、谷地沉积土和沼泽沉积土五种类型。沿海地区的软土主要为滨海沉积土,分布于沿海岸边、海滨平原及各江河入海口处。内陆软土大多属于湖泊沉积土或河滩沉积土,厚度一般不超过 20m。湖泊沉积土分布在各种湖泊周围,以粉土为主,有明显层理,结构较松软。河滩沉积土主要分布在大、中河流中下游,以软黏土及淤泥为主,夹有砂及泥炭层。此外,排水不畅、低洼、多雨地带及森林地带常有含有泥炭的沼泽相软土。

软土又可根据土质不同分为泥炭、腐殖土、有机质土、黏性土和粉土五种类型。当土的燃灼量大于 5% 小于 60%、天然孔隙比大于 1.5 时称为有机质土;当土的燃灼量大于 60%、天然孔隙比大于 5 时称为泥炭。

由于沉积环境的不同和成因的差别,各处软土的性质、成层情况也各有特点,但它们都具有如下不利的工程特性:孔隙比大、天然含水率高、压缩性强、强度低、渗透性小,多数还具有高灵敏度的结构性。其具体鉴别指标应符合表 9-1 的规定。

软土地基鉴别指标
表 9-1

指标名称	天然含水率 $w(\%)$	天然孔隙比 e	直剪内摩擦角 $\varphi(°)$	十字板剪切强度 $C_u(kPa)$	压缩系数 $a_{1-2}(MPa^{-1})$
指标值	≥35 或液限	≥1.0	宜小于 5	<35	宜大于 0.5

软土的力学性质参数宜尽可能通过现场原位测试取得。

知识链接: 由室内试验测定土的物理力学指标,常因土被扰动影响而结果不正确;而一般土的承载力理论公式用于软土也会有偏差。因此,采用现场原位测试的方法能克服以上缺点。软土地基常用的原位测试方法有:根据载荷试验、旁压试验确定地基承载力;以十字板剪切试验测定软黏土不排水抗剪强度换算地基承载力值;按标准贯入试验和静力触探结果,应用经验公式计算地基承载力;等等。

2. 冲填土

冲填土是指在水利建设或江河整治中,用挖泥船或泥浆泵将江河或港湾底部的泥沙用水力冲填(吹填)形成的沉积土。冲填土的物质成分比较复杂,它的工程特性主要取决于颗粒成分、均匀程度和排水固结条件。冲填土若以粉土、黏土为主,因含水率较大且排水困难,属于欠固结的软弱土;冲填土若以中砂以上的粗颗粒土为主,不属于软弱土范畴。

3. 杂填土

杂填土是指因人类活动而填积形成的无规则堆积物,包括建筑垃圾、工业废料和生活垃圾等。它的成因无规律,成分复杂,分布极不均匀,结构疏松,一般还具有浸水湿陷性。

4. 其他强压缩性土

其他强压缩性土包括松散饱和的粉(细)砂、松散的亚砂土、湿陷性黄土、膨胀土和震动液化土等特殊土以及在基坑开挖时可能产生流砂、管涌等不良工程地质现象的土。

有时,地基土虽不属上述软弱土或特殊土,但由于不能满足建筑物的强度、稳定性和沉降要求,也应考虑进行地基处理。

二、地基处理方法分类

地基处理的方法有很多,各有其特点、作用机理和适用范围,在不同的土类中产生不同的加固效果,也存在不同的局限性。地基的工程地质条件是千变万化的,具体工程对地基的要求不尽相同,材料、施工机具和施工条件等也存在显著差别,没有哪一种方法是万能的。因此,对于每一项工程必须进行综合考虑,通过方案的比选,选择一种技术可靠、经济合理、施工可行的方案,既可以采用单一的地基处理方法,也可以采用多种方法综合处理。

根据加固原理,地基处理方法基本上可以分为表 9-2 中常见的几类。

地基处理方法的分类   表 9-2

分类	具体方法	适用地基土条件
换土垫层法	置换出软弱土层,换填强度高的土	各种浅层的软弱土
挤密压实法	(1)表层压实(碾压、振动压实)法	接近最佳含水率的浅层疏松黏性土、松散砂性土、湿陷性黄土及杂填土
	(2)重锤夯实法	无黏性土、杂填土、非饱和黏性土和湿陷性黄土
	(3)强夯法	碎石土、砂土、素填土、杂填土、低饱和度的粉土与黏性土及湿陷性黄土地基
	(4)砂(包括碎石、石灰、二灰、素土)桩挤密法	松散地基和杂填土
	(5)振冲法	砂性土和黏粒含量小于10%的粉土
排水固结法	(1)砂井(包括普通砂井、袋装砂井、塑料排水板)预压法	透水性低的软黏土,但不适用于有机质沉积物地基
	(2)堆载预压法	透水性稍好的软黏土
	(3)真空预压法	能在加固区形成稳定负压边界条件的软土
	(4)降低水位法	饱和粉、细砂地基
	(5)电渗法	饱和软黏土
深层搅拌法	(1)粉体喷射搅拌法	接近饱和的软黏土及其他软弱土层
	(2)水泥浆搅拌法	
	(3)高压喷射注浆法	各种软弱土层
灌浆胶结法(注浆法)	(1)硅化法	松散砂类土、饱和软黏土及湿陷性黄土
	(2)水泥灌注法	松散砂类土、碎石类土
其他方法	(1)加筋法	各种软弱土
	(2)热加固法	非饱和黏性土、粉土和湿陷性黄土
	(3)冻结法	饱和砂土和软黏土的临时处理

任务实例 ◄◄◄

例 根据表 9-3 的试验指标判断该土样是否为软土。

土样试验指标 表9-3

特征指标名称	天然含水率(%)		天然孔隙比	快剪内摩擦角(°)	十字板抗剪强度(kPa)
黏质土、有机质土	40	≥液限	1.1	6	37

解答:用试验指标对比表9-1内容或《公路桥涵地基与基础设计规范》(JTG 3363—2019) 相关内容,判断该土样为软土。

学习评价 <<<

1.分组,针对模块一或模块四学习过程中完成的土工试验指标,分析哪些指标是判别软土 的重要指标。

2.每名学生总结地基处理的方法有哪些。

3.完成学习评价手册中的任务。

任务二 认识换土垫层法

任务描述

某北方公路涵洞地基土中含黏土和粉土颗粒较多,冻胀现象明显,预测会引起不均匀变 形,以致影响涵洞的结构稳定。经过技术分析采用换砂砾垫层法对季节性冻土地基进行处理, 请计算换填砂砾垫层的厚度。

学习引导

本工作任务沿着以下脉络进行学习:

学习换土垫层法的概念和适用条件 → 理解换土垫层法的作用机理 → 学习垫层设计计算方法 →

掌握换土垫层法的施工要点

相关知识 <<<

一、换土垫层法的概念、适用条件

换土垫层法也称开挖置换法,是指将地基软弱土层部分或全部挖除,然后换填工程特性良 好的材料,并予以分层压实,作为地基持力层。它是一种常用的较经济、简便的浅层处理方法。

常用的换填材料主要有砂、碎(卵)石、灰土、素土、煤渣,以及其他强度高、压缩性弱、稳定 性好和无侵蚀性的工程特性良好的材料。

按垫层回填材料的不同,垫层可分为砂砾垫层、碎石垫层、灰土垫层等。

当建筑物荷载不大(中、小桥或一般结构物)、冲刷较小、软弱或不良土层较薄(如不超过3m)时,采用换土垫层法可取得较好的效果。

二、换土垫层法的作用机理

换土垫层法的作用机理主要表现在以下几个方面:

(1)提高基础底面持力层的承载力,减少沉降量。地基中的剪切破坏一般是从基础底面边角处开始的,并主要发生在地基上部浅层范围内。另外,因为地基中附加应力随深度增大而减小,所以在总沉降中,浅层地基的沉降量也占较大比例。因此,用强度较大的垫层材料置换基础底面以下浅层范围可能破坏的软弱土,可以提高承载力和减少沉降量。

(2)加速地基的排水固结。用砂石作为垫层材料时,由于其渗透性大,在地基受压后垫层便是良好的排水体,可使下卧层中的孔隙水压力加速消散,从而加速其固结。

(3)防止冻胀。采用颗粒粗大的材料(如碎石、砂等)作为垫层,可以降低甚至不产生毛细水上升现象,因而可以防止结冰导致的冻胀。

(4)消除地基的湿陷性和胀缩性。在湿陷性黄土地基中,采用素土或灰土垫层,置换基础底面下一定范围内的湿陷性土层,可避免土层浸水后湿陷变形的发生或减少土层湿陷沉降量。同时,垫层可作为地基的防水层,减少下卧天然黄土层浸水的可能性。采用非膨胀性的黏性土、砂石、灰土以及矿渣等置换膨胀土,可以减少地基的胀缩变形量。

三、砂砾垫层的处理方法

以下主要介绍工程中常用的砂砾垫层的处理方法。

1. 砂砾垫层的设计计算

砂砾垫层的设计计算主要是确定垫层厚度和宽度,并进行垫层承载力和基础沉降量验算。

(1)垫层厚度和宽度的确定

①垫层厚度的确定。垫层的厚度应满足垫层底面(软弱下卧层顶面)承载力的要求。

由于砂砾垫层具有较大的变形模量和强度,基础底面的受压承载力将通过垫层以一定扩散角 θ 向下扩散(图9-1)。要求扩散到垫层底面(下卧层顶面)处的附加压应力与土中自重应力之和不超过该处承载力特征值,即

$$p_{ok} + p_{gk} \leqslant \gamma_R f_a \tag{9-1}$$

式中:p_{ok}——垫层底面处的附加压应力,kPa;

$\quad p_{gk}$——垫层底面处土的自重压应力,kPa;

$\quad f_a$——垫层底面处地基的承载力特征值,kPa,按模块四的有关规定采用;

$\quad \gamma_R$——地基承载力的抗力系数,按模块四的有关规定采用。

对平面为矩形或条形的基础,假定扩散到垫层底面(下卧层顶面)的附加压应力呈矩形分布,根据力的平衡条件可得

矩形基础 $$p_{ok} = \frac{bl(p'_{ok} - p'_{gk})}{(b + 2h_z\tan\theta)(l + 2h_z\tan\theta)} \tag{9-2}$$

条形基础
$$p_{ok} = \frac{b(p'_{ok} - p'_{gk})}{b + 2h_z \tan\theta} \qquad (9\text{-}3)$$

式中:b——矩形基础或条形基础底面的宽度,m;

l——矩形基础底面的长度,m;

p'_{ok}——基础底面压应力,kPa;

p'_{gk}——基础底面处的自重压应力,kPa;

h_z——基础底面下垫层的厚度,m;

θ——垫层的压力扩散角,(°),可按表9-4采用。

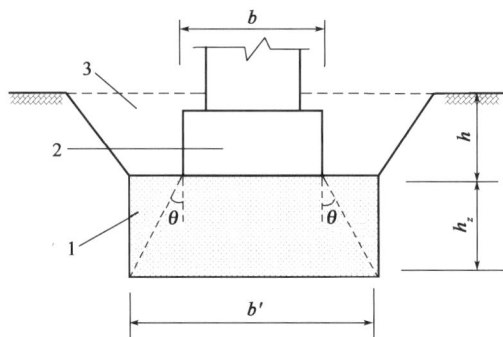

图9-1 砂垫层应力扩散图
1-垫层;2-基础;3-回填土

垫层压力扩散角 θ(°)   表9-4

h_z/b	垫层材料
	中砂、粗砂、砾砂、圆砾、角砾、卵石、碎石
0.25	20
≥0.5	30

注:当 $0.25 < h_z/b < 0.5$ 时,θ 值可内插确定;当 $h_z/b < 0.25$ 时,θ 取0°。

计算时,一般可采用试算的方法,即先初步拟定一个垫层厚度,再用式(9-1)验算。如不符合要求,则改变厚度,重新验算,直到满足要求为止。垫层厚度一般不宜小于0.5m,且不宜大于3.0m。如果垫层太薄(小于0.5m),作用效果不明显;如果垫层过厚(大于3.0m),需开挖深坑,费工耗料,施工困难,经济、技术上往往不合理。当地基土软且厚或基础底面压力较大时,应考虑其他加固方案。

②垫层宽度的确定。垫层宽度应满足基础底面压应力扩散的要求,并防止垫层向两边挤出。若垫层宽度不足,四周侧面土质又较软弱,垫层就有可能部分挤入侧面软弱土,使基础沉降增大。

垫层底面宽度可按下式或根据当地经验确定:

$$b' \geq b + 2h_z \tan\theta \qquad (9\text{-}4)$$

式中:b'——垫层底面的宽度,m;

θ——垫层的压力扩散角,(°),可按表9-4采用,当 $h_z/b < 0.25$ 时,按表中 $h_z/b = 0.25$ 取值;

其余符号意义同前。

垫层顶面每边应超出基础底面尺寸不小于 0.3m。

（2）垫层承载力的确定

垫层承载力特征值 f_a 宜通过现场确定，当无试验资料时，可按表 9-5 参考使用。

各种垫层承载力特征值 f_a 表 9-5

施工方法	垫层材料	压实系数 λ_c		承载力特征值
		重型击实试验	轻型击实试验	
碾压、振密或夯实	碎石、卵石	≥0.94	0.97	200～300
	砂夹石（其中碎石、卵石占总质量的 30%～50%）			200～250
	土夹石（其中碎石、卵石占总质量的 30%～50%）			150～200
	中砂、粗砂、砾砂			150～200

注：1. 压实系数 λ_c 为土的控制干密度 ρ_d 与最大干密度 ρ_{dmax} 的比值。

2. 土的最大干密度宜采用击实试验确定，碎石最大干密度可取 2.0～2.2t/m^3。

（3）基础沉降量的计算

砂砾垫层上基础的沉降量由垫层本身的压缩量 s_{cu} 与软弱下卧层的沉降量 s_s 所组成，即

$$s = s_{cu} + s_s \tag{9-5}$$

$$s_{cu} = p_m \frac{h_z}{E_{cu}} \tag{9-6}$$

式中：s——基础的沉降量，m；

s_{cu}——垫层本身的压缩量，m；

s_s——软弱下卧层的沉降量，m；

p_m——垫层内的平均压应力；即基底平均压应力与砂砾垫层底平均压应力的平均值，N；

h_z——垫层厚度，m；

E_{cu}——垫层的压缩模量，MPa，如无实测资料，可取 12～24MPa。

由于砂砾垫层压缩模量比较弱下卧层大得多，其压缩量较小，且在施工阶段已基本完成，实际可以忽略不计。必要时 s_{cu} 可按式（9-6）计算。

技术提示：基础沉降量 s 的计算值应符合建筑物容许沉降量的要求，否则应加厚垫层或考虑其他加固方案。

2. 砂砾垫层的施工

（1）砂砾垫层的材料要求

砂砾垫层材料应就地取材，同时要符合强度要求，一般可采用中砂、粗砂、砾砂和碎（卵）石。其黏粒含量不应大于 5%，粉粒含量不应大于 25%，如果这些成分含量过多，将不利于排水和夯实。另外，砾料粒径以不大于 50mm 为宜，并且不应含有植物残体等杂质。

垫层材料应以中砂为主，其颗粒的不均匀系数不应小于 5；也可掺入一定量的碎石（碎石粒径不应超过 100mm），这样既能提高强度，又易于夯实。

（2）砂砾垫层的施工要点

①垫层材料应分层填筑,分层压实。分层厚度和压实遍数应根据具体方法和压实机具而定。一般分层厚度可取 20～30cm,压实方法可采用振动法、碾压法、夯实法和水撼法等。分层压实必须达到设计要求的密实度。

②施工中应控制最佳含水率,以利于达到最大密实度。

③当地下水位高于基坑底面时,应采取排水或降低水位措施,以利于施工和保证垫层质量。

④基坑开挖时应避免扰动垫层下的软弱土层,可保留 20cm 左右厚的土层暂不挖,待铺填垫层前再挖至设计高程。在基坑挖好并且通过检验后,应迅速铺压垫层材料,以防坑底暴露过久、被践踏、浸水或受冻,使地基土结构遭受破坏,强度降低。

⑤在碎石或卵石垫层底部宜设置 15～30cm 厚的砂砾垫层,以防止淤泥或淤泥质土层表面的局部破坏。同时必须防止基坑边坡土体坍落混入垫层。

⑥砂砾垫层的质量检验,可选用环刀取样法或灌入法进行,以干重度和贯入度为控制指标。

⑦垫层底面应尽量水平。

⑧垫层竣工后,应及时进行基础施工与基坑回填。

任务实例 <<<

例 阅读某砂砾石换填施工方案,指出方案不合理之处。

材料堆卸后,按照压实工艺规则规定的要求用推土机摊铺、整平,采用重型压实机械,虚铺厚度控制在 50cm,并使其表面平整。

解答:垫层材料应分层填筑,一般分层厚度可取 20～30cm,本方案中材料虚铺50cm 厚度可能造成压实度不满足质量要求。

学习评价 <<<

1.分组,通过网络搜集砂砾垫层施工方案,结合本任务中的施工要点进行简要总结。
2.每名学生总结砂砾垫层底面的宽度确定考虑哪些因素。
3.完成学习评价手册中的任务。

任务三 认识挤密法和压实法

任务描述

某驳岸堤工程现场范围为 25～30m,场地清表、整平并打挤密砂桩。根据设计文件要求的桩间距及桩的分布形式布设桩位,作为施工现场技术人员,请你制订砂桩施工方案。

学习引导

本工作任务沿着以下脉络进行学习:

学习砂桩挤密法和压实法的概念、适用条件和作用机理 → 学习砂桩的设计计算方法 → 理解砂桩挤密法和压实法的施工要点

相关知识 <<<

挤密法和压实法通过振动、挤压等方式使地基土体孔隙比减小,强度提高,从而达到地基处理的目的。挤密法主要采用挤密桩的形式进行地基处理,先采用振动、冲击或打入套管等方法在地基中成孔,然后向孔中填入挤密材料,再加以夯挤密实形成桩体。常用的挤密桩填料是砂石,也可用石灰、二灰(石灰、粉煤灰)、素土等填充桩孔,相应的桩体分别称为砂桩、石灰桩、二灰桩、素土桩等。下面只介绍常见的砂桩挤密法。压实法按采用的压实手段不同可分别对浅层土或深层土起加固作用。常用的压实法有机械碾压法、振动压实法、重锤夯实法及强夯法(也称动力固结法)。

一、砂桩挤密法

砂桩是指采用振动、冲击或打入套管等方法在地基中成孔(孔径一般为 0.3 ~ 0.8m),然后向孔中填入砂石料,再加以夯挤密实形成的桩体。

砂桩内填料宜采用砾砂、粗砂、中砂、圆砾、角砾、卵石、碎石等,填料中含泥量不应大于 5%,并不宜含有粒径大于 50mm 的粒料。

1. 砂桩的适用条件

在不发生冲刷或冲刷深度不大的松散砂土、素填土、杂填土,以及 $I_L < 1$、孔隙比接近或大于 1 的含砂率较大的松软黏性土地基中,如其厚度较大,用砂砾垫层处理施工困难,可考虑采用砂桩挤密法,以提高地基承载力,减少沉降量,增强抗液化能力。

对于厚度大的饱和软黏土地基,由于土的渗透性小,采用砂桩挤密法不仅不易将土挤密实,反而会破坏土的结构强度。此时砂桩主要起置换作用,加固效果不大,宜考虑采用其他加固方法,如砂井预压、深层搅拌法等。

对于松散的砂土层,砂桩的主要作用是挤密地基土,同时起到排水减压作用和砂土地基防振作用。

对于松软黏性土,砂桩挤密效果不如在砂土中明显,主要是通过桩体的置换和排水作用加速桩间土的排水固结,并形成复合地基,从而提高地基的承载力和稳定性,改善地基土的力学性质。

对于砂土与黏性土互层的地基及冲填土,砂桩也能起到一定的挤实加固作用。

2. 砂桩的设计计算

(1)砂桩加固范围的确定

砂桩加固的范围应大于基础的面积(图9-2),每边放宽宜为 1 ~ 3 排。当砂桩用于防止砂

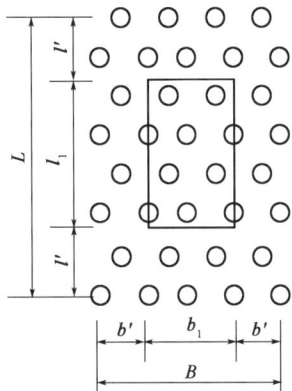

图 9-2 砂桩平面布置图

土液化时,每边放宽不宜小于处理深度的 1/2,且不小于 5m;当可液化层上覆盖有厚度大于 3m 的非液化土层时,每边放宽不应小于液化层厚度的 1/2,并不应小于 3m。

根据上述要求,即可确定加固范围的面积 A。

(2)加固范围内所需砂桩的总截面面积 A_1 的确定

A_1 的大小除与加固范围面积 A 有关外,主要还与土层加固后所需达到的地基承载力特征值相对应的孔隙比有关。

如图 9-3 所示,设砂桩加固深度为 l_0,加固前地基土的孔隙比为 e_0,地基土面积为 A;加固后地基土的孔隙比为 e_1,地基土面积为 A_2。从加固前后的地基中取相同大小的土样,由于加固前后原地基土颗粒所占体积不变,可得如下关系式:

$$Al_0 \frac{1}{1+e_0} = A_2 l_0 \frac{1}{1+e_1}$$

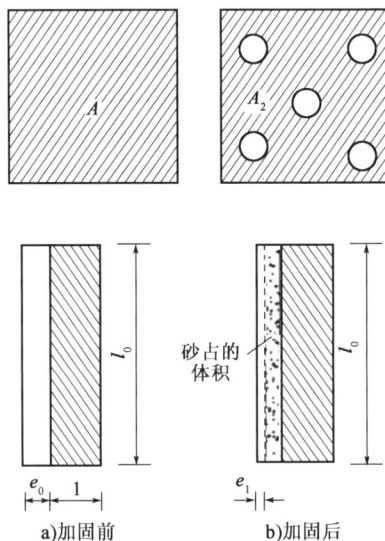

图 9-3 砂桩加固前后地基的变化情况

所以

$$A_2 = \frac{1+e_1}{1+e_0}A$$

则砂桩的总截面面积为

$$A_1 = A - A_2 = \frac{e_0 - e_1}{1+e_0}A \tag{9-7}$$

(3)砂桩直径和砂桩根数的确定

①砂桩直径。

砂桩直径可根据施工设备能力、地基类型和地基处理的要求确定。桩径不宜过小或过大:若桩径过小则桩数增加,施工时机具移动频繁;若桩径过大,需要大型机具。目前国内实际采用的砂桩直径一般为 $0.3 \sim 0.8 \mathrm{m}$。

②砂桩根数。

假设砂桩直径为 d，则一根砂桩的截面面积为

$$A_\mathrm{p} = \frac{\pi d^2}{4}$$

则所需砂桩根数约为

$$n = \frac{A_1}{A_\mathrm{p}} = \frac{4A_1}{\pi d^2} \tag{9-8}$$

(4)砂桩的平面布置及其间距

为了使挤密作用比较均匀，砂桩一般可布置为正方形或等边三角形，如图 9-4 所示。

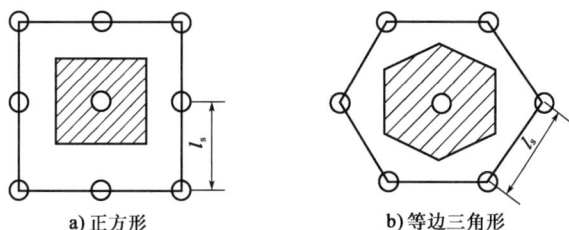

a)正方形　　　　b)等边三角形

图 9-4　砂桩的布置及中距

砂桩的中距应通过现场试验确定，但不宜大于砂桩直径的 4 倍。如无试验资料，也可按下式计算。

①松散砂土地基。

等边三角形布置　　　　$l_\mathrm{s} = 0.95d\sqrt{\dfrac{1+e_0}{e_0-e_1}}$ 　　　　(9-9)

正方形布置　　　　$l_\mathrm{s} = 0.90d\sqrt{\dfrac{1+e_0}{e_0-e_1}}$ 　　　　(9-10)

式中：l_s——砂桩中距，m；

其他符号意义同上。

②黏性土地基。

等边三角形布置　　　　$l_\mathrm{s} = 1.08\sqrt{A_\mathrm{e}}$ 　　　　(9-11)

正方形布置　　　　$l_\mathrm{s} = \sqrt{A_\mathrm{e}}$ 　　　　(9-12)

式中：A_e——一根砂桩承担的处理面积，$A_\mathrm{e} = \dfrac{A_\mathrm{p}}{m}$，$\mathrm{m}^2$；

A_p——砂桩截面面积，m^2；

m——面积置换率，$m = \dfrac{d^2}{d_\mathrm{e}^2}$；

d_e——等效影响直径，当按等边三角形布置时 $d_\mathrm{e} = 1.05\,l_\mathrm{s}$，当按正方形布置时 $d_\mathrm{e} = 1.13\,l_\mathrm{s}$；

d——砂桩直径，m。

（5）砂桩长度的确定

如果软弱土层不是很厚，砂桩一般应穿透软土层，砂桩长度 l_0 应为基础底面到松软土层底的距离。如果软弱土层很厚，砂桩长度可按桩底承载力和沉降量的要求，根据地基的稳定性和变形验算确定。

另外，砂桩长度的确定也应考虑施工机具设备的条件。

（6）砂桩的灌砂量的计算

为保证砂桩加固后的地基达到设计要求的质量，每根桩应灌入足够的砂量，以保证加固后土的密实度达到设计要求。

假设加固后地基土和砂桩的孔隙比相同，均为 e_1，则每根砂桩的灌砂量为

$$Q = \frac{\pi d^2}{4} l_0 \gamma \tag{9-13}$$

$$\gamma = \frac{\gamma(1 + w)}{1 + e_1} \tag{9-14}$$

式中：d——砂桩直径，m；

$\quad l_0$——砂桩长度，m；

$\quad \gamma$——加固后砂桩内砂石料的重度，kN/m^3；

$\quad w$——砂桩内砂石料的含水率，%；

由式（9-13）计算所得灌砂量是理论计算值，施工时应考虑各种可能损耗，备砂量应大于此值。

砂桩用于加固黏性土时，地基承载力应按复合地基计算或复核，并在需要时进行沉降验算。

3. 砂桩的施工要点

（1）砂桩施工成孔可采用振动式或锤击式。振动式是靠振动机的垂直上下振动作用，把带桩靴或底盖的钢套管打入土中成孔，填入砂料振动密实成桩（一边振动一边拔出套管）；锤击式是将钢套管打入土中，其他工艺与振动式基本相同，但灌砂成桩和扩大是用内管向下冲击而成的。

（2）砂料应分层填筑、分层夯实。

（3）确定砂料的最佳含水率。

（4）砂桩必须上下连续，确保满足设计长度的要求。

（5）砂桩的灌砂量应得到保证。如实际灌砂量未达到设计用量，应在原处复打，或在旁边补桩。

（6）为增强挤密效果，砂桩可从外圈向内圈施打。

（7）加固后地基承载力可用静载试验确定，桩及桩间土的挤密质量可采用标准贯入法、动力触探法、静力触探法等进行检测。

二、压实法

压实法主要适用于砂土及含水率在一定范围内的软弱黏性土地基，也适用于加固杂填土和黄土以及换土垫层的分层填土压实等。

1. 机械碾压法

机械碾压法是一种采用平碾、羊足碾、压路机、推土机或其他机械压实松散土的方法。该方法主要适用于大面积回填土和杂填土地基的浅层压实。

碾压效果主要取决于被压实土的含水率和压实机械的压实能力,施工时应注意控制碾压土的最佳含水率,选择适当的碾压分层厚度和碾压遍数。黏性土的碾压,通常用 $80 \sim 100kN$ 的平碾或 $120kN$ 的羊足碾,每层铺土厚度为 $20 \sim 30cm$,碾压 $8 \sim 12$ 遍。杂填土的碾压,应先将建筑范围内一定深度的杂填土挖除,开挖深度视设计要求而定,用 $80 \sim 120kN$ 压路机或其他压实机械将坑底碾压几遍,再将原土分层回填碾压,每层土的虚铺厚度约 $30cm$。有时还可在原土中掺入部分碎石、碎砖、白灰等,以提高地基强度。

由于杂填土的性质比较复杂,碾压后的地基承载力相差较大。根据一些地区的经验,用 $80 \sim 120kN$ 压路机碾压后的杂填土地基,承载力为 $80 \sim 120kPa$。

2. 振动压实法

振动压实法是指通过在地基表面施加振动把浅层松散土振实的方法,可用于处理砂土和由炉灰、炉渣、碎砖等组成的杂填土地基。

竖向振动力由机内设置的两个偏心块产生。振动压实的效果与振动力的大小、填土的成分和振动时间有关。当杂填土的颗粒或碎块较大时,应采用振动力较大的机械。一般来说,振动时间越长,效果越好。但振动超过一定时间后振动压实效果将趋于稳定。因此,在施工前应进行试振,找出振动压实稳定所需要的时间。振动压实范围应从基础边缘放出 $0.6m$ 左右,先振基坑两边,后振中间。经过振动压实的杂填土地基,承载力基本值可达 $120kPa$。

3. 重锤夯实法

重锤夯实法是指运用起重机械将重锤(一般不轻于 $15kN$)提到一定高度($2.5 \sim 4.5m$),然后让锤自由落下,不断重复夯击地基,使地基浅层得到密实的方法。它适用于砂土、稍湿的黏性土、部分杂填土和湿陷性黄土等的浅层处理。

重锤的样式常为一截头圆锥体(图9-5),重为 $15 \sim 30kN$,锤底直径 $0.7 \sim 1.5m$,锤底面自重静压力为 $15 \sim 25kPa$,落距一般采用 $2.5 \sim 4.5m$。

重锤夯实的有效影响深度与锤重、锤底直径、落距及地质条件有关。为达到预期加固密实度和深度,应在现场进行试夯,确定需要的落距、夯击遍数等。

图 9-5　夯锤

夯击时,若土的饱和度不宜过高,地下水位应低于击实影响深度,在此深度范围内也不应有饱和的软弱下卧层,否则会出现"橡皮土"现象(软弹现象),严重影响夯实效果。若含水率过低,消耗夯击功能较大,往往达不到预期效果。一般含水率应以接近击实土的最佳含水率或控制在塑液限之间而稍接近塑限为佳,也可由试夯确定含水率与锤击功能的规律,以求用较少的夯击遍数达到预期的设计加固深度和密实度,从而指导施工。一般夯击遍数不宜超过 12 遍,否则应考虑增加锤重、落距或调整土层含水率。

重锤夯实法加固后的地基应经静载试验确定其承载力,必要时还应对软弱下卧层承载力及地基沉降进行验算。

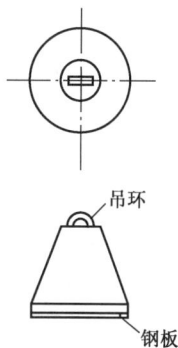

4. 强夯法

(1)强夯法的适用条件和加固机理

强夯法,亦称动力固结法,是一种使较大的重锤(一般为 100~600kN,最重达 2000kN)从 6~40m 高处自由落下,对较厚的软土层进行强力夯实的地基处理方法,如图 9-6 所示。

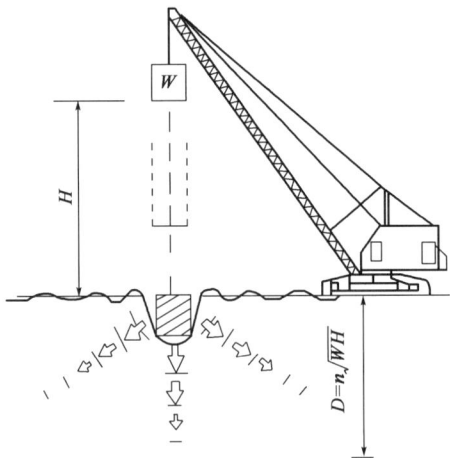

图 9-6　强夯法示意图

强夯法的显著特点是夯击能量大,影响深度也大,并具有工艺简单、施工速度快、费用低、适用范围广、效果好等优点。

强夯法适用于碎石类土、砂类土、杂填土、低饱和粉土和黏土、湿陷性黄土等地基的加固,效果较好。对于高饱和软黏土(淤泥及淤泥质土),强夯处理效果较差,但若结合夯坑内回填块石、碎石或其他粗粒料,强行夯入形成复合地基(称为强夯置换或动力挤淤),处理效果较好。

强夯法的加固机理与重锤夯实法有着本质的区别,强夯法主要是将势能转化为夯击能,在地基中产生巨大的应力和冲击波,对土体产生加密和固结作用。

强夯法虽然在实践中已被证实是一种较好的地基处理方法,但其加固原理研究尚待完善。强夯法根据土的类别和强夯施工工艺的不同可分为以下三种加固机理:

①动力挤密。在冲击型荷载作用下,在多孔隙、粗颗粒、非饱和土中,土颗粒发生相对位移,孔隙中气体被挤出,从而使得土体的孔隙减小、密实度增加、强度提高以及变形减小。

②动力固结。在饱和的细粒土中,土体在夯击能量作用下产生孔隙水压力,使土体结构被破坏,土颗粒间出现裂隙,形成排水通道,渗透性改变,随着孔隙水压力的消散,土体开始密实,抗剪强度、变形模量增大。在夯击过程中,伴随着土中气体体积的压缩、触变的恢复、黏粒结合水向自由水转化等。

③动力置换。在饱和软黏土特别是淤泥及淤泥质土中,通过强夯将碎石填充于土体中,形成复合地基,从而提高地基的承载力。

(2)强夯法的施工要点

强夯法施工前,应先在现场进行原位试验(如旁压试验、十字板试验、触探试验等),取原状土样测定含水率、塑限液限、粒度成分等,并在试验室进行动力固结试验,以取得有关数据。

强夯法正式开始施工前,应根据初步确定的参数,在现场有代表性的地方试夯,并与夯前测试数据进行对比,检验强夯效果,确定工程采用的各项强夯参数。若不符合设计要求,应及时进行调整。在进行试夯时也可以采用不同的设计参数方案进行优选。

强夯法施工按下列步骤进行:

①在整平后的场地上标出第一遍夯击点的位置,并量测场地的高程。

②起重机就位,使夯锤对准夯击点位置。

③测量夯点锤顶高程。

④将夯锤起吊到预定高度,待夯锤脱钩下落后,放下吊钩,测量锤顶高程。若发现坑底倾

斜造成夯锤歪斜,应及时将坑底整平。

⑤重复步骤④,按设计规定的夯击次数及控制标准,完成一个夯击点的夯击。

⑥换夯点,重复步骤②~⑤,直至完成第一遍对全部夯击点的夯击。

⑦用推土机将夯坑整平,并测量场地高程。

⑧在规定的时间间隔后,按上述步骤完成全部夯击遍数,最后用低能量满夯,将表层松土夯实并测量场地高程。

强夯法的施工顺序应该是先深后浅,即先加固深层土,再加固中层土,最后加固表层土。

技术提示: 强夯法施工过程中应对现场地基土层进行一系列对比观测工作,包括地面沉降测定,孔隙水压力测定,侧向压力、振动加速度测定,等等。

任务实例 ◄◄◄

例 松散的砂土层地基应用砂桩挤密法加固,加固前地基土的孔隙比为 0.85;加固后地基土的孔隙比为 0.6,砂桩直径为 40cm,正方形布置方式,砂桩中距取多少合适。

解答: $l_s = 0.90d\sqrt{\dfrac{1+e_0}{e_0-e_1}} = 0.9 \times 40 \times \sqrt{\dfrac{1+0.85}{0.85-0.6}} = 97.9(\text{cm}) \approx 1.0(\text{m})$

砂桩中距不宜大于砂桩直径的 4 倍(1.0m),小于 $4 \times 0.4 = 1.6$m,故可以采用 1.0m 中距布置砂桩。

学习评价 ◄◄◄

1. 分组,通过网络搜集挤密法和压实法工程案例,并进行简单说明。

2. 每名学生总结常用的挤密法和压实法有哪些。

3. 完成学习评价手册中的任务。

任务四 认识排水固结法

任务描述

某市政城市道路 05 合同段经过鱼塘和农田路段,且软土深厚(厚度为 15~30m),力学性能差。为保证路堤的稳定,减小路基沉降和沉降差,提高路面的平整度和行车的舒适性,标段范围内的所有道路均需要进行软基处理。经过方案对比,软基处理的形式主要采用砂井堆载预压法,作为施工现场技术人员,请你根据工程具体情况制订施工方案。

学习引导

本任务沿着以下脉络进行学习:

理解排水固结法的概念、适用条件和作用机理 → 学习砂井的设计计算方法 →

掌握砂井的施工要点 → 了解其他排水固结法的基本原理

相关知识 ◀◀◀

饱和软黏土地基渗透系数很小,在荷载作用下,孔隙水的排出和固结速度缓慢。如在其上建造结构物或填土,地基可能产生较大的沉降,甚至由于强度不足而失稳破坏。

排水固结法是利用软弱地基土排水固结的特性,通过在地基土中采用各种排水技术措施(设置竖向排水体和水平排水体),再分级加载预压,以加速饱和软黏土排水固结和沉降的一种地基处理方法。

排水固结法加固软土地基是一种比较成熟、应用广泛的方法。它常用于解决饱和软黏土的沉降和稳定问题,可以使地基沉降在预压期内基本完成或大部分完成,以减少建筑物施工后的沉降,同时提高地基强度和稳定性。

排水固结法根据排水体系的构造及加载方法不同,一般可以分为砂井(普通砂井、袋装砂井、塑料排水板)堆载预压法、真空预压法、降低地下水位预压法及天然地基堆载预压法等。

一、普通砂井堆载预压法

普通砂井堆载预压法是在软弱地基中设置砂井作为竖向排水通道,并在砂井顶部设置砂普通

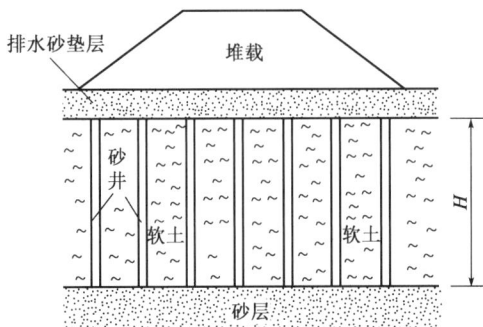

图9-7　普通砂井堆载预压

垫层作为水平排水通道,形成排水系统(图9-7),借此增加排水通道,缩短排水途程,改善地基渗透性能,然后在砂垫层上部堆载,以增大地基土中的附加应力,使土体中孔隙水较快地通过竖向砂井和水平砂垫层排出,达到加速土体固结、提高软弱地基承载力的目的。

普通砂井堆载预压法适用于厚度较大,渗透系数很小的饱和软黏土,主要用于道路路堤、土坝、机场跑道、工业建筑油罐、码头、岸坡等工程的地基处理,对于泥炭等有机沉积地基则不适用。

1. 砂井的设计

砂井的设计主要包括选择适当的砂井直径、间距、深度、布置方式与范围,以及砂井所需的材料、砂垫层材料与厚度等,以使地基在堆载预压过程中,在预期的时间内达到所需要的固结度(通常定为80%)。

(1)砂井的平面布置、直径及间距

砂井的平面布置可采用正方形或等边三角形,后者排列较紧凑,应用较多。在大面积荷载作用下,认为每个砂井均起独立排水作用。正方形排列的砂井排水范围为正方形立柱体,等边三角形排列的砂井排水范围则为六边形棱柱体,为了简化计算,将每个砂井平面的排水范围以

等面积的圆来代替,其直径为 d_e。

砂井的直径和间距主要取决于土的固结特性和施工期的要求。从原则上讲,在达到相同的固结度时,缩短砂井间距比增加砂井直径效果要好,即以"细而密"的原则布置为佳。

但砂井过细,则施工困难且不易保证质量,考虑到施工的可操作性,普通砂井的直径宜为 300~500mm。

如砂井间距过密,则对周围土扰动较大,会降低土的强度和渗透性,影响加固效果,一般不应小于1.5m。

砂井的中距 l_s 可按下式计算:

等边三角形布置
$$l_s = \frac{d_e}{1.05} \tag{9-15}$$

正方形布置
$$l_s = \frac{d_e}{1.13} \tag{9-16}$$

式中:d_e——一根砂井的有效排水圆柱体直径,m,$d_e = n d_w$;

d_w——砂井直径,m;

n——井径比,普通砂井 $n = 6 \sim 8$,袋装砂井或塑料排水板 $n = 15 \sim 20$。

(2)砂井的布置范围

因为在基础以外一定的范围内仍然存在压应力和剪应力,所以砂井的布置范围应比基础范围大,一般由基础的轮廓线向外增加 2~4m。

(3)砂井的深度

砂井的深度主要根据土层的分布、地基中的附加应力大小、施工期限和条件及地基稳定性等因素确定。

对于以沉降控制的桥涵,当软土层不厚(一般为 10~20m)时,尽量要穿过软土层达到砂层;当软土过厚(超过20m)时,则不必打穿软土层,可根据建筑物对地基的稳定性和变形的要求确定。

对于以地基抗滑稳定性控制的工程,如拱式结构的墩台,砂井深度应超过最危险滑动面 2.0m 以上。

(4)砂井填筑材料

砂井填料宜用中、粗砂,必须保证良好的透水性,含泥量应小于3%,渗透系数应大于 10^{-3}cm/s。

(5)砂垫层的设置

为了使砂井有良好的排水通道,砂井顶部应铺设砂垫层,其宽度应超出堆载宽度,并伸出砂井区外边线2倍砂井直径,厚度宜大于0.4m,以免地基沉降时切断排水通道。

在预压区内宜设置与砂垫层相连的排水盲沟,以把地基中排出的水引出预压区。

垫层材料宜用中、粗砂,含泥量应小于5%,砂料中可混有少量粒径小于50mm的石粒。砂垫层的干密度应大于1.5t/m³。

2. 砂井的施工

砂井的施工工艺与砂桩大体相近,具体参照砂桩的施工工艺。

二、袋装砂井和塑料排水板堆载预压法

用砂井法处理软土地基时,如地基土变形较大或施工质量稍差,常会出现砂井被挤压截断

的现象,从而不能保持砂井在软土中排水通道的畅通,影响加固效果。近年来在普通砂井的基础上,出现了以袋装砂井和塑料排水板代替普通砂井的方法,避免了砂井不连续的缺点,而且施工简便,加快了地基的固结,节约用砂,在工程中得到了日益广泛的应用。

1. 袋装砂井堆载预压法

目前国内应用的袋装砂井直径一般为 70~100mm,间距通常为 1.0~2.0m,可按式(9-15)、式(9-16)计算确定。

砂袋可采用聚丙烯或聚乙烯等长链聚合物编织制成,应具有足够的抗拉强度、耐腐蚀性以及较好的透水性和耐水性。

装砂后砂袋的渗透系数不应小于砂的渗透系数。灌入砂袋的砂应为中、粗砂并振捣密实,扎紧袋口。砂袋长度应超出孔口长度,并保证伸入砂垫层内至少 300mm,以保证排水的连续性。

袋装砂井的设计理论、计算方法基本与普通砂井相同,它的施工已有相应的定型埋设机械。与普通砂井相比,袋装砂井的优点是:①施工工艺和机具简单;②用砂量少;③间距较小,排水固结效率高;④井径小,成孔时对软土扰动小,有利于地基土的稳定。

2. 塑料排水板堆载预压法

塑料排水板堆载预压法是将塑料排水板用插板机插入加固的软土,然后在地面加载预压,使土中水沿塑料板的通道向上经砂垫层排出,从而使地基加速固结。

塑料排水板所用材料、制造方法不同,其结构也不同,基本上分为两类:一类为多孔单一结构型塑料排水板,是用单一材料制成的多孔管道的板带,表面刺有许多微孔(图9-8);另一类为复合结构型塑料排水板,是由塑料芯板外套一层无纺土工织物滤膜组合而成(图9-9)。

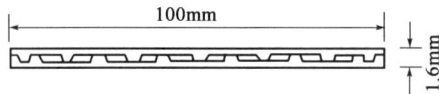

图 9-8 多孔单一结构型塑料排水板

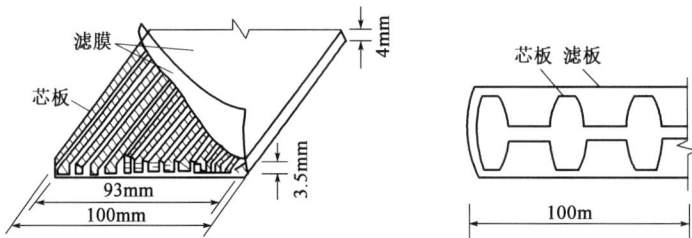

图 9-9 复合结构型塑料排水板

塑料排水板可采用砂井加固地基的固结理论和设计计算方法。

目前应用的塑料排水板产品成卷包装,每卷长约数百米,用专门的插板机将其插入软土地基(图9-10)。先在空心套管内装入塑料排水板,并将其一端与预制的专用钢靴连接,插入地基下预定高程处,然后拔出空心套管。由于土对钢靴的阻力,塑料板留在软土中,在地面将塑料板切断,即可移动插板机进行下一个循环作业。

图 9-10 用插板机插入塑料排水板的施工现场

三、真空预压法

真空预压法实质上是将大气压作为预压荷重的一种预压固结法(图 9-11)。在需要加固的软土地基表面铺设砂垫层,然后埋设垂直排水通道(普通砂井、袋装砂井或塑料排水板),再用不透气的封闭薄膜覆盖软土地基,使其与大气隔绝,将薄膜四周埋入土中。通过砂垫层内埋设的吸水管道,用真空泵进行抽气,使其形成真空。当真空泵抽气时,先后在地表砂垫层及竖向排水通道内逐渐形成负压,使土体内部与排水通道、垫层之间形成压力差,在此压力差作用下,土体中的孔隙水不断排出,从而使土体固结。

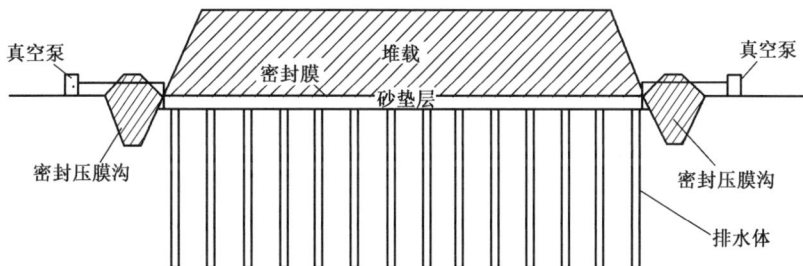

图 9-11 真空预压法示意图

四、降低地下水位预压法

降低地下水位预压法是一种借井点抽水降低地下水位,以增加土的自重应力,达到预压目的的方法。其原理、方法和所需要设备基本与井点法基坑排水相同。地下水位的降低使地基中的软弱土层承受了相当于水位下降高度水柱的重量,增大了土中的有效应力。

这一方法非常适用于渗透性较好的砂土或粉土或在软黏土层中存在砂土层的情况。使用前应摸清土层分布及地下水位情况等。

五、天然地基堆载预压法

天然地基堆载预压法是在建筑物施工前,用与设计荷载相等或略大的预压荷载(如砂、土、石等重物)堆压在天然地基上,也可以利用施工过程中建筑物本身的重量缓慢预压,使地基软土压缩固结,强度提高,以减少工后沉降。待地基承载力、变形达到设计预期要求后,将预压荷载撤除,在经预压的地基上修建建筑物。

该方法费用较少,但工期较长。如果软土层不太厚,或软土中夹有多层细、粉砂夹层,渗透性能较好,不需很长时间就可获得较好预压效果,可考虑采用。否则,排水固结时间很长,应用会受到限制。

技术提示:采用各种排水固结方法加固后的地基,均应进行质量检验。检验方法可采用十字板剪切试验、旁压试验、载荷试验或常规土工试验,以测定其加固效果。

📚 任务实例 ‹‹‹

例　阅读以下一段设计说明,指出其中内容与地基处理方法特点不符之处。

在海堤一侧的吹填区,土层结构复杂,在区域中分布着淤泥、黏性土与砂性土等多种类型的土层,软土层与硬土层交替出现,使得地基的沉降速度和沉降量变得难以预测和控制。建议使用天然地基堆载预压法,此方法费用较少,工期短,能在短期内完成地基加固。

解答:"工期短,能在短期内完成地基加固"与天然地基堆载预压法的技术特点不相符。

📚 学习评价 ‹‹‹

1.分组,通过网络收集一个排水固结法工程案例,并进行简单说明。
2.每名学生总结排水固结法常用的方法有哪些,说明其适用性。
3.完成学习评价手册中的任务。

任务五　认识深层搅拌(桩)法

✍ 任务描述

某公路工程需穿越沟渠、水塘,部分路段存在淤泥质土,地基承载力较小,排水困难,设计中采用水泥搅拌桩来提高地基承载力、减少沉降。作为施工现场技术人员,请你在施工现场组织完成水泥浆搅拌法的施工。

📖 学习引导

本工作任务沿着以下脉络进行学习:

理解深层搅拌法的概念 → 学习粉体喷射搅拌法的适用条件和作用机理 →

学习水泥浆搅拌法的适用条件和作用机理 → 学习高压喷射注浆法的适用条件和作用机理

相关知识 ◂◂◂

深层搅拌法是用于加固饱和软黏土地基的一种方法。它是通过深层搅拌机械,在地基深处就地利用固化剂与软土之间所产生的一系列物理化学反应,使软土固化成具有整体性、水稳性和一定强度的桩体,并使桩体与桩间土组成复合地基。固化剂主要采用水泥、石灰等材料,与砂类土或黏性土搅拌均匀,在土中形成竖向加固体。它对提高软土地基承载能力,减小地基的沉降量有明显效果。

加固材料的状态可分为粉体类(水泥、石灰粉末)和浆液类(水泥浆及其他化学浆液),按施工工艺可分为低压搅拌法[粉体喷射搅拌(桩)法、水泥浆搅拌(桩)法]和高压喷射注浆法(高压旋喷桩)。

一、低压搅拌法

深层搅拌法当采用粉状固化剂时,常称为粉体喷射搅拌(桩)法;当采用水泥浆液固化剂时,常称为水泥浆搅拌(桩)法。这两种方法均属低压搅拌法,是国内目前较常用的地基处理方法。这两者的加固原理、设计计算方法和质量检验方法基本一致,但施工工艺有所不同。

1.粉体喷射搅拌(桩)法

(1)粉体喷射搅拌(桩)法的施工

粉体喷射搅拌(桩)法(粉喷桩)是通过专用的施工机械,将搅拌钻头下沉到预计孔底后,用压缩空气将固化剂(生石灰或水泥粉体材料)以雾状喷入加固部位的地基土,凭借钻头和叶片旋转使粉体加固料与软土原位搅拌混合,自下而上边搅拌边喷粉,直到设计高程。为保证质量,可再次将搅拌头下沉至孔底,重复搅拌。

粉体喷射搅拌(桩)法施工作业顺序如图9-12所示。

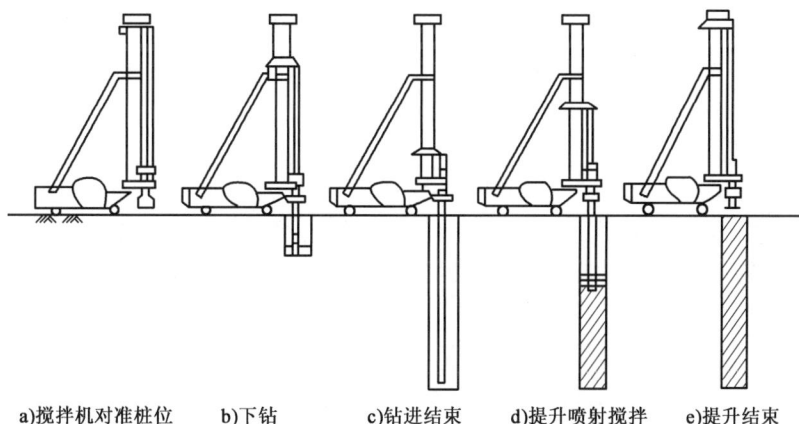

a)搅拌机对准桩位　　b)下钻　　c)钻进结束　　d)提升喷射搅拌　　e)提升结束

图9-12　粉体喷射搅拌(桩)法施工作业顺序

施工结束后,对加固的地基应进行质量检验,包括标准贯入试验、取芯抗压试验、载荷试验等。桩柱体的强度、压缩模量、搅拌的均匀度以及尺寸均应符合设计要求。粉体喷射搅拌(桩)法加固地基的具体设计计算可按复合地基设计。桩柱长度确定原则上与砂桩相同。

（2）粉体喷射搅拌(桩)法的加固效果

石灰、水泥粉体加固形成的桩柱的力学性质变形幅度相差较大，主要取决于软土特性、掺加料种类、质量、用量、施工条件及养护方法等。石灰用量一般为干土重的 6% ~ 15%，软土含水率以接近液限效果较好。水泥掺入量一般为干土重5%以上(7% ~ 15%)效果较好。

粉体喷射搅拌(桩)法形成的粉喷桩直径为 50 ~ 100cm，加固深度可达 30m。石灰粉体形成的加固桩柱体抗压强度可达 800kPa，压缩模量达 30000kPa。水泥粉体形成的桩柱体抗压强度可达 5000kPa，压缩模量为 100MPa 左右。地基承载力一般提高 2 ~ 3 倍，减少沉降量 1/3 ~ 2/3。

（3）粉体喷射搅拌(桩)法的特点

粉体喷射搅拌(桩)法具有以下优点：

①以粉体为主要加固料，无须向地基注入水分，因此加固后地基土初期强度高。

②可以根据不同土的特性、含水率、设计要求合理选择加固材料及配合比。

③对于含水率较大的软土，加固效果更为显著。

④施工时无须高压设备，安全可靠，如严格遵守操作规程，可避免对周围环境产生污染、振动等不良影响。

粉体喷射搅拌(桩)法的缺点：由于目前施工工艺的限制，加固深度不能过深，一般为 8 ~ 15m。

（4）粉体喷射搅拌(桩)法的适用范围

粉体喷射搅拌(桩)法常用于公路、铁路、水利、市政、港口等工程软土地基的加固，较多用于边坡稳定及构筑地下连续墙或深基坑支护结构。被加固软土中有机质含量不应过多，否则效果不大。

2. 水泥浆搅拌(桩)法

（1）水泥浆搅拌(桩)法的施工

水泥浆搅拌(桩)法是指用回转的搅拌叶将压入软土的水泥浆与周围软土强制拌和形成水泥加固体。搅拌机由电动机、中心管、输浆管、搅拌轴和搅拌头组成，并有灰浆搅拌机、灰浆泵等配套设备。我国生产的搅拌机现有单搅头和双搅头两种，加固深度可达 30m，形成的桩柱体直径为 60 ~ 80cm(双搅头形成"8"字形桩柱体)。

水泥浆搅拌(桩)法的施工顺序大致如下：

①在深层搅拌机起吊就位后，搅拌机沿导向架切土下沉。

②搅拌机下沉到设计深度后开启灰浆泵将制备好的水泥浆压入地基。

③边喷边旋转搅拌头，并按设计确定的提升速度，进行提升、喷浆、搅拌作业，使软土与水泥浆搅拌均匀。提升到上面设计高程后，再次控制速度将搅拌头搅拌下沉，达到设计加固深度后，再搅拌提升出地面。

为控制加固体的均匀性和加固质量，施工时应严格控制搅拌头的提升速度，并保证喷压阶段不出现断桩现象。

（2）水泥浆搅拌(桩)法的加固效果

水泥浆搅拌(桩)法加固形成的桩柱体强度与加固时所用水泥强度等级、用量，被加固土含水率等有密切关系，应在施工前通过现场试验取得有关数据。一般用 42.5 级水泥，水泥用量为加固土干重度的 2% ~ 15%，3 个月龄期试块变形模量可达 75MPa 甚至以上，抗压强度达

3000kPa 及以上,加固软土含水率为 40% ~ 100%。按复合地基设计计算,加固软土地基承载力可提高 2 ~ 3 倍,沉降量减少,稳定性也明显提高,而且施工方便。

(3)水泥浆搅拌(桩)法的特点及适用范围

与粉体喷射搅拌(桩)法相比,水泥浆搅拌(桩)法另有其特点:

①加固深度较深。

②将固化剂和原地基软土就地搅拌,因而最大限度地利用了原土。

③搅拌时不会侧向挤土,环境影响较小。

水泥浆搅拌(桩)法是目前公路、铁路厚层软土地基加固常用的技术措施,适用于深基坑支护结构、港口码头护岸等。由于水泥浆与原地基软土搅拌结合对周围建筑物影响很小,施工时无振动和噪声,对环境无污染,更适用于市政工程,但不适用于含有树根、石块等的软土层。

二、高压喷射注浆法

高压喷射注浆法利用钻机将带有喷嘴的注浆管钻至土层的预定位置后,以 20MPa 左右的高压将加固用浆液(一般为水泥浆)从喷嘴喷射出冲击土层,土层在高压喷射流的冲击力、离心力和重力等作用下,与浆液搅拌混合,浆液凝固后,便在土中形成一个固结柱体。

高压喷射注浆法按喷射方向和形成固体的形状可分为旋转高压喷射注浆法、定向高压喷射注浆法和摆动高压喷射注浆法三种。旋转喷射高压喷射注浆法,又称旋喷法,是指喷嘴边喷边旋转和提升,固结体呈圆柱状,主要用于加固地基;高压喷射注浆法定向喷射是指喷嘴边喷边提升,喷射方向固定,固结体呈壁状;摆动喷射高压喷射注浆法是指喷嘴边喷边左右摆动,固结体呈扇状墙。后两种方式常用于基坑防渗和边坡稳定等工程。

高压喷射注浆法按注浆的基本工艺可分为单管法(浆液管)高压喷射注浆法、二重管法(浆液管和气管)高压喷射注浆法、三重管法(浆液管、气管和水管)高压喷射注浆法和多重管法(水管、气管、浆液管和抽泥浆管等)高压喷射注浆法。

1. 高压喷射注浆法的施工

旋喷法加固地基的施工程序如图 9-13 所示。由图可以看出以下几点:

图 9-13a)表示钻机就位后先进行射水试验。

图 9-13b)、c)表示钻杆旋转射水下沉,直到设计高程为止。

图 9-13d)、e)表示压力升高到 20MPa 时喷射浆液,钻杆以约 20r/min 的转速旋转,提升速度约为每喷射 3 圈提升 25 ~ 50mm,这与喷嘴直径、加固土体所需加固液的量有关(加固液的量经试验确定)。

图 9-13f)表示已旋喷成桩。

上述程序结束后,再移动钻机重新以图 9-13b) ~ f)所示的程序进行作业。

2. 高压喷射注浆法的适用土质条件及加固效果

高压喷射注浆法适用于砂类土、黏性土、湿陷性黄土、淤泥和人工填土等多种土类,加固直径(厚度)为 0.5 ~ 1.5m,固结体抗压强度(32.5 级水泥 3 个月龄期)加固软土为 5 ~ 10MPa,加固砂类土为 10 ~ 20MPa。对于砾石粒径过大、含腐殖质过多的土加固效果较差。对地下水流较大、对水泥有严重腐蚀的地基土也不宜采用。

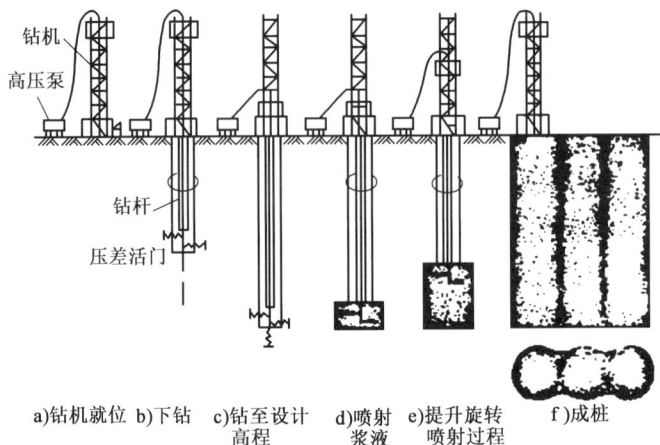

a)钻机就位 b)下钻 c)钻至设计 d)喷射 e)提升旋转 f)成桩
高程 浆液 喷射过程

图9-13 旋喷法的施工程序

高压喷射注浆法加固费用较高,可在其他加固方法效果不理想等情况下考虑选用。

📚 **任务实例** <<<

例 阅读以下一段设计说明,指出其中内容与地基处理方法不符之处。

某工程地基软弱土层较厚,超过20m,施工深度处于素填土、杂填土层,淤泥质黏土层,粉质黏土层,砾砂层,以及砾质黏土层。地层自上而下可划分为人工填土层、第四系海相沉积层、第四系冲洪积层、第四系残积层。地下水类型属潜水,主要赋存于第四系地层中,各季节降水量差异较大。拟采用粉体喷射搅拌(桩)法进行处理。

解答: 工程地基软弱土层较厚,超过20m,不适用粉体喷射搅拌(桩)法,由于目前施工工艺的限制,粉体喷射搅拌(桩)法加固深度不能过深,一般为8~15m。

📚 **学习评价** <<<

1. 分组,通过网络收集一个深层搅拌(桩)法处理地基的工程案例,并进行简单说明。
2. 每名学生总结水泥浆搅拌(桩)法的优点及适用范围。
3. 完成学习评价手册中的任务。

参 考 文 献

[1] 中华人民共和国交通运输部.公路桥涵地基与基础设计规范:JTG 3363—2019[S].北京:人民交通出版社股份有限公司,2019.

[2] 中华人民共和国交通运输部.公路工程地质原位测试规程:JTG 3223—2021[S].北京:人民交通出版社股份有限公司,2021.

[3] 中华人民共和国交通运输部.公路桥涵施工技术规范 JTG 3650—2020[S].北京:人民交通出版社股份有限公司,2020.

[4] 中华人民共和国交通运输部.公路工程地质勘察规范 JTG C20—2011[S].北京:人民交通出版社,2011.

[5] 中华人民共和国交通运输部.公路工程基桩检测技术规程:JTG/T 3512 — 2020[S].北京:人民交通出版社股份有限公司,2020.

[6] 中华人民共和国交通运输部.公路桥涵设计通用规范:JTG D60—2015[S].北京:人民交通出版社,2015.

[7] 中华人民共和国交通运输部.公路土工试验规程:JTG 3430—2020[S].北京:人民交通出版社股份有限公司,2020.

[8] 孟祥波.土质与土力学[M].2版.北京:人民交通出版社,2005.

[9] 陈仲颐,周景星,王洪瑾.土力学[M].北京:清华大学出版社,1994.

[10] 冯国栋.土力学[M].北京:水利电力出版社,1986.

[11] 钱家欢.土力学[M].2版.南京:河海大学出版社,1995.

[12] 华南理工大学,东南大学,浙江大学,等.地基及基础[M].3版.北京:中国建筑工业出版社,1998.

[13] 陈希哲.土力学地基基础[M].3版.北京:清华大学出版社,1998.

[14] 高大钊.土力学与基础工程[M].北京:中国建筑工业出版社,1999.

[15] 雍景荣,朱凡,胡岱文.土力学与基础工程[M].成都:成都科技大学出版社,1995.

[16] 郭承侃,陆尚谟,郭莹.土力学[M].大连:大连理工大学出版社,1999.

[17] 杨英华.土力学[M].北京:地质出版社,1987.

[18] 肖荣久.工程岩土学[M].西安:陕西师范大学出版社,1992.

[19] 洪毓康.土质学与土力学[M].北京:人民交通出版社,1995.

[20] 赵明华,李刚,曹喜仁,等.土力学地基与基础疑难释义[M].北京:中国建筑工业出版社,1998.

[21] 陈晏松.基础工程[M].北京:人民交通出版社,2002.

[22] 王常才.桥涵施工技术[M].北京:人民交通出版社,2002.

[23] 陈兰云.土力学地基基础[M].2版.北京:机械工业出版社,2007.